中國茶全書

—湖南娄底卷—

袁若宁 主编　陈建明 执行主编

中国林業出版社

图书在版编目(CIP)数据

中国茶全书.湖南娄底卷 / 袁若宁主编.-- 北京:
中国林业出版社, 2021.11
ISBN 978-7-5219-1304-0

Ⅰ.①中… Ⅱ.①袁… Ⅲ.①茶文化—娄底 Ⅳ.①TS971.21

中国版本图书馆 CIP 数据核字 (2021) 第 159792 号

出 版 人: 刘东黎
策划编辑: 段植林 李 顺
责任编辑: 李 顺 陈 慧 马吉萍
出版咨询: (010) 83143569

出 版: 中国林业出版社 (100009 北京市西城区刘海胡同 7 号)
网 站: http://www.forestry.gov.cn/lycb.html
印 刷: 北京博海升彩色印刷有限公司
发 行: 中国林业出版社
版 次: 2021 年 11 月第 1 版
印 次: 2021 年 11 月第 1 次
开 本: 787mm×1092mm 1/16
印 张: 24.25
字 数: 450 千字
定 价: 168.00 元

《中国茶全书》
总编纂委员会

《中国茶全书·湖南娄底卷》编纂委员会

出版说明

2008年，《茶全书》构思于江西省萍乡市上栗县。

2009—2015年，本人对茶的有关著作，中央及地方对茶行业相关文件进行深入研究和学习。

2015年5月，项目在中国林业出版社正式立项，经过整3年时间，项目团队对全国18个产茶省的茶区调研和组织工作，得到了各地人民政府、农业农村局、供销社、茶产业办和茶行业协会的大力支持与肯定，并基本完成了《茶全书》的组织结构和框架设计。

2017年6月，在中国林业出版社领导的指导下，由王德安、段植林、李顺等商议，定名为《中国茶全书》。

2020年3月，《中国茶全书》获中宣部国家出版基金项目资助。

《中国茶全书》定位为大型公益性著作，各卷册内容由基层组织编写，相关资料都来源于地方多渠道的调研和组织。本套全书可以说是迄今为止最大型的茶类主题的集体著作。

《中国茶全书》体系设定为总卷、省卷、地市卷等系列，预计出版180卷左右，计划历时20年，在2030年前完成。

把茶文化、茶产业、茶科技统筹起来，将茶产业推动成为乡村振兴的支柱产业，我们将为之不懈努力。

王德安

2021年6月7日于长沙

2019年，时任娄底市委副书记华学健（左三），时任副市长梁立坚（左四），
市农业农村局党组书记、局长袁若宁（右一）巡视娄底茶文化节

2019 年，时任娄底市委副书记华学健（右一）点赞娄底茶

2020 年 1 月，时任娄底市委常委、宣传部部长吴建平（右二）视察渠江薄片 418 华天店

2017 年，时任娄底市副市长梁立坚（左二）调研新化茶叶产业发展情况

2020 年，时任娄底市人大副主任陈明华（右）、副市长谢君毅（左）品鉴新化茶

2020 年中国中部农业国际博览会，时任娄底市副市长谢君毅（右二）接受新化红茶专题访谈。同时接受专题访谈的有中国工程院院士刘仲华（左三）、湖南省茶业协会会长周重旺（右一）、新化县人民政府县长左志锋（左二）

娄底市农业农村局党组书记、局长袁若宁（右一）陪同市人大农业农村委员会主任钱局新（左一）在 2019 年中国中部农业博览会品鉴娄底茶

序一

娄底是湘中腹地，湖南地理几何中心，梅山文化的发祥地，被赞誉为“湘中明珠”。历代人文荟萃，英才辈出。娄底土地肥沃，物产丰富，娄底茶因梅山文化孕育而生，茶人世代相传，发展为极具特色的梅山茶文化，是梅山文化的重要组成部分，源远流长。

娄底产茶历史久远，成就斐然。从大熊山原始次森林发现的古茶树，到有文字记载的唐代渠江薄片，印证着娄底茶叶的悠久历史；从娄底茶马古道到万里茶路，折射出娄底茶马贸易的辉煌；从资江茶道与毛板船的繁荣，带动资江河岸的码头经济，茶叶一直是娄底贸易的主要物产；从杨木洲大茶市的兴旺，到苏溪关茶税厅368年的茶税缴纳史，充分说明娄底一直是中国茶叶的主要产地，在湖南茶叶史上占据重要地位。娄底历史上名茶迭出，影响深远。渠江薄片，驰名遐迩，唐代入宫廷，宋代列第一，被誉为“黑茶之祖、唐代贡品”。李云才先生据此提出“千年黑茶，始于新化”。明代，新化贡茶18斤，占湖南贡茶的12.8%，直至1912年废止贡茶制度，娄底贡茶历史520年。清代，永丰细茶、枫木贡茶、土贡芽茶、工夫红茶，娄底名茶呈现百花齐放的盛景，工夫红茶更是漂洋过海，畅销世界。1915年，新化红茶荣获巴拿马万国博览会荣誉奖章，100年后的2015年，渠江薄片再次获得米兰世博会“百年世博中国名茶金骆驼奖”。沧海桑田，时代的车轮越过岁月的印迹，娄底茶总是踏着前进的步伐，跟上时代的潮流。

新中国成立后，娄底茶叶取得飞速发展，达到历史空前的高度。20世纪80年代，娄底地区新化、涟源、双峰列入全国105个产茶生产基地县，全省15个重点产茶县，全国优质茶出口基地县；1990年，茶园面积达到1.1万hm^2，产茶10930t的历史高峰，茶园面积列全省第四，产量全省第三。其中红茶产量9161t，占据湖南半壁江山，占全省红茶产量的34.10%，居全省第一位。新化茶厂、涟源茶厂领引娄底茶叶发展，为出口创汇做出了历史性贡献。炉观茶科所红碎茶技术取得突破，获中华人民共和国对外经济贸易部科技成果三等奖，于全国推广，推动红碎茶生产加工技术进步。名优茶层出不穷，应接不暇，双峰碧玉、月芽茶、玉笋春获得各类省部级、国家级大奖。

改革开放以来，在中共娄底市委、市政府的坚强领导下，娄底茶叶生产取得长足发展。

现有茶园面积 0.93 万 hm^2，茶叶企业 70 多家，茶馆、茶店遍及全境，市场繁荣，产品远销全国及世界各地。渠江薄片茶 2008 年恢复面世，丰富了湖南黑茶品类；新化红茶被评选为湖南十大名茶，“一县一特”品牌。茶叶企业优质产品，名牌产品，不断涌现，获得消费者好评，并获得各类大奖。

近年来，业界内亦产生了一批有情怀、有思想的优秀企业家。他们敢想敢干、勤于实践、脚踏实地、锐意进取，于荒山野岭间种植茶树，开辟茶园，让荒丘变茶园，成为山区经济的一道靓丽风景线。正是他们的勤奋努力，撑起了娄底茶叶产业的春天，他们是娄底茶叶产业发展的基石。

娄底茶叶从过去到今天，从古代到现代，世代传承不息，能取得辉煌的成就，首先得益于娄底具有优越的地理产茶基因，娄底境内群山林立、丘陵起伏之间，溪水奔流，水量充沛，东有龙山，西部雪峰山横亘其中，气候、地理、土壤环境造就了娄底出好茶的天然优势；其次是娄底茶人精神，坚韧不拔、代代相传、生生不息。肖岐教导人们种茶以增加收入，曾国藩爱喝家乡茶，朱紫贵、曾硕甫堪称一代茶商巨子。新中国成立后更是涌现出一批杰出的娄底茶人，周靖民、石爽溪、王康儒等就是其中的代表。今天的娄底茶人，秉承茶人精神，开拓进取，勇于创新，树品牌，创名茶，使娄底茶叶产业跟上时代发展的步伐，为山区经济发展，助力产业扶贫，乡村振兴，做出了积极贡献。

娄底人爱茶喝茶，茶早已融入他们的日常生活，渗透到社会的方方面面。客来一杯茶，早茶、晚茶、茶馆、茶店、茶亭、茶俗、茶礼、茶艺、茶具、茶水，人们的日常生活中，茶无处不在，以至于问客人家里有几口人都与茶相关：“你家有几个人呷茶饭。”茶浸入了娄底人的血脉，成为梅山文化的音符。

“春风约略已还家，暂洗纤尘将饮茶。弹指人间千岁过，扶杯一笑证龙蛇。”这种饮茶的快乐，意味着明天的美好。

《中国茶全书·湖南娄底卷》经过编委会人员的共同努力，终于撰写成书，这是娄底自有产茶记录以来的第一部专著，在娄底茶叶界具有里程碑的意义。该书以客观的史料、翔实的数据、严密的考证、细腻的笔触，真实地记录了娄底发现茶以来的历史和典故，纵向总结娄底产茶以来到现在的历史，横向论述娄底茶叶科研、技术、种植、加工、销售，茶馆、茶艺、茶俗、茶旅，茶企、茶人、茶行业等内容，是娄底茶叶产业的百科全书。该书的出版发行，必将推动娄底茶叶产业的进一步发展。

我们希望，娄底茶人发扬梅山文化精神，传承茶文化，为娄底茶叶产业发展做出更多更大的贡献。以此为序。

刘仲华

2020 年 12 月

序二

为总结娄底茶业发展的历史与经验，从初心出发之地，体现质量责任之源，凸显产业力量之泉，真实反映娄底茶叶地域特点。按照《中国茶全书》编纂委员会的规划要求，依靠全市近百名行家里手，历经两年多资料收集与整理，且数次修改、补充、完善，已然成稿《中国茶全书·湖南娄底卷》。

该书资料或查询于官方史书，或掘金于历史档案，或浓缩于调研报告；脉络清晰、概述准确、数有所依、言有所据，实为娄底市一部前所未有的茶书。全书涉及面广，时间跨度大，标准要求高；内容丰富，语言白描，平淡朴实。全书从茶史中汲取营养，从茶人实践中感受生命的绽放；从开垦到采收的种植业、从初制到精品的深加工、从茶产品进入国内外市场，引导消费的文化等方面均有着墨。既涉及自然与社会科学领域，又涵盖娄底茶历史、茶文化、茶种类、茶品牌、茶习俗、茶器具、茶栽培、茶育种、茶制造、茶机械、茶人物、茶生态、茶经贸、茶机构等内容。全书全面阐述了娄底茶产业历史与现状。

“全”乃该书一大特色，兼具科学性、文化性和可读性；既有古代文化和茶事，也有最新茶业成果与行业动态。让人从娄底茶岁月的记述里，不知不觉地感受茶园、茶厂、茶馆、茶香、茶情的浓浓氛围；将稀释在日复一日、年复一年的时间长河里，与掩藏在柴米油盐和家长里短的平淡生活中，那最可宝贵的茶精神打捞与提炼出来，使人们看到人间烟火中真正醇厚的千年茶乡。

《中国茶全书·湖南娄底卷》对全市茶产业从业人员来说，无疑是一部大而全的史实书籍；即使对其他科学工作者抑或普通饮茶爱好者来说，均不失为一部可读性极强的参考书。

曹文成

2020 年 12 月

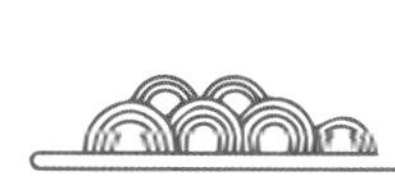

目录

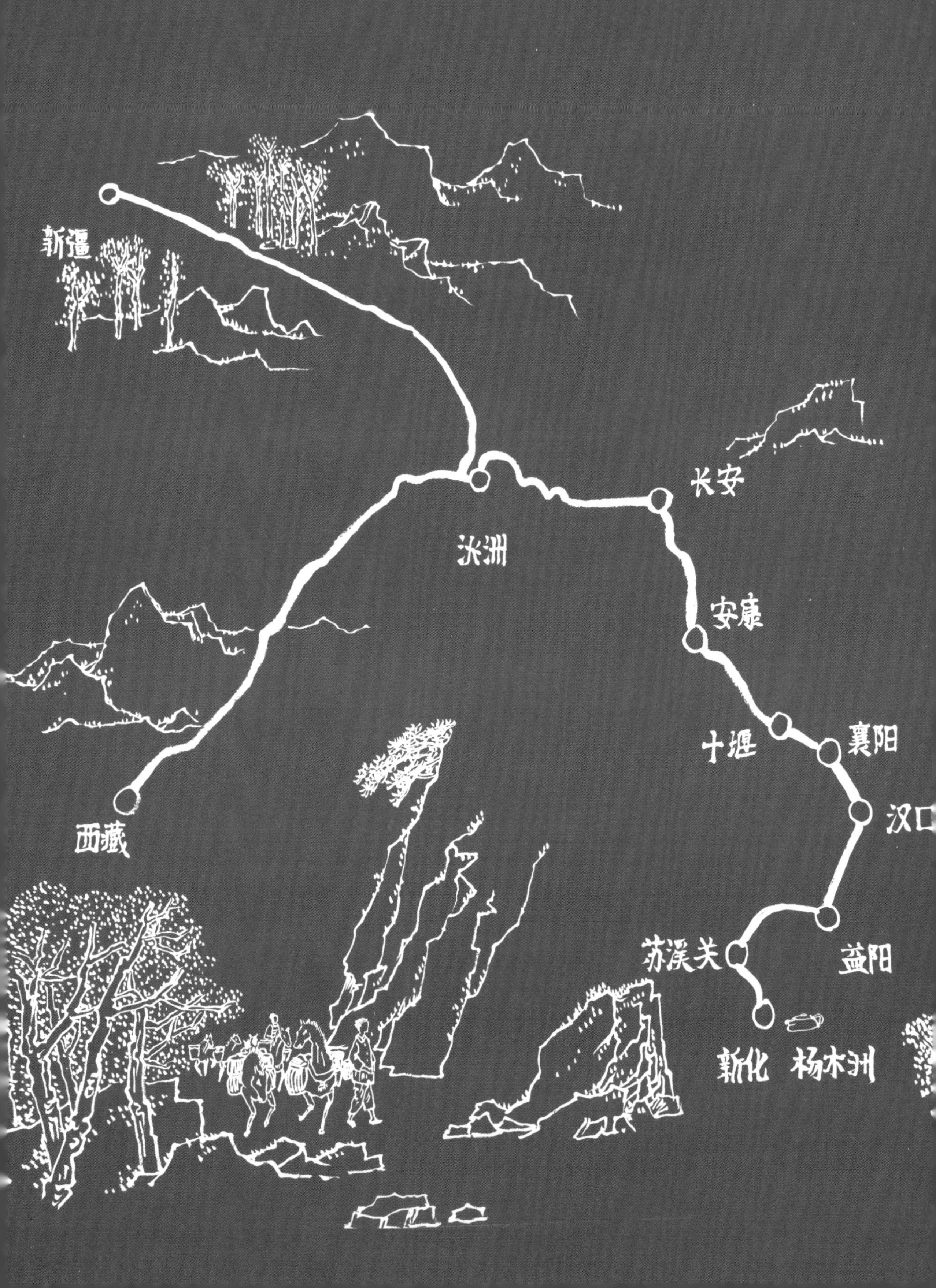
新疆
汱洲
长安
安康
十堰
襄阳
汉口
西藏
益阳
苏溪关
新化
杨木洲

第一章 娄底茶史

茶马古道

萬历十五年（一五八七）明會典中茶課記載蘇溪关照題准事例每正茶一千斤許照散茶一千五百斤數外若有多余方准抽税依限運赴洮岷参將轄發洮洲茶司照對分貯庫

庚子秋日隐之书

位于湖南省地理几何中心的娄底市，东处湖湘文化圈，曾国藩、蔡畅等是湖湘文化的代表。而中西部是梅山大地，史称“古梅山”。从黄帝与蚩尤战于“涿鹿之野”，到归隐新化县大熊山的“蚩尤屋场”，自此独立发展出一种古老的文明文化形态，似巫似道，尚武崇文，义勇为先，杂糅着人类渔猎、农耕等原始手工业发展的过程。20世纪80年代的研究者开始称之为“梅山文化”，这一文化概念迅速得到海内外的关注和认定。

梅山文化是湘中大地的瑰宝，是长江流域文明发展的动态存留，是不同文明时代文化的交融堆积。娄底茶叶就是其中一颗璀璨明珠，因梅山文化孕育而生的娄底茶，从唐代以前的渠江薄片、奉家米茶到明代时期的土贡芽茶，再到清代的工夫红茶、永丰细茶，直至现代的月芽茶、双峰碧玉和新化红茶、红碎茶，生动地反映出娄底人们与大自然的和谐共生，也反映出娄底茶文化传承的源远流长。

第一节　娄底茶叶起源

陆羽《茶经》云：“茶者，南方之嘉木也。”娄底地处湖南的中部，典型的南方湿润气候地带，适合茶树的生长。雪峰山脉分布着大量野生茶树，特别是大熊山、奉家山野生茶树存在较多，是湘中茶叶历史的活化石。野生茶树的存在表明娄底茶叶历史极为久远。

始修于元朝大德年间的奉家山《奉氏族谱》记载：“吾族本姓嬴，自吉公而易姓，至弼公……递传献公生二子，长名渠梁，即秦孝公也，次名季昌，乃吾易姓之鼻祖也。因孝公用商鞅，坏古制，开阡陌，私智自矜，刑及公族。我祖睹权臣之乱政，痛旧典之沦亡，逆鳞累批，爰鞅犯禁，效采药遗踪，由桂林象郡徙江吉永丰，潜隐于濠，易姓为奉，更名吉。敛迹韬光，以避其难。为纪念祖宗，不忘根本，将嬴秦的秦字除掉下面两点为‘奉氏’。”因此之由，后来其子孙将所居地易名为奉家山。奉氏源自秦代政治中心咸阳，而茶叶在此之前已经广泛利用，《神农食经》：“茶茗久服，令人有力、悦志。”周公《尔雅》：“槚，苦荼。”《晏子春秋》：“婴相齐景公时，食脱粟之饭，炙三戈五卯茗菜而已。”来自咸阳的奉氏隐居奉家山，发现奉家山野生茶树并加以利用。产于奉家山一带以奉家命名的历史贡茶“奉家米茶”，充分佐证了这一事实的存在。据此可以认为，娄底茶叶从秦代时期已经出产。

据《宋史·梅山峒蛮传》记载：“梅山峒蛮，旧不与中国通，其地东接潭，南接邵，其西则辰，其北则鼎，而梅山居其中。”在新化建县以前，娄底范围内的新化、冷水江、涟源同属古梅山，“梅山蛮”不归王化，成为国中之国。新化县的上梅镇因临近资江，水陆交通便利，一直是“梅山蛮”的中心驻地和贸易中心，对外交往用本地物产和茶，换取外面运送进来的盐、布等。

从目前存在的野生茶树资源来看，《娄底地区农业志》记载有：新化县大熊山、金凤、奉家山、横溪，冷水江的大乘山、涟源的龙山、漆树、柏树等地至今有大量的野生茶树。大熊山野生茶树高 2.37m，主干直径为 8.5cm（图 1–1、图 1–2）。

大熊山位于新化县北端，与安化县接壤，总面积 73km²。这里群山逶迤，最高点九龙峰海拔 1662m，属湘中最高峰。40 余座海拔 1000m 以上的山峰，组成宏大的山体，横亘湘中，连绵百里，云雾缭绕，景象万千，是湘中唯一的物种基因宝库。这样的自然环境，为野生茶树生长提供了有利的环境条件。

1953 年，双峰县石牛镇的杀牛冲、雷花冲，发现大片残存野生茶树，主干直径达 14cm。县人民政府对全县进行野生茶树资源普查，黄龙大山、石牛、杏子就达 133hm²。

图 1–1　生长于奉家山的野生茶树

图 1–2　种植于清代时期奉家山至今存活的古茶树

娄底境内以茶为地名的，多达数百处。如娄星区的茶园，新化县的茶溪等。特别是茶溪云霄桥村，《新化县志》（1996 年）记载紫宫洞遗址，发现新石器时代的钵、罐等，现保存较为完整，说明茶溪的地名来源极为古老。

第二节　古代茶事

娄底境内有史料记载的产茶始于唐代初期。周靖民《陆羽茶经校注》考证：“湖南在唐代已有九个州郡产茶，计潭州长沙郡……邵州邵阳郡。”当时新化县、冷水江市属邵阳郡，涟源市、双峰县、娄星区属长沙郡，都是产茶区域。陆羽《茶经》成书于公元 758 年，说明在此之前，娄底已经产茶。唐代是中国茶叶高速发展时期，茶叶品名多，《茶经》也说："滂时浸俗盛于国朝，两都并列荆渝间，以为比屋之饮。"饮茶、品茶遍及全国，佛茶、禅茶、贡茶、礼茶也达到空前高度。茶书、诗歌、艺文不断涌现，琳琅满目。《旧唐书·食货志下》记载："四年（公元 783 年），度支侍郎赵赞议常平事，竹木茶漆尽税之。茶之有税，肇于此矣。"以此为标志，茶叶自此纳入国家管理体系，茶法开始实行。

一、唐代茶事

唐宣宗大中十年（856 年），杨晔撰写的《膳夫经手录》记载："渠江薄片，有油，苦硬……唯江陵、襄阳数千里[①]皆食之"，并将渠江薄片列入"多为贵者"。五代（935 年）毛文锡《茶谱》则明确说："潭邵之间有渠江，中有茶……其色如铁，芳香异常，烹之无滓也。"又载："渠江薄片，一斤八十枚。"史料充分表明唐朝时期娄底产茶已有盛名，为外界所知。而且，渠江薄片因"其色如铁"与现代黑茶类产品特点相吻合，被认为是史上最早有文字记载的黑茶类产品，现今被誉为"黑茶之祖，唐代贡品"（图 1-3）。李云才先生 2015 年在《湖南日报》发表文章，提出"千年黑茶、始于新化"的论点。

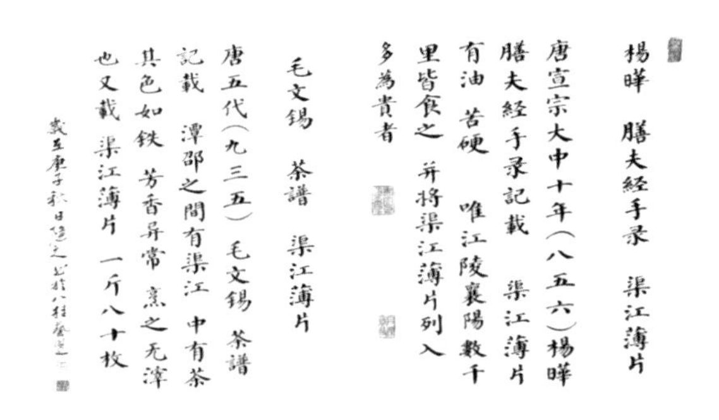

图 1-3 唐代渠江薄片的有关记录

二、宋代茶事

宋代，全国实行茶叶专卖政策，茶叶课税较重，发展相对缓慢（《宋史·食货志》）。但娄底境内产茶已经遍及新化、冷江、涟源、双峰、娄星区等地，对外贸易呈现三个流通方向：一是新化、冷江归属邵州，所产茶经资江至湖北襄阳抵达西北，归类为邵州茶；二是涟源当时的行政划区归属安化县，所产茶以潭州名义出境；三是双峰、娄星区产茶经涟水入湘江，同样归入潭州茶。

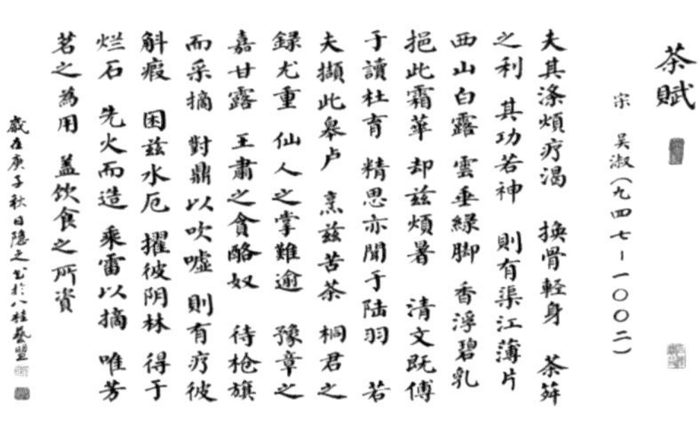

图 1-4 宋代渠江薄片的记录

---

① 1 里 =0.5km

新化县于宋熙宁五年（1072 年）建县，隶属邵州，《宋会要辑稿》记载：“绍兴三十二年，邵州产茶 6215.8 斤。”《建炎以来朝野杂记》也记载邵州、武岗军产茶，但数量合并记入在湖南路内，无法分开，新化茶叶在其中充当重要角色。特别是渠江薄片列为宋代名茶第一（图 1-4），宋代吴淑（947—1002 年）《茶赋》记载：“夫其涤烦疗渴。换骨轻身。茶荈之利。其功若神。则有渠江薄片。西山白露。云垂绿脚。香浮碧乳。挹此霜华。却兹烦暑。清文既传于杜育。精思亦闻于陆羽。”新化茶叶在当时具有很大的影响力。

涟源当时隶属安化、湘乡各一部分，安化于宋熙宁五年（1072 年）建县，属于潭州。《安化县志》记载：“缘安化三乡，遍地有茶，山崖水畔，不种自生。”所称“三乡”，系指安化县境东部、北部和南部，涟源的蓝田、桥头河、四古一带位于安化南部，在当时已有较多产茶。

双峰、娄星区隶属湘乡，其产茶少有记载，而冷水江市原隶属新化，其产茶计算在新化县内，无法分开，主要产茶在禾青、金竹山、沙塘湾一带，产茶历史应与新化基本一致。

三、明代茶事

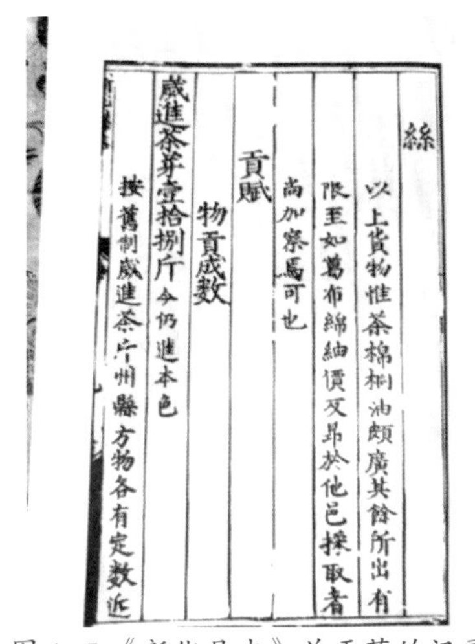
絲
以上貨物惟茶棉桐油頗廣其餘所出有
限至如葛布綿細慣叉昂於他邑採取者
尚加察焉可也
貢賦
物貢成數
歲進茶芽壹拾捌斤今仍進本色
按舊制歲進茶芽州縣方物各有定數近

图 1-5《新化县志》关于茶的记录

图 1-6 新化贡茶图

明代，娄底茶叶经历一个大的发展时期，茶叶种植、生产处于高峰，茶市盛旺，所产茶叶以炒青为主。洪武二十四年（1391 年）明太祖诏令罢造团茶，命采制芽茶上贡，湖南每年贡茶 140 斤，计岳州府临湘县茶 16 斤，宝庆府邵阳县茶 20 斤，武岗州茶 24 斤，新化县茶 18 斤，长沙府安化县茶 22 斤，宁乡县茶 20 斤，益阳县茶 20 斤（1650 年谈迁《枣林杂俎》）。从贡茶的分布看，当时的宝庆府、长沙府是产茶的中心地域，宝庆府占湖南贡茶的 44.3%，其中新化占 12.8%。嘉靖二十九年（1550 年）《新化县志》详录明代新化贡品十余种，岁进茶芽十八斤，活麂四只，花狸皮、香狸皮各四十张，水獭皮六十九张，鹅翎毛一万二千九百零四根。新化贡茶每年限定于谷雨后十日起运，59 天内运到京城，到清代仍照明朝规定未变。由于资水滩多水急，运送贡茶船只常有遇险翻船事故发生，贡茶漂失，至清乾隆时改为折算银两缴纳。道光十二年（1832 年）《新化县志》记载：“芽茶一十八斤，每斤折价六分，共计一两八分。”一直到 1912 年，贡茶制度废止，新化贡茶才终止，新化贡茶历史 520 年（图 1–5、图 1–6）。

明永乐元年（1403 年）肖岐第二次到新化县任知县，在任 8 年间，教导人民种植桑、麻、棕、桐（图 1–7）。清乾隆《宝庆府志·卷三·大政纪》载：“又为茶园，导之植茶，充贡赋。”而且，其开辟贡茶园四处，作为示范推广和上缴贡茶之用，带动了新化茶叶的发展，肖岐升任宝庆知府后，训导继任知县蒋英继续坚持种茶。由于长期的统一政策，新化县自此产量大增。

图 1–7 明代知县肖岐发展新化茶

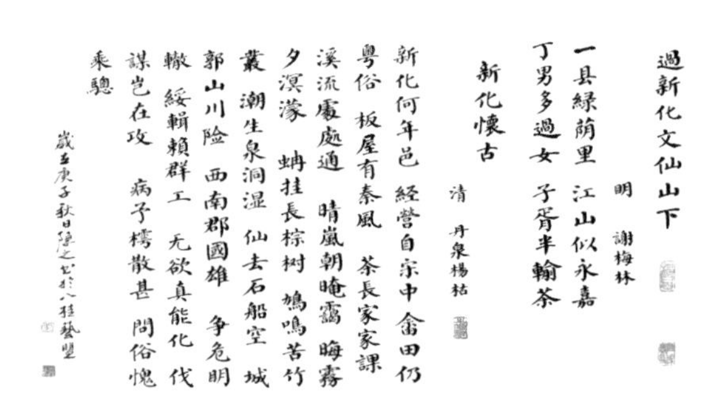

图 1–8 诗词中记载的新化茶盛况

新化明代时期产茶地域广泛，普及到了农户人家。嘉靖二十九年（1550 年）《新化县志·食货志·货之类》将茶列为第一，结束语云：“以上货物唯茶、棉、桐、油颇广，其余所出有限。”明代杨祐在《新化怀古》一诗中写道：“茶长家家课，溪流处处通。”说的是当时家家种茶，家家要课茶税。谢梅林《过新化文仙山下》诗云：“一县绿荫里，江山似永嘉。丁男多过女，子胥半输茶。”当时新化茶叶生产鼎盛繁忙，有一半的男劳力从事运茶工作。新化产茶已经极为普遍，遍及新化县域全境（图 1–8）。

新化在明代时期隶属宝庆府辖区，新化茶归类于“宝庆茶”，“宝庆茶”闻名全国。李时珍《本草纲目》和徐渭《徐文长秘集》所载全国名茶中都列有宝庆茶，许次纾《茶疏》记载：“楚之产曰宝庆，滇之产曰五华，此皆表表有名，犹在雁茶之上。”顾起元《客座赘语》之九《茶品》云：“闽之武夷，宝庆之贡茶，岁不乏至，能兼而有之”，认为其茶叶品质“不逊于小有四海，其乐无穷”。宝庆茶当时主要以桂丁茶、峒茶、新化文仙山茶、土贡芽茶为代表。清乾隆《宝庆府志·卷三·大政纪》载：嘉靖二十二年新化产“土贡芽茶，叶细而味甜，较诸茶颇佳”。

明世宗嘉靖二十二年（1543 年），明朝在新化苏溪巡检司建立茶税官厅，额定每年收茶税银三千两（清同治十一年《新化县志·卷九·食货志》）。这是国内少有的，被称为天下第一茶税厅。今按《明史·食货志·茶法》所载：隆庆年间规定，每引茶 100 斤纳税银 0.38 两，外可带附茶 14 斤。实际每年纳税茶叶 9000 担[②]，新化茶叶年产量当在 1 万担以上。

明代有官茶、商茶之分。官茶由商人运西北交官换马。商茶准在国内自由贩运。邵阳、武岗、新化生产的商茶，顺资水下运至苏溪关纳税，运往西北各省销售。明末农民起义峰起，官府急需补充马匹，将苏溪关纳税商茶调往甘肃洮洲茶马司换取马匹，补官茶的不足。万历十五年（1587 年）《明会典》中《茶课》记载：“苏溪关照题准（题请皇帝批准）事例，每正茶一千斤，许照散茶一千五百斤，数外若有多余，方准抽税……依限运赴洮岷参将，转发洮洲茶司，照例对分贮库。”这就是现代所称“茶船古道”和“茶马古道”从新化发源的依据，是古丝绸之路的一部分。而商茶，则运销全国各地。

明代时期的涟源、娄星区、双峰县，因行政划区不同，涟源部分地区隶属安化县，其古塘乡古仙界的枫木贡茶，俗名“香十里”，史载：“崖边畲畔，不种自生。”枫木贡茶于明代定为“贡恭”。据《安化县志》记载：安化县素称“茶乡”，产茶历史悠久……宋置县时，茶叶产量已甲于诸州县。元、明时期，县内不少人以茶为业，种植技术不断改进，所产“云雾茶”“芙蓉茶”驰名中外，成为朝廷贡品。昔有桃溪界云台山高僧，年年谷雨前夕，从山上下来，前往眠牛山一带而去。乡人甚疑，便暗随其后，原为笃钟此山之茶，每年窃采独品。乡人试采少许，及烹，顿觉芳香扑鼻，味甘绵长。清代中期，两江总督陶澍回安化省亲，闻枫木林产名茶，令仆取来，以紫砂壶燃桑枝烹煮，观之，呈毛尖之色；闻之，飘龙井之香；饮之，回味幽长。遂携数斤返朝供皇家，定为贡茶，从此，乡人无缘品到此茶。据《涟源市志》记载，1952 年枫木茶产地归涟源管辖，茶园面积逐渐发展，品质卓越，是涟源茶的优质产区之一，成为全国茶区亮点。

娄星区、双峰县隶属湘乡县，与安化一样归属长沙府，因此，在明代时期的茶叶也相应地进入成长期。娄底茶叶在明代取得长足的发展，是娄底茶叶史上的一个高峰期。

四、清代茶事

清代，清初茶法沿袭明代，官茶由茶商自陕西领引纳税，带引赴湖南采买，每引正

② 1 担 =50kg。

茶一百斤，准带附茶十四斤。

据《榆林府志》记载，顺治九年（1652 年）陕西茶马御史姜图南《酌蠲湖南并行边茶疏》奏称："汉南州县产茶有限，商人大抵浮江于襄阳接买湖茶。现襄阳水贩店户专卖与别省无引私贩，官商赍引无从收买，请求转饬宝庆府新化县严加盘验，并督催湖茶运陕。"这里点名新化严加盘验，说明湖南以新化茶为多且影响较大，也说明新化茶对边疆地区的重要性。

据西团书院考证：新化县杨木洲茶商陈兼善经营茶叶成为巨商，因其祖先名"陈百万"，琅塘人都叫他"陈千万"，多有在当地扶贫救济的义举，又被称为"善公"。1743 年，他捐资创建西团书院。1791 年，为了纪念善公办学义举，学校在后院设立纪念堂，供奉善公神位，让后人世世代代铭记善公办学育人的高风亮节。1876 年，清荣禄大夫、湘军将领王政慈又出资重修（图 1–9）。

图 1–9 西团书院旧址

西团书院位于新化县琅塘镇西团村，成为新化有名的学府，是湖南省著名的"城西文化之策源地"，周边"三府八县"学子竞相求学，现代无产阶级革命家、教育家成仿吾就读于该校。现西团书院原址更名为白云完小，西团书院则迁址至娄底市城区，继续从事国学教育。

图 1–10 新化县苏溪关茶税厅

清乾隆二十八年（1763 年）《宝庆府志》记载："茶叶属县产，新化为多。"但因额定茶叶课税苛刻，当时新化乡绅邹廷望写了一篇《茶税论》，认为茶税过重，而茶价又低，导致商困而于民不利（《宝庆府志》卷六十七）。清道光八年（1828 年）《宝庆府志》记载："新化县苏溪关纳税商茶一万余担，全部运往西北销售（图 1–10）。"

涟源茶叶也相应发展，据《湖南通志》记载："乾隆二十七年（1762 年）湖南巡抚陈宏谋奏定安化引茶章程：谷雨以前的细茶，先尽陕甘引商收买，谷雨以后茶，方可卖给客贩。"涟源作为安化产茶"三乡"之一，地位之重要可见一斑。乾隆四十六年（1781 年）江昱《潇湘听雨录》称："湘中产茶，不一其地。"

双峰的永丰细茶，为曾国藩所喜爱。道光二十二年（1842 年）曾国藩托请朱尧阶购永丰细茶，言双峰所产茶叶“清明时，则其价廉，茶质亦好”。

清代娄底茶亭繁盛，道光十二年（1832 年）《新化县志》录有《卷二十九·茶亭》卷，记载：“新邑一百二十九村，茶亭七十零九所，人人食德，处处饮和，斯亦推广。”而且，详细录入七十九所茶亭名字，为何修建，捐资修建人名录（图 1–11）。在县志中列茶亭专门卷的，纵观历代志史，唯有新化，充分说明娄底茶事之繁荣。

茶亭源起于社会公益，主要为过往行人提供歇息喝茶的场所，娄底是一个多山之地，出行交通不便，人们走路累了就需要有一个歇脚解渴的休息场所，而茶水又是一种最为健康的饮料，于是茶亭应运而生，解决了出行路人的诸多不便。茶亭建有长板凳，供过路行人休息，免费提供茶水。茶亭一般为当地达贤发起修建，大家共同出资，派有专人打理，置有田土、茶园，以供茶亭管理之资。

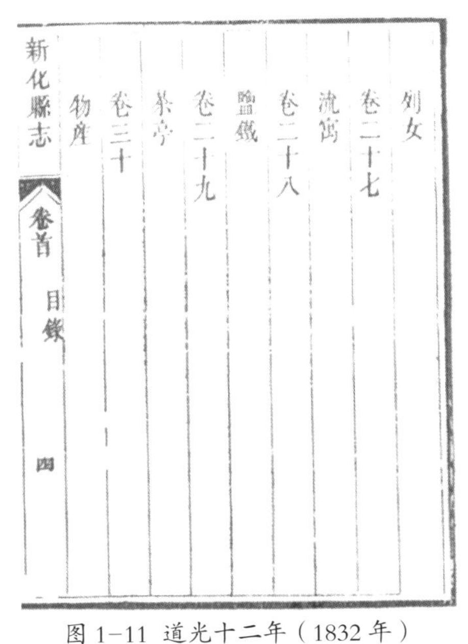
列女
卷二十七
流寓
卷二十八
鹽錢
卷二十九
茶亭
卷三十
物產

新化縣志 卷首 目錄 四

图 1–11 道光十二年（1832 年）《新化县志·卷二十九·茶亭》

图 1–12 清代制茶场景

清道光二十年（1840 年），鸦片战争失败后，清政府被迫与外洋通商，开放五大口岸，西方国家纷纷来华购运茶叶，尤以红茶需求更大，购运华茶数量激增，对中国茶叶带来巨大的冲击和变化。娄底茶叶格局发生重大变化和发展。

清咸丰四年（1854 年），广东茶商深入湖南各地倡制红茶，安化（包括涟源）、湘潭开始制造，由茶商设厂加工成箱，运往广州、上海口岸供应外商。毗邻的各县包括新化、双峰、娄星区以及邵阳、武岗同期相继仿制，改炒青为红茶。由于湖南红茶外销价格较高，茶商大获其利，刺激了茶叶的发展，各主产区分设厘金分局抽取厘金。据《中国厘金史》

载：湘乡于1855年设厘金分局，下设分卡2所，以抽取红茶税为大宗；新化、邵阳、武岗于1856年设厘金分局，其中新化分2卡，武岗分3卡，也列有抽取红茶厘金。

新化、邵阳、武岗茶商茶贩将红毛茶原料，经资水运送至安化加工成箱以“安化茶”名义运往口岸（《湖南省新化茶厂厂史》）。当时，新化茶商都在安化东坪一带设茶庄经营茶叶，在安化设有茶庄6家，分别为：祥记、裕益、茂记、义和祥、玉记、福记，固定及流动资本达17.10万元（银元）。其主要收购新化、武岗红毛茶，再混合安化茶加工成箱供应外销。

涟源、双峰、娄星区茶商茶贩将红毛茶原料，用小木船装运顺涟水而下，运至湘潭加工成箱，以“湘潭茶”名义在口岸销售。

咸丰十年（1860年）曾国藩在长沙设东征局，凡茶盐等货物，于应完厘金之外，加抽半厘。曾国藩先生一生爱茶，每年要求家里寄茶一篓(20斤)，且此公一生只喝永丰细茶。

1861年，汉口开放为对外商埠，英、美、俄、德等国在汉口设立洋行，大量收购红茶。湖南距汉口近，水运便利，红茶多集中于汉口外销，一部分运往广州、上海、恰克图（清代中俄边境重镇原属中国）出口。外商的大量收购和较高的价格，导致红茶利润提高，价格上涨，茶业繁荣兴盛。各地相继大量种植茶树以满足外需。据1871年《英国领事商务报告》载：“湖南、湖北两省茶叶的种植扩张很快，较十年前几乎增加了百分之五十。”以后还在继续扩张。娄底红茶呈现高速发展之势，在湖南茶业占据重要位置。

（一）新化（包括冷水江）产茶达到高峰

清光绪初年（1875—1886年）湖南红茶出口，达到史上高峰，每年出口90万箱。其中安化30万~40万箱，新化（包括冷水江）茶计入安化茶内。据王彦《新化之茶》记载，新化最盛时期产茶约三万担。《湖南省新化茶厂厂史》考证载明：尚有一些产区没计入新化之茶，产量应在38500担。《新化县志》载1889年新化茶年销量达46000担。

1988年5月《湖南省新化茶厂厂史》载，清末时期新化茶叶主要产地有：大桥江、大城镇、龙珠山、杨木洲、炉观、谢铎山；次要产地有：横阳山、杨家坊、大洋江、百风坳、湖田、高枧、沙江、马家冲、大湾、山枣溪、夹溪、落雁冲、鹅塘、金凤庵、两下江、安集、大陂、吉庆、土桥、洋溪、筱溪、小南山、大水桥、张家冲、峡山、土居、毛易铺。

（二）涟源、双峰、娄星区产茶高速扩展

1859年4月，上海英商宝顺洋行曾派容闳等至湘潭购买生茶，交木帆船运沪。当时湘潭县茶叶产量不多，主要是以原湘乡县各地和安化兰田、桥头河的红毛茶混合加工。随着红茶贸易的日益发展，茶商于是深入产地，设茶庄加工装箱，陆续设置的地点有：兰田及其附近的六亩塘、杨家滩（今属涟源市），娄底、新边港（今属娄星区），永丰镇

的五里牌、大村（今属双峰县），谷水（今属湘乡市）。最盛时有三四十家。归入湘潭茶出口。湘安茶马古道的发现，也佐证了这一事实。湘安茶马古道的走向为梅城—伏口—涟水—湘江，进入洞庭湖入长江、汉水，带动这些地区的茶园种植，面积扩展。此外，涟源市的桥头河、双峰县青树坪，仍见有旧式茶行的建筑物留存，说明那里也有茶商设庄加工。

1868 年，双峰人朱紫贵（系永丰镇一店员）经营红茶，加工运往汉口外销，以后在湘潭、安化设茶号数家，积资达白银百万两。朱紫贵茶庄的设立，就地收购、加工，使双峰、娄星区茶园面积扩展，推动了当地茶叶的发展。

截至 1886 年，是娄底产茶的高峰期。

清末，娄底茶叶不断减少。1891 年，随着印度、锡兰（今斯里兰卡）红茶兴起，英国进口转向印度、锡兰，在汉口大量减少两湖红茶的进口，购进量不及往年的十分之一。而且大压茶价，价格由每担白银四五十两降至二三十两。虽有俄商乘机收购廉价的次级红茶，但湖红外销总量呈下降趋势。1908 年，“湘潭茶”在汉口外销 80347 箱，其中兰田、永丰红茶 64450 箱。1909 年“湘潭茶”出口下降为 46532 箱，其中兰田、永丰红茶 37644 箱。1910 年出口 58183 箱，其中兰田、永丰红茶 45818 箱。新化红茶“由 30000 担降为 2 万担到 1 万担，常年 1.25 万担左右”。

从娄底茶叶的历史来看，尽管时间久远，有关娄底茶的记载散见于各大书册，很多记载也遗失在时间的长河中，没有一个系统的记载。但从历史记载中，我们可以看出娄底茶的历史脉络和历史传承。娄底茶叶在时代变迁中不断发展。

第三节　近代茶事

1912 年宣布废止贡茶制度。

民国时期社会不稳定，国家持续动荡，社会各种矛盾交织，饱受战火侵蚀，社会经济发展停滞，加之湖南红茶高度依赖出口，战乱导致出口受阻，娄底茶叶受此影响持续减少。1914 年第一次世界大战爆发，各国为贮备物资，大量进购湖南红茶，湖南红茶出口短暂达到了 70 万箱的高峰，娄底茶叶产量相应增加以供应出口。此后，国外世界战乱和经济衰退，国内军阀混战，使茶叶出口锐减，几乎停滞。据《湖南省新化茶厂厂史》记载：新化红茶 1915 年产茶 2 万担且造成滞销积压。据《湖南省涟源茶厂厂史》描述：“第一次世界大战以后，西欧各国经济衰退，俄国十月革命后，连年内战，外汇缺乏，都无力前来中国购茶。1917—1921 年，湖红出口一落千丈，几乎无人问津。”在如此困难的情况下，娄底茶叶仍在坚持中发展。

1915 年，新化宝大隆红茶荣获巴拿马万国博览会荣誉奖章，宝大隆老板为曾昭模，新化孟公人，曾分别在安化、桃源设立宝大隆茶号（图 1-13）。1930 年，宝大隆迁址新化县杨木洲。

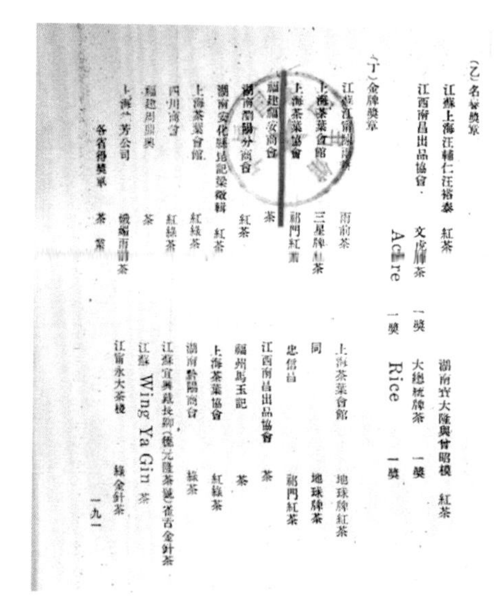
(乙)名譽獎章
江蘇上海汪裕仁汪裕泰 紅茶
湖南寶大隆興曾昭模 紅茶
江西南昌出品協會 文虎牌茶 一獎
大總統牌茶 一獎
Rice 一獎
(丁)金牌獎章
雨前茶
上海茶葉會館 地球牌紅茶
上海茶葉會館 三星牌紅茶
同 地球牌茶
上海茶葉協會 祁門紅茶
忠信昌 祁門紅茶
福建福安商會 茶
江西南昌出品協會 茶
紅茶
福州馬玉記 茶
紅茶
上海茶葉協會 紅綠茶
上海茶業會館 紅綠茶
湖南黔陽商會 綠茶
四川商會 紅綠茶
茶
江蘇 Wing Ya Gin 茶
上海一芳公司
江甯永大茶棧 綠金針茶
一九一

图 1-13 1915 年巴拿马万国博览会中国茶叶获奖名录

1916 年，湖南省曾在长沙成立茶业总会，并于安化、湘乡等地设立分会。总会鉴于各地经营的茶商过多，有的小本或无本茶贩也设立茶庄，全靠借贷经营，常有掺假作伪进行投机倒把的事情，以致影响所有“湖红”的信誉，给外商以压级压价之机。因此发布公告，限定各地茶庄数量，要求茶庄有一定的股金存入茶业银行，并规定各茶庄制造茶叶数量。其中规定兰田设 4 庄，永丰、娄底各 2 庄，杨家滩、大村、新边港各 1 庄，都须在茶业银行存入白银一千两，领取乙种票营业，每个茶庄年产茶不得超过 2400 箱。由于湖南军阀更迭，时局动荡，省茶业总会成立不到一年，自行解体。

1922 年，苏联组织来华购茶，欧、美、澳也有少量茶商前来采购，娄底茶叶有所恢复。1923 年，包括涟源、双峰、娄星区在内的“湘潭茶”出口 107273 箱，占湖南出口茶叶 40 万箱的 26.8%。

1927 年，湖红出口大幅度下降，娄底茶叶也随之受到影响。直到 1933 年才进入一个短暂的恢复期。1922—1936 年间，“湘潭茶”在汉口口岸累计出口 534669 箱，平均年出口 35645 箱。据载：1935 年兰田出口 22226 箱，1936 年兰田出口 9030 箱，永丰出口 5989 箱，娄底出口 140 箱，1937 年 1—6 月兰田出口 18464 箱，永丰 3276 箱，新化县茶叶归于“安化茶”出口，1933 年 23286 箱，1934 年 12143 箱。据湖南省茶叶试验场 1933 年调查，新化有茶园面积 3 万亩③。

尽管当时社会动荡，但娄底茶叶在湖南还是占据重要位置。

一、1930 年

1930 年，新化茶叶界发生了一件足以改变娄底茶叶格局、夯实娄底、新化茶业基础的大事。

③ 1 亩 =1/15hm²。

1930年以前，新化所出之毛茶，或由外埠茶商收买，或由本地茶农迁至安化、东坪，制成红茶然后装箱出口。本地茶业巨商曾硕甫，因感采运之不便，地方权利损失之可观，乃号召本地茶农，集资纠工、择定产茶中心地区，于资水西岸、接近安化边界之处地名杨木洲者辟为茶市，更名西成埠以与东坪相对立。设茶庄八家，茶叶工会一所。所内附设茶人子弟初级小学校校舍一栋。经时四载，于1933年完成，工程颇为浩大，建筑之整齐、坚固，实为内地小市镇之冠。从此新化之茶即集中于此，制造装箱后，直接向外推销，无须再假手外帮人或转运东坪，资江上游的新邵、邵阳、隆回、洞口等地之茶也运送至此地加工成箱。另建有南杂、药店、旅店、百货16家商店，成为新兴的茶叶集散地。八大茶庄据王彦《新化之茶》调查，1940年有职员354人，工人833人，拣茶女工4000人。此后，新化县城向化街松山坪有茶庄一家，由陈云樵兄弟投资兴建，经营年代不长（表1–1）。

表1–1　新化县杨木洲（西成埠）茶庄列表

牌号	经营者	牌名	经营者
宝大隆	曾硕甫	宝记	曾帮翌
丰记	曾盈科	裕庆	刘继尧
宝聚祥	曾显科	富润	陈言俘
富华	陈佐唐	光华	张绪光

这是新化红茶本土工夫红茶精制加工的开端，也是新化红茶人才、技术、资本的积累，为后世茶叶发展打下坚实的基础。

《新化县志》记载：1933年，杨木洲宝大隆等几家茶行所产新化红茶，参加美国芝加哥举行的万国博览会（现今所称世博会，如上海世博会、米兰世博会），其中宝聚祥“雀舌”“珍宝”牌红茶荣获优质产品奖。

二、1933年

1933年，湖南红茶出口有所上升，娄底茶叶缓慢恢复。1937年7月后，民国政府为了争取外汇，于1938年起实行茶叶统制，货款茶商收购原料加工红茶，先后由湖南茶业管理处和国营中国茶叶公司在衡阳收购，统一运销出口。

1934年，中国农村经济研究会出版的《农村经济》刊载有杜劳著《新化的茶》一文，记述新化产茶500t，有杨木洲、洋溪、炉观三大茶市，其中以杨木洲茶市最大，新化茶产品以安化茶名义外运。该文记录了当时的新化产茶盛况，农户产茶多的有50~100kg，少的也有20~30kg，以及从农户手中收购红毛茶的价格、收购方式和市场行情变化等。同时，对红毛茶的制作方式也有说明："茶叶摘下来，遇着晴天，在日下晒软，否则荫之使柔，由他们赤足将茶一堆堆的放在地上踩，踩至茶叶卷细为度，或是由自家妇女用手揉搓。踩过，散布在坪里当阳曝晒，遇阴雨天，就用炭火烘。晒到略干，他们用一块大布将其包裹，或即以席覆盖其上，当阳暴晒，俗称"发汗"。发汗后，再将其散布于坪内，直至晒干为止。"其红毛茶制作环节，与现代红毛茶制作大同小异，只是现代红毛茶制作技术之先进，工艺之精湛，与那时不可同日而语。这种制茶方式受到作者的严厉批评，认为"近年华茶市场日就缩小，出口额已由二百余万担减至数十万担，这种恶果，是因华茶栽培不良，制法恶劣，以致不能与印度、锡兰、日本、中国台湾等茶竞争。"为茶叶的种植、加工技术进步带来了反思。

1935 年《湖南茶产概况调查报告》记载："湘乡产茶为大宗，产茶遍及全县，就中产量之丰，以东南之永丰（今双峰），及西南之娄底（今娄星区）、杨家滩（今涟源市）等处为最著。""茶商多为本帮，集中于五里牌，早具悠远历史。当茶烽最盛时代，常有客商二十余家，来此贸易。兹据前年调查，尚有聚宝堂、谦裕祥、正胃祥、福记、缘记、正记、升春、李长发、顺长等九家均系采买毛红、花香、大包，颇少采买茶箱，每家资本约数千元，均由帆船运至易家湾交车运汉销售。青茶产量稍逊，除内销本省外，亦略有运往他省销售者"，调查不包括新化县、冷水江市、涟源市兰田、桥头河等地（当时属安化辖区）。可见当时娄底已成为茶叶主产地区之一。

娄底茶叶至 1941 年湖红茶出口数量如表 1–2：

表 1–2　娄底"湖红"茶出口数量表

年份	新化 / 箱	兰田 / 箱	永丰 / 箱
1933	23286		
1934	12143		
1935	12500	22226	
1936	12500	9030	140
1937	12500	18464	3276
1938	6904	1880	
1939	9297	6070	1707
1940	6803	3003	
1941	2105		

注：1. 每箱约 35kg。2. 本表根据 1988 年 8 月《湖南省新化茶厂厂史》《湖南省炉观茶叶科学研究所所史》《湖南省涟源茶厂厂史》统计。娄星区产茶因当时与永丰同属湘乡，数据无法分开，计入永丰。冷水江市原属新化，数据计入新化。空格处为无统计。

三、新化产茶 30000 担

1940 年 7 月，王彦《新化之茶》记载："新化县境，田少山多，尤以北部与安化接壤之区，丘陵盘旋，万峰重叠，如乐山乡、平山乡、镇资乡、大和乡、四教乡、罗江乡等，山地居民，凡有土有地之家无不栽种茶树，以此营生，历有年代。"更特别指出新化茶叶"在湖南之茶业地位上亦恒居第三四位"。关于新化茶的产地和产量，《新化之茶》记载："新化之茶产于县境北部，计共四区十七乡，最盛者为一区之中和乡、永安乡、遵义乡、镇梅乡，年产约一万二千担，次为七区之乐山乡、鹅塘乡、吉塘乡、平山乡、罗江乡，年产约九千担。又次为八区之礼智乡、太和乡、四教乡、镇资乡，年产约六千担。更次为二区之安集乡、太陂乡、蜈赤乡、吉黄乡，年产约三千担。"加上其他各乡，新化全境产茶 3 万担以上。

四、茶园的培管和采摘

由于娄底历史以来有种茶的传统，形成了良好的种茶习惯。《新化之茶》记载："茶之于茶农，虽似正业，又为副业，山土虽以栽培茶树为主，而直接为茶树培育之时则又极少。普通茶树多植于土畦之两旁，行间四五尺[④]，株间一二尺，土畦之中经常栽种其他农作物，茶农于春秋雨季，锄土使松，去其杂草，施以人粪尿或堆肥，然后播种高粱、麦子、棉花、大豆、红薯等类于其间。待至收获时期，如事属必要，或再翻土一次（如挖花生红薯之类）。茶树即在此种条件下，掠得胜馀，间接因沾受其惠，但亦有一种例外，设遇销场旺时，如茶价特好，茶农或亦于春茶摘后施肥一次，以促进子茶和禾花茶之茂盛，以谋增加产量。"

茶叶的采摘，也有了鲜叶的等级之分，而且茶树的利用率颇高，春茶、子茶、禾花茶、白露茶都有采摘，茶叶一直采摘至秋天。《新化之茶》载："每届阳春三月，时和气清，原隰郁茂，百草滋荣。斯时茶亦不会例外，几悉小雨过后，嫩芽随之怒发，待彼纤纤之容，如玉簪，如雀舌之际，农家便呼邻叫友，穿山踏岭群趋摘之，是为春茶。摘茶人多属妇女，早出午归，各显身手，有一日能摘得八九斤者，有仅能摘得二三斤者，视工作效能之高低、茶叶之粗细，定所获工资之多寡，茶叶细，所得工资高，但所摘数量少，每摘生茶一斤，工资高者一角以上，低者五分三分不等，平均每人每日所得总在三四角之间[⑤]。春茶摘后不及一月，茶树又发出二次嫩芽，是为子茶。子茶摘后待至禾花开时，茶树又发了三次嫩芽，是为禾花茶。禾花茶摘后，待至农历白露节，茶树又发出四次嫩芽，此时如茶价好，尚可采摘一次，是为白露茶。白露茶摘后则不可再摘，盖秋季之嫩芽必须

---

④ 1 尺≈ 0.33m。
⑤ 此工资系 1929 年春季调查数字。

供茶树本身之繁育。”

五、茶叶加工

茶叶的加工则以红茶为主，而红茶的初制，主要为手工制作。《新化之茶》载："茶农摘得生茶后，借日光晒萎，并踹出水汁装入木桶，令其发酵，待至相当程度，复散之，又晒又踹，又装桶发酵，如此反复解块二三次，任日光完全晒干，便成毛茶，乃可上市求售。"对红茶的精制加工，也有详细的描述："茶庄皆以制造红茶为业，从茶庄或茶贩收得毛茶后，即交由茶师鉴定品质，配发茶工，须经六七十次之拣筛，筛因孔之大小分为十个等次，三四次筛拣后，愈拣愈细，几经簸车，几次搭火，以茶之粗细，制成头筛、二筛、三筛几个品极，然后再加拌匀装箱。"

当时，湖南厘金局调查员王彦对新化茶叶进行了2个月的调查，撰写了《新化之茶》，该文详细描述了当时新化茶业的现状，新化茶叶恒居湖南全省三四位，加上涟源、双峰等地，娄底茶叶始终是湖南茶叶的主要产地。

另1996年《新化县志》记载，1949年以前，新化有茶亭488座。

1942年的抗日战争期间，日本接连攻占了上海、汉口、广州及南方各口岸，对国民政府实行口岸封锁。1942—1945年外销红茶已经无法运出国境，娄底全境茶商停业，仅仅产少量炒青供本地销售，茶园荒芜，面积大量减少。娄底茶叶步入低俗。据1988年《湖南省新化茶厂厂史》记载，至1946年前，茶园减少到1333hm^2。1946年后，世界各国经济衰退，前来购买的外商很少，到1949年新化红茶销售150t，全县产茶255t。兰田、永丰主要产炒青，多由茶贩运往长沙、滨湖各县及湖北内销。娄底茶叶进入低谷期。

综观近代茶事，在国家战火纷飞和社会动荡年代，社会和经济风雨飘摇。娄底茶人秉承着历史的责任与担当，在动荡中执着坚持，始终传承不断，推动着娄底茶叶的传承与发展。

第四节 现代茶事

娄底茶叶之前因战乱而衰落，茶园面积萎缩，产量减少。1949年全区产量不足1000t。

新中国成立后，娄底茶叶由国家统购统销，认真贯彻执行"发展经济，保障供给，城乡互助，内外交流"的方针。在国家政策的指导下，积极建设茶园基地，扶植生产，推动茶叶种植、加工技术进步，争取出口创汇。

1984年国务院下达《关于调整茶叶购销政策和流通体制改革意见的报告》，茶叶由二类物资划归三类物资，决定对内销茶和出口货源彻底放开，实行议价议销。娄底茶叶逐渐演变为社会主义市场经济调节购销。

经过几十年的努力，20世纪70年代至90年代，娄底茶叶的总产量、总面积长期居湖南第三、第四位。朱先明著《湖南茶叶大观》记载：1990年有茶园面积11420hm^2，占全省茶园面积的11.91%，居全省第四位；茶叶产量10930t，占全省茶叶产量的14.79%，居全省第三位；其中红茶产量9161t，占全省红茶产量的34.10%，居全省第一位。在全省102个产茶县中的产茶量，双峰第5位，涟源第6位，新化15位，娄星区22位。拥有新化茶厂、涟源茶厂2家国营茶叶精制加工厂和炉观茶叶科学研究所。娄底茶叶开创出历史上最高速增长时期，茶叶种植面积、产量达到空前高峰，茶叶产业全面发展。

娄底茶叶经历两个经济时代：

一是1950—1983年的计划经济时代。茶叶在1963年以前为国家一类物资，1963年划归国家二类物资，实行统购统销政策，每年下达种植、生产、加工、出口等计划任务，下属单位按计划任务执行。在当时的条件下，茶叶产业出现较快发展。据1982年9月《湖南省志·农业志·茶叶》载："随着茶叶生产的恢复和发展，我省的茶叶产地也不断扩大，全省102个县市都有茶叶生产，其主要产茶县有桃江、安化、益阳、临湘、涟源、汉寿、宁乡、平江、湘阴、岳阳、浏阳、双峰、长沙、汨罗、常德、临澧、茶陵、洞口、隆回、邵东、江华、桃源、新化、石门、兰山25个县，产量占全省总产量的85%以上。根据"因地制宜，适当集中"的原则，全省已经建立15个茶叶生产基地县，即安化、临湘、桃江、益阳、涟源、双峰、宁乡、汉寿、平江、湘阴、汨罗、长沙、新化、邵东、兰山县。年产茶叶达到5000t以上的有安化、临湘、桃江3个县，年产茶叶达到2500t以上的有涟源、汉寿、益阳、双峰等5个县。娄底市涟源、双峰、新化同时成为全省15个重点产茶基地县，使娄底茶叶在全省占据重要位置。

二是1984年至今的市场经济时代。茶叶划归国家三类物资，自由买卖，自主经营，市场调节。娄底茶叶发展以市场为导向，优胜劣汰，资源配置得以优化。市场供应充足、繁荣，茶园、茶场、茶厂、茶馆、茶店同步发展，百花齐放，茶叶呈现欣欣向荣景象。到2020年，娄底有茶叶类的省级龙头企业5家，市级龙头企业9家，规模企业33家，茶叶种植专业合作社63家，茶店126家，茶馆152家。

20世纪至今，娄底茶叶呈现出五个发展阶段，经历了恢复期—停滞期—繁荣期—衰退期—复兴期的曲折前进，使娄底茶产业达到了空前的历史高度。

一、恢复期（1950—1959年）

1950年2月，为恢复茶叶生产，建立正常的茶叶生产、加工、流通秩序，解决茶农经济困难，助力国民经济发展，湖南省政府发出“迅速恢复茶叶、油桐生产”的指示。

图 1-14 新化茶厂机房

湖南省人民政府指示中国茶业公司安化支公司派遣于非带队，到新化县杨木洲接管杨木洲八大茶行，对八大茶行采取租赁形式，雇用原有工作人员，成立中国茶业公司新化红茶厂（后改为湖南省新化茶厂，简称新化茶厂），于非出任厂长（图 1-14）。同年 3 月，新化茶厂在新化、冷江、涟源设立 9 个收购站收购红毛茶，娄底茶叶生产开始恢复。

新化县人民政府成立农建科，从新化茶厂抽调 40 人组成两个大工作组，专门负责茶叶的生产恢复和茶园培育工作，积极推动采制红毛茶，支持出口创汇。按政策发放茶叶专用贷款，每 50kg 茶叶发放大米 40kg，1950 年发放大米 31333 石，配发部分食盐、棉纱、布匹和制茶用的木炭等紧缺物资。

中国茶业公司安化支公司设立兰田（原属安化县）工作组，负责兰田、桥头河的茶叶专用贷款和粮食发放；中国茶业公司中南区长沙联络处在永丰、娄星区（原属湘乡县）设立收购站收购绿毛茶并发放贷款和粮食。

1950 年，新化红茶厂收购红毛茶 850t，其中，新化县（包括冷水江）582t，涟源 156t。双峰绿毛茶运往长沙，转运至汉口茶厂加工，数量不详。

1951 年 2 月，湖南省人民政府发出布告，实行划区收购政策。新化茶叶由新化茶厂收购，涟源茶叶由私营企业惠民茶厂收购，惠民茶厂破产后，改为长沙茶厂、新化茶厂收购，双蜂、娄星区茶叶由长沙茶厂收购。1959 年涟源茶厂建成投产，涟源、双峰、娄星区改为涟源茶厂收购。根据“产销分工”的精神，茶叶生产的种植、推广、技术改良、初制移归农林部门管理，茶叶的精制加工、内销调拨、出口归属中国茶业公司湖南省公司管理，下属设立精制加工厂。

1953 年，为抓好粮、棉、油、茶的生产工作，新化、双峰、涟源相继成立由县农建科、粮食局、供销社组成的统购办公室，领导粮、棉、油、茶的发展与统购统销，1955 年转为县农村工作部下属茶叶办公室。茶叶收购划归县供销社设站收购，再送交新化、长沙茶厂审评验收。至此，娄底茶叶产业从产、供、销全面完成整体布局和组织机构构成。

1954年，娄底推广农业生产互助合作社，土地收归集体所有，茶叶由合作社（生产队）集体种植和经营，这一制度延续到1978年。

1956年，双峰创建双峰县茶场，新化创建炉观茶叶初制厂。这是新中国成立后湖南省第一批新建的国营茶叶生产专业场，主要从事茶叶种植、生产、加工、示范推广工作，培养制茶技术人员。

1958年4月，商业部茶叶局发文，投资筹建湖南省涟源茶厂，指派新化茶厂厂长靳书玉负责成立涟源茶厂基建办事处。建设地址为涟源兰田镇九十岭，占地面积7.67hm²，总投资51.8万元，建成后年精制加工茶叶2500t。1959年6月建成，从新化茶厂选调技术人员和熟悉工人80多人，负责涟源、双峰、娄星区的茶叶收购和加工，极大地促进了涟源、双峰、娄星区的茶叶发展，是娄底茶叶产业的标志性事件。

1958年9月，根据“以后山坡上要多多种植茶园”的指示精神，娄底制订茶叶发展规划，积极开展茶叶生产。新化茶厂派出拣茶工286人下乡指导茶农采摘，抽调136名干部职工下乡扶植生产，举办培训班282次，培训茶叶技术人员4254人，召开生产经验交流会议32次，写出经验总结12份。新化发展茶叶生产的经验得到省人民政府重视，并在新化召开全省茶叶生产现场会，推广新化经验。

1959年，因资江河修建柘溪水电站，杨木洲小镇处于水淹区域，位于杨木洲的新化茶厂整体搬迁到新化县上梅镇崇阳岭。1958年筹建新厂，征地5hm²，投资40万元，1960年1月正式投产，建设时间12个月。迁厂过程中边生产边迁建，做到茶叶生产、新厂建设两不误。

在发展茶叶产、供、销的政策上，娄底主要采取以下政策措施：

① **设立茶叶收购站点。**在1950—1952年期间，由茶厂直接设站收购。1953年移交给供销社设站收购，各产茶乡镇都设立有收购站点，形成了全覆盖的茶叶收购网络。茶农所产茶叶由供销社组织统购，按标准发放茶叶预购定金和粮食补贴。

② **执行茶叶收购的“样价政策”。**落实“对样评茶，按质论坛，好茶好价，次茶次价”政策，制定分级样茶标准，按样茶标准评定茶叶等级和价格。

③ **对茶区茶农增加粮食供应。**交售给国家的红、绿毛茶，每100kg供应粮食28kg。

④ **加强技术培训和指导，扶持茶叶生产。**各县组织茶叶技术人员深入产茶区，进行茶叶种植、初制加工培训，推广先进的茶树种植和采摘技术，提高茶叶品质和产量。

⑤ **推广机械制茶。**新化、涟源、双峰先后引进木制揉茶机，然后仿制推广，提高了劳动效率和产品品质。

这些政策措施的落实，理顺了茶叶产、供、销的关系，茶农积极性高涨，使娄底茶叶迅速恢复和发展。截至1957年第一个五年计划结束，娄底产茶3795t，比1950年增长了三倍以上。1959年，娄底产茶4470t，其中双峰1290t，新化1700t，涟源1480t。

二、停滞期（1960—1969年）

1958年，浮夸风泛滥，也蔓延到茶叶行业。1959—1962年为提高茶叶单产，增加产量、产值，各地盛行增采秋老茶叶和提倡“愈采愈发”，致使大多数茶园“顶上摘帽子，中间解带子，下面脱裤子”，茶树成“光杆司令”，严重影响茶树生长，导致茶树发育不良，树冠加速老化，产量降低；其次，1960年开始的三年自然灾害，粮食匮乏，为缓解粮食供求矛盾，主要产茶区茶树与农作物套种间作的茶园，几乎百分之百地种上了小麦、红薯等旱地作物，很多茶园受到毁坏，部分地方甚至毁茶改种以增加粮食，导致茶园面积减少；第三，从1961年起出口苏联和东欧的红茶，大部分停止。娄底出口苏联、东欧的茶叶，转向西方和其他第三世界国家，因处于转型期，出口量显著减少。由于上述原因，使娄底茶园面积减少，产量由1960年的4710t，减少到1961年的2055t，1962年进一步减少为1555t，产茶仅为1960年的33%。1963年茶叶产量为1915t，此后有所恢复，至1969年，常年维持在2500t左右。

1964年，社队茶场开始兴起。娄底根据1963年农业部全国茶蚕工作会议精神“在优先发展粮食的同时，必须实行粮食和经济作物并举”，大力推广集体办茶场的典型与经验，鼓励茶区在不影响粮食生产的同时，以社队为主体，组织劳力垦荒建设集体专业茶场和联合兴办茶叶初制厂，产生良好效果。据1964年双峰县农业局统计，全县540个产茶大队，采取以大队办茶场的54个，占10%；几个生产队联合办初制厂的314个，占58%；以生产队办场的172个，占32%。1966年《涟源县垦荒办场的几点体会》一文描述：“全县已建立大小专业茶场254个，其中县办茶场7个，公社办茶场23个，镇办茶场2个，大队办茶场177个，生产队办茶场45个。拥有专业劳力4367人，栽种面积20094亩。”使娄底茶叶生产在较短时间内趋向于稳定。

随着社队茶场的发展，茶树种植新技术得以推广。在新茶园扩建中，开始改革传统丛式栽种的栽培方法，推行单行、双株条列式栽培技术；涟源龙建茶场、双峰茶叶示范场、新化吉庆茶场试验推行茶树短穗扦插育苗技术，为娄底提供茶树种苗。

机械制茶取得重大进步，大多地方开始采用揉茶机加工茶叶，干燥采用手拉百叶式烘干箱。这些技术的运用，告别了千百年来传统的手揉和脚踩的原始制茶方法，茶叶品质和劳动效率提高，具有划时代的意义。

1965 年，随着红碎茶制茶技术的进步，红碎茶制造技术逐步推广运用。

红碎茶始称为分级红茶，湖南省 20 世纪 50 年代中后期开始试制。1957 年 6 月，新化茶厂所属的炉观初制厂（后改为湖南省炉观茶叶科学研究所）、平江瓮江初制厂、安化茶叶试验场，率先进行红碎茶试制生产，开启湖南红碎茶制造之先河。

图 1-15 87 岁老茶人孟寿禄（左三）和 88 岁老茶人陈保国（左四）回忆当年娄底茶业盛况

娄底是开展红碎茶制造最早的地区，继炉观初制厂试制红碎茶后，1964 年双峰县茶叶示范场试制红碎茶成功，1965 年生产红碎茶 24.75t，直接交广州口岸公司出口。1965 年后在基础较好的公社茶场推广红碎茶试制。炉观初制厂、双峰茶叶示范场、龙建茶场等一批茶场，引进红碎茶生产设备和技术生产红碎茶。

图 1-16 茶园里的知青

1966 年，湖南农业、商业部门组织长沙、双峰、涟源、新化、湘乡，石门、安化七县 12 个国营、社队茶场扩大红碎茶试验，从国外引进依达式平盘揉切机，产品质量提高，湖南红碎茶制造取得重大进展。

图 1-17 正在倒茶叶的青年

1968 年 12 月 22 日，很多知识青年下乡来到娄底山区，开辟茶园，建设集体茶场，典型的有新化立新茶场、建军茶厂、山塘茶场、涟源茶叶示范场等，都是由知青为主开创建设的，推动了娄底茶叶产业的发展（图 1-15~ 图 1-17）。

三、繁荣期（1970—1992 年）

这一时期的娄底茶叶，是历史上的鼎盛时期。标志性事件：一是社、队茶场的兴起；二是茶叶加工技术显著进步；三是 1984 年国家开放茶叶市场，茶叶市场繁荣，为娄底茶叶插上腾飞的翅膀。

（一）社队茶场兴起

社队茶场兴起，娄底茶园面积大规模增加，产销两旺，产业迈上新台阶。20世纪60年代中后期，由于社、队茶场兴起，娄底开辟的新茶园，到1970年陆续进入采摘期；20世纪70年代我国与西方关系改善，对西方茶叶出口旺盛，给发展茶园注入了新动力，茶园持续扩张，茶叶产量不断增加，呈现购销两旺的局面。到1982年，娄底产茶增长到8965t，其中涟源4105t，双峰2880t，新化1785t，娄星区85t，冷水江110t；1990年，娄底茶园面积达到历史顶峰的11420hm^2，产茶10930t，双峰在1994年产茶达到惊人的4465t。1974年双峰、涟源列入全国105个年产茶2500t生产基地县；1977年新化列入全国105个年产茶2500t生产基地县；1982年涟源、双峰、新化列入全省15个重点产茶基地县；1984年双峰、涟源、新化列为全国商品茶出口基地县；1985年新化评为对外经济贸易部优质茶出口基地县。

1971年，新化县共有专业茶场808个，建有新式梯级茶园面积2333.33hm^2。1980年，茶园面积3666.67hm^2，产茶突破1540t，1982年产茶1783t。

双峰乡村茶场稳步发展，面积扩大，到1981年底，全县共有社、队茶场643个，茶园面积2518.2hm^2，加上老茶园的垦复，共有茶园面积为5241.33hm^2。

涟源1980年茶园面积突破6666.67hm^2，社、队茶场覆盖每一个乡镇。

1972年农业部、商业部在湖南召开全国茶叶生产、收购经验交流会议，提出“茶叶生产要有一个较大发展”。湖南为落实会议精神，加速全省茶叶发展，省财政设立专项资金计划，扶持安化、双峰、涟源、平江、常德、湘乡、新化等11个县重点国营、乡村茶场，建立一批红碎茶生产基地。娄底各级政府积极支持红碎茶厂的发展，组织新化茶厂、涟源茶厂、炉观茶科所会同产茶乡镇建设红碎茶厂，到20世纪80年代初有红碎茶厂76家，其中双峰25家、涟源27家、新化19家、娄星区7家。

（二）红碎茶新产品研制和工艺研究取得突破性进展

从国外引进转子机、LTP锤切机、CTC滚切机，提高红碎茶生产技术。1979年成立湖南省炉观茶叶科学研究所（简称炉观茶科所），红碎茶加工工艺技术研究取得重大成果（图1-18）。“红碎茶新技术研究”课题，由炉观茶科所陶中桂、孟寿禄、谌根望，湖南省茶叶进出口公司欧阳吉华、刘定祥组成研究小组，先后仿制成功LTP锤切机、CTC滚切机；自行研制成功6CSJ-4型塑辊振动输

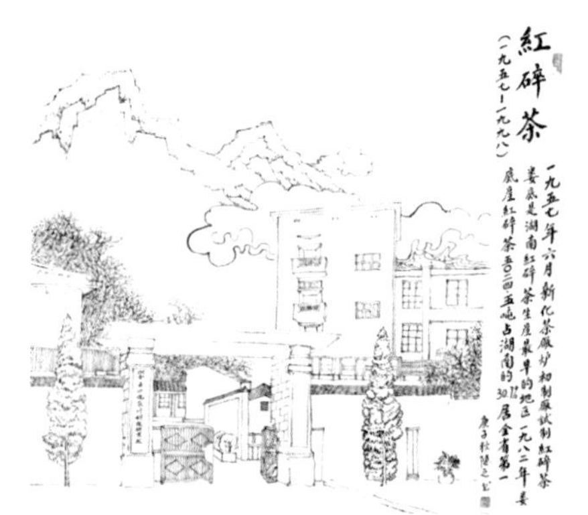

图1-18 湖南省炉观茶叶科学研究所

送静电拣梗机和散坨机；设计了通风、加湿、空调发酵装置。通过反复实验，研究出轻度萎凋—强烈快速锤切—低温高湿缓慢通气发酵—高温抑酶逐层降温干燥—振动摊凉散坨—静电拣筋毛片—简化精制流程—及时包装封口的全套新工艺。

红碎茶新技术的研究成果，1983 年 10 月由湖南省对外经济贸易厅主持鉴定，鉴定由中国土产畜产进出口公司、中国农业科学研究院茶叶研究所、中国茶叶加工情报研究中心、湖南省科学技术委员会、湖南省农业大学、湖南省农业科学研究院、湖南省茶叶科学研究所、湖南省农业机械研究所、娄底市科学技术委员会、娄底市对外经济贸易委员会等单位的专家、教授、学者 34 人组成。对此项成果审定，认为创全国先进水平。1984 年红碎茶新技术研究获对外经济贸易部三等科研成果奖。

6CSJ–4 型塑辊振动输送静电拣梗机由湖南省供销合作社组织专家鉴定，结论为 6CSJ–4 型塑辊振动输送静电拣梗机填补国内空白。1984 年 6CSJ–4 型塑辊振动输送静电拣梗机获对外经济贸易部四等科研成果奖。

仿制成功的 LTP 锤切机、CTC 滚切机由邵阳市科学技术委员会组织鉴定，结论为行业先进水平，1985 年由邵东茶叶机械厂批量生产。1986 年 LTP 锤切机、CTC 滚切机获湖南省三等科研成果奖。

该三项技术成果随后在全国推广，为红碎茶的生产发挥了重要作用，娄底随后迎来红碎茶的大发展。1982 年红碎茶产量达到历史最高峰，全市产红碎茶 5024.5t，其中涟源 2439.9t，双峰 1566.9t，新化 986.9t，冷水江 30.8t。1982 年的全省产红碎茶 16366.41t，娄底红碎茶占湖南红碎茶的 30.70%，位居全省第一。

随着红碎茶新技术的应用，红碎茶品质显著提高，1979 年 9 月炉观茶科所炉分 922105，参加全国优质红碎茶评比，被评为优质产品，并奖化肥 15t；1982 年 10 月，该所生产的 H7106 红碎茶被评为湖南省优质产品；1983 年 9 月该所生产的红碎茶被对外经济贸易部评为优质产品；1985 年 9 月该所生产的碎茶一号（上）、碎茶二号（上）被商务部评为优质产品；新化县金凤乡红碎茶厂戴光荣等研制的上档二号红碎茶，滋味浓强，汤色红艳，颗粒匀齐，产品全部远销欧美等国，1984 年获湖南省优质产品称号。

娄底红碎茶在全省具有举足轻重的作用。

（三）工夫红茶的精制加工技术迈上新台阶

工夫红茶一直是娄底茶叶的传统产品，在红碎茶大规模生产以前，工夫红茶占娄底茶叶的 95% 以上，随着茶园面积的扩展，工夫红茶产量不断增加。

1977 年新化茶厂收购红毛茶 3399.6t，红碎茶 673.45t，涟源茶厂红毛茶 3502.35t，红碎茶 1082.85t，超出两厂的最大生产量。为扩大生产，1977 年 11 月湖南省茶叶进出口公司决定在新化茶厂、涟源茶厂、平江茶厂建设首批立体车间。立体车间楼高四层，面积 $5000m^2$，生产工艺为联机流水作业，形成自上而下的机械联装流水生产线，生产工艺为筛分—清风—拣剔。1979 年初正式投产，年精制加工工夫红茶 5000t。立体车间的建成，提高了机械自动化作业水平，产量提高，生产人员减少，劳动效率显著提升。

1986 年湖南省茶叶进出口公司对机械联装流水生产线进行工艺流程审定，认为工艺流程在技术、经济、定额指标方面创造出历史最好水平，精制加工技术全省领先。其后，安化茶厂、邵阳茶厂、长沙茶厂、桃源茶厂、湘潭茶厂、石门茶厂均建设立体车间，采用同一工艺流程，促进全省工夫红茶精制加工技术的进步。

娄底红茶（工夫红茶、红碎茶）精制加工辐射到周边区域。根据茶叶划区收购政策，新化茶厂、涟源茶厂除收购娄底茶叶外，新化茶厂收购邵阳九县—郊区的茶叶，涟源茶厂收购祁东、祁阳、湘乡的茶叶。每年对这些县、市、区进行生产指导和技术培训，推动当地茶叶生产的发展。一直到 1985 年，茶叶市场开放才逐渐终止。

新化茶厂为全省各地输送大量技术人才，1958 年输送涟源茶厂约 80 人，平江茶厂 30 人；1978 年输送邵阳茶厂、湘潭茶厂各 30 人；调湖南省茶叶进出口公司数 10 人。其中周靖民、欧阳吉华、刘化行、刘玉球、陈立树、陈琦、张子益等都是专家型人才，走上重要领导岗位，为湖南茶叶发挥重要作用。

（四）娄底名茶制作技术取得新突破，成果丰硕

名茶的研究和制作，历代有之。娄底名茶主要选用生态环境优越、茶树生长优良的茶园优质鲜叶，运用独特的加工工艺制作而成。双峰碧玉创制于 1965 年，其 1988、1989 年和 1991 年均被评为湖南省名茶；月芽茶创制于 1985 年，形似娥眉月，故名，1986 被评为商业部优质产品、全国十二大名茶之一；湘中翡翠创制于 1986 年，1988 年评为湖南省名茶。

工夫红茶、红碎茶更是娄底名茶，主要以制作工艺而成名，不受产地限制，受到全国和世界各地消费者的喜欢，影响力遍及全球。《新化县志》记载："民国二十二年，西成埠 8 家茶庄精制红茶 23286 箱。有 23 个品名，其中宝聚祥茶庄所产"雀舌""珍宝"牌红茶，在美国芝加哥举行的万国博览会上获产品优质奖。"1952 年，农业部、对外贸易部、全国供销合作总社领导和苏联茶叶专家贝可夫、哈里巴戈、索里维也夫专程来新化茶厂参观制茶工艺。炉观茶科所、涟源茶叶示范场、新化金凤茶厂红碎茶更是获得部优、省优名茶产品称号。

1977 年 9 月，经国务院批准，将邵阳地区析置涟源、邵阳两个地区。涟源地区辖新化、新邵、邵东、双峰、涟源 5 县和冷水江市，地区机关驻涟源县娄底镇，后改为娄底市；

1978 年成立娄底市茶叶公司，负责娄底茶叶的生产、收购等业务；1980 年成立娄底市茶叶学会，负责娄底茶叶的技术研究、推广和技术人员的培训。

1980 年，全国各地农村实行家庭承包责任制，娄底乡镇的大队、生产队茶场全部分包到户。大队茶场采用个人或集体承包经营方式，主要承包指标为上缴利润；生产队茶场则将土地和茶园按人均面积分配到户，由家庭长期承包。20 世纪 80 年代中期，乡镇茶场、茶厂也引进承包经营方式，改变了过去乡镇企业的集体经营模式。

农村家庭承包责任制在茶场中的实行，导致生产队茶场解体，经营方式转变，激发了生产经营者的积极性，茶园管理、经营和集体经济组织形式发生深刻而具有历史性的变革。

1984 年 6 月，国务院批转商业部《关于调整茶叶购销政策和改革流通体制的意见》，茶叶划归三类物资，允许多渠道流通和开放市场。茶叶的产供销由国家统购统销的计划经济演变为以市场为杠杆的市场经济。娄底由此进入茶叶产业结构调整期，茶叶产业结构发生巨大变化，开启茶叶市场繁荣的新景象。

1. 茶叶收购市场繁荣

茶叶市场开放后，国家允许国营、集体、个体参与经营，形成了互相竞争的新局面，一举改变过去计划经济的独家经营模式，茶叶收购实行议价议销，互相竞争带来茶叶收购市场的空前活跃。

1985 年春，杨木洲村茶场陈建胜将生产的第一批春茶直接送交新化茶厂，新化茶厂将原本属于供销社的中间环节费用 10%、公差 3% 和山价核算给杨木洲茶场，开启政策转变的第一步。较高的中间差价费激发了茶商的热情，随后陈建胜、陈民权率先在琅塘镇的新佃桥设立茶叶收购站收购红毛茶，随之带动一大批人员设站，高峰期茶叶收购站多达数十家，逐渐形成新佃桥大茶市。次年，新化茶厂职工肖资才退职，在新化县城上梅镇设站收购红毛茶，年收购量达到 200t 左右；新化水车镇也形成了一个茶市，收购红毛茶的站点有 10 多家。随之，涟源、双峰亦有个体工商户设立红毛茶收购站经营红毛茶。与当时占主导地位的供销社茶叶收购站形成竞争。娄底茶叶收购市场形成国营、集体、个人三足鼎立之势。

市场竞争带来茶叶价格的上涨。1984 年以后，红毛茶价格呈现逐年上升，涟源茶厂收购的红毛茶，1984 年均价为 2174 元 /t，1985 年为 2715 元 /t，1986 年为 3740 元 /t，1987 年为 3716 元 /t，3 年平均涨幅为 24%；新化茶厂收购和红毛茶，1984 年为 2804 元 /t，1985 年为 3116 元 /t，1986 年为 3808 元 /t，1987 年为 4100 元 /t，3 年平均上涨 15.4%。茶叶收购价格的上涨，娄底 100 多万茶农收入增加，导致茶园面积和产量相应增加，给茶农带来了真金白银的实惠。

2. 茶叶行业管理体制发生深刻变革

1986年以后，国家停止下达茶叶计划调拨指令，改为以市场为导向的随行就市，产销不再执行国家计划价格，实行产品的议价议销，企业享有自主经营权。

娄底茶叶产业为适应新形势，市供销社成立了土产茶叶公司，市外贸茶叶公司转变为独立核算、自主经营的经济实体，又另行成立娄底市茶叶基地公司。收购茶叶的个体工商户纷纷涌现，高峰期茶叶收购个体工商户有300多家。新化圳上陈历圣在圳上镇开办全县第一家私人红毛茶加工厂，收购鲜叶加工红毛茶，开启娄底茶叶行业私人办厂之先河。加上原有的国营茶厂、茶场、供销社茶叶收购店和乡镇集体茶厂、茶场，形成了茶叶市场多家经营、竞争的新局面。根据新化县市场监督管理局统计1989—2019年的数据，新化县含茶字的企业356家，经营范围涉及茶的生产经营者868家。

3. 出现首批茶馆、茶店，丰富了茶叶消费市场

1990年，新化县注册成立第一家茶馆：新化县城关春乐茶馆。其成立于1990年5月10日，注销于1993年3月17日。注册资本5000元，茶馆性质是集体经营单位。负责人：杨其娜。地址：新化县西正街。娄底出现第一家茶馆之后，娄底茶馆大量出现。1986年，新化茶厂开办全市第一家茶叶店，位于新化县上梅镇城东路63号。此后，供销社、商业系统商场开始售卖茶叶，茶叶市场供应得到很大的丰富。

茶叶管理体制的转变和市场竞争机制的引入，激发了人们发展茶叶的热忱，吸引了大批人员参与茶叶行业的经营与管理，茶叶市场空前活跃，茶叶产业走向繁荣。从1984—1992年，娄底茶叶始终处于面积、产量的高峰期。据统计，1980年茶叶面积为19880hm²，1990年为11420hm²；1980年产茶9040t，其中红茶8710t，绿茶33t。1984年产茶8445t；1986年9958t；1988年10498t；1990年10930t。娄底茶叶的面积和产量稳步增长。

四、衰退期（1993—2006年）

娄底茶叶主要以出口为主，辅以少量的内销茶。据统计：供应国外出口市场的茶叶，占娄底总产量的90%以上。1989年后，以美国为首的西方和欧盟对我国实施经济制裁，导致对西方的茶叶出口受阻。随后的1990年东欧剧变，苏联解体，这些地区出现严重的政治、经济危机，这一系列的变化，使我国对苏联、东欧的出口也大量减少。受此影响，新化茶厂、涟源茶厂工夫红茶库存增加，1989年两厂首次出现亏损，其后每年都产生亏损，只能增加银行贷款负债经营，财务费用猛增，进入恶性循环。为了消化库存，两厂减少收购，导致茶叶收购市场疲软，出现茶农“卖茶难”的现象，“茶贼伤农”情况普遍，重挫了娄底茶叶生产。

1992年，茶叶出口补贴政策取消，对以出口为主的茶叶产地更是雪上加霜，使娄底茶叶产业发展停滞，娄底产茶产量1990年为10930t，1991年10398t，1992年9750t，1993年10729t，1994年10944t，1995年锐减至7869t，此后产茶逐年减少，娄底茶叶步入衰退期。

1989年开始有外地低档茶灰、茶末、茶梗进入双峰，用于生产复制茶，1991—1994年为复制茶生产高峰期。

1986年，复制茶生产技术从邻近的邵东县传入双峰。所谓复制茶，就是利用片茶、末茶，适当湿润、吸潮后使片茶、末茶软化，通过转子揉切机揉捻后，粘合成红碎茶的颗粒形状，归类为低档红碎茶出售。因为是复制成红碎茶的形状，故而被称之为复制茶。复制茶原料成本低，加工技术简单，产量高。前期复制茶因价格低，外形与红碎茶相仿，受到市场欢迎。到20世纪80年代末期，复制茶的生产逐渐变味，原材料由原来片茶、末茶发展到采用茶梗、茶灰等茶叶废弃品，茶梗用粉碎机轧碎，加入面粉、魔芋粉黏合。这种劣质品当成红碎茶出售后，有较高的盈利，受到红碎茶厂的追捧。受利益的驱动，到20世纪90年代初期，双峰全境红碎茶厂生产复制茶，涟源、娄星区有少数红碎茶厂跟进，新化也有个别红碎茶厂生产。复制茶主要送交以出口为主的茶叶公司出口，为复制茶生产厂家带来了短暂的利益。1996年，国外发现复制茶品质低劣，连带停止进口湖南红碎茶，并拒付货款，致使大量货款无法收回，资金链断裂。1997年，娄底红碎茶厂除少数厂家转型加工红毛茶、精制工夫红茶和绿茶，其他厂家全面停产，濒临倒闭，对娄底茶叶造成巨大的伤害。

1994年，新化茶厂通过与哈尔滨的一家外贸公司合作，与俄罗斯的企业达成高达1500t的工夫红茶边境易货贸易合同，用茶叶置换对方的钢材。合同的履行，消化了工夫红茶库存，红毛茶行情出现短暂好转，部分缓解茶农“卖茶难”问题。但随着合同的履行完成，茶叶销售仍然面临困境。1997年以后，新化茶厂、涟源茶厂的茶叶收购量逐年减少，而外地来娄底采购红毛茶的企业除了湘乡的私营精制茶厂外，国营精制茶厂基本停止。

1997年，湖南省涟源茶厂停产；1998年，湖南省炉观茶叶科学研究所停产；1999年，湖南省新化茶厂停产，2001年曾短暂恢复生产，但时间不长，隔年便继续停产。停产原因是企业连年亏损导致无法偿还银行贷款，银行停止贷款，资金链断裂，职工全员下岗。此后，3家企业再也没有恢复生产，直到2008年进入改制，职工解除劳动关系，进行经济补偿，企业关闭注销。据统计，新化茶厂欠银行贷款1410万元，利息1420万元；涟源茶厂欠银行贷款1180万元，利息1230元；炉观茶科所欠银行贷款和利息共计670万元。

此后，娄底只余下少数几家茶叶企业，如涟源市茶叶公司、娄底市基地茶叶公司、娄底市土产茶叶公司等，但生产时间都不长，也相继停产。至2006年，继续经营的企业只有新化县大石茶厂、新化县小桂林茶业，双峰县九峰云雾茶业等极少数。

供销社系统的茶叶收购站，处于经营体制的转型期，自身困难重重，特别是缺少茶叶收购资金，无法发挥茶叶收购的蓄水池作用，到1988年，供销社茶叶收购站全面停止茶叶收购。

湖南省新化茶厂、湖南省涟源茶厂是娄底茶叶产业的基石，1984年以前，几乎收购了娄底全境的茶叶。1984年以后，也有60%以上的茶叶通过两厂精制加工出口和内销，两厂是娄底茶叶进入国际、国内市场的最重要通道，茶叶产业链的中心环节。两厂的停产，造成产业链条断裂，娄底茶叶找不到市场的出口。除极少数茶农的茶叶在本地市场出售外，大量的茶叶无法出售，出现普遍性的"卖茶难"问题。由此造成茶叶弃采，茶园荒芜废弃。更有甚者，直接毁茶改种。娄底茶叶进入恶性循环，茶叶面积减少，茶产量降低，茶叶产业链和茶品结构步入调整修正、筑底转型期，寻找新的发展机会。

2002年1月10日，国家全面启动退耕还林工程，无偿向退耕农户提供粮食、生活费补助。受此影响，在当时茶叶市场低迷，茶叶销售困难的情况下，娄底山区地带种植的茶园，特别是间作和套种其他作物的茶园，大多数退耕还林，茶园改种林木，茶园面积进一步减少。到2006年，境内只有3家茶企业还有生产，另外有家庭小作坊生产绿茶和红毛茶，规模化生产基本停止。

在这个衰退期，娄底茶人做出了很多努力，不缺亮点，展现出茶人精神。2002年，新化县房地产商伍作燎先生在新化天门乡的高山荒地投巨资开发茶园，在尖石村、金马村、土坪村和凉风村种植茶园253hm²，开启私人投资茶业的先例。后来出现问题导致投资中止，但作为拓荒者，为娄底茶叶转型提供了新思路。此前，2000年，新化周迪元在孟公镇种植茶园10hm²，引进良种槠叶齐、碧香早等，建设集中成片、优质丰产的高标准茶园。该茶园经营至今，效益良好。新化大石茶厂坚持生产加工工夫红茶，高峰期年生产工夫红茶250t左右，凭借过硬的质量赢得市场信任，多次获得湖南省茶业集团股份有限公司优质茶基地先进单位称号；双峰九峰云雾茶业年加工茶叶300t左右。娄底茶叶度过最为艰难的时刻。

从2000年开始，娄底茶叶消费市场逐渐旺盛，茶馆、茶店兴起。其中较为有名的有北极星、梅山语茶等。茶店则分布较多，但大多店面不大，经营品种丰富，以外地茶为主，也有少量本地茶，极大地丰富了市场供应，使人们能随心所欲购买到自己心仪的茶品。

娄底茶叶之所以出现一个大的衰退期，使茶叶陷入低谷，当中有很多经验和教训值得总结，有主观原因也有客观原因，当为后人谨记，具体如下：

① **1984年开始的茶叶市场经济改革，茶企对市场变革准备不足。**已经习惯计划经济的茶叶产业，突然经历这样一个巨大的变革，整个行业表现出对茶叶市场经济的不适应性，对经济体制发生的结构性变化准备不足。如何去理解茶叶市场调节，并做出符合市场经济的行为，都处于一个探索阶段。娄底茶叶产业因此出现一个较长时间的阵痛期和适应期。

② **国际茶叶市场低迷，导致茶叶出口停滞，娄底茶叶没有及时转向内销市场。**20世纪90年代中期，国内茶叶消费增长快速，茶叶市场兴起，如广州芳村茶市、北京马连道茶市、西湖茶市等引发茶叶消费者的关注，带动了国内茶叶的消费。在此期间，福建铁观音、浙江龙井、云南普洱相继崛起，各领风骚，引领中国茶叶市场消费的潮流，而娄底茶叶没有积极参与其中，错失发展机遇期。

③ **复制茶的生产对娄底茶叶造成巨大危害。**复制茶兴起于20世纪80年代后期，于20世纪90年代初期达到顶峰。由于复制茶品质低劣，到后期发展为掺假掺杂，致使市场全面抵制复制茶，包括红碎茶也连带被拒绝购买，红碎茶到20世纪90年代中后期全军覆灭，这是市场法则对假冒伪劣产品的惩罚。结果导致茶农鲜叶无人收购，烂在树上，严重挫伤茶农种茶积极性，茶园大面积荒芜改种。

④ **职能缺失和监管缺位。**在茶叶市场经济的初期，对于如何发挥政策的引领指导，加强市场监管的认识不足，以为市场经济就是放任自流，自生自灭。因此在当时的实践过程中，市场监管处于缺位状态。由此导致茶叶市场竞争无秩，市场主体准入门槛低，伪劣产品如复制茶大行其道，损害了经营者和消费者的合法权益，对娄底茶产业造成巨大冲击，加速了娄底茶产业的衰退。

五、复兴期（2007年至今）

2007年前后，湖南茶业崛起，特别是湖南黑茶受到市场关注。中共娄底市委、市政府倡导和鼓励私营资本投资茶业，振兴传统的优势产业。娄底市农业农村局把茶叶列为五大农业支柱产业之一。新化县人民政府将茶叶列为脱贫攻坚、乡村振兴主导产业，“一县一特”发展产业。受此影响，陆续有企业和自然投资人投资开发茶叶，推动产业复兴。经过10多年持续不断的努力，娄底茶园面积恢复到9606.67hm^2，新化红茶成为县域公众品牌，民间资本投资茶叶10亿元以上，新增茶叶加工企业36家，茶叶种植合作社67家，娄底茶叶产业向优质、高效转型。

2007 年 5 月，新化茶厂厂长陈建明邀请湖南省茶叶进出口公司董事长陈晓阳，党委书记蒋幸东，由娄底市商务局副局长伍芬义陪同，开启渠江薄片原产地的考察之旅。参加本次活动的人员还有：陈远迪、杨年雅、刘兆华、胡家龙、曾启明、童采会、陈连生。这是娄底茶叶陷入低谷后的数年内第一次有省、市领导和专家参加的茶事活动，步行 5km 山路考察奉家镇的蒙洱冲，然后赴大熊山原始次森林调研当地生态环境和茶园。活动结束后，陈晓阳嘱咐陈建明组织开展渠江薄片的考证和开发研究。

2007 年 7 月，陈建明组织研究小组开展渠江薄片黑茶的专题研究，经过近一年的探索，2008 年 6 月产品正式定型。同年 7 月，成立湖南省渠江薄片茶业有限公司（简称渠江薄片茶业）；9 月，渠江薄片上市供应市场，受到消费者欢迎，引起茶业界人士和新闻媒体的关注，新化电视台、新化教育台、娄底电视台和 CCTV 电视台先后对渠江薄片进行专题报道，由此开启新化茶叶企业品牌化进程。2014 年渠江薄片茶业成为湖南省农业产业化龙头企业。

2007 年 1 月，蔡辉华在新化县桑梓镇（2018 年划归枫林街道管辖）向荣村开辟优质、良种茶园，经过 10 多年持续不断的发展，种植茶园 100hm^2。县农业农村局派出技术人员进行指导，使天鹏生态园成为管理一流的标准化茶园，为茶园种植提供了标杆和示范。2016 年天鹏生态园成为湖南省农业产业化龙头企业（图 1-19）。

图 1-19 天鹏生态园

2008 年 10 月，时任新化县政府办主任杨韶红带引渠江薄片茶业董事长陈建明，向彭展发县长专题汇报新化茶叶产业工作。彭展发县长鼓励渠江薄片茶业要采取“脚踏实地、稳步发展”的方针，指示采购渠江薄片产品一批，以支持茶叶产业的发展。2008 年 11 月，娄底市商务局局长苏旻协调采购一批渠江薄片产品，鼓励渠江薄片茶业大胆创新，开辟市场。2008 年 12 月，陈建明以新化县人大代表身份投书娄底市人民政府市长信箱，向张硕辅市长报告渠江薄片茶业的情况和茶叶产业的发展前景。张硕辅市长于 2009 年 1 月批示给市发改、科技等部门立项支持，并采购渠江薄片产品 800 盒用于 3 月全国“两会”期间和 9 月广交会期间的推介活动，支持渠江薄片茶业发展壮大，以实际行动推动娄底茶叶产业复兴。

2009 年 7 月，新化县发展与改革局局长何觉慧调研天门乡有机茶园基地，向县政府领导汇报，建议将通往天门有机茶园基地的 7.6km 山路建成水泥硬化路，保障车能通往茶园基地，以利茶园开发与建设，并建议天门乡产业发展以茶叶为主。同年 10 月，新化县移民局局长孙正海率渠江薄片茶业参加商务部举办的第六届中国国际茶业博览会，调研全国茶叶发展趋势，见证渠江薄片茶业出品的梅山毛尖被评为金奖的全过程，向县委、县政府报告茶叶发展情况；2009 年 11 月，彭展发县长组织召开县政府常务会议，专题研究部署新化茶叶产业的发展，时任县委书记吴建平在会上作出重要指示，形成《新化县人民政府县长办公会议纪要》，决定成立专项工作小组，科学规划，合理布局，建立农业产业发展引导资金，重点引导、培育优势产业；县经济开发区提供土地给渠江薄片茶业建设渠江薄片产业园，支持渠江薄片茶业做大做强；捆掷资金 300 万元用于新化茶叶产业的发展；2009 年 12 月，新化县发展与改革局制定出台《新化茶叶发展 5 年规划》，并发布于政府网站，鼓励企业投资新化茶叶产业，提出发展新化茶叶产业的指导思想、规划和政策，把传统的新化茶叶产业打造成新化的特色优势产业。新化茶叶产业由此进入政府政策引导、企业投资建设的新时期。

2011 年秋，涟源市桥头河白茶茶业有限公司成立，在桥头河镇的新种茶园 66.67hm²，品种为安吉白茶。渠江薄片茶叶产业园纳入市重点建设工程，2011 年 9 月开工建设。2012 年渠江源茶文化主题公园开工建设，开拓湖南茶文化与旅游结合发展的新路。

2009—2013 年，渠江薄片茶业积极参展湖南茶叶博览会，中国国际茶业博览会，湘博会，以及广州、上海、西安等地茶叶专业博览会，引起茶叶界及消费者关注。从 2014 年开始，新化县政府部门资助和组织茶叶企业参加省茶叶博览会，中国（中部）国际农业博览会。湖南省大湘西茶产业发展促进会也资助娄底会员单位参加各类型的博览会，推动娄底茶叶发展。

2013 年，新化县人民政府副县长李南新多次专题调研新化茶叶产销情况，听取茶叶企业关于新化茶叶产业发展建议，并赴外地主产茶区考察、了解茶叶发展情况（图 1-20）。从 2013 年开始，陆续有私营资本投资新化茶叶产业，先后有紫金茶叶、吉庆白茶、川坳白茶、国仲茶业等

图 1-20 中国台湾企业代表团访问渠江薄片茶业，时任新化县副县长李南新（右十一）陪同

规模性种植茶园，此后又有多家企业投资建设茶园基地，新化茶园面积增加。

2014 年 2 月，李南新主持召开关于解决新化茶叶产业发展当前有关问题的专题会议，提出发展茶叶思路，要求采取措施加快新化茶叶产业的发展，为发展茶叶产业提供良好的政策、投资环境，结合脱贫坚攻战略，在奉家、天门、金凤等山区发展茶园基地。

2014 年 4 月，新化县茶叶产业协会成立。同年 5 月，新化县人民政府发布新政发《新化县人民政府关于加快茶叶产业化发展的意见》，提出通过政府引导、市场运作、企业带动、农户参与，发展优质茶叶基地，培育和扶持茶业专业合作社和龙头企业；实施品牌战略，推动茶产业向标准化、集约化、品牌化方向发展；要求营造良好的发展环境，引导资金和生产要素投入到茶叶产业。文件提出四大工作重点：一是茶叶苗圃工程；二是茶园种植基地；三是加工基地，计划发展茶叶加工厂 20 家，培育 10 家左右年产值 5000 万元以上的企业；四是建立茶文化主题公园。根据文件精神，县农业农村局为主要实施单位，由此，新化茶叶产业发展进入快车道。

2014 年 8 月，蒙古国举办中国茶文化周，渠江薄片茶业随团参展，渠江薄片茶被蒙古国家博物馆收藏；同年 11 月，澳大利亚举办 G20 会议，为在 G20 会议推广中国文化，同期举办澳大利亚中国文化节，渠江薄片茶随团参展并成为文化节茶艺表演的主泡茶。

2015 年 4 月，渠江薄片茶业产业园建成投产，渠江源茶文化主题公园建成对外开放。4 月 27 日，结合渠江薄片产业园和渠江源开园仪式，新化县人民政府举办以茶文化为主题的茶旅文化活动，拉开对外推广宣传新化茶的序幕。当天，新化县委、政府在渠江薄片茶业公司会议室举行发展新化茶叶产业研讨会议，会议由新化县人民政府县长邓光吕主持。出席会议的有中国工程院院士、湖南农业大学教授、博士生导师刘仲华，全国政协委员、省供销社副主任李云才，湖南省农业农村厅副厅长兰定国，湖南省茶业协会名誉会长曹文成，湖南省茶业协会会长、湖南省茶业集团股份有限公司董事长周重旺，市人大常委会副主任龚彧，娄底市对外贸易促进会会长段大长，中共新化县委书记胡忠威，县政协主席刘巩成，时任县委常委、县委办主任杨韶红，县人大以及省市县相关部门负责同志出席研讨会。会议共同探讨研究，为新化茶叶把脉问诊，提出发展新化茶叶产业的指导思想、目标、规划、路径和措施，明确发展线路图。这是 10 多年来首次举行的关于发展新化茶叶产业高规格专题研讨会，为新化茶叶产业提供广阔的前景和空间。

2015 年 7 月，渠江薄片茶业出品的“渠江薄片”黑茶荣获百年世博中国名茶金骆驼奖，这是继 1915 年巴拿马世博会 100 年后的中国名茶评鉴，也是继 1983 年全国名茶评比，32 年后的又一次全国名茶评比。同年 9 月，新化县被列入湖南省新一轮茶叶产业重点布局县。

2016 年，渠江园茶园被评为全国 30 座最美茶园；同年，湖南省大湘西茶产业发展促进会成立，渠江薄片茶业、桥头河白茶、九峰云雾茶业成为促进会首批会员单位，授权使用“潇湘”省级公众品牌。2017 年、2018 年又先后吸收冷水江水云峰农业，涟源双促古贡茶业，新化天鹏生态园、天门香茶业、紫金茶叶（图 1–21）、国仲茶业、青文茶业、月光茶业、天渠茶业、桃花源农业为会员单位，增选陈建明为副会长，娄底茶叶在省内影响力扩大；同年新化县被授予湖南省十强生态产茶县。

图 1–21 渠江源紫金茶园

2017 年 11 月，市人民政府在第十九届中国中部农业博览会首次推荐新化红茶，市人民政府副市长渠立坚致推荐词，全面介绍娄底茶业和新化红茶的发展情况；时任市委副书记华学健亲切关心茶叶产业，多次参加娄底茶叶产业的重大活动；时任副市长梁立坚调研、考察、指导茶叶产业，指示娄底茶叶产业要整体推进、抱团发展；市农业农村局局长袁若宁多次考察新化茶叶产业，走访茶叶企业，重点支持茶叶产业发展，娄底茶叶产业进入新阶段。在市委、政府领导下，以市农业农村局为指挥中心，形成“以新化为主体，涟源、双峰为两翼”的茶叶产业布局。

（一）政府高度重视茶叶产业的发展

2017 年 11 月，省委副书记乌兰考察渠江薄片茶业，亲切关心茶叶产业的发展。

图 1–22 1933 年，新化红茶获得芝加哥万国博览会优质产品奖，2018 年 7 月，时任娄底市副市长的梁立坚（左一）重访芝加哥万国博览会中国馆

2018 年 7 月，时任副市长梁立坚率茶叶企业经贸代表团 11 人赴美国、墨西哥、古巴推介娄底茶叶，在美国旧金山举行了较大规模的娄底茶推广活动，现场与美国 2 家茶叶企业签约，推动娄底茶叶走出国门，走向世界（图 1–22）。2018 年 10 月，时任副市长梁立坚赴新化调研新化茶叶产业，召开有新化县委、政府和各部门参加的茶叶专题会议，指示新化茶叶要双轮（新化红茶、渠江薄片）驱动，实现高效、优质发展。同年 11 月在长沙举行的农博会期间，市农业农村局局长袁若宁率新化多家茶企访问湘茶集团，

并邀请湖南茶业界专家探讨娄底茶叶发展问题。

2019年，市农业农村局局长袁若宁多次召开茶叶产业专题会议，听取企业意见，研究发展措施，推动茶叶产业的可持续性，决定筹组娄底市茶业协会，统筹茶叶产业发展布局（图1-23）。2020年1月11日，娄底市茶业协会成立，成立大会由袁若宁局长主持，中国工程院院士、湖南农业大学教授刘仲华、时任副市长梁立坚出席并作重要指示，市农业农村局党组副书记、副局长黄建明受邀出任协会名誉会长（图1-24），陈建明当选娄底市茶业协会首任会长。市农业农村局党组成员、副局长赵彩宏多次调研、指导娄底茶业。

图1-23 娄底市农业农村局党组书记、局长袁若宁推荐新化红茶

图1-24 娄底市农业农村局党组副书记、副局长黄建明报告娄底茶产业发展情况

新化县人民政府县长左志锋多次代言新化红茶，推广宣传新化红茶；时任县委副书记周海强，县人大主任姜世星、时任县政协主席杨韶红，县人大副主任曾欣华，副县长周晋、陈进，县政协副主席彭盛，多次参与指导、推介新化茶；新化县农业农村局采取有力措施，通过政策、资金、技术、推广等多项具体政策措施，推动茶叶产业的发展；新化县移民、发改、财政、经科信、扶贫等多部门协同发力，共同促进新化茶叶产业。

2020年1月，突发新冠肺炎疫情，受此影响，大部分茶企、茶店、茶馆停工停产停业，在疫情缓解后，为推动复工复产，市农业农村局点对点服务茶企，赠送防疫物质，制定复工复产计划；3月5日，娄底茶叶采摘开园，茶叶企业相继复工复产，渡过难关；9月，举行第二届娄底茶文化节，文化节期间邀约市直机关办公室主任参加，助推消费扶贫；10月，时任市委副书记华学健率新化茶叶企业访问湖南茶业集团股份有限公司，达成支持发展新化红茶产业合作；11月中国西部农业国际博览会上，时任副市长谢君毅接受新化红茶专题访谈，同时接受专题访谈的有中国工程院院士刘仲华、省茶业协会会长周重旺、新化县人民政府县长左志锋，介绍推广新化红茶；12月，2020湖南茶叶科技创新论坛在新化召开，中国工程院院士陈宗懋、刘仲华参加会议，论坛举行期间，举行了“论道新化茶”和“娄底茶产业发展专家咨询会”会议，专家针对娄底、新化茶产业发展情况，提出了重大发展建议，时任副市长谢君毅针对专家建议批复，要求按专家建议落实实施，为娄底茶产业发展持续加温。

2020 年 12 月，新化县委、县政府发文成立新化县茶叶产业发展领导小组，县人大常委会主任姜世星任组长，县委常委、常务副县长王文红，县人大副主任曾欣华，副县长周晋、邹谊翔陈进，县政协副主席彭盛任副组长。领导小组由相关职能部门负责人组成，下设领导小组办公室，由姜波任主任，袁圣杰、邹小雄、陈伯红、唐智斌任副主任，领导小组统筹新化茶叶产业发展。2021 年 3 月，新化县人大第十七届六次会议通过了《关于加快新化茶产业发展，助力乡村振兴的决议》，决议要求新化茶产业要乘势而上，打造成为新化支柱产业；要做好谋划，明确发展目标；要加强引导，激活市场主体；要明确责任，强化工作措施；要加强领导，优化管理机制。决议明确要培育 2 家国家级农业龙头企业，县财政每年投入 2000 万元，拉动投资 1 亿元用于茶叶产业的发展。决议的通过为新化茶产业的发展壮大注入了新动力。

（二）政策扶持力度持续加大

2017 年以来，娄底茶叶成为重点扶持的农业产业。先后有 5 家茶叶企业获得百企工程的资金扶持，每家扶持资金 70 万 ~100 万元；通过现代农业产业园建设，5 家茶叶企业各获得扶持资金 100 万元；通过财政农开办项目建设，3 家茶叶企业获得产业资金扶持；2017 年一二三产业融合专项资金 1000 万元落户新化茶叶产业，新化 16 家企业受益；2018 年通过特色农业产业示范片项目建设，获得专项资金 1000 万元用于茶叶产业，新化 17 家茶叶企业受到扶持；库区移民扶持资金也不断注入茶叶产业，新化移民管理局从 2008 年开始连续支持库区茶叶产业发展，给予建设项目资金支持；从 2016 年开始，省大湘西茶叶发展专项扶持娄底茶叶发展，以“潇湘”品牌为牵引，连续支持娄底茶叶专项资金约 1000 万元，发改、财政、经科信、商务、市场监管、扶贫等部门也通过各种形式和资金支持茶叶产业发展。

新化县人民政府每年拨付茶叶专项资金用于茶叶产业，与湖南省茶叶科学研究所签订长期技术服务协议，推动新化茶叶品质的提高，取得实际成效。2020 年，新化县实施新化红茶示范片建设项目，由 16 家茶叶企业共同实施，总投资 5000 万元，政府配套扶持 1000 万元，取得良好成效。随着政府政策扶持力度的不断加大，有力地拉动民间资本对茶叶产业的投资，近年来，民间资本投资茶叶产业数亿元，推动娄底茶叶产业走向繁荣。

（三）产业带动扶贫成效显著

随着茶叶产业的发展壮大，产业带动扶贫的效应越来越明显。茶叶种植主要在山区，而山区的贫困人员相对较多，茶叶产业的发展成为山区脱贫致富的主要方式。目前，娄底10多家茶叶企业先后与贫困户建立利益连接机制，优先雇用贫困人员就业，优先收购贫困人员茶叶，受益贫困人员数万人。特别是政府发放资金给贫困户，贫困户用该资金入股茶叶企业，企业给予8%的固定分红，从而使贫困户有稳定的收入来源。光大集团以这种方式参与新化扶贫，投资近1000万元；新化县用于茶叶产业的重点产业扶贫资金达1200万元，受益贫困户达到5500户，受益贫困人口为17600人（图1–25）。

图1–25 七十二岁老婆婆茶园采茶

（四）茶叶企业快速成长

茶叶企业是茶叶产业链的中心环节，上游连接市场销售，下游连接茶园种植，茶叶企业的涌现，显著带动了产业的成长。近年来，全市茶叶企业发展迅速，2008年7月，渠江薄片茶业成立，以品牌为中心，以市场营销为目标，取得良好成效，引发市场关注和政府重视。随着市场效应的形成，私营资本涌入茶叶行业，茶叶企业不断增加，形成茶叶企业群，由此推动着茶产业的进步和发展（图1–26）。

图1–26 企业员工包装茶叶

2019年，娄底拥有规模茶叶企业37家，其中省级龙头企业5家，市级龙头企业9家，具体见表1–3。

表1–3 娄底市茶叶加工企业基本信息

序号	企业名称	成立时间	单位地址	负责人
1	湖南省渠江薄片茶业有限公司	2008.07	新化县梅苑工业园	陈建明
2	娄底华盛茶业有限公司	2006.05	娄星区氐星路1682号	邓文锋
3	新化县天鹏生态园开发有限公司	2007.01	新化县枫林街道向荣村	蔡辉华
4	湖南省紫金茶叶科技发展有限公司	2014.01	新化县奉家镇渠江源村	罗新亮
5	新化县天门香有机茶业有限公司	2013.06	新化县上渡街道桥东社区学府南路109号	王洪坤

续表

序号	企业名称	成立时间	单位地址	负责人
6	涟源市桥头河白茶加工有限公司	2015.06	涟源市桥头河镇新华村	龚梦辉
7	湖南九峰云雾茶业有限公司	2010.07	双峰县石牛乡石牛村	李桥英
8	新化县青文生态农业发展有限公司	2014.07	新化县吉庆镇新陇村	欧阳辉
9	新化县国仲茶业有限公司	2014.04	新化县金凤乡尧湾柳叶眉中心基地	刘国仲
10	新化县天渠茶业有限公司	2017.06	新化县上梅镇	卿晓勤
11	湖南月光茶业有限公司	2017.11	新化县奉家镇百茶源村（原月光村）	黄东风
12	新化县顺丰茶业有限公司	2012.12	新化县梅苑开发区	李正堂
13	新化县桃花源农业开发有限公司	2011.03	新化县奉家镇渠江源村	李洪玉
14	湖南紫鹊界有机茶业开发有限公司	2013.11	新化县天门乡金石村	周荣华
15	新化县新丝路茶业有限公司	2017.05	娄底市新化县奉塘村	杨成岗
16	新化县天茗有机茶种植专业合作社	2011.04	新化县天门乡青围村	刘继来
17	湖南小桂林生态茶叶有限公司	2012.08	新化县孟公镇孟公村	周迪元
18	新化县大熊山有机茶场	2009.02	新化县大熊山林场锡溪工区	康凯兰
19	新化雅寒茶叶有限公司	1975.01	新化县西河镇双河村 3 组	刘卫
20	新化县茗陈茶叶有限公司	2018.03	新化县水车镇吉寨村	陈颖
21	新化县仙高里茶业有限公司	2018.06	新化县上渡街道学府南路	周辉耀
22	新化县雅天农业开发有限公司	2017.08	新化县天门乡土坪村	罗浩铭
23	新化县奉家川坳白茶种植合作社	2015.06	新化县奉家镇渠江源村	张娟红
24	新化立新知青茶场种植专业合作社	2018.06	新化县田坪镇犹南山村	莫保松
25	湖南省君和茶业有限公司	2015.06	娄星区新星南路	贺慧
26	新化县梅山峰茶业有限公司	2009.11	新化县梅苑开发区工业园内	陈连生
27	湖南水云峰农业科技有限公司	2013.01	冷水江市青园路（市企业社保局旁）	蒋红云
28	新化县天羽农产品开发有限公司	2017.07	新化县天门乡天门村 8 组	戴石斌
29	新化县科头乡真味茶厂	2017.01	新化县科头乡小浪村	肖瑶
30	湖南省慈和农业有限公司	2015.11	新化县上渡街道铁牛村六组	万斌
31	新化县上梅镇梅山茗茶有限公司	2017.11	新化县上梅镇	宋余梅
32	湖南古道黑茶有限责任公司	2015.01	娄星区新星南路	喻文琦
33	新化县金马农业开发有限公司	2016	新化县天门乡金马村	段东晖

（五）茶园面积和产量快速增加

图 1-27 采茶姑娘

据统计，2019 年，全市茶园种植面积约 9606.67hm^2，比去年增加 486.67hm^2，其中采摘面积 6533.33hm^2，比去年略有增加；全年干毛茶总产量 7950t，总产值 9.1 亿元，产量和产值都略有提升；新化县 2019 年新增茶园面积 453.33hm^2，茶园面积已达到 5333.33hm^2，茶叶产量 4750t，其中红茶 2656t，绿茶 820t，黑茶产量 1274t，综合产值 7.6 亿元。主要新增种植区域为奉家、天门、金凤、荣华、大熊山、水车、吉庆、桑梓、槎溪、田坪等雪峰山高寒山区域，发展品种为槠叶齐、碧香早、肉桂、黄金芽、安吉白茶。2020 年，娄底茶园面积进一步增加，结合产值提高，茶叶销售处于快速增长过程（图 1-27）。

（六）品牌影响力不断提升

2017 年娄底市人民政府在第十九届中国中部农业博览会首次推介新化红茶以后，2018 年、2019 年持续在 20 届、21 届中国中部农业博览会推介新化红茶。新化县人民政府于 2017 年的“神农茶祖节”推介新化红茶，2018 年底，新化红茶被评为湖南省十大名茶。同期被授予“国家地理标志证明商标”，成为新化县域公众品牌。两年中，娄底茶叶企业有 6 家红茶产品评为“潇湘杯”金奖，2 家企业获得湖南省名牌产品称号。

2019 年 4 月在渠江源举行首届娄底市茶旅文化节；同年 9 月，在湘博会期间由娄底市农业农村局、新化县人民政府联合举办首届“梅山茶文化节”，时任市委副书记华学建、时任副市长梁立坚、市农业农村局局长袁若宁、新化县县长左志锋亲自参加，各市县农业局领导与会，文化节活动丰富多彩，其中“世界水泡新化茶”活动（图 1-28），收集了全球世界各地的 10 种山泉水，最后评选出天门山泉水泡新化茶最好，用本地泉水泡本土茶，成了“一方水土养一方人”最好的诠释，本次活动成为梅山茶文化节最大的亮点；11 月，中央电视台连续一个月播放新化红茶广告，广告词为：世界遗产地，地道新化茶。2020 年，进一步加大了对品牌建设的投入，宣传、推广力度空前，新闻媒体报道娄底茶产业达数百次；12 月，娄底茶业协会出版发行《娄底茶事》杂志，杂

图 1-28 “世界水泡新化茶”活动结束后合影

志以茶载事，以本土文化为主题，以茶文化为载体，传播、推广娄底茶品牌，受到了广大读者的好评。

娄底茶叶企业在市县农业农村局的组织下，组团参加国内外展会数十次。省、市、县对外贸易促进会多次组织茶叶企业分别赴欧洲、美洲、非洲参展，推动娄底茶叶对外出口。湖南红茶产业发展促进会成立，渠江薄片茶业为促进会发起单位，娄底有 12 家茶叶企业加入协会，成为会员单位，陈建明、邹志明当选为副会长。娄底茶叶的发展成就得到茶叶界和市场的认同，消费者对娄底茶叶高度关注，品牌知名度、美誉度、影响力提高。

（七）茶叶消费市场繁荣

娄底茶馆、茶店近年来迅速增加。据统计，娄底有大型、中型、小型茶馆和家庭式茶馆 150 多家，大都装修精致、娴雅、仿古，有着浓郁的文化气氛。大型茶馆主要供消费者休闲、品茶之用，或朋友相聚，商务洽谈；而中、小型茶馆主要是茶界圈内人士相聚，品茶论道，讲究一个闲适之情；家庭式茶馆则是朋友、亲人相聚之用。茶馆经营侧重点各有不同，一个共同点就是以茶为媒，或交友、或聊天、或洽谈，在袅袅茶香之中，享受一种有品位的生活（图 1–29）。

图 1–29 年轻一代喜爱茶

茶馆采购和消费的茶叶，除了部分本土茶如渠江薄片、新化红茶等以外，还有普洱、铁观音、龙井、大红袍、正山小种红茶、金骏眉、君山银针、黑茶类产品等，品类丰富，消费者可以依据自己的爱好自由挑选。茶馆为消费者提供了丰富的选择。

娄底茶店较为普遍，一般装修精美，文化氛围浓郁。据统计，娄底有茶叶店近 200 家。集中在城区，乡镇较少，经营的品类有本地的新化红茶、渠江薄片、绿茶、白茶等，也购进部分外地茶。另外，大超市设置有专门的茶柜台，装修档次较低，以中低档茶供应为主，价格便宜。近年来，湖南省大湘西茶产业发展促进会倡导兴建潇湘茶品牌专卖店，以规范统一的装潢为特点，发展迅速。渠江薄片茶业在全国各地建设潇湘茶品牌专卖店 21 家，天鹏茶业、天门有机香茶业、紫金茶叶、国仲茶业、天渠茶业等相继建设有一批专卖店，推动本土茶走向消费终端。

（八）走出国门，走向世界

从 2014 年渠江薄片茶业参加蒙古国中华文化周开始，陆续有茶叶企业赴国外参展，推广娄底茶叶，使娄底茶逐渐走出国门，走向世界。

2017 年 6 月，渠江薄片茶业出口越南渠江薄片黑茶；同年 8 月，出口法国、瑞士有机茶产品，2018 年 11 月出口香港茶产品。2017 年渠江薄片通过欧盟美国有机茶认证后，加入国际公平贸易体系，每年获出口有机茶配额 80t，并通过国际公平贸易体系获得资金补助，推进茶叶的可持续发展。

2017 年，天门香有机茶业先后赴英国、迪拜参展。2018 年 5 月渠江薄片茶业、天门有机香茶业赴美参加世界茶叶展；同年 6 月，紫金茶叶、天门有机香茶业、渠江薄片茶业赴美国、古巴、墨西哥三国推广娄底茶；9 月，渠江薄片茶业参加莫斯科世界食品展。2019 年 1 月，天门香有机茶业参加迪拜食品展；6 月，渠江薄片茶业、天鹏生态园赴摩洛哥做茶叶专业推广（图 1–30）；10 月，紫金茶叶赴日本参展；11 月，渠江薄片茶业、天门有机香茶业赴澳大利亚参展。

对参展企业，市、县贸易促进会给予参展补贴。市、县商务局对茶叶出口企业亦给予项目资金扶持。

图 1–30 2019 年 6 月隋忠诚副省长（前排左九）率湖南茶叶代表团赴摩洛哥推广湖南茶，新化县渠江薄片茶业、天鹏茶业随团参展

第五节 重要历史贡献

一、茶马古道

茶马古道的提出，源自木霁弘和陈保亚先生的最早使用，后来学者先后提出茶马古道分陕甘、陕康藏、滇藏路，连接川滇藏，延伸入不丹、锡金、尼泊尔、印度境内，直到抵达西亚、西非红海海岸。据史料记载，中国茶叶最早向海外传播，可追溯到南北朝时期。当时中国商人在与蒙古毗邻的边境，通过以茶易物的方式，向土耳其输出茶叶。隋唐时期，随着边贸市场的发展壮大，加之丝绸之路的开通，中国茶叶以茶马交易的方式，

经回纥及西域等地向西亚、北亚和阿拉伯等国输送，中途辗转西伯利亚，最终抵达俄国及欧洲各国。

后来茶学学者对此不断地深入研究，内涵不断深化和丰富、扩充。现今大多数学者认为茶马古道指的是以茶叶贸易为核心的交通网，与古代丝绸之路走向一致，是产茶省份与市场终端连接在一起的贸易线路。湖南茶叶贸易在古代的主要走向为陕甘、陕康藏线路，当时湖南茶叶进入陕西后，从甘肃、新疆、西藏出境。

作为自古以来主要产茶地的娄底市，是茶马古道的重要发源地。唐宣宗大中十年(856年)杨晔《膳夫经手录》记载："渠江薄片，有油，苦梗，唯江陵、襄阳数千里皆食之"，新化茶叶在江陵、襄阳数千里的地方流通。襄阳地处长江流域和淮河流域的交汇地带，居汉水中游，地跨东经 110° 45′ ~113° 06′ 、北纬 31° 13′ ~32° 37′ ，北邻河南省南阳市，南与荆门市相邻，东接随州市，西连十堰市，是历史上的水陆交通要冲，很多特产都经此地中转。

毛文锡是唐末五代时人，字平珪，高阳（今属河北人）人。"年十四，登进士第。已而入蜀，从王建，官翰林学士承旨，进文思殿大学士，拜司徒，蜀亡，随王衍降唐"，其人一直居于长安，长安的毛文锡知晓渠江薄片并载入《茶谱》，说明那时的渠江薄片已经抵达长安。

郭红军编著的《黑茶通史——兼记民国茶事》考证："宋理宗赵昀登极时（1225 年），用其年号'宝庆'命名其太子时任防御使的邵州，并升邵州为宝庆府，辖境包括今新化及益阳市的一部分，新化与安化毗邻，因此十五世纪末西藏及西北地区所需用茶，常至'宝庆府'采办，新化、安化茶产得以运销边疆。"

至明代，明世宗嘉靖二十二年（1543 年）在新化苏溪巡检司设茶税官厅，额定每年收茶税银三千两。苏溪关位于新化县琅塘镇的苏溪村，紧临资江，是资江货运的必经之道，上游资江通道涵盖宝庆府全境，出了苏溪关就是安化县境。所有过往船只运输货物都必须在此停岸查验，缴纳税银。苏溪关是新化和宝庆全境茶叶运输的必经之路，宝庆府全境的茶在此课税出关。

万历十五年（1587 年）《明会典》中《茶课》记载："苏溪关照题准（题请皇帝批准）事例，每正茶一千斤，许照散茶一千五百斤，数外若有多余，方准抽税……依限运赴洮岷参将，转发洮洲茶司，照例对分贮库。"洮岷位于现今甘肃的岷县，洮洲位于现今甘肃省，又称临潭，地处中国内陆青藏高原东北边缘，甘肃省南部，甘南藏族自治州东部，坐标为东经 103° 52′，北纬 34° 10′ ~103° 52′。东邻岷县，北接康乐、渭源两县，与卓尼县插花接壤，说明那个时代宝庆茶和新化茶都已经销往边疆。

顺治九年（1652年）陕西茶马御史姜图南《酌蠲湖南并行边茶疏》奏称："汉南州县产茶有限，商人大抵浮江于襄阳接买湖茶。现襄阳水贩店户专卖与别省无引私贩，官商赍引无从收买，请求转饬宝庆府新化县严加盘验，并督催湖茶运陕。"这里所指"新化县严加盘验"，盘验地点就是新化苏溪关茶税厅，进一步证实新化茶叶运送经过陕西。

据《清史稿》（食货五·茶法）记载："我国产茶之地，惟江苏、安徽、江西、浙江、福建、四川、两湖、云、贵为最。明时茶法有三：曰官茶，储边易马；曰商茶，给引征课；曰贡茶，则上用也。清因之，于陕、甘易番马。"湖南产茶地有"善化、湘阴、浏阳、湘潭、益阳、攸、安化、邵阳、新化、武陵、桃源、龙阳、沅江十七州县。""茶务其市场大者有三：曰汉口、曰上海、曰福州。汉口之茶，来自湖南、江西、安徽，合本省所产，溯汉水以运于河南、陕西、青海、新疆。其输至俄罗斯、上海之茶尤盛，多有湖广、江西、安徽、浙江、福建诸茶。多售于欧美各国。盖茶之性喜恶寒，喜湿恶，又必避烈之风，最适于中国。泰西商务虽盛，然非其土所宜。不能不仰给于我国，用此遍及全球矣"，其所输之茶，有湖南新化县境的茶叶。

至此，我们可以清晰地看到，新化是茶马古道的货源地和起始地，途经区域为新化—湖北—陕西—甘肃—新疆—西藏—国外，也就是当今学者提出的陕甘路。

在古代，水路是主要交通要道，新化茶叶从县境船运码头运转，经资江运至苏溪关纳税，顺资江往下游出益阳进入洞庭湖；出洞庭湖后，汇入长江到汉口；从汉口往西进入汉水，由汉水至襄阳；从襄阳运至十堰登岸进入陆路运输到安康、长安；从长安运输到甘肃的洮岷、洮洲，再从洮洲发送到新疆、西藏和国外，以换取马匹。资江新化境内的码头是新化茶马古道的起始地，而新化县琅塘镇的杨木洲是新化的茶叶贸易中心，是新化茶马古道最重要的起始点。这就是新化茶马古道线路图，也有学者称之为茶船古道。

二、万里茶道

17世纪后期，茶马古道慢慢走向衰落，茶叶贸易受到严重影响。为了进行茶叶贸易交流，山西晋商开辟了一条新的茶叶贸易通道，最开始采购福建茶，经江西、湖南、湖北、河南、山西、河北、内蒙古，经伊林（今二连浩特）进入今蒙古国境内，穿越沙漠戈壁，经过库伦（今乌兰巴托）到达中俄边境的通商口岸恰克图。茶道向俄罗斯继续延伸，又传入中亚和欧洲其他国家。这就是学者所称的"万里茶道"。也是17世纪末和18世纪初的国际古商道，被称之为中、蒙、俄三国的"世纪大动脉"（图1-31）。

清咸丰年间，随着太平天国的兴起，福建等地贸易通道受阻，山西茶商转而采购湖茶，湖南茶叶经陆、水、湖运至汉口集中外运，湖南成为万里茶道的新起点。光绪末期，根据《清国茶业调查复命书》的统计，湖南产茶为 13 县，产量总计 491000 箱，新化茶叶当时归入安化茶统计，经资江运抵汉口。而涟源蓝田等地区归入安化茶，双峰、娄星区和涟源桥头河等地区则归入湘潭茶，经涟水入湘江运转到汉口，数量较大。因此，娄底一直是万里茶道的货源地和起始地。

图 1–31 新化县茶马古道示意图

资江从新化全境穿越，当时资江在新化有船运码头十多处，大多修建在水流缓慢，交通便利之处，比较有名的有栗滩、沙塘湾、上梅、大洋洲、白溪、曹船、琅塘、杨木洲码头，其中杨木洲码头是最主要的茶叶始发地，大部分茶叶从这里加工成箱，然后装船起运。因此，杨木洲也是新化万里茶道最重要的起始点。

除了通往俄罗斯的万里茶道之外，18 世纪中期开始，还有一条万里水道也是以新化为始发地。1842 年第一次鸦片战争后，清朝被迫开放上海、宁波、厦门、福州、广州口岸，新化茶叶从资江进入长江后，从长江经汉口运转到达上海口岸出海。1858 年第二次鸦片战争，战败的清朝被迫开放牛庄（后改营口）、台湾府（台南）、潮州（汕头）、登州（烟台）、淡水、琼州、汉口、九江、南京、镇江口岸。此后，新化运往上海的茶叶主要集中在汉口后出海。新化茶叶万里海道线路为：从新化各码头装船后，沿资江进入汉口，经长江到南京至上海出海，从东海经福建、广东进入南海，穿过马六甲海峡后往印度洋；经红海、雅典到达欧洲；往太平洋则到达美洲。可以称之为“茶船水道”。

“茶马古道”和“茶船水道”，促进了娄底与外地的文化交流，以茶为媒，推动了贸易的繁荣兴盛，带动了地方经济的发展。特别是娄底茶叶的兴衰，与茶叶贸易的发展有着直接的关联，贸易兴则茶业起，贸易衰则茶业落。

三、湘安古道

（一）湘安古道的走向

湘安古道分布在伏口镇的湘安村、林家村等地，往西北通向安化县城，东南通向宁乡、湘乡等地。湘安古道的始建年代，最迟可追溯到康熙五十年（路边石碑可证），现存古道（伏口段）长约12km，其中保存完整的路段长度7.5km，石级台阶长1.3m，宽约50cm，高10cm，使用本地常见的六面青片石拼铺（图1-32~图1-34）。古道路网：从安化梅城—清塘铺—久泽村—湘安古道（安化段均已不存在，现存古道均处于今涟源境内）—伏口—桥头河—顺涟水—湘乡、宁乡—湘潭—长沙—汉口。

图1-32 湘安古道

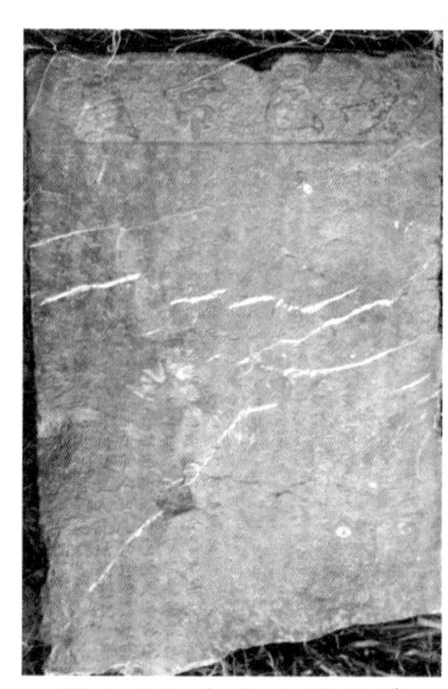

图1-33 湘安古道石碑

图1-34 湘安古道石板路

湘安古道自古就是梅山地区的重要通道、茶马古道、梅山兵道，是迄今为止发现的万里茶道（中国段）产茶区中，连续分布长度最长的茶叶运输道路，具有较高的社会、文化、历史价值。

（二）湘安古道的历史价值和地位

迄今为止发现的万里茶道（中国段）产茶区中，连续分布长度最长的茶叶运输道路所经伏口、桥头河、蓝田等地区在1949年10月前属安化辖地，也是万里茶道湖南段的主要产茶区之一。从交通位置看，湘安古道是将原属安化前四乡中的归化乡、常丰乡、丰乐乡、常安乡的茶叶集中运输到桥头河，通过涟水、经湘江运输到汉口的主要通道。湘安古道与《万里茶道申请列入中国世界文化遗产预备名单的文本》中的安化鹞子尖古道、湖北宜红古道相比，是最长的运输道路，具有重要的历史价值。

四、资江茶道与毛板船

新化县属山丘盆地，以山地为主，陆路交通险要。资江河穿越新化县境，是古代和近代的重要交通要道，对外交往主要沿资江的上、下游扩散。资江是新化的母亲河，也是新化茶叶的地理基因。新化茶叶沿资江出境，促进了新化茶叶的繁荣。

1912年以前，作为交通要道的资江，航运非常发达，一直是湖湘大地物资运输、文化交流的大动脉。“资水发源都梁，从城步、新宁至武冈州，北过邵阳县，以次纳夫水、邵水、云泉水，西过新化县纳白洋等溪，流经安化境，又纳山溪水十数条，南合伊水，北合善溪，入益阳界，又纳四里河、桃花港、兰溪等十余水，入洞庭湖。源远流长一千八百里，江面宽一、二里不等，四季皆有水通舟楫”。大宗货物都从资江船运出境。新化主产的煤、矿石、土纸、茶叶、玉竹、沙罐、石灰等从资江运至汉口等地出售。新化茶叶于资江出境后，与其他物资运到汉口出售不同，而是从汉口沿“茶马古道”和“万里茶道”一直跨洋过海，或穿山越水，走向世界各地，因而资江也被称之为“资江茶道”。

在这条茶道当中，产生了很多与茶相关的故事，这些故事体现在行船过程中船夫的号子声中，成歌于清代时期的《资水滩歌》。其中关于茶的歌谣有：“十里茶亭口也干”“琅塘有个卖茶客，至今没有回家乡”“千猪百羊万石米，城内城外一船茶”“山西来了买茶客，桥溪开了卖茶行。八卦滩上乌须坝，只见东坪好茶行。”“老板船靠黄牯坳，个个到此吃茶汤”“五里三路杨木洲，召集此处修茶庄”“三仙姑娘化溪会，路走十里有茶香”。《资水滩歌》描述的是资江河沿岸的景物、风光、物产及人物，与茶相关的歌句反复出现，从茶客、茶亭、茶庄、茶行，到茶船、茶汤、茶香，说明了当时采茶、制茶、品茶、卖茶、买茶非常讲究，新化茶叶产业非常兴盛，成为大宗外贸物资之一。

装载茶叶上船的地方主要是资江沿岸的船运码头，《新化茶马古道地名探究》一文专门对曹船码头进行过考证：

曹船码头属新化荣华乡鹊桥村，背靠山丘，面对资江深水水域。《资水滩歌》记载“槽船有个百步井，舵公就把船来湾。”该地原名为漕船。史书记载，古时官府从水路运输叫漕运，运输的船叫漕船。民国时期曹船码头有四个货栈（又可叫转运站）经营夹板纸和茶叶的堆放，货栈生意红火，上半年堆放茶叶，下半年堆放夹板纸。

从曹船码头上岸不远就是过街亭。过街亭现属过街村，过街亭的街道建筑屋前都有过亭，并安有简易的供人坐的揽凳板，街道有客栈、商店，有商业行为、街市的原始形态，街与亭有机地结合在一起。凡是从东边来的村村寨寨的人都必从过街亭经过。通过街亭运茶到漕船，过街亭就成了通道。于是又在过街亭一侧圈起四丈见方的马厩，方便茶客马帮人歇息，马喂食料，几乎成了驿站。到了谷雨后，过街、鹊桥两地挂牌收购茶叶，裕隆茶號一年可收购近百吨茶，当时过街亭和鹊桥热闹非凡，繁华辉煌（图 1–35）。

过街亭往北是掛榜山。掛榜山现属新安、白龙两村，掛榜山是安化茶客必经之地，当时新化、安化因山地争执而影响和睦，常有纠缠。这样使安化茶叶的运输受阻。当时有姓洪的人家从中斡旋，安化人修路，新化人修寺，以善为本，以广阔胸怀为基，宏大包容，和睦为范，寺以“洪范寺”命名，寺里常供茶水。这样掛榜山也就顺理成章成了茶道的通道。洪范寺既是茶道的驿站，又是邻县和谐相处的典范。安化古楼、将军等地茶农越过掛榜山，经过街亭到鹊桥卖茶，回头购马回乡。

曹船装船的茶叶到琅塘厘金局纳税，《资水滩歌》如是描述："琅塘有个厘金局，人人到此把船湾。靠船来把厘金过，船开橹响不为难。"然后行船到杨木洲靠岸，售卖给各大茶行加工成箱，再行运往汉口。

图 1–35 过街亭兴和隆茶号遗迹（2018 年）

因此，资江一直是新化茶叶的运输线和生命线。而毛板船的发明，使资江航运更为繁荣，推进了对外交流，带动了新化茶叶的成长。

在毛板船创造以前，行驶在资江的船只装载量小，容易损坏，而资江滩多水急，仅新化县境就有险滩二十多处，经常发生翻船事故，轻则货物漂失，损失惨重，重则船毁人亡，人财两空。《资水滩歌》有一句："灵滩洛滩不种田，一年四季靠翻船"，说的就是这两个地方靠救船打捞为生。

清嘉庆年间，新化人杨海龙设计了一种世界航运史绝无仅有的毛板船：用铁钉将近似原木的木板钉成扁平肚大的一次性船舶，缝隙用石灰、麻丝、桐油混合物填充。船舶一次装载货物 60~120t，容量大，载货量多，资江涨水时顺流而下直达汉口，先卖船木再卖货物，船员轻装陆路返回，获利甚丰。毛板船上有船工 11~30 人，8~12 面浆，船长 1 人指挥吹号，在农历二月涨桃花水到五月涨龙船水时开船，顺资水而下。到益阳晒茶后沿洞庭湖抵达汉口，卖掉船上茶叶和其他货物，拆散毛板船，把船板当木板卖掉，人员轻装返回家乡。《资水滩歌》这样描写了船工回家的心情："解下搭褙算完账，卷起铺盖回家乡。碎银买点小礼物，一家大小喜洋洋。一路时兴枕边讲，梦里滩歌长又长。"从此，毛板船盛行于资江，高峰期每年下滩的毛板船达到 2000 艘以上，千帆竞发，浩浩荡荡沿江而下："千只平船开下水，一路滔滔来下滩。""千人拱手开毛板，万盏明灯天子山"。毛板船在新宁、武冈、邵阳造好后放空到沙塘湾、北塔底、太洋江、杨木洲等码头，装载煤炭、矿石、土纸、茶叶、玉竹、沙罐、石灰等货物后直达益阳、汉口。

毛板船的底层装载煤炭、石灰、矿石，中层装载茶叶、玉竹，上层装载土纸（又叫夹板纸）、沙罐，以充分利用运载量与运载空间。茶叶一律用竹篓或竹筒包装。用竹篓或竹筒装载的茶叶，因为竹面拉力大，容易把茶叶捆紧拉实，遇到翻船或掉入河中，整篓茶叶漂浮在江面上，激流中遇上岩石撞击也不会破损散失，而茶叶因为用竹面捆扎结实，打捞上船的茶叶不会浸水，只是受潮，捞上岸晒干，茶叶不会变质。这也是现今所称“天尖茶”“千两茶”之类一定用竹面包装的缘由，竹篓或竹筒装茶一直沿用至今。船在资江河运输途中，茶叶因水流湍急而沾水受潮。因此，船行到益阳码头时要下船晒茶。茶叶在日晒过程中自然发酵，外形变黑，产生“金花”，这也是现代黑茶产生的起源。因此，黑茶的源起，与资江河、毛板船有着不解之缘。

毛板船的利润和商机使得资水上的码头昼夜忙碌，也使得码头上的村落极尽繁华。据《沙塘湾志》载:最多的时候，沙塘湾码头上停靠的毛板船达到 100 多只，佃住的船工、水手有 1000 多人，往来的商贾有 300 余人，有力带动了沿岸的消费。那些赚了钱发了财的人便在一些大点的码头附近置田买地建房，使得这里的码头有了一条条的街道和一排排的商铺，形成资水沿岸很耀眼的码头经济。

资江河的繁华催生出独特的船夫文化，“头顶太阳，眼睁邵阳，脚踏益阳，身在汉阳。尾摆长江掀巨浪，手摇桨桩游四方”。《资水滩歌》这首扣人心弦的豪迈歌谣，曾在资水和长江的千里江面上回荡两百多年。这首歌，一直唱到 20 世纪 60 年代。1957 年，资江修建柘溪水库，最后一批毛板船在益阳解体。

資水茶道与毛板船
資江是新化茶業傳承的地理基因 新化茶叶沿資江用毛板船裝運出境運往世界各地資水滩歌載五里三路楊木洲召集此處修茶庄 三仙姑娘化溪會路走十里有茶香

图 1–36 资水茶道与毛板船

新化毛板船极大地促进了航运的进步，催生了资江沿岸的码头经济，资江沿岸码头小镇云集，宝庆船帮在汉口修建了专供宝庆人用的长达一华里的宝庆码头和宝庆街。茶叶也因航运的进步而繁荣，“五里三路杨木洲，召集此处修茶庄”，“三仙姑娘化溪会，路走十里有茶香”，足见当时的新化茶叶盛景（图 1–36）。

五、杨木洲大茶市

杨木洲码头，是什么时候存在的，已无可考。想来有了资江航运，这码头应该是存在的。码头附近从上游的田寨湾到下游的方炉岩山，甚是平缓，长约 3km，宽 500~1000m。背面是山坡，不甚高，上了坡就是平台，甚宽甚广，一眼望不到边。杨木洲历代以种茶为业，茶园连绵十多里。茶，让杨木洲闻达天下，杨木洲也因茶而兴。

杨木洲地处新化县琅塘镇，东临资江，对岸是白塔村，资江河中心有一大一小两个沙洲，名为千兵洲。“千兵洲上抬头看，送出上来到琅塘（资水滩歌）”。杨木洲地名来源于千兵洲，因千兵洲长有大量的杨柳树，故而得名。资江到此被千兵洲分为大小两支流，大河靠近白塔，小河紧临杨木洲，小河流水缓慢，便于靠船，于是就有了停船码头。但一到枯水季节，小河干枯，船泊不能通行。又在小洲临大河边上修建一码头，枯水时人和物蹚过小河，到小洲码头上把茶叶装运上船。

在杨木洲大茶市形成以前，这里主要是陈氏家族居住，少有外姓，多以种茶为业，因独占着码头的管辖权，成为当地旺族。码头处有一条小街，从码头往西长约1000m，与官道相连。街道参差不齐，主要为杂货铺，也有驿站。街道后面，建有马厩，用来圈养马匹。码头的两侧，建有货栈，又称堆场。沿着小街往西进入官道，上坡约500m，有茶亭一座，常年供应茶水。茶亭为狭长形，两边置长板凳，供过路客喝茶歇息。那时的杨木洲主要是茶叶的集散地，铁炉、金凤、两江、孟公、天门、炉观等产茶地的茶叶，用马车走官道运送到杨木洲码头，装船后沿资江到苏溪关纳税后出境，运往汉口、襄阳等地。

杨木洲大茶市形成的时间是1930年。《新化之茶》载：“民国十九年前，新化所出之毛茶，或由外埠茶商收买，或由本地茶农迁至安化、东坪，制成红茶然后装箱出口。待至十九年下期，本地茶业巨子曾君硕甫，因感采运之不便，地方利权损失之可观，乃号召本地茶农，集资纠工、择定产茶中心地区，于资水西岸，接近安化边界之处地名杨木洲者辟为茶市，更名西成埠以与东坪相对立。设茶庄七八家，茶叶工会会址一所。所内附设茶人子弟初级小学校校舍，经时四载，迄民国二十二年下期方始完成，工程颇为浩大，建筑之整齐、坚固，实为内地小市镇之冠。从此新化之茶即集中于此，制造装箱后，直接向外推销，无须再假手外帮人或转运东坪。”

茶市有茶庄八家，分别是宝大隆、宝聚祥、宝记、裕庆、光华、富华、富润、丰记。沿资江河岸一字排开，长约三里。茶庄前临河修筑为街道，宽三四丈，方便马车停靠、茶叶堆放和出售。茶庄为砖木结构的两层楼房，外墙用青砖修建，层顶盖青瓦，内部为木结构，前面一层为过亭，过亭里面为茶叶收购店铺，店铺内有柜台，供茶叶收购评价、过秤、算账、付款之用，每个茶庄“外设仔庄二三处，仔庄设评价、审查、司账、司秤各二三人不等（《新化之茶》)”。二层正面建有过道，过道用木条做成护栏，从二层过道可以眺望资江，二层也就成了茶庄的办公室。《新化之茶》载：“各茶庄大都资本雄厚，组织完善，由股东大会至经理，经理之下设评价员一人，司账一人至二人，司秤一人，收包一人，茶师一人，栋房管理一人至二人，材料管理一人，其他职员多人。”茶庄的后面为加工区，与店铺用过亭相连，面积宽大，能同时容纳 500 人以上工作，所有茶叶的拣、飘、捞、筛、风选、烘干全部在里面完成。

茶庄外面修建有三大码头，从资江上游往下分为一码头、二码头、三码头，码头坚固紧实，用宽约 40cm，长约 1.5m 的青石条铺就。一个码头能同时停十多艘千帆船，蔚为壮观。

随着茶市的兴旺，茶庄上游又陆续修建了驿站、旅馆、杂货铺和学校，因为没有取名，人们将此地称之为“新屋里”，地名一直沿用了下来。后来有茶贩在此租用店铺收购毛茶，然后送交到茶庄，赚取差价。久而久之，这里也成了一个茶叶交易市场，兴旺时有十八九家。

八家茶庄规模宏大，《新化之茶》有载：“最多时每家有茶工七八十人，拣工四五百人，茶工或筛或车或捶花香，拣工拣选茶中梗子、粗叶、黄叶，拣工纯为妇女，当西成埠初建成时，此等女工最感缺乏，后经过茶商之鼓动和训练，近年来供求方不成问题。”总计算下来，茶庄有员工 4000 人，加上与茶相关的茶贩、运输等相关人员，茶叶从业者当在万人以上。

茶叶的来源主要来自新化主产区的中和乡、永安乡、遵义乡、镇梅乡、乐山乡、鹅塘乡、吉塘乡、平山乡、罗江乡、礼智乡、太和乡、四教乡、镇资乡、安集乡、太陂乡、蜈赤乡、吉黄乡 17 个乡镇。茶叶年产量约 30000 担。资江上游如现今的荣华、白溪、圳上、大熊山、油溪等地，以及更上游的沙塘湾、禾青、栗滩、龙溪铺，还有邵阳的茶叶，一起沿资江水道贩运到杨木洲售卖；杨木洲西面的铁炉、金凤、太平铺、孟公、炉观、水车、奉家、天门、洋溪、鸭田、金石桥、六都寨、小沙江一带的茶走陆路官道，用马车贩运到杨木洲。另外有一部分安化古楼、将军一带的茶则通过曹船码头贩运到杨木洲。

杨木洲大茶市的形成，不能不提一个人，那就是曾硕甫，新化孟公镇人，生卒不详。曾硕甫先生原在桃源、安化开设茶庄，获利甚多，为人品格高远，在茶界很有影响力。凭借他的为人，倡议在杨木洲建设茶庄，得到本地茶商的响应。杨木洲大茶市的建成，推动新化茶叶的发展，他居有首功。而且，他先后捐资修建了两条通往杨木洲的石板路，深得当地人称颂，值得后人铭记（图 1-37）。

图 1-37 杨木洲大茶市原址已经变成资江河宁静清幽的湖面

杨木洲茶庄建成后，茶市兴旺，一时间小镇很是繁华。船舶云集，往来商贾，络绎不绝。从汉口过来的茶叶采购商，每年都会定期来预订产品，由此而名声传播四方。杨木洲因此成了新化茶叶交易中心，其繁华程度又被称为“小扬州”。

新中国成立后，1950 年 2 月中国茶业公司安化支公司派遣于非带队接管八大茶庄，租赁八大茶行组建中国茶业公司新化茶厂，继续经营、加工茶叶以供应出口。并划定全邵阳地区新化、涟源、双丰、娄星、新邵、邵阳、邵东、隆回、洞口、绥宁、新宁、武冈、城步县所产茶叶全部运送至杨木洲新化茶厂统一加工出口。又继续扩建厂房 33 栋，并在各县设毛茶收购站数十家。1958 年，因修筑柘溪水电站，以八大茶行组建的中国茶业公司新化茶厂和杨木洲集镇处于水淹区，杨木洲集镇解体，中国茶业公司新化茶厂整体搬迁。新化茶厂搬迁至上梅镇崇阳岭，又有一部分人员调迁至涟源，组建为湖南省涟源茶厂。

杨木洲大茶市（图 1–38），一个时代，至此结束。

1965 年，有杨木洲秀才之称的陈继三先生响应库区号召，移民至西湖杨林寨。临行前，在家中堂屋的门板上用粉笔留诗云：“半岭茅庐古色添，四周草木更新鲜。今日扬帆移民去，另起炉灶建家园。”当时他是什么心情，已无从追忆。

图 1–38 杨木洲大茶市

若干年后的 2011 年，云南诗人尘封先生赋诗《杨木洲》：“蜿蜒资水绕陵丘，老镇新村俪景幽。宝号茶行留旧迹，星台志士著回头。古今饱学竞贤者，四季花开争艳柔。莫道山乡无去处，此间堪比小扬州。”

中国煤炭科工集团天地科技股份有限公司教授陈建成返回故里，亦赋诗《杨木洲》曰：“记得家山杨木洲，门前四季水清流。茶花引蜜春英好，橘树经霜不老秋。”

六、茶地名，一部活着的湘中茶历史

自古以来，娄底茶事繁荣，以茶命名的地方俯拾皆是。地名的得名来自各种因素，有来源于社会经济的发展，有与历史和地理地貌有关，有与神话传说有关，有与物产相关。娄底茶地名的出现，大多数与茶事相关，流传着很多典故和传说。经调查，娄底市与茶相关的地名有 100 多处，参考《湖南省娄底市地名录》，发现双峰县有 31 处，新化县 51 处，涟源市 12 处，娄星区 7 处，冷水江市 3 处。这些茶地名的出现，说明娄底茶事从古至今，历代传承，堪称写在娄底大地上的茶叶史书，是一个与茶相关的最有说服力的历史文化载体。

（一）茶竹坪（又名晒茶坪）

茶竹坪位于新化县琅塘镇的长乐村。古时著名的茶叶集散地，是一个宽敞、宏大的平地，因茶叶在此集中交易、装包、船运而得名。该地紧临资江，从茶竹坪往西1000m，是资江龙溪船运码头（现为资江汽运渡口），往南500m是礼溪集市。从龙溪码头过资江河不远处就是过街亭集市，也是一个很有名的茶叶集散地。

茶竹坪作为茶叶的集散中心，一直存在至20世纪50年代中期。古时候，资江从邵阳、新邵、冷水江、新化流经至茶竹坪后，水势逐渐平缓，成了上好的船运码头。从资江上游装运茶叶的毛板船因水流湍急，贩运的茶叶有些就被水打湿了。到茶竹坪后，毛板船停靠龙溪码头，把打湿了的茶叶运上岸，放置到茶竹坪进行晾晒，晒干用竹篓压装，再用竹枝捆紧装船，顺资水而下，慢慢地发展成了茶叶的交易市场。除了来自资江上游的茶叶外，新化横阳、炉观、洋溪、槎溪等地的茶也通过马车运送来此成交。该地因此而得名茶竹坪。

（二）百茶源

地处新化县奉家镇的百茶源村是渠江水系的三大发源地之一。关于百茶源的地名，有两种说法：一是说该地是百种茶叶的发源地；二是说该地有百块茶园而得名。两种说话来自何处，已无可考，但百茶源之名，说明该地盛产茶叶，这是无可疑义的事。

实地考察百茶源村，该地崇山峻岭，树林茂密，土地肥沃，常年云雾缭绕，空气湿润。渠江从峡谷中蜿蜒穿行而过，在渠江的峡谷中相对平缓背风的地方，一小块一小块的茶园随处可见。沿渠江两岸顺溪而下，多见茶树丛生。

在百茶源村，还有一地名叫茶坪，是有名的产茶之地。与百茶源遥相呼应。

（三）茶　溪

新化县以茶溪为名的地方有9处，分别是田坪镇的天台寺附近的茶溪和拜天岭附近的茶溪，白溪镇的茶溪村、茶溪界上、大茶溪、小茶溪，此外还有荣华乡的茶溪，琅塘镇的茶园溪。最为有名的是田坪镇的茶溪。在20世纪80年代中期撤区并乡以前，田坪镇的茶溪为茶溪乡，这也是新化县第一个以茶命名的乡镇，原茶溪乡由15个村组成。地势主要由山岭和溪流组成，属涟源龙山山脉。茶溪，指的就是一条横穿全乡的溪流，溪流从龙山山脉的万龙流经茶溪乡进入油溪后汇入资江。

茶溪溪流两岸，茶树从生，所谓“山涯水畔，无茶自生”，指的就是在这样的峡谷中，特别适合茶树的生长，茶树长势好，品质高，溪流也因茶而得名。特别要说明的是，在茶溪紫宫洞遗址发现的石器时代的钵、罐等，说明在远古时代那个地方已经有人类活动，茶溪是否从那时已经世代相传，尽管无可考证，但至少说明，茶溪是一个古老而悠远的地方，而在白溪镇的茶溪村，有茶溪界上、大茶溪、小茶溪，指的就是该村是一个产茶集中区，遍地都是茶园，是丰产茶园之地，而该茶溪溪流直接流入资江。

（四）千斤茶园

以千斤茶园命名的地方在新化县有5处，分别位于洋溪镇、古台山林场和荣华乡，这些地方无一例外是产茶地，主要是这些地方种出来的茶树产量很高，以亩产千斤以上而得名。

在双峰县的三塘铺镇，有原来的茶冲乡，更有茶冲村、茶园里、茶园排、茶畲里等茶地名，原茶冲乡政府设置在茶商戴海坤故居“柏荫堂”。茶冲乡的命名源自茶冲桥，茶冲桥是自明代修建的风雨桥，桥上有供行人休息的地方，常年煮泡茶水，供行人之用，可惜的是桥已损，但茶冲的地名却流传了下来。杏子铺镇光景村涟水河畔的茶埠堂，原是一栋经营茶叶的房屋，主人将此屋取名为茶埠堂，后来该地就以茶埠堂为名，发展成茶叶收购的集散地，境内茶叶从陆路运到此处贩卖后，装船沿涟水进入湘江，运往武汉口岸，可见茶叶是该地的主要物产。该地名从明代永乐年间流传至今，已经有600多年的历史。

调查娄底茶地名，我们可以得出结论，茶地名的产生，主要来自三个方面，一是该地种植茶园；二是该地是茶叶集市；三是该地加工茶或提供茶水。大多数地名源自历史传承。于是，我们就可以清晰地感受到娄底茶叶的世代相传，已经烙印在湘中大地上，不论朝代如何变迁，娄底茶人一代接着一代，使娄底茶叶生生不息，扎根在我们的土地上。附娄底茶地名：

① **新化县：**千斤茶园（5处）、茶溪（9处）、茶山排、茶山冲村、上茶园、茶凼、茶亭子、茶园岭、茶耳岭、茶口洞、茶凼村、茶坪、竹筒茶亭、茶园溪、老茶山、山茶坑、茶树冲、月茶山、茶竹坪、百茶源、茶溪老屋里、茶园塆、茶籽山、茶底冲、上茶底冲、山茶村、茶园凼（3处）、横茶村、茶园村、茶园洞、茶山杭、茶树垞、茶馆岭、茶油冲、茶籽界。

② **双峰县：**茶花园、茶园村、上茶村、茶园冲、茶家冲、茶盘塘、茶亭村、茶亭子（2处）、茶山排、茶园堂、茶场、茶埠堂、茶冲坳上、茶兜坪、茶园冲、茶畲里、茶冲乡、茶冲桥、茶冲村、茶冲、茶冲大屋、茶畲里、茶园里、茶园排、茶园坳村、茶园坳、茶园里、茶园坳、茶园里、茶斗冲。

③ **涟源市：**大茶园、茶排山、茶亭子、茶坪村、茶子冲、甜茶冲、茶山排、茶畲冲、茶竹坪、梓茶村、集义茶亭、茶畲里。

④ **娄星区：**茶园、茶园镇、茶园里、茶园村、茶杨村、山茶托、茶畲坳。

⑤ **冷水江市：**茶子山、茶园里、茶亭子。

七、渠江薄片的原产地

（一）历史记载

渠江薄片乃是产于新化的千年名茶，集文化与历史于一身。从源头细说，是中国黑茶的鼻祖，源于东晋，兴于唐，盛于宋，渠江流域为明、清两朝的历史贡茶产地，贡茶历史520年。古今多部文献中都有记载。

唐宣宗大中十年（856年）杨晔著写的《膳夫经》载："渠江薄片，有油，苦硬……唯江陵、襄阳数千里皆食之"，并将渠江薄片列入"多为贵者"（图1-39）。

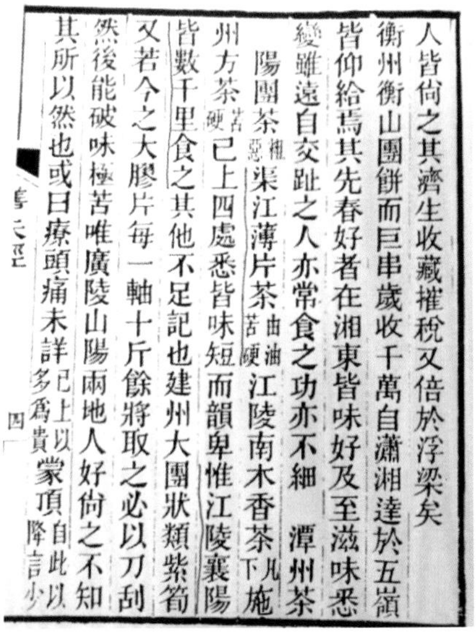
人皆尙之其濟生收藏榷税又倍於浮梁矣
衡州衡山團餅而巨串歲收千萬自瀟湘達於五嶺
皆仰給焉其先春好者在湘東皆味好及至滋味悉
變雖遠自交趾之人亦常食之功亦不細 潭州茶
陽團茶粗惡 渠江薄片茶有油苦硬 江陵南木香茶凡下 施
州方茶苦硬 已上四處悉皆味短而韻卑惟江陵襄陽
皆數千里食之其他不足記也建州大團狀類紫筍
又若今之大膠片每一軸十斤餘將取之必以刀刮
然後能破味極苦唯廣陵山陽兩地人好尙之不知
其所以然也或曰療頭痛未詳已上以多爲貴 蒙頂自此以降言少

图1-39 杨晔著《膳夫经》记载渠江薄片

五代十国后蜀二年（935年）毛文锡《茶谱》曰："潭邵之间有渠州，中有茶，多毒蛇猛兽。乡人每年採撷不过十六七斤，其色如铁，芳香异常，烹之无滓也。"又载："渠江薄片，一斤八十枚。"

北宋时期吴淑（947—1002年）《茶赋》记载："夫其涤烦疗渴，换骨轻身。茶荈之利，其功若神。则有渠江薄片，西山白露。云垂绿脚，香浮碧乳，挹此霜华，却兹烦暑。清文既传于杜育，精思亦闻于陆羽。"

吴淑《事类赋》卷十七·饮食部·茶："渠江薄片，《茶谱》曰：'渠州薄片，一斤八十枚'。"

宋太平兴国年间（976—983年）乐史《太平寰宇记》记载："潭邵之间有渠江，中有茶，多毒蛇猛兽。乡人每年採撷不过十六七斤，其色如铁，芳香异常，烹之无滓也。"

1982年版安徽农业大学陈椽教授主编的《茶业通史》载："渠江产薄片。渠江即今湖南新化、溆浦、安化一带。"

陈椽教授1984《茶业通史》和1985年《中国名茶研究选集》载："渠江产薄片。渠江即今渠县广安一带。"

1987年，周靖民编《陆羽茶经校注》认为渠江薄片产于渠江流域："渠江主要流经安化县的渠江镇，源于新化县西北雪峰山麓，经溆浦在安化县渠江镇流入资江。"

1995 年，中国农业科学院茶叶研究所程启坤、姚国坤教授在《农业考古》第二期杂志发表《论唐代茶区与名茶》认为："渠江薄片在今湖南新化、安化。"

1995 年四川万源市茶果站薛德炳《渠江薄片·罗村茶产地释疑》否认渠江薄片产于四川渠县的说法，认为渠江薄片产于湖南渠江流域。

1996 年《新化县志》载：县境产茶历史悠久，名驰遐迩。所产渠江薄片"以多而香著"。

2008 年，陈建明、蒋幸东、陈晓阳、陈建华经渠江实地考察调研，发表《唐代名茶——渠江薄片原产地之考证》认为渠江薄片产于新化县境内渠江流域的"奉家、双林、长峰、古台山一带"。

2014 年，全国政协委员李云才先生考察渠江流域后认为渠江薄片产于新化，并提出"千年黑茶，始于新化"。

（二）渠江薄片的传说

渠江薄片的传说多流传于新化县奉家山一带，传说主要有二则，其一是：

唐朝时期冬季的某一天，八仙之一的张果老骑驴经过奉家，因为口渴而进入茶农家讨茶喝，当时天寒地冻，热忱的茶农怕银发飘飘的张果老喝不得凉茶，特意为他烧制了一壶浓浓的热茶，为张果老暖和身子。张果老感佩于茶农的古道热肠，在奉家渠江边的巨石上写下了一个茶字，并点化了当地的茶园。第二年春，奉家的茶园生长得格外茂盛，所出产的茶叶香气弥漫，味道浓厚鲜甜。当地茶农把这茶视为仙茶，并把写有茶字的巨石称之为凿字岩，为了表明奉家茶与众不同，茶农把茶制成钱币形状，以渠江薄片命名。从此，渠江薄片远近闻名，购买此茶的商贾络绎不绝。

消息不胫而走，传入朝廷，朝廷把奉家渠江薄片列为贡品。渠江薄片献上朝廷后，皇上饮之，如饮甘露，于是赐予群臣饮之，无不称叹，渠江薄片之名传于朝廷。当地官员为了讨好皇上，对渠江薄片进行定制，分为三品，上品为金币，专供皇上饮用；中品为银币，供四品以上官员饮用；下品为铜币，供秀才、士大夫饮用。一时之间，朝廷官员莫不以饮渠江薄片为荣。

到了宋朝，朝廷羸弱，秦桧当道，这个极具野心的奸臣居然下令茶农给他进贡金币的渠江薄片，这种大逆不道的行为受到了淳朴的茶农抵制。秦桧大怒，派出人马毁掉了凿字岩的茶字，并且禁止茶农生产渠江薄片。遇此劫难，渠江薄片从此失传，综观茶史，自宋代以后，更无渠江薄片的有关生产记载。

其二说的是唐代杨贵妃醉酒品茶的故事。一个月明星稀的晚上，月光如洗，美不胜收。杨贵妃兴之所至，饮酒而舞歌，不胜酒力，命丫环烹茶，以解其酒。丫环于是煮了一壶渠江薄片，水沸而茶香四溢，从宫廷飘出，长安城内外都能闻到渠江薄片的茶香。后人以此为典，作成对联曰：“贵妃醉酒，一杯薄片香飘长安府；东壁寻根，千年渠江茶传百世人。”

（三）渠江的地理位置分布

渠江发源于新化县雪峰山脉的百茶源、玄溪、向北，全长 98.8km。从古台山西南流经奉家镇的茶坪、双林、渠江源后，在大桥村（现为渠江源村）汇合三地之水，转入西北至上团村流至天门乡大山，与长峰另一支流汇合后，经天门乡边境流入溆浦县三江镇，与江东河之水汇合，再流经善溪后进入安化县的连里乡（1995 年改名为渠江镇）汇入资江。目前，渠江流经新化县境约 50km，溆浦县境 30km，安化县境 20km。

溆浦县三江镇由江东乡、两江乡、善溪乡组成，这三个乡原属新化，《新化县志》载：“1953 年 5 月，割江东等 11 乡 181 平方公里入溆浦县。”而历史上，新化和安化在唐代渠江薄片生产时期同属大梅山，新化、安化同时于 1072 年建县，此后至今，两县边境历史管辖范围从没发生变迁。因此，1953 年以前，渠江流经新化长约 80km，安化约 20km。

清朝同治十一年（1872 年）刻本《新化县志·卷六》记载：“渠江自奉家流入，有墨溪，出分水界。”这充分说明渠江地名非常古老，渠江薄片历史悠久（图 1-40、图 1-41）。

因此，新化是渠江薄片的原产地。

新化縣志 卷第六 輿地六
自源頭山東別爲棋盤界
有金鳳坳 北爲放生坳爲賀九郎山爲滅樹塘爲紅巖
砦白放生坳北別爲狗爬嶺白賀九郎山東北別爲砍石山有石
土地坳 有石牛砦有杏子坪有鑿字巖有羅衡汛
有故明新安堡
有破風溪
石橋 有箭芽山茶亭 杏子坪茶亭
法仙庵 迴龍庵 金鳳庵大姓劉氏武氏周氏
江東村
金坑 起在縣西百三十里長六十里東界羅衡村南界
家村西界漵浦縣 北界安化縣
渠江自奉家流入有墨溪出分水界 放溪

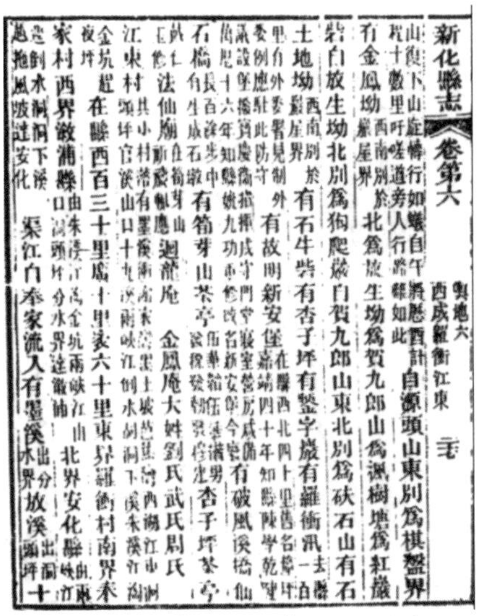

图 1-40 清·同治《新化县志》载渠江发源地

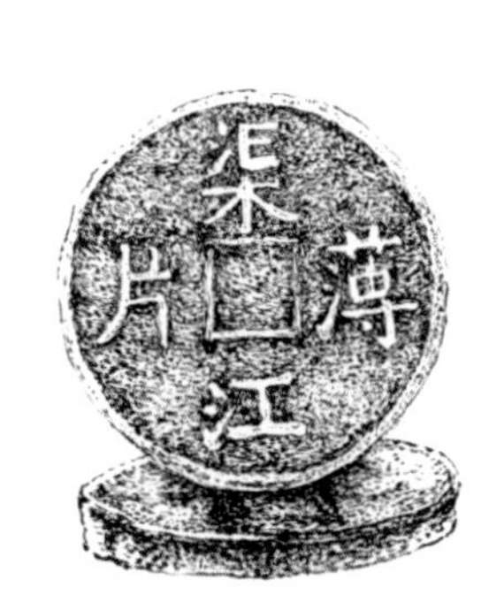

图 1-41 重新恢复的渠江薄片

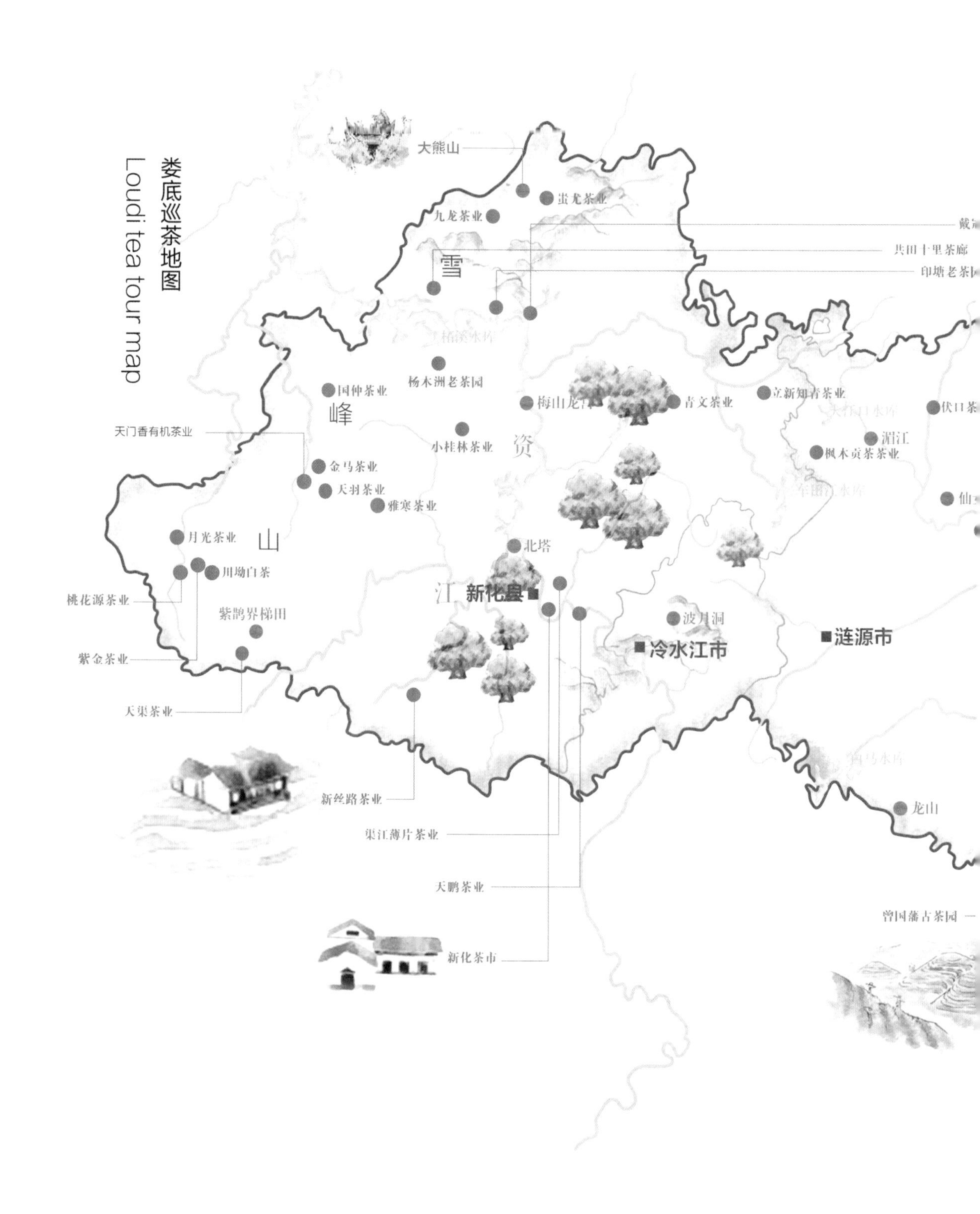

娄底巡茶地图
Loudi tea tour map
大熊山
蚩龙茶业
九龙茶业
共田十里茶廊
雪
杨木洲老茶园
国仲茶业
峰
青文茶业
立新知青茶业
涓江
枫木贡茶茶业
小桂林茶业
资
天门香有机茶业
金马茶业
天羽茶业
雅寒茶业
月光茶业
山
川坳白茶
北塔
桃花源茶业
江
波月洞
冷水江市
涟源市
紫鹊界梯田
紫金茶业
天渠茶业
新丝路茶业
渠江薄片茶业
天鹏茶业
龙山
曾国藩古茶园
新化茶市

第二章 茶产区

第一节　产茶区域

娄底是湖南省最年轻的地级市，是环长株潭城市群的重要组成部分，被誉之为“湘中明珠”。辖娄星区、冷水江市、涟源市、双峰县、新化县和娄底经济开发区、万宝新区，总面积 8117km²，总人口 453 万人。据传，天上二十八星宿中的“娄星”和“氐星”在这里交相辉映，故而得名。

娄底地区位于湖南的地理几何中心，东邻湘潭、长沙，南傍衡阳，北接益阳，西南与邵阳毗连，西北与怀化接壤。境内整个地势西高东低，呈阶梯状倾斜。西部新化县、冷水江市、涟源市西南部属湘西山地区，山势雄厚，峻岭驰骋；东部涟源市的中、东部，娄星区、双峰县属湘中丘陵区，地势逐渐降低，地形起伏平缓，丘岗延绵，平地宽敞。西部雪峰山脉从新化西部风车巷蜿蜒入境，斜亘西北，主要支脉有天龙山、桐凤山、奉家山、古台山、凤凰山、大熊山和冷水江境内的祖师岭等；东南部有坐落在双峰县的九峰山，是南岳七十二峰之一，为双峰、衡阳两县的天然分界线；西北部是雪峰山余脉，向涟源伸入，西起白竹山，东至洪家大山，逶迤起伏，峰峦重叠，最高峰寨子山为涟源与宁乡的天然界山；中部龙山山脉横亘，主要山峰有龙山、石坪山、杨材山、仙女寨等，弯曲连绵 40km 多。全区平均海拔 170m，最高点是新化九龙池，海拔 1622m；最低点是双峰的江口峡谷，海拔 64m，两点相差 1558m。

在娄底境内，群山林立、丘陵起伏之间，溪水奔流，河网密布，水系完整，水量充沛。全市主要河流有：东部涟水，为湘江中游一大支流，源于新邵观音山，自西向东，流经涟源市、娄星区、双峰县，经湘乡至湘潭县河口入湘江，境内全长 85.85km，沿途纳孙水、湄江、测水等 1~4 级支流 89 条，控制流域面积 3906km²。西部资水，由南向北，流经冷水江、新化，经安化柘溪，过益阳注入洞庭湖。

娄底市地处中亚热带季风湿润气候区，既具季风性，又兼具大陆性。其基本特征为气候温暖，四季分明；夏季酷热，冬季寒冷，秋季凉爽；春末夏初多雨，盛夏秋初多旱；积温较多，生长期长；气候类型多样，立体变化明显。全年平均气温 16~17.3℃，年平均日照时间 1538h，东部多于西部，无霜期

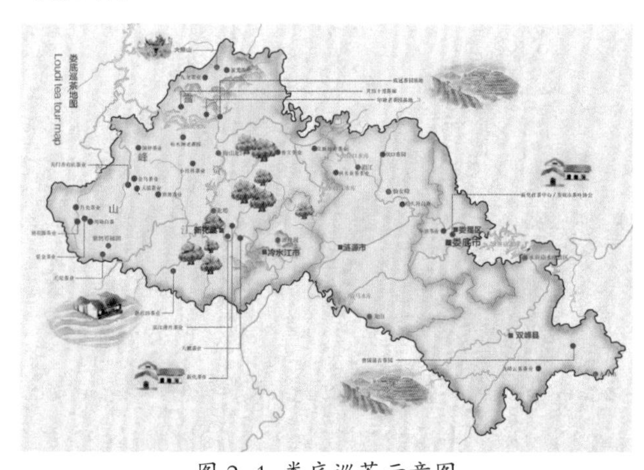

图 2-1　娄底巡茶示意图

268d。由于雨水偏多，土壤湿重，多为红壤，其次还有黄壤、黄褐土等。因此在娄底这片热土，孕育着茶树生长天然的基因，茶园星网棋布，遍及全境，素有“茶乡”之称，所产茶品质好，滋味佳，造就娄底数千年来茶文化传承（图 2–1）。娄底茶园沿四个方向分布：一是雪峰山脉产茶带，沿雪峰山脉分布；二是资江沿岸产茶带，沿资水两岸分布；三是龙山山脉产茶带，沿龙山山脉分布；四是九峰山脉产茶带，沿九峰山脉分布。下面就新化、涟源和双峰的产茶区域做一个简单的概述。

一、新化产茶区域

新化县位于娄底西部，盘依雪峰山东南麓，资水中游。地处北纬 27° 31'~28° 14'，东经 110° 45'~111° 41'。东北至东南与涟源、冷水江市交界，南至西南与新邵、隆回为邻，西至西北与溆浦县接壤，北与安化毗连。新化位置属中低纬度地区，气候的地带性属亚热带，是中亚热带季风湿润气候，这种气候既有光温丰富的大陆性气候特色，又有雨水充沛，空气湿润的海洋性气候特色。本区域内气候温暖，阳光充足，年平均气温在 16.8~17.3℃，极端最高气温 40.1℃，极端最低气温 –10.7℃，年平均降水量 1455.9mm，年平均光照时数 1417.4h，光照百分率 34%。

新化地貌属山丘盆地，西部、北部雪峰山主脉耸峙；东部低山或深丘连绵；南部为天龙山、桐凤山环绕;中部为资水及其支流河谷，有江河平原、溪谷平原、溶蚀平原三种，系河流冲积、洪积而成，大多在海拔 300m 以下。整个新化位于亚热带中部，典型的地带性土壤为红壤，呈酸性到微酸，适宜茶叶生长，特别是西南山地主产区，群峦叠翠，小溪纵横，四季烟岚笼罩，多雨雾，年降水量 1600~1800mm，相对湿度 82%，成土母质为砂页岩，花岗岩，质地疏松，土层深厚，腐殖质多，良好的自然生态环境造就了新化茶的优良品质。

明代以前，新化茶叶主要分布在北部和西部山区。明末清初，与安化、溆浦接壤之地已成为主产区。民国时期，产地逐渐扩大。1935 年《中国实业志》第六章载：“新化茶叶生产区大桥江、大城镇、龙珠山、杨木洲，次产区王油山、扬家坊、太阳江，百风坳”。民国时期，新化茶叶进一步扩展，资江河以西的雪峰山脉所有乡镇都有产地，以琅塘杨木洲为中心的附近区域发展最为迅速，茶叶成为当地茶农的主要收入。

新中国成立后，茶叶种植逐步推广到全县各地。1952 年《湖南省邵阳区手工业、土特产品产销情况调查》载：“新化……适于植茶……产地可分为三个中心区：以杨木洲为中心，十二区十七区各乡均产茶叶，约占全县产量的 42%。品质较佳;以炉观为中心，五、六区沿大洋江上游产量较多，县城附近亦有部分出产，约占全县产量的 36%，品质稍次;

以土居为中心，毗邻蓝田之第三区各乡产量较多，与第八区、四区沿资江两岸占全县产量的12%。”1982年调查，全县14个区（镇）、85个乡（镇）、5个国营农林场均有茶叶分布，以琅塘区最多，占全县产量的22%；水车区次之，占全县产量的20.4%，再次是洋溪、炉观、燎原三个区，产量占全县总产的29.9%。

现今新化的茶园分布主要分为高山茶园（位于海拔600~1000m）和资水茶园，沿雪峰山山脉和资江河分布，形成新化茶叶的高品质（图2-2）。

新化雪峰山脉沿天门、金凤、琅塘、荣华、白溪、圳上、大熊山蜿蜒而上，位于北纬30°产茶优势带附近，占新化县境面积的60%，也是新化茶园的主要分布地。

新化雪峰山脉属中亚热带季风湿润气候，四季明显，年平均气温16.8℃，年降水量1453.5mm，年日照实数1488h，年无霜期281天，盛夏时，山上气温低于市区5℃左右，昼夜温差大，良好的气候条件孕育了茶树生长的天然环境。

图2-2 高山茶园基地

雪峰山脉总面积53.33km²，主峰临陆水湖拔地而起，大熊山为新化段雪峰山脉最高峰，海拔1622m，山脉森林茂密，森林覆盖率90%。在大熊山林场，保存着12km²原始次生阔叶林，蕴藏着山脉特征，构成了雪峰山脉独有的小区气候和肥沃的、富有腐殖质的土壤，为茶园种植提供了优越的自然环境。

资水河贯穿新化县境中部，沿雪峰山脉顺流而下，将全县分为东北与西南两部分。流经石冲口、桑梓、上梅、游家、曹家、油溪、白溪、琅塘、荣华九个乡镇。1961年修建柘溪水库，使资水沿岸形成秀美风光。天子山、五狮山、仙鹤岩、石六山、紫云庵、苏湖观音望月等八大景观，风光如画，山水相依，天水一色，千姿百态，婀娜多姿。资水丰富的水资源，造就资水沿岸常年云雾缭绕，空气湿润的环境。同时，资水流域位于亚热带季风区，平均气温 20℃左右，四季分明，气候温和，年降水量一般在 1200~1800mm，属湿润地区，切合茶树喜湿喜阴的特点，非常适合茶树的生长和发育（图 2–3）。

图 2–3 资水茶园基地

新化雪峰山脉和资水流域独特的地理、气候环境和土壤造就新化茶叶优秀的品质，从而使新化茶叶千年传承至今，形成新化茶叶的千年神话。

二、涟源产茶区域

涟源市位于娄底市中部，衡邵盆地北缘，涟水、孙水上游，湘黔铁路中段，西起东经 111° 33′ 三甲乡硐下村，东至东经 112° 2′ 金石镇江边村，南起北纬 27° 27′ 荷塘镇左湾村，北至北纬 28° 2′ 伏口镇梅湾村，东毗娄星区、双峰，南接邵东、新邵，西邻新化、冷水江，北连安化、宁乡。

涟源地形起伏多样。西南边陲在龙山山脉，主要山峰有岳平峰、谢家山、陕西寨、万人寨等；西北部是雪峰山余脉，其最高峰寨子山海拔 1071m，为涟源与宁乡的天然界山；中部雷峰山脉呈屋脊状隆起，近似东西走向，将全市分割成南北两大盆地走廊。南、北、西三面群山环绕，中部低山与丘陵突起，东部低平，呈“E”形。各种地形的比例为：山地占 37.78%，丘陵占 26.95%，岗地占 25.10%，平地占 10.17%。境内地形最高点在龙山主峰岳平峰，海拔 1513.6m，最低点在渡头塘乡桥溪村江东湾，海拔 103.5m，最大高差 1410m。

涟源市有三条主要干流，南有孙水，北有湄水，中有涟水。涟源年平均气温为 17.8℃，总降水量 1849.6mm，总日照时数为 1502.4h。涟源市境内成土母质有石灰岩、砂岩、板页岩、砂砾岩、第四纪红土、近代河流冲积物和紫色页岩风化物，适合茶树生长。

涟源茶叶史与涟源地理历史紧密相连。涟源建县之前，基本上可划为两个区，北部属安化，南部属湘乡。北部包括现有的蓝田、石马山、古塘、安平、龙塘、六亩塘、伏口、湄江、七星街、桥头河、渡头塘等乡镇；南部包括杨市、枫坪、白马、茅塘、荷塘、金石、斗笠山等乡镇以及现有的娄星区。涟源茶史则由北部与南部的茶史共同构成一部综合发展史，同时，南北两部各自融入了安化县与湘乡县茶叶的发展历史。

涟源部分乡镇原属安化县，古称梅山。据1992年版《安化县志》记载：安化县素称“茶乡”，产茶历史悠久……宋置县时，茶叶产量已甲于诸州县。元、明时期，县内不少人以茶为业，所产“云雾茶”等茶品驰名中外，成为朝廷贡品。涟源另一部分乡镇原属湘乡县，清同治《湘乡县志》记载：“湘乡产茶遍及全县，就中产量之丰，以西南之娄底、杨家滩等地为最著。”

新中国成立后，曾经的涟源市境内全区产茶，遍布各乡各村，主要产茶区分为北部、东部、南部三个区域，北部主产区分布于六亩塘、古塘、伏口等乡镇，东部主产区桥头河、龙塘等乡镇，南部主产区杨市、荷塘等乡镇。

现今涟源的产茶区主要有雪峰山脉产茶带和龙山山脉产茶带，大多为黄红壤，分布多为丘陵和山地，茶园有明显的山地小气候特征，各地茶质有差异（图2–4）。

图2–4 涟源茶园基地

三、双峰产茶区域

双峰县位于娄底市的东边，处于北纬27°12′~27°45′，东经111°45′~112°31′。东邻湘潭、衡山，南接衡阳，西毗邵东、涟源，北界娄星区、湘乡。

秦王政二十六年（公元前221年），置湘南县，今双峰境域属之，隶长沙郡。西汉高帝五年（公元前202年），置连道，双峰境域分属连道、湘南县，连道、湘南同属长沙国。东汉光武帝建武初，从湘南县析置湘乡县，双峰境域部分地属湘乡，隶荆州零陵郡；部分地属连道，隶荆州长沙郡。三国吴会稽王太平二年（257年），置衡阳郡，湘乡、连道皆属之。南朝宋武帝永初年间（420—422年），连道并入湘乡，双峰全境属之。隋文帝开皇九年（589年），湘乡并入衡山县，隶湘州。唐高祖武德四年（621年），从衡山县析出，复置湘乡县，属潭州长沙郡。五代后梁太祖开平元年（907年），湘乡县属楚国长沙府。宋太祖乾德元年（963年），湘乡复属潭州。元成宗元贞元年（1295年），湘乡民至万户升为州，属湖广行省潭州路。文宗天历二年（1329年），潭州路改为天临路。明太祖洪武二年（1369年），湘乡州复为县，属潭州府，知县招抚流亡，相继垦复荒田8000余亩。

3 年后，改潭卅府为长沙府。清顺治十一年（1654 年），永丰设湘邵驿站，康熙十八年（1679 年）撤。圣祖康熙三十年（1691 年），境内牌头、测水、青石、铜铃、永丰、茅粟、吴湾、黄田、武障、油榨、界牌设铺司。咸丰四年（1854 年）撤，两年后复设。乾隆三年（1738 年），县丞胡澍驻永丰，始建县丞署。宣统三年（1911 年），九月一日（10 月 22 日），中里团防局曾惠伯响应武昌起义，率团勇戟县丞署，县丞王友义出走芭坪，结束了清廷在永丰的统治。

1949 年 10 月 2 日，中国人民解放军第四十一军一二三师的一个团解放永丰。10 月 5 日，双峰全境解放。同月，中共区委会、区人民政府成立。双峰境内三个区机关所在地是：三区永丰镇、六区金溪大塘、七区青树坪。1951 年 8 月，按湖南省人民政府通知，划出湘乡县的三、六、七区建立双峰县，属益阳专区，县城设永丰镇。1952 年 11 月 20 日，双峰县改属邵阳专区。1977 年 9 月，邵阳地区析为邵阳、涟源两地区。双峰县属涟源地区。1982 年，涟源地区更名为娄底地区，双峰隶属娄底地区。1999 年 7 月，娄底地区撤地设市，双峰隶属娄底市，设置 13 镇 3 乡（永丰镇、梓门桥镇、井字镇、荷叶镇、杏子铺镇、蛇形山镇、甘棠镇、洪山殿镇、三塘铺镇、青树坪镇、花门镇、锁石镇、走马街镇、印塘乡、石牛乡、沙塘乡）。

双峰县属中亚热带季风气候，四季分明，春季寒潮频繁，气温变化剧烈；夏季暑热期长，伏旱明显；前秋干旱频繁，后秋天气多变；冬季严寒期短，阴晴少雨天多。全县年平均气温 17.0℃，年降水量 1200~1350mm，年日照 1500~1600h，无霜期 260~300 天。

双峰县境域地貌形态呈四周山丘崛起、中部岗平相间的立体轮廓，地貌类型呈山地连片、岗丘交错、平地绵展的组合。四周山丘环绕，中部岗盆宽广。县境东部、东南及东北群山连绵起伏，西部有猪婆山及山斗的台升地带，北部丘岗起伏。全县最高是东部紫云山的仙女殿，最低点是东北涟、测水汇合处的江口河谷，高差 754.8m。

双峰茶园分布南少于北，东次于西，主要分布在中北部。从海拔最低的江口（64m）至九峰山山顶（750m）的不同海拔高度都植有茶树、茶园分布广。1956 年在县茶叶示范站的基础上办起县茶叶示范场以后，合作社时期办起第一批社队茶场；人民公社成立以后，又办起一批，截至 1965 年，全县共有社队茶场 93 处，其中社办 13 处，社队联营 5 处，大队办 39 处，大队与生产队联营 36 处，共计面积 341hm²，占当时茶园总面积的 41%。以后随着茶叶生产的发展，社队茶场亦显著增多。81 个全县共社队农林企业 1115 个，其中社队茶场 643 个，占社队农林企业的 57.7%，茶园 2518.2hm²，占全县茶园的 50.8%。加上其他农林企业茶园面积达 3094.07hm²，占 62.4%。全县 69.3% 的大队有茶场。

现今双峰的老茶园保存下来的已不多，永丰镇茶园最为有名（图 2–5）。

图 2–5 永丰镇茶园基地

娄底是湖南茶叶的主要产区，茶叶也是娄底市域大宗经济作物，传统优势产业，在全市经济作物中占有重要地位。1950 年以来，茶园面积和茶叶产量总体呈现波浪式发展规律，历年茶园面积和产量见表 2–1 和表 2–2。

表 2–1 娄底市历年茶园面积表

时期	年份	合计 / 万亩	娄底市（娄星区）/ 万亩	双峰 / 万亩	新化 / 万亩	冷水江 / 万亩	涟源 / 万亩	开发区 / 万亩
新中国成立	1949							
	1950							
国民经济恢复时期	1951							
	1952	14.247		4.536	4.736		4.976	
	1953	14.621		4.769	4.769		5.083	
	1954	15.501		5.016	5.069		5.416	
第一个五年计划时期	1955	16.101		5.203	5.296		5.603	
	1956	16.368		5.303	5.403		5.663	
	1957	14.827		3.735	5.429		5.663	
	1958	11.739		3.735	4.002		4.002	
	1959	11.012		3.168	4.235		3.608	
第二个五年计划时期	1960	6.910		1.641	3.542		1.728	
	1961	8.157		2.568	3.502		1.421	
	1962	7.911		2.568	3.535		1.808	
	1963	5.990		0.714	3.468		1.808	
三年调整时期	1964	6.263		0.820	3.602		1.841	
	1965	6.970		0.834	3.602		2.535	
第三个五年计划时期	1966	6.003		1.361	1.501		3.142	
	1967	6.583		1.374	1.627		3.582	

续表

时期	年份	合计 / 万亩	娄底市（娄星区）/ 万亩	双峰 / 万亩	新化 / 万亩	冷水江 / 万亩	涟源 / 万亩	开发区 / 万亩
	1968	7.377		1.434	1.668		4.275	
第三个五年计划时期	1969	7.997		1.527	1.534	0.080	4.856	
	1970	12.153		4.569	2.381	0.113	5.089	
	1971	11.446		3.262	3.428	0.113	4.642	
	1972	14.581		4.242	4.502	0.140	5.696	
第四个五年计划时期	1973	15.548		4.542	4.842	0.140	6.023	
	1974	15.715		4.162	5.203	0.133	6.216	
	1975	17.002		4.436	5.436	0.374	6.757	
	1976	17.375		4.709	5.336	0.420	6.910	
	1977	15.661		4.942	3.375	0.380	6.963	
第五个五年计划时期	1978	16.008		5.023	3.682	0.340	7.097	
	1979	15.815		4.982	3.582	0.340	6.790	
	1980	15.835		4.962	3.675	0.313	6.783	
	1981	16.001		4.976	3.869	0.247	6.790	
	1982	15.094		4.876	3.415	0.227	6.450	
第六个五年计划时期	1983	14.787						
	1984	14.694						
	1985	14.080						
	1986							
	1987							
第七个五年计划时期	1988							
	1989							
	1990	17.13		5.95	3.74			
	1991	16.35	1.62	5.75	3.51	0.15	5.32	
	1992	10.26	0.99	3.77	2.25	0.1	3.15	
第八个五年计划时期	1993	9.96	0.98	3.62	2.16	0.1	3.1	
	1994	9.82	0.94	3.43	2.25	0.1	3.1	
	1995	8.93	0.82	3.68	2.26	0.05	2.12	
第九个五年计划时期	1996	8.61	0.64	3.61	2.26	0.05	2.05	
	1997	7.69	0.6	3.12	2.06	0.05	1.86	

注：空白处为数据缺失。

表 2-2　娄底市历年茶叶产量表

时期	年份	合计 /t	娄底市（娄星区）/t	双峰 /t	新化 /t	冷水江 /t	涟源 /t	开发区 /t
新中国成立	1949							
	1950				849			
国民经济恢复时期	1951				1088			
	1952	3105		1000	1090		1015	
	1953	2875		995	1055		825	
	1954	3285		1005	1055		1225	
第一个五年计划时期	1955	3615		1100	1150		1365	
	1956	4270		1490	1370		1410	
	1957	3195		965	1150		1080	
	1958	3465		1100	1190		1175	
	1959	4470		1290	1700		1480	
第二个五年计划时期	1960	4710		1400	1755		1555	
	1961	2055		865	415		775	
	1962	1555		600	410		545	
	1963	1915		665	530		720	
三年调整时期	1964	2350		800	700		850	
	1965	2440		805	710		925	
	1966	2485		805	780		900	
	1967	2625		950	665		1010	
第三个五年计划时期	1968	2520		885	625		1010	
	1969	2510		850	625	25	1010	
	1970	2875		1025	705	20	1125	
	1971	3415		1240	795	25	1355	
	1972	3610		1285	880	30	1415	
第四个五年计划时期	1973	3815		1205	905	35	1670	
	1974	4070		1310	865	40	1855	
	1975	4460		1435	845	95	2085	
	1976	5025		1655	895	105	2370	
	1977	5885		1965	1045	115	2760	
第五个五年计划时期	1978	6390	60	2080	1260	130	2860	
	1979	6615	55	2145	1290	140	2985	
	1980	7290	75	2415	1540	110	3015	
第六个五年计划时期	1981	7535	55	2475	1635	105	3265	
	1982	8965	85	2880	1785	110	4105	

续表

时期	年份	合计 /t	娄底市（娄星区）/t	双峰 /t	新化 /t	冷水江 /t	涟源 /t	开发区 /t
第六个五年计划时期	1983	8615						
	1984	8445						
	1985	9330						
第七个五年计划时期	1986	9959						
	1987	10441						
	1988	10498						
	1989	10880						
	1990	10930			1523	71		
第八个五年计划时期	1991	10398	1379	3638	1517	78	3786	
	1992	9751	1285	3582	1498	63	3323	
	1993	10729	1353	4152	1652	67	3505	
	1994	10944	1427	4465	1702	73	3277	
	1995	7869	1174	3566	1340	63	1725	
第九个五年计划时期	1996	6973	1154	3251	1271	47	1286	
	1997	6553	1063	3172	1190	37	1091	
	1998	7115	1144	3310	1163	37	1461	
	1999	6319	1168	2816	1083	32	1220	
	2000	6297	1185	2895	1076	32	1109	
第十个五年计划时期	2001	5964	1235	2678	915	34	1102	
	2002	5416	1196	2258	911	34	1017	
	2003	5326	1150	2108	900	38	1130	
	2004	5104	1050	2079	893	35	1042	5
	2005	5221	1117	2089	903	40	1067	5
第十一个五年计划时期	2006	5070	1120	2024	800	44	1077	5
	2007	5318	1220	2127	788	46	1131	6
	2008	5464	1280	2174	779		1176	6
	2009	5701	1338	2253	817	52	1234	7
	2010	5811	1409	2146	882	59	1308	7
第十二个五年计划时期	2011	6017	1520	2116	898	62	1410	11
	2012	6136	1589	2060	930	65	1480	12
	2013	6251	1635	2040	945	80	1539	12
	2014	6710	1720	2102	1195	83	1600	10
	2015	7411	1883	2242	1400	92	1782	12
第十三个五年计划时期	2016	7648.8	1977	2241	1498	95	1835	2.8

注：空白处为数据缺失。

1998年以后，茶园面积、产量已无从考证，有些统计数据与实际出入较大。茶园实际面积、产量总体为下降趋势。特别是2000—2006年期间，大量茶园毁坏、改种和废弃，茶园减少，产量大幅降低，茶叶产业实际处于崩溃状态。2002年开始，私营资本投资茶产业，茶叶进入一个缓慢恢复过程。2011年以后，茶叶面积、产量出现快速增长，新种茶园扩大，产量不断增加。以新化县为代表，至2019年新化新种茶园面积增加2000hm²以上，娄底新种茶园面积增加大约3333.33hm²。

据统计：2019年全市茶园种植面积约9607hm²，比2018年增加486.67hm²，其中采摘面积6533.33hm²，比2019年略有增加；2020年茶园面积达到9973.33hm²，全年干毛茶总产量7950t，总产值11.23亿元，产量和产值都有提升。

表2-3　1990年湖南省地、州、市茶园面积和茶叶产量表

单位	茶园面积/千公顷	茶叶总产量/t	红茶/t	绿茶/t	边茶/t	乌龙茶/t	茶叶面积占全省比重%	茶叶产量占全省比重%
全省	95.89	73897	26865	22935	23834	264	100	100
长沙市	8.77	6195	1640	3279	1274	2	9.15	8.36
株洲市	3.05	2184	688	1388	106	2	3.18	2.95
湘潭市	3.06	1768	554	1079	135		3.19	2.39
衡阳市	4.11	1361	256	1062	34	9	4.29	1.84
邵阳市	9.10	5289	4389	577	323		9.49	7.15
岳阳市	14.84	15178	1841	4909	8410	18	15.48	20.54
常德市	11.80	7897	2498	2807	2592		12.30	10.68
大庸市	2.45	680	417	256	7		2.55	0.92
益阳地区	16.32	18676	3786	4927	9730	233	17.02	25.27
娄底地区	11.42	10930	9161	1205	559		11.91	14.79
郴州地区	2.64	742	31	450	261		2.75	1.00
零陵地区	2.87	1223	369	551	303		2.99	1.66
怀化地区	3.19	1453	1139	220	94		3.33	2.00
湘西州	2.27	321	96	225	6		2.37	0.43

注：数据来源于朱先明主编的《湖南茶叶大观》。

从表2-3可以看出，娄底茶叶在全省占据的重要地位。1990年娄底茶园面积居全省第四位，占全省茶园面积的11.42%；茶叶总产量居全省第三位，占全省茶产量的14.79%；红茶产量居全省第一，占全省红茶产量的34.10%。娄底人均产茶量居全省第二位。

表 2-4 1990 年湖南省茶叶产量分县排队表

名次	县（市、区）名称	总产量 /t	名次	县（市、区）名称	总产量 /t	名次	县（市、区）名称	总产量 /t
1	临湘县	7314	37	祁阳县	309	73	江华县	70
2	安化县	7111	38	湘潭县	307	74	津市市	60
3	桃江县	6044	39	永定区	289	75	永兴县	50
4	益阳县	4471	40	祁东县	244	76	汝城县	48
5	双峰县	4299	41	新田县	242	77	嘉禾市	47
6	涟源市	4101	42	慈利县	233	78	湘潭郊区	43
7	汉寿县	2946	43	株洲县	228	79	株洲郊区	39
8	宁乡县	2454	44	邵阳县	211	80	郴县	32
9	平江县	2204	45	邵阳郊区	199	81	临武县	31
10	长沙县	1991	46	衡阳县	198	82	黔阳县	31
11	桃源县	1720	47	常宁县	185	83	双牌县	28
12	石门县	1687	48	衡东县	178	84	龙山县	27
13	汨罗市	1683	49	澧县	177	85	宜章县	27
14	湘阴县	1585	50	安仁县	176	86	辰溪县	27
15	新化县	1529	51	桂阳县	171	87	凤凰县	22
16	洞口县	1408	52	永州市	169	88	南岳区	22
17	湘乡市	1303	53	蓝山县	165	89	东安县	20
18	岳阳县	1273	54	衡山县	156	90	保靖县	18
19	邵东县	1198	55	衡南县	144	91	怀化市	18
20	浏阳县	1067	56	桑植县	143	92	通道县	17
21	武冈县	961	57	长沙郊区	143	93	道县	16
22	娄底市	930	58	耒阳市	135	94	武陵源区	15
23	茶陵县	818	59	古丈县	132	95	新晃县	14
24	岳阳郊区	712	60	会同县	121	96	安乡县	13
25	隆回县	684	61	韶山市	115	97	芷江县	12
26	溆浦县	659	62	永顺县	113	98	洪江市	9
27	临澧县	655	63	江永县	108	99	泸溪县	8
28	鼎城区	639	64	衡阳郊区	99	100	郴州市	7
29	攸县	597	65	宁远县	93	101	麻阳县	7
30	沅江市	583	66	城步县	93	102	南县	5
31	望城县	540	67	新宁县	83	103	冷水滩市	3

续表

名次	县（市、区）名称	总产量 /t	名次	县（市、区）名称	总产量 /t	名次	县（市、区）名称	总产量 /t
32	沅陵县	537	68	资兴县	83	104	吉首市	3
33	益阳市	467	69	绥宁县	80	105	靖州县	1
34	醴陵市	425	70	酃县	77	106	花恒县	1
35	华容县	407	71	冷水江市	71			
36	新邵县	372	72	桂东县	70			

注：数据来源于朱先明主编的《湖南茶叶大观》。

从表 2-4 可以看出，1990 年娄底全境四县一区都产茶，排名全省前列，双峰县列全省第五，涟源市第六，新化县第十五，娄星区列第二十二，冷水江市列七十一位，是湖南省重要主产区。

第二节　茶园种植和良种培育

一、茶叶品种及培育

娄底市产茶历史悠久，品种资源丰富。《新化县志》载："崖岩之间生植无几，惟茶甲诸州，山崖水畔，不种自生，不仅茶多，且质优。"1982 年，娄底市结合农业区划，对全市有代表性的 29 个地域进行为期 4 个多月的茶树品种资源野外调查，在新化大熊山、奉山、天门等山区发现有野生茶树分布（新化奉家镇渠江源村无二冲贡茶园尚存一棵古茶树），共发现 14 个野生茶树类型，集中在涟源市桥头河公社茶场建立茶树资源圃，共扦插了 29 个具有一定优良性状的野生茶树类型和家种类型，从中选育适制红茶的涟茶 1、2、5、7 号品种，并在涟源市等多地进行品种区域试验，该实验由王康儒主持，选育出涟茶 1、2、5、7 号系列茶树品种，对提高中、小叶种红茶品质取得良好成效。

1950 年以前，娄底市栽培茶树品种，为地方群体品种，二十世纪六七十年代是娄底市茶叶发展高峰期，主要引进良种茶籽直插，主要品种槠叶齐、凤凰水仙、梅占等。二十世纪七八十年代开始引进无性系良种。新栽茶园全部采用无性良种插扦苗木。白毫早、福丁大白、桃源大叶、福云六号以及涟茶 1 号、2 号、5 号等，近年来娄底市茶叶进入发展快车道，对茶树品种培育非常重视，引进多个茶叶优良品种，具有代表性的品种有：乌牛早、安吉白茶、黄金芽、潇湘红、黄金茶 1 号、黄魁、肉桂等。同时，加快茶叶繁良基地建设。2016 年新化县天鹏生态园茶叶有限公司成功申报农业部 30hm² 茶树育繁推一体化项目，总投资 1150 万元。其中国家财政投资 700 万元，新建茶叶苗圃园 30hm²，育苗温室大棚 6 个 $12000m^2$，茶树育苗基地 $3.3350hm^2$，2019 年全部建成投产。2019 年繁育茶树良苗 200 万株，为全市茶叶产业发展提供优良种苗。

二、茶园种植

20 世纪 50 年代以前，娄底茶叶种植以套种和间作为主，茶园中同时间种其他作物。《新化之茶》记载，普通茶树多植于土畦之两旁，行间四五尺，株间一二尺，土畦之中经常栽种其他作物，茶农于春秋两季，锄土使松，去其杂草，施以人粪尿或堆肥，然后播种高粱、麦子、棉花、大豆、红薯等类于其间。这种传统种植习惯持续到 20 世纪 50 年代后期。

20 世纪 60 年代，茶园种植技术取得重大进步，传统的间作和套种茶树的耕种方法被摒弃，采用条播密植技术，行间 120~150cm，株距 30cm。加上合理的肥培管理和树冠修剪，茶树成园快，采摘效率高，茶叶品质、产量比传统种植茶园有很大提高。

20 世纪 80 年代以后推广茶树规范栽培技术。标准化建园，以及改土、改树、改园相结合的低产茶园改造技术，茶园品质产量有了极大提高（图 2–6）。

其技术要点：选择生态条件好、土层深层肥沃的土壤建园；重施有机肥，打好茶园土壤基础；选用良种壮苗，合理密植；注重移栽质量，保证苗木成活；行间铺草覆盖抑制杂草；定型修剪培养丰产树冠；肥培管理早施，重施基肥，有机肥为主，配施 N 肥、P 肥、K 肥、复合肥；采养结合确保采摘质量，低产茶园采取改树、改土、改园等措施综合改造。病虫害防治实施绿色防控技术，遵循预防为主，综合运用多种防控措施，重点采用灯光诱杀，扑虫色板诱杀、人工捕杀、生物防控措施，严把茶叶质量关。

图 2–6 现代优质良种茶园

第三章 茶叶贸易

資水茶道与毛板船

資江是新化茶葉傳承的地理基因 新化茶叶沿資江用毛板船裝運出境運往世界各地資水灘歌載五里三路揚木洲召集此處修茶庄 三仙姑娘化溪會路走十里有茶香

第一节　贡茶园与苏溪茶税官厅

娄底茶事繁荣，品质又好，“茶长家家课，溪流处处通”。茶叶繁荣到了家家要课税的程度，而诗人又将茶事的繁荣以溪流比拟，汇集而成河流，如此盛况，自然引起皇室的重视。洪武三十三年（1400 年），新化知县肖岐在县境开辟官办贡茶园四处，茶园所产作为贡茶上缴，这就是史称的“贡茶园”。随后，又在新化苏溪巡检司左开设茶税官厅一所，专理茶税事宜，这是中国茶税历史上第一个专门开辟茶税厅的，史称“天下第一茶税厅”。

一、贡茶园

明代嘉靖二十九年（1550 年）《新化县志》记载（图 3–1）：“茶园四处：南园二处，在南城外大路东西坛前一段，东抵大路，北抵坛前，南北长四十丈，东西阔二十七丈。路东一段，西抵大路，北抵八都里长局，南北长三十丈，东西阔十丈。成化二十年，改为教场操练民兵于此。

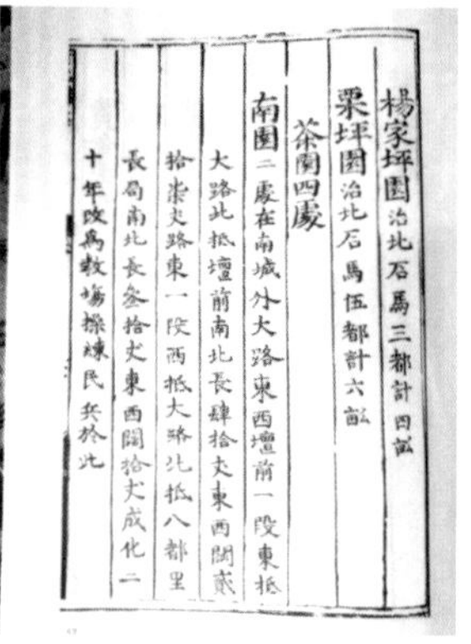
楊家坪園治北石馬三都計四畝
栗坪園治北石馬伍都計六畝
茶園四處
南園二處在南城外大路東西壇前一段東抵
大路北抵壇前南北長肆拾丈東西闊貳
拾柒丈路東一段西抵大路北抵八都里
長局南北長叁拾丈東西闊拾丈成化二
十年改爲教場操練民兵於此

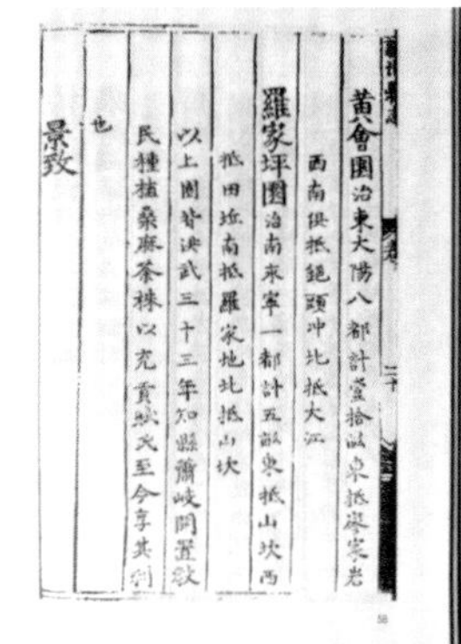
黄會園治東大陽八都計壹拾畝東抵廖家岩
西南俱抵鎧頭冲北抵大江
羅家坪園治南永寧一都計五畝東抵山坎西
抵田坵南抵羅家地北抵山坎
以上園皆洪武三十三年知縣蕭岐開置教
民種植桑麻茶株以充貢賦至今民享其利
也
景致

图 3–1　明代嘉靖二十九年（1550 年）《新化县志》记载贡茶园

黄会园，治东大阳八都，计壹拾亩，东抵廖家岩，西南俱抵铠头冲，北抵大江。

罗家坪园，治南永宁一都，计五亩，东抵山坎，西抵田坵，南抵罗家地，北抵山坎。

以上园皆洪武三十三年知县肖岐开置，教民种植桑麻茶株，以充贡赋，至今民享其利也。”

贡茶园开辟于明洪武三十三年（1400 年），距今已有 620 年历史，茶园面积 5~10 亩。新化贡茶 18 斤在官办茶园开辟之前，主要向茶农征用，开办官办茶园后，贡茶都出自此四园。贡茶园废弃后，贡茶从新化境内茶农征用以上缴。从以上记载中我们可以考证出贡茶园的作用，开园时间、地点和存在的时期。

（一）贡茶园的作用

一是作为示范，教导人们种植茶叶，推动新化茶叶产业的发展；二是茶园所产之茶，用来上缴贡茶，从而不再从茶农手中征用，以此减轻茶农负担。

（二）贡茶园地点

南园位于南城外东西坛前一段，对照那时的县域地图，可以发现南园在县城南出口官道两旁，离县城南入口不远，那里地名一直称为辽园，新中国成立后，设置辽园乡，现今为黄泥坳社区，已经成为新化县城的一部分，属枫林街道办事处管辖。

黄会园位于太阳上八都，清乾隆二十四年（1759 年）《新化县志》载："黄会园，治东太阳上八都。"按新化县行政规划沿革，太阳上八都辖南烟村、珂溪村、南舆田村、潮水村、土桥村、税塘村、浪丝村。考虑到黄会园"北抵大江"，因此可以推定黄会园位于太阳上八都的资江河岸，而靠近河岸的有南烟村、潮水村等，这些村现属于石冲口镇潮水管区一带。

罗家坪园位于永宁一都，永宁一都管辖村有：罗洪村、九龙村、灵真村、长鄄村，现为隆回县境，属罗洪、金石桥一带。

（三）贡茶园存在时期

南园从洪武三十三年（1400 年）开辟，到成化二十二年（1484 年）改为教场，存在时间为 84 年。

黄会园和罗家坪园存在的时间则较为久远，至清乾隆二十四年（1759 年）《新化县志・卷之二十三・古迹》仍录有茶园、桑、麻园 17 处，曰："以上桑枣园共十七处，皆洪武三十三年知县肖岐开置，教人种植桑麻茶株以充贡赋，今俱废。唯黄会园清出田二亩，现赡义学。"

总之，官办贡茶园的开辟，起到了带动全县茶叶发展的作用，新化迎来了茶叶产业的高峰期，"丁男多过女，子胥半输茶。"可见当时茶事之盛景。

二、苏溪茶税官厅

新化茶叶经过贡茶园的开辟和带动，茶叶产销盛况空前，茶税的不断增加，设置专门的茶税厅以收茶税，成了当时县府的重大事项。嘉靖二十二年（1543 年），在新化苏溪巡检司建立茶税官厅，专理茶税事宜。

苏溪巡检司建于洪武六年（1373 年），位于太阳一都苏溪村（又称苏溪关），现属琅塘镇苏溪村，与安化县润溪（现坪口镇）临界，处于苏溪流入资江的入口交汇处，北抵资江河岸，岸边建有把水厅，并有苏溪渡，以查验过往船只。那里是水路交通要冲，从苏溪关沿资江往下游经益阳入洞庭湖，到达长江汉口，沿汉水往西，进入襄阳、长安和西北。从苏溪关沿资江往上游则是新化县全境和宝庆府、邵阳、新宁、武岗等地。

由于古代陆路交通不便，物资运输主要依靠水路，苏溪关正处在资江河运输大动脉的关键点上，所有物资进出都必须经过苏溪关，在苏溪设置苏溪巡检司，大有一夫当关，万夫莫开之势。苏溪设置茶税官厅后，逐渐兴旺，演变成为集镇，乾隆、道光、同治《新化县志》都录有苏溪乡市，且在苏溪巡检司驻有弓兵20名。可惜的是，1958年因资江修建柘溪水库，苏溪乡市被淹，再无当年遗迹。

明代嘉靖二十九年（1550年）《新化县志》记载："茶税官厅，在苏溪巡检司左。嘉靖二十二年，本县主簿周经奉、分守胡有恒为建立官房，统收茶税事。查得本司上西自龙公桥下，东至肖公庙，中为巡司，南北二十四丈，东西七十七丈，巡司之外，俱为空闲官地。嘉靖初，被民梁文秀等占为己业，侵收客民地租，备申当道，追给还官。于巡司左边空地，委阴阳官杨一气督工，起盖官厅一所，外余地仍听客民赁住，每年征纳租银四两二钱，以做修理茶税官房支用。自后承委职官，莅止于斯，皆周公之力也。

正厅三间，穿堂二间，寝室三间，右右厢房各三间，仪门五间，正门三间。"

从以上记载可以看出，茶税官厅规模宏大，与巡检司加起来，占地面积达30亩，茶税官厅用房19间，而县志记载的巡检司用房12间，茶税官厅比巡检司都要大，充分说明新化茶事繁荣，茶税业务量大。

同治十一年（1872年）《新化县志》记载："榷政，嘉靖二十二年设茶税官厅于苏溪巡检司，岁取茶课银三千两，委官监收。"按明朝《茶法》核算，在苏溪茶税官厅纳税通关的茶达10000担以上，相当于现代500t茶，在当时的社会经济情况下，可以说是数额惊人。

苏溪茶税官厅也引起了皇帝的重视，明万历十五年（1587年）《明会典》中《茶课》记载："苏溪关照题准（题请皇帝批准）事例，每正茶一千斤，许照散茶一千五百斤，数外若有多余，方准抽税。"顺治九年（1652年）陕西茶马御史姜图南《酌蹭湖南并行边茶疏》奏称："请求转饬宝庆府新化县严加盘验，并督催湖茶运陕。"这里所指"新化县严加盘验"，盘验地点就是新化苏溪茶税官厅。说明苏溪茶税官厅茶税事可直达天听，其重要意义由此可见，史称"天下第一茶税厅"，名副其实。

苏溪茶税官厅存在时间很长，从嘉靖二十二年（1543年）设茶税官厅，历代《新化县志》均有记载苏溪茶税官厅的茶税事宜，时间一直连续到1912年，说明了苏溪茶税官厅在中国茶税史上的重要性，也佐证了新化产茶的历史盛况。

苏溪茶税官厅存在368年。以此为记（图3-2）。

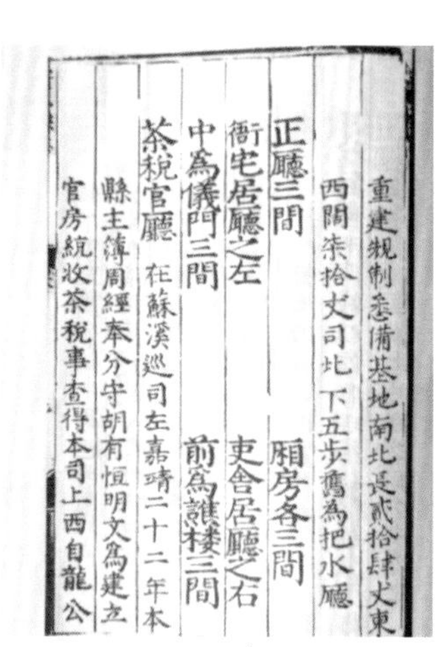

重建規制悉備基地南北長貳拾肆丈東
西闊柒拾丈司北下五步舊為把水廳
正廳三間　廂房各三間
衙宅居廳之左　吏舍居廳之右
中為儀門三間　前為譙樓三間
茶稅官廳　在蘇溪巡司左嘉靖二十二年本
縣主簿周經奉分守胡有恒明文為建立
官房統收茶稅事查得本司上西自龍公

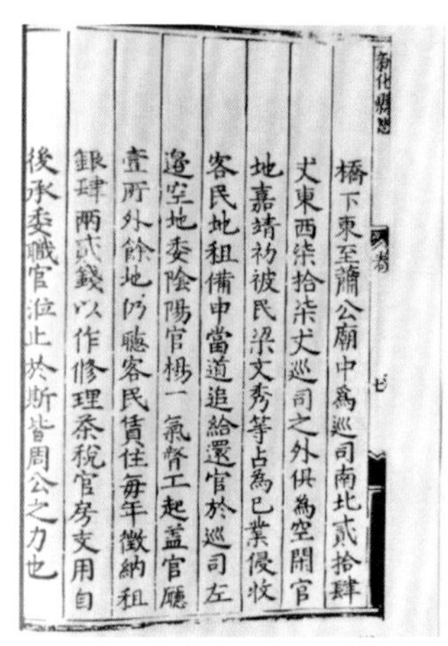

橋下東至蕭公廟中為巡司南北貳拾肆
丈東西柒拾柒丈巡司之外俱為空閑官
地嘉靖初被民梁文秀等占為已業侵收
客民地租備申當道追給還官於巡司左
邊空地委陰陽官楊一氣督工起蓋官廳
壹所外餘地仍聽客民賃住每年徵納租
銀肆兩貳錢以作修理茶稅官房支用自
後承委職官涖止於斯皆周公之力也

图3-2 明嘉靖二十九年（1550年）《新化县志》记载苏溪茶税官厅

第二节　经营管理体制

一、集体所有制

1954年，娄底茶叶从私有制过渡到集体所有制，茶叶生产、经营和财产归为集体所有，按国家下达的计划生产经营。这一体制持续到1984年。

二、国营所有制

在国营茶场、茶厂实行，财产归国家所有，接受国家计划指令，实行统一计划的生产经营。2008年后，娄底国营所有制茶叶企业全部完成改制。

三、企业承包责任制

承包责任制是把所有权和经营权分离，所有权归属国有或集体，经营权归属承包人。承包人按约定上缴利润，以取得经营权，所有权人不参与经营。

承包责任制始于1978年，首先在农村开始实行。20世纪80年代初期，茶园采用承包责任制，分包到户。集体茶场则整体承包到人，以包上缴利润取得经营权。

1984年乡（镇）茶厂落实承包责任制，整体承包给个人经营。

承包责任制是计划经济向市场经济过渡的产物。20世纪90年代后期，茶厂变卖给个人，承包责任制终结。

企业承包责任制能调动个人积极性，打破企业大锅饭，生产效能、企业效益得到释放，经济效益显著提高。

陈建明1992年发表的《一种可资借鉴的茶场承包方法》，记录了新化县石圳茶场的承包情况："新化县石圳茶场实行集体租赁承包，由村集体确定承包人，再由承包人组织20名场员集体承包取得了良好的成效。该场茶叶亩产量由1981年的80.5kg增加到1991年的153kg（干茶），其中1988年达196.5kg，产值由1981年的16000元增加到1989年的54800元，场员平均分红利1989年达3600元。"

四、私营所有制

私营所有制为自然人投资和收益，拥有全部所有权和经营权。娄底现有茶叶企业全部为私营企业，企业为独立法人，自主经营，独立承担法律责任。

第三节　茶叶收购

茶叶收购是茶叶产业中的重要一环。1985 年以前国家对茶叶实行划区收购，统一执行统购统销的国家样价政策。1985 年随着国家对茶叶市场的开放，允许自由流通，国家样价政策改为议价议销，也就是随行就市，由市场自行调节，市场调节机制发挥决定性作用。

一、收购政策和价格

国家收购政策和价格，包括收购政策，收购标准样，收购价格，评茶计价办法，组成一个完整的收购政策体系。该体系从 1950 年执行，直至 1985 年终止。1985 年开始改为国家指导价格，价格可以上下浮动，由企业自行根据市场行情决定。1996 年以后，国家不再出台指导价格，也不再设置红毛茶收购样品标准，价格完全由市场决定。

（一）样价政策

好茶好价，次茶次价，对样评茶，按质论价。

（二）标准样

收购标准样，是收购茶叶时划分茶叶品质高低的质量标准。娄底茶叶收购标准样，选取娄底市域内具有代表性的茶叶作为样品基础，再参考湖南省代表样标准水平，经专家评审达到湖南省代表样的基本水平，又能反映本地区的茶叶基本特征，从而符合娄底茶叶的实际情况。娄底标准样主要有：新化茶厂红毛茶标准样、红碎茶标准样。该标准样在新化茶厂收购区域内执行；涟源茶厂红毛茶标准样、红碎茶标准样，该标准样在涟源茶厂收购区域内执行。茶叶的收购以样茶为标准来进行对样评茶，评定出相应级别和等级，从而计算出相应的收购价格。

（三）收购价格（表 3-1~ 表 3-7）

表 3-1　1950—1959 年湖红毛茶价格表

年份	一级 / 元	二级 / 元	三级 / 元	四级 / 元	五级 / 元	粗茶 / 元	拣片 / 元
1950	54.60	44.20	35.10	27.30	20.80	14.30	10.00
1951	71.61	53.13	40.42	30.03	21.94	17.96	11.00
1952	97.32	65.33	48.12	38.27	32.00	20.00	12.00
1953—1955	109.00	82.00	66.00	49.00	40.00	25.00	14.00
1956—1957	115.00	87.00	67.00	52.00	41.00	28.00	16.00
1958	139.00	99.00	76.00	63.00	52.00	30.00	18.00
1959	148.00	104.00	79.00	65.00	54.00	35.00	20.00

注：表内价格为 50kg 的单价。

表 3-2　1960—1963 年湖红毛茶价格表

级别	一级					二级				
等次	1	2	3	4	5	6	7	8	9	10
价格 / 元	168	158	148	158	129	120	112	104	97	91

级别	三级			四级			五级			粗茶	脚茶
等次	11	12	13	14	15	16	17	18	19		
价格 / 元	85	79	74	69	65	61	57	54	51	48	35

注：表内价格为 50kg 的单价。

表 3-3　1964—1978 年湖红毛茶价格表

级别	一级			二级			三级			四级			粗茶	脚茶
等次	1	2	3	4	5	6	7	8	9	10	11	12		
价格 / 元	202	184	166	150	134	119	107	95	85	76	69	62	38	27

注：表内价格为 50kg 的单价。

表 3-4　1979—1985 年湖红毛茶价格表

级别	一级		二级		三级		四级		五级		六级		粗茶			脚茶	
等次	1	2	3	4	5	6	7	8	9	10	11	12	1	2	3	1	2
价格 / 元	234	215	196	178	160	142	124	108	92	76	67	60	53	46	40	34	29

注：表内价格为 50kg 的单价。

表 3-5　1986—1989 年湖红毛茶价格表

级别	一级		二级		三级		四级		五级		六级		粗茶		脚茶
等次	1	2	3	4	5	6	7	8	9	10	11	12	1	2	1
价格 / 元	254	215	218	202	186	170	152	132	112	94	80	70	58	45	35

注：表内价格为 50kg 的单价。

表 3-6　1990 年湖红毛茶价格表

级别	一级		二级		三级		四级		五级		六级		粗茶	脚茶
等次	1	2	3	4	5	6	7	8	9	10	11	12		
价格 / 元	363	333	304	276	248	220	192	168	143	118	104	93	70	48

注：表内价格为 50kg 的单价。

表 3-7　1967—1987 年红碎茶价格表

年份			1967—1977	1978	1979—1980	1981—1984	1985—1987
碎茶 / 元	碎一	上	252	302	277	265	265
		中	236	283	247	235	240
		下	223	268	205	193	208
	碎二	上	262	314	288	276	276
		中	246	295	255	243	243
		下	228	274	238	226	226
	碎二	上	228	274	225	213	228
		下	207	248	186	174	194
	协商			200	140	134	144
片茶 / 元	上		202	242	200	188	188
	中		176	211	164	152	167
	下		155	186	125	113	133
	协商			148	80	74	89
末茶 / 元	上		210	252	241	229	229
	中		189	227	194	182	192
	下		165	198	150	158	153
	协商			157	90	84	99
付茶 / 元					30	30	

注：表内价格为 50kg 的单价。

（四）评茶计价办法

评茶计价，就是在茶叶收购时评定茶叶等级和计算价格的过程，决定茶叶的具体等级和价格。

评茶计价办法自 1950 年制订以来，经过多次修改。1950—1954 年，实行双轨评茶计价办法，即：将待收的毛茶对照标准样，干湿兼看，分别评出外形、内质的等级，各半计算，合并定价；1955—1964 年，改为三级以上毛茶，按上述办法计价，四级以下毛茶干看定价；1965—1978 年，实行干湿兼看，分别定等，以外形等级为基础，结合内质优次升、降等，折算计价的办法；1979—1996 年，实行内质外形并重，干湿兼看，分别定等，综合平衡计价，如有半等者，按半等计价的办法。

（五）水分检测

红绿毛茶标准水分为 9%，最高不超过 13%；黑毛茶水份标准为 13%，最高不超过 17%；红碎茶水份标准为 7%，最高不超过 9%。

（六）茶叶生产奖励政策

1. 物资奖励

为鼓励茶叶生产者发展生产，提高品质，把茶叶交售给国家，国家制定具体的物资奖励标准，具体办法是：国营茶叶收购基层单位（茶叶收购站、国营茶厂、茶叶公司）收购茶叶时，发给茶叶生产者需要的计划供应或供应紧张的平价工农业产品指标。

国家对交售茶叶实行奖售，是从1950年开始的，当时是发给茶农优待粮食指标，到1955年，制定固定的奖售标准和办法。1956—1961年，娄底市的奖售标准为每50kg茶叶发给优待粮食14kg；1962年每50kg红、绿毛茶奖售标准为：一级奖稻谷指标25kg，化肥指标90kg；二级奖稻谷指标20kg，化肥指标70kg；三级奖稻谷指标16kg，化肥指标55kg；四级奖稻谷指标14kg，化肥指标40kg；五级奖稻谷指标12kg，化肥指标30kg；级外茶奖稻谷指标5kg，化肥指标15kg；1963年开始，按收购茶叶金额进行奖励，1963—1968年，每收购100元毛茶，奖稻谷指标32.5kg，化肥指标40kg，布票30市尺；1969—1978年，每收购100元毛茶，奖稻谷指标25kg，化肥指标35kg；1979—1984年，每收购100元毛茶，奖稻谷指标27.5kg，化肥指标40kg。1985年，随着茶叶市场的开放，奖售政策随之废止，1986—1990年的计划经济与市场经济的双轨制期间，每年下达部分计划内“茶肥挂钩”的化肥指标，计划内化肥价格低于计划外化肥价格，茶农多有受益；1991年随着中国转型为市场经济，取消计划物资，奖励政策完全终止。

2. 茶叶改进费

1951年，国家贸易部和农业部联合发出通知，为支持茶叶生产的发展，决定提取茶叶改进费，提取比例为收购金额的0.5%~3%，交由农业部掌握使用。使用范围：进行茶叶初制试验研究和成果推广；茶叶专业调查、栽培、初制、技术费用；建设茶叶生产工作站、初制厂所需费用；种籽收购、调运费用。该政策一直实行到1985年，茶叶市场开放后，改进费的提取自然消亡。

娄底茶叶利用茶叶改进费用促进茶叶的发展，1958年涟源茶厂建设，利用改进费用48万元，双峰茶叶示范场、涟源茶叶示范场，炉观茶叶科学研究所等先后获得茶叶改进费用的支持。

3. 利润返还

1980—1984年，根据湖南省人民政府1980年颁发的文件规定：“为调动社队发展茶叶生产积极性，从1980年开始，各国营茶厂以本年度实现的茶叶加工利润的70%，返还给产茶生产队（场），一定五年不变。”这五年间，新化茶厂返利183万元，涟源茶厂返利127万元，用于本收购区域的茶叶生产。

二、划区收购

从1950年开始，国家对茶叶实行划区生产、划区收购政策，收购单位以国营精制加工厂为依托。1950—1954年，由国营精制茶厂直接设点收购。1955年改为供销社在各乡镇设立茶叶收购站，收购所在乡镇的茶叶，然后交送指定的国营精制茶厂。

1950年3月，成立新化茶厂。新化茶厂收购范围为新化、冷水江、涟源、新邵、溆浦、安化坪口镇。双峰，娄星区划归中国茶业公司长沙联络处收购，后划归长沙茶厂收购，直到1958年。1951—1952年，涟源茶叶划归惠民茶厂收购，1953—1958年，涟源红毛茶由新化茶厂收购，绿毛茶由长沙茶厂收购。1954年新化茶厂收购范围扩展到邵阳全境，即新化、冷水江、涟源、新邵、邵东、邵阳、新宁、绥宁、武冈、城步、洞口、隆回。安化坪口镇、溆浦划归安化茶厂收购。1959年涟源茶厂建成投产，收购范围随之发生变化，到1963年正式形成新化、涟源两大茶区。新化茶厂收购新化茶区茶叶，范围为：新化、冷水江、新邵、邵东、邵阳、新宁、绥宁、武冈、城步、洞口、隆回。1979年邵阳茶厂建成投产，邵阳地区红碎茶划归邵阳茶厂收购，新化茶厂仍收购邵阳地区红毛茶。涟源茶厂收购涟源茶区茶叶，范围为：涟源、娄星区、双峰、湘乡、祁东、祁阳。

划区收购一直持续到1984年，1985年后，茶叶市场开放，允许茶叶自由流通，划区收购政策随之停止执行。

三、茶叶验收

茶叶验收是各大茶叶收购站在按国家政策收购各自区域内的茶叶后，送交到国营茶厂集中精制加工。这一过程就叫茶叶验收。

（一）1950—1952年为直接收购阶段

由国营精制厂直接设站收购，长沙茶厂在双峰的永丰、娄星设站收购，新化茶厂在新化、冷水江，涟源设站收购，新化茶厂在划定的收购茶区设站近30个，收购人员228人。

（二）1953—1972年为委托代购阶段

由供销社茶叶站收购后，直接交送到新化茶厂和涟源茶厂，交验方式为：

评定茶叶等级和价格：价格 × 数量 = 验收山价。

代购手续费率：9%~13%。

公差：即收购价格与验收价格之间的误差，最大允许公差为13%，在此范围内送交的茶叶按原收购山价计算，不再计算公差。超过13%部分与予以扣除。

运杂费：按里程核算。

税收：40%。

计算公式：货款 = 收购山价 ×（1+ 税率 + 代购手续费率）+ 运杂费。

（三）1973—1984年为调拨作价阶段

红碎茶直接由红碎茶厂送新化茶厂、涟源茶厂交验。红毛茶仍然由供销社茶叶收购站收购后送交新化茶厂、涟源茶厂验收。

红碎茶交验方式：

货款 =（山价 + 税金）×（1+ 费率）+ 运杂费。

费率：4%。

红毛茶交验方式：

评定茶叶等级和价格：价格 × 数量 = 验收山价。

综合手续费率：9%~13%。

公差：即收购价格与验收价格之间的误差，规定为5%，1983年降为3%。不管验收山价与原收购山价误差多少，都按验收山价计算，加上公差。

运杂费：按里程核算。

税收：1982年以前为40%，1983年降为25%。

计算公式:货款 = 验收山价 ×（1+ 税率 + 综合手续费率）+ 运杂费 +（山价 × 公差）。

四、茶叶收购站

1984年以前的茶叶收购站，从1953年由国营精制茶厂直接设站收购改为委托供销社设站收购后，茶叶收购站归属供销社领导。茶叶收购站的主要任务，一是完成当地的茶叶收购，二是指导当地的茶叶生产。

娄底茶叶收购站遍及全境，星罗棋布，形成了一张覆盖娄底全境的茶叶收购网，基本上每个乡镇都设有一个茶叶站。据娄底供销社统计，1982年全市有106个茶叶收购站，全年收购茶叶4092t。茶叶收购按照国家制定的样价政策执行，收购站设有取样、审评、计价、付款人员，并负责发放国家的物资奖励票据。

1984年茶叶市场开放后，国营、集体、个体一起上，新增了很多茶叶站点，打破了供销社独家收购茶叶的局面，由此拉开茶叶收购的市场竞争。到1988年，全市茶叶收购站增加到近200家。

1998年以后，由于茶叶滞销，国有精制茶厂停产，茶叶收购站迅速减少，2000年全市茶叶收购站全部消亡。

五、收购数量

娄底为红茶主产区。1984年以前，茶叶几乎全部交送新化茶厂和涟源茶厂，另有双峰部分红、绿毛茶茶交送长沙茶厂，三厂收购量相当于娄底茶叶产量。1985年以后，茶叶跨区流通，部分茶叶交送到外地茶厂。到1988年，娄底茶叶收购数量的统计已无实际意义。现附新化茶厂、涟源茶厂、长沙茶厂至1987年收购数量于后，由此可以推算出娄底茶叶的产量，以供参考。

（一）新化茶厂历年收购数量

新化茶厂历年红碎茶收购数量情况见表3-8，红毛茶收购数量情况详见附录表1。

表 3-8　湖南省新化茶厂历年红碎茶分县购进入厂量值表

年份	合计		新化县		冷水江市		新邵县		邵东县		洞口县		隆回县		邵阳县		邵阳市		新宁县		武岗县		其他	
	数量/t	金额/万元	数量/t	金额/万元	数量/t	金额/万元	数量/t	金额/万元	数量/t	金额/万元	数量/t	金额/万元	数量/t	金额/万元	数量/t	金额/万元	数量/t	金额/万元	数量/t	金额/万元	数量/t	金额/万元	数量/t	金额/万元
1976	163.8	67.19	22.15	9.78					22.7	8.42	98.05	40.91									20.3	8.08		
1977	673.45	271.46	167.95	66.28	34.35	12.91	5.7	2.03	103.95	40.85	305.15	127.28	1.75	0.69							54.5	21.42		
1978	1718.75	729	337.1	140.27	57.2	25.8	58.9	24.39	356.3	151.53	643.1	266.61	31.7	13.82	26.55	10.77	20.4	8.04	6.05	2.96	181.45	84.81		
1979	1189.25	462.29	417.45	17.682	54.35	19.65	117.5	44.42	599.95	223.4														
1980	1680.15	765.65	736.35	351.71	36.95	15.71	160.15	67.29	746.7	330.94														
1981	1865.65	796.65	920.5	408.74	26.35	11.62	125.3	47.65	792.9	328.64														
1982	1061.5	456.94	884.8	389.02	30.8	13.29	140.9	53.94	5	0.69														
1983	1091.7	413.15	910.7	353.23	39.3	15.86	141.35	44.03					0.35	0.03										
1984	966.65	419.55	906.5	397.07	30.35	12.95	3.8	0.83	26	8.7														
1985	764.6	328.9	584.7	262.07	33.95	15.2	9.05	2.54	110.4	39.95	3.75	1.12	17.45	6.32			5.3	1.7						
1986	642.95	300.82	447.15	224.94	23.35	11.52			81.4	31.18	25.7	10.67					10.1	3.6			26.[illegible]5	10.66	29.1	8.24
1987	311.7	141.54	196.55	95.22	6.65	3.53	4.8	1.86	64.9	25.02	10.35	4	0.05	0.02			24.1	9.6			4.3	3.29		
合计	12130.15	5153.14	6531.9	2873.15	374.2	158.04	767.45	288.98	2910.2	1189.32	1083.1	450.59	51.3	20.88	26.55	10.77	59.9	22.95	6.05	2.96	287.4	127.26	29.1	8.24

注：1. 炉观科研所在 1978 年以前生产的红碎茶属于自产未列入本表，至 1979 年及以后因已分开属外购，才列入本表；2. 表列数量均包括副产品在内；3. 表列金额均指收购山价。4. 1975 年以前红碎茶列入红毛茶数量。

（二）涟源茶厂历年收购数量

涟源茶厂历年红毛茶、红碎茶分县进厂量值详见附录表 2。长沙茶厂历年收购双峰县茶叶数量见表 3–9。

表 3–9　长沙茶厂历年收购双峰县茶叶数量

年度	双峰县	
	红茶 /t	绿茶 /t
1951	237.3	
1954		861.8
1955		1043.7
1956		909.4
1957		690.9
1958		952.5
1959	906.8	217.3
1960	1088.1	182.8
1961	823.5	89.1
1962	457.6	47.3
1987		25.4
合计	3513.3	5020.2

六、市场收购

1985 年茶叶市场开放，茶叶收购采取议价议销的政策。国家取消茶叶收购指令性价格，改为指导价格；1990 年以后，指导价格也随之自然消失。原有的茶叶验收计价体系自然消亡。茶叶收购格局发生巨大变化，出现国营、集体、个体参与茶叶收购市场的盛况。茶叶在当时不愁销的卖方市场条件下，参与茶叶收购的人员云集，茶叶市场繁荣，茶价上涨，茶农受益。茶叶收购站大量增加，最多时达到 200 家以上。很多二道茶贩则提着布袋，上门挨家挨户收购，然后将毛茶运送至茶叶收购站转卖，赚取中间差价。一时间，浩浩荡荡的茶叶贩卖大军，据不完全统计达到数万人。

1986 年，娄底出现第一个全省最大的自发性茶叶收购市场——新佃桥大茶市。

新佃桥地处新化县琅塘镇，与安化县坪口镇交界，水陆交通便利，水路紧临资江。资江上游的新化荣华、白溪、游家、圳上，下游的安化云台、烟溪、渠江，到达新佃桥时间在 2h 之内；陆路的新化铁炉、金凤、横阳、西河，还有溆浦县部分地方，通过公路到达新佃桥时间在 2h 之内；加上湘黔铁路穿过新佃桥，在不足 1km 的坪口设站停靠。形成新佃桥独特的地理交通优势。

新佃桥处于新化和安化的产茶中心地带，紧临新佃桥的新化县琅塘、金凤、铁炉、荣华、白溪、横阳，安化县的烟溪、连里、云台等，都是产茶重镇。而新佃桥大茶市的交通便捷通达这些产茶镇。

琅塘自古就是重要产茶区，曾经的新化县茶叶经济中心就位于离新佃桥只有3km的杨木洲。这里有数万人从事茶业工作，茶文化历史底蕴深厚，具有茶叶从业人员特有的人才、技术基础和传统习惯。

借改革开放的政策东风，茶叶市场开放后，新佃桥大茶市应运而生。

新佃桥大茶市极为繁荣，高峰期的1987—1995年，有茶叶收购站50家左右，大都在紧临湘黔铁路的新佃桥和坪口沿街设站。年收购量3000t以上，国营新化茶厂、涟源茶厂都在该地设站收购，参与茶叶收购的竞争。当地比较有名的大茶叶收购商有陈建湘、戴恩堂、陈建胜、唐初华、刘景南、陈民权等，年收购量均达200t以上。大量的茶贩人员则采取上门收购的办法，足迹遍布新化和安化2h之内可到达的产茶区。其贩卖的毛茶运送到新佃桥大茶市的各大茶站售卖，形成完整的收购链条。茶市收购价为当面议价，随行就市。新佃桥大茶市的收购价格全省属目，关注度很高，影响全省茶叶收购价格的走势，特别是春茶的开盘价，基本决定全省红毛茶的收购价格。

新佃桥大茶市受到全省茶叶精制加工厂和大公司的关注，包括湖南几家省级茶叶公司，国营精制加工厂都来采购红毛茶，主要采购商有：湖南省茶业集团股份有限公司、新化茶厂、涟源茶厂、桃源茶厂、平江茶厂、安化茶厂、湘乡茶厂等。

1996年以后，茶叶供给大过需求，茶叶收购转变为买方市场，茶价跌落，茶叶收购站出现大面积亏损。新佃桥大茶市走向衰落，收购站减少，到2000年，收购站全部关门停止收购。新佃桥大茶市自然消亡。在这期间，另外还有水车等小型茶市，高峰期有10多家茶叶收购站，年收购量750t左右。

2000年后，全市已经没有茶叶收购站，后期的茶叶产业链条中，取而代之的是产销直供，即：茶叶生产者直接加工为成品供应给经销商出售。

第四节　茶叶贸易

娄底茶叶贸易从1950—1998年，主要以出口为主，产品为工夫红茶和红碎茶，有少量调拨内销和边销，内销主要为内蒙古、辽宁、吉林、黑龙江、北京、天津、山西、新疆、陕西等全国各地。

1984年以前，茶叶按划区收购政策归口到湖南省新化茶厂、湖南省涟源茶厂精制加工，然后按计划统一调拨至各大口岸公司，再出口到世界各地，主要出口国有东欧、苏联、欧盟、中东、非洲、美国等地，是主要大宗出口创汇产品，在娄底占据重要地位。1984年以后，除两厂继续调拨出口外，市内各级茶叶公司、红碎茶厂有部分直接调拨到口岸公司，但数量较少。

2000年以后，随着国内茶叶市场兴起，娄底茶叶贸易转向以国内市场销售为主。茶叶企业的贸易和销售模式发生巨大变化，具有以下特点。

① **品牌化：**进入市场贸易和销售的茶叶产品，以企业品牌为标志，赢得市场和消费者认同。目前，全市茶叶企业共有商标100件以上，其中湖南省著名商标6件，湖南省名牌产品11件，新化红茶为新化县域公众品牌，也是新化县“一县一特”产品。娄底市茶叶商标详见附录五。

② **专卖店：**近年来，大湘西茶产业发展促进会积极支持娄底茶叶企业专卖店发展。据统计，全市茶叶企业在全国各地设立专卖店60家以上，湖南省渠江薄片茶业有限公司有专卖店23家。专卖店突显出茶叶企业的品牌形象，拓宽了销售渠道和方式。

③ **电子商务销售：**电子商务销售是近年来兴起的新型销售模式。是指以信息网络技术为手段，以商品交换为中心的商务活动，是传统商业活动各环节的电子化、网络化、信息化，以电子交易方式进行交易的活动。电商平台门槛低，投资少，娄底茶叶进入电子商务销售企业较多，企业大多建有电子商务交易平台，改变了娄底茶叶的传统销售模式，成为茶叶的主要销售方式。

④ **经销商：**娄底茶叶经销商遍及全国，主要经销商为茶叶店、茶馆、土特产店。经销商从茶叶加工企业进购产品，然后销售给消费者，赚取中间差价。这种方式是当前娄底茶叶的主要销售渠道，销售量占全市产茶量的70%。

⑤ **品牌推广：**茶叶品牌推广分为政府和企业推广两种方式。政府进行茶产业宣传和公众品牌推介，每年举办各种活动宣传、推广娄底茶；茶叶企业运用广告和媒体宣传自身品牌，提高企业品牌知名度，带动茶叶贸易与销售。近年来茶叶企业产生了一批湖南省著名商标和名牌产品。

第四章 茶品类

1950年以前，娄底茶叶加工技术主要采用手工制茶，20世纪50年代中期，国家研制出一批机械制茶设备，茶叶加工技术不断进步，生产效率显著提高。

20世纪50年中期揉茶机得到广泛应用。早期揉茶机为木制手推式揉茶机（图4-1），随着柴油机的普及，改进为传动式揉茶机，20世纪70年代电力普及后，改进为电动传输揉茶机。至此揉茶机定型，主要有35、40、50、60、65、70型揉茶机，一直应用到现在（图4-2）。

20世纪60年干燥设备出现，茶叶干燥机得到应用。早期为手拉百叶式干燥机，淘汰古老的竹制焙笼木炭干燥方式；随着柴油机和电力的普及，出现传动送风式干燥机，80年代得到普遍应用。其解决了干燥依靠太阳，效率低下，干燥时间长，影响茶叶品质等问题。

20世纪70年代，引进国外转子机、LTP锤切机、CTC滚切机，提高红碎茶生产工艺。红碎茶新工艺研究，关键技术获得外贸部科技成果三等奖，红碎茶加工技术全省领先。

娄底工夫红茶精制加工技术一直处于全省先进水平。20世纪50年代湖南省新化茶厂开始联机作业研究并获得成功；20世纪60年代新化茶厂和涟源茶厂精制工艺抖、圆、切的联机作业成功得到应用。1979年建设立体车间，将精制加工的抖、切、圆、拣、风选全部组合，形成自动化联机流水作业，劳动效率和工夫茶制率提升。该工艺在全省精制加工厂中普遍推广。

20世纪80年代茶叶初制自动化加工技术进入工艺成熟期，红茶、绿茶初制自动化生产得到应用。

图4-1 20世纪50年代木制揉茶机

图4-2 现代揉茶机

此后，娄底茶叶加工设备主要沿自动化、电气化方向发展，近年来，随着信息化时代的来临，数据化制茶是最新发展方向。2019年全市有数条自动化、数据化生产线，紫金茶业、月光茶业的全自动名优茶生产线，达到全省先进水平（图4-3）。

图 4–3 紫金茶叶自动化生产线

第一节 红茶类

娄底茶叶种类主要有绿茶、红茶、黑茶，近年出产少量白茶。历史上娄底茶产品举世闻名，渠江薄片、永丰细茶、土贡芽茶、枫木贡茶、奉家米茶等，在不同的历史时期引领茶产业的发展，带动茶产业繁荣。新中国成立后，研制出“双峰碧玉”“月芽茶”等著名绿茶产品，传统工夫红茶畅销世界，创新开发的红碎茶，开启了全国茶产业 20 多年的红碎茶时代，其创新成果推广到全国，创造了娄底茶产业高峰，挖掘恢复“渠江薄片”历史名茶，丰富了湖南黑茶品类。现今娄底红茶、绿茶、黑茶齐头并进，形成三驾马车共同发展的态势。“新化红茶”于 2018 年获得地理标志证明商标，成为“一县一特”的强农名茶。

图 4–4 1967 年新化茶厂生产的红碎茶中档 2 号，批次为“新 722203”

一、红碎茶

红碎茶始称为分级红茶，1967 年中华人民共和国对外贸易部正式将分级红茶命名为红碎茶（图 4–4）。红碎茶品质以内质为主，以滋味的浓度、强度和鲜爽度的特点，这是与工夫红茶的区别所在。娄底是红碎茶的主要研制和开发区，从 1957 年开始研制，经历了试制—引进国外技术—自行开发的历程。

到20世纪80年代初，自研技术成熟，产品为市场广泛认可。以湖南省炉观茶叶科学研究所为主要研制单位，对红碎茶的生产工艺，制作方法，工艺流程进行了全面的研究，开发出大批生产实用技术，使红碎茶制作技术实现从实验室到生产端的转变，产品品质大幅提高。娄底红碎茶制作新技术向全国推广，1982年由湖南省炉观茶叶科学研究所和平江瓮江茶厂两个单位，传播推广到全省52个红碎茶厂。其后，全省所有红碎茶厂使用红碎茶新技术。同时，红碎茶新技术推广至全国。

红碎茶新技术促进了娄底红碎茶生产的大发展，几乎每个乡镇建有一家红碎茶厂，全区共建有红碎茶加工厂76家，高峰期娄底红碎茶占全省的1/3，全国的1/6。娄底红碎茶风靡世界，通过广州、上海、湖北、湖南茶叶进出口公司出口到世界各地。特别是红碎茶品质提高以后，红碎茶价格水涨船高，据《湖南省炉观茶叶科学研究所所史》记载：1980—1984年，红碎茶新技术产品比传统产品价格高出400美元/t，高出传统红碎茶产品价格的50%~60%，1982年炉分222101，出口9t至英国伦敦，价格为1530美元/t，是湖南红碎茶出口最高价，1984年出口18t，价格为3150美元/t，再次创造了湖南红碎茶出口历史最高价。娄底红碎茶成为国优、部优、省优产品，娄底红碎茶新技术造就了历时20多年的全国红碎茶时代。

红碎茶的制作分为初制和精制两道工序。初制环节重点把握鲜叶采摘、萎凋、揉切、发酵、干燥、归堆等工序。而精制则通过不同的机械采取分离、解体、合并的办法，使成品红碎茶出厂符合出口标准样茶的品质规格要求。

（一）鲜叶原料

优质的鲜叶原料是基础，要求做到嫩、匀、鲜、净。鲜叶采摘标准：春茶1芽2或3叶，夏、秋茶1芽2叶和相同嫩度的对夹叶。

① **鲜叶分堆：**一、二级（一至四等）鲜叶，主制上档红碎茶，三级（五至六等）主制中档红碎茶，四至五级（七至十等）主制下档红碎茶。

② **贮青厚度：**20cm。

③ **贮青时间：**不超过12h。

④ **操作要求：**贮青期中，要求翻叶2~3次。

（二）萎凋

萎凋是红碎茶初制过程的第一道工序。鲜叶经过部分失水，使揉切时红碎茶颗粒紧结重实，碎茶比例增多，鲜叶进厂后，要及时萎凋。红碎茶制造普遍采用萎凋槽萎凋，它具有结构简单，操作方便，不受气候条件限制，减少厂房使用面积，降低燃料消耗，稳定茶叶品质和提高加工效率等方面的优点。

1. 萎凋槽萎凋操作方法

将鲜叶疏松地摊放在盛叶盒（帘）上，细嫩叶约15cm厚，摊叶面积20~25kg/m^2，以风力能透过鲜叶空隙为适当。每槽萎凋时间一般6~10h。

2. 萎凋程度

萎凋叶的萎凋程度总的要求做到"均匀、适度"。娄底中小叶种萎凋适度时的含水量一般在58%~64%为宜。使用CTC和LTP（新工艺）加工法的萎凋要偏轻，萎凋叶含水量68%~72%即为适度。

萎凋程度的掌握除测定水分含量外，感官观测为：叶面光泽消失，由鲜绿变为暗绿，部分芽尖略呈青灰色，随着萎凋失水而使叶片变得柔软，手握萎叶成团，松手不易散开（缺少弹力），主脉茎梗不易折断，青草气味部分消失并有清香出现，即为适度。

（三）揉 切

揉切是红碎茶制造的独特工序，适度的萎凋叶能否达到红碎茶外形、内质的要求，揉切工序起着关键性的作用。

1. 盘式揉切法（即传统制法）

娄底红碎茶的生产最初在新化茶厂炉观茶叶初制厂试制成功。其切碎机大部分采用70型、55型盘式揉切机。揉捻后解块筛分的茶胚，经盘式揉切机一般揉切三次，解块筛分三次。第一次揉切，时间约25~30min，解块筛分，筛底茶称一号茶，筛面茶复切；第二次揉切，时间稍短，约20~25min，解块筛分的筛底茶称二号茶，筛面茶复切；第三次揉切，时间约20min左右，解块筛分的筛底茶称三号茶，筛面茶称尾茶。

2. 转子机揉切法

揉捻后解块筛分的茶胚，投入转子机进茶口，经螺旋推进器把茶胚推入切碎区，通过挤、压、绞、切后，从转子机尾部出口排出，经解块筛分，筛面茶再反复揉切二、三次。第一次揉切、筛分的筛底茶称一号茶；第二次揉切、筛分的筛底茶称二号茶；第三次揉切、筛分的筛底茶称三号茶，筛面茶称尾茶。

3. CTC揉切法

CTC机是一种能对萎凋叶进行碾碎、撕裂与卷曲的双齿辊揉切机，喂粒辊70r/min，搓撕辊700r/min，切碎颗粒的大小依两辊齿隙而定，齿隙最小距离为0.05~0.08mm，最大不超过0.2mm。茶坯通过喂粒辊进入两辊相交的切线位置上，被高速搓撕碾碎成为颗粒，揉切作用强烈而快速，一般叶片的厚度为0.1mm左右，故能使揉切均匀。因齿隙小挤压力大，叶温亦有瞬间的升高，但由于齿辊未封闭而敞开，所升高的温度在输送带上即可散失。经3次CTC机切碎，最后经解块器直接进入发酵车中，全程仅3~4min，实际揉切时间为 1~2min。CTC 法具有低温、揉切强烈快速、破碎率高的特点，而且碎茶率高，片茶比例低，成品茶花色少，便于精制。其工艺流程为：轻萎凋→ CTC 揉切→发酵→二次干燥。

CTC 制法红碎茶无叶茶花色，外形色泽棕黑油润，颗粒紧结、重实、匀齐，净度好，滋味浓强鲜爽，汤色红艳明亮，叶底红匀鲜活，香气持久，品质与国外红碎茶相近，是国际市场上卖价较高的一种红茶。

以 CTC 揉切机生产红碎茶，彻底改变了传统的揉切方法。萎凋叶通过两个不锈钢滚轴间隙的时间不到 1s 就达到了破坏叶细胞的目的，同时使叶子全部轧碎成颗粒状。发酵均匀而迅速，适度后必须及时进行烘干，才能达到滋味浓、强、鲜的品质特征。

4. LTP 机制法

LTP 机制法采用锤式粉碎机的工作原理，工作部件由 31 组锤片和 9 组刀片组成，每组锤片、刀片各 4 把共 160 把。制茶时不必先揉捻，当萎凋叶被离心机吸进机框时，经过 160 把刀，锤片高速锤击切碎，使叶片切后形成色泽鲜绿，约 0.5~1.0mm 的细小碎片，经风力旋转、挤压使小碎片胶结成颗粒而喷出机框。该机揉切时间短，揉切叶温低，供氧充足，损伤叶细胞组织强烈快速等优势，并具有转子机颗粒紧结，造型好，浓强度高等特点，还能提高茶黄素含量以及形成茶黄素与茶红素合理的比例，从而提高红碎茶的鲜爽度，被誉为红碎茶制造时期的新工艺。

（四）发 酵

红碎茶发酵是一个复杂的生物化学变化过程，是形成红茶红汤红叶的关键工序。

1. 发酵的条件与方法

发酵一般要求叶温 24~28℃，时间 1.5~2h，室温控制在 22~26℃左右，比叶温低 1~2℃，相对湿度应在 90% 以上。发酵叶厚度一般不超过 6cm，茶胚不能压紧，不宜装叶过厚。

2. 发酵程度

娄底茶树属中小叶品种，滋味浓度有限，要着重提高鲜爽度，即尽量保持茶黄素不过多地转化为茶红素，更要防止茶红素转化为茶褐素。所以红碎茶发酵程度要掌握适度偏轻，春季茶胚一般由青绿色转为桔黄色，部分桔红色。夏茶大部分桔红色，青草气味消失，开始出现清香或苹果香，即为适度。

（五）干 燥

红碎茶干燥采用高温烘焙，应用传热介质将发酵好的茶胚加热，使湿胚水分汽化并被热气流带走，达到一定干度和保质的过程，达到提高红碎茶香气，紧缩体积，固定外形。

1. 干燥方法

红碎茶干燥的温度原则上先高后低，失水速度是先快后慢，主要采用两次干燥方法，二次干燥的红碎毛茶香气较持久，不致因干燥温度过高造成高火或烧焦气味。第一次干燥（毛火），温度控制在105℃左右，干燥后的茶坯含水量约15%~20%左右，即进行下机摊凉。摊凉是使茶胚迅速散发热量，蒸发一部分水分，并使叶茎内外和叶片与茎梗之间水分重新分布，干湿扯匀。要求薄摊（6cm左右），摊凉约40min，不要堆积过厚过久。

第二次干燥（足火或复火），目的使茶叶充分干燥，要求温度85~90℃。

2. 干燥程度

红碎毛茶干燥后要求含水量不超过5%。感官测法是用手握茶叶有刺手的感觉，拇指和食指将少许茶叶一拧即成为粉末，茶梗一折即断并发出浓厚茶香，即认为适度

（六）归 堆

归堆的原则是对照国家标准样茶以内质为主，结合外形。内质以滋味、香气、叶底嫩度为主，要求同一堆级的茶叶内质基本接近、外形基本相当，娄底红碎毛茶一般分六个堆，尾茶分一个堆，共七个堆。

初制后的红碎毛茶是半成品花色的混合体，包含有叶、碎、片、末茶和筋、梗、粉尘以及非茶类夹杂物，且体型大小粗细不一、品级档次高低不同，内质差异较大，必须通过加工精制，才能符合商品茶规格。

红碎茶精制环节包括分类、精制、拼配、包装、评审、检验等工序，具体如下。

（七）分 类

红碎茶根据规格可以分为以下几类：

① **叶茶：** 由细嫩的芽叶茎组成，外形条索紧细匀齐，色泽乌润，内质香气芬芳，汤色红亮，滋味醇厚，叶底红艳多嫩茎。

② **碎茶：** 系红碎茶中的主要品种。较叶茶体形细小，呈颗粒状，外形紧结重实匀齐，汤色红艳，叶底红匀，滋味浓厚。

③ **片茶：** 片茶是指呈片形或木耳形的红碎茶，色泽乌褐，香气尚纯，汤色尚红，滋味欠浓厚尚鲜爽，叶底较红欠匀。

④ **末茶：** 末茶外形呈砂粒状，紧细重实，色泽乌黑或红褐带润，香气尚高，汤色深红，滋味较浓厚，叶底尚红匀。

（八）精 制

红碎茶精制就是通过不同的机械采取分离、解体、合并的办法，使成品红碎茶出厂符合出口标准样茶的品质规格要求。娄底红碎茶精制，一般采用平面圆筛分离长短和体

形大小，利用飘、扇、拣等方法分离轻重、汰除劣异。其粗大的茶条和扁片、尾茶等则利用切茶机改粗做细，切长为短，改变体形，使之符合标准样茶规格要求。主要精制工艺有筛分—风选—飘筛—拣梗等工艺流程，从而使茶叶达到湖南红碎茶标准样要求。

（九）拼 配

茶叶拼配是统一茶叶商品规格化不可缺少的重要环节。通过拼配可以起到取长补短、调剂和提高品质，充分发挥红碎茶加工经济价值的作用。在拼配过程中，采取上升或下降的拼配方法。首先是按比例拼小样，然后对照标准样进行审评，把组成合格小样的花色品种逐一写成拼配通知单，然后交车间拼大堆。

茶叶拼配工作是一项技术性较强的工作，一定要认真负责，大、小样一定要保持一致，同一堆级茶必须掌握一定容重的拼配比例，避免一次拼堆太大，造成拼配不均匀。拼配好的茶叶应及时装箱封口，防止受潮而影响质量。

（十）装包与标签

红碎茶包装有出口标准箱和塑料麻袋两种，娄底红碎茶厂大都采用塑料麻袋包装。每批花色装完后要清点件数，填印唛头。红碎茶唛头统一规定用两个汉字和六个阿拉伯数字组成，便于验收、运输和贮存过程中清查，不能随意变更。从左起第一个汉字代表验收单位名称，第二个汉字代表红碎茶厂名称（由验收单位统一规定）。六个阿拉伯数字的第一位数字代表公历年份的末尾一字，第二位数字代表红碎茶的分类（叶茶为 1，碎茶为 2，片茶为 3，末茶为 4），第三位数字代表花色号别（碎茶一号为 1，碎茶二号为 2，碎茶三号为 3，花色未分号的，以 0 代表），第四位数字代表档级（第四套样上档为 1，中档为 2，下档为 3，协商茶以 0 代表），第五、六两位数字，代表出厂总批次。

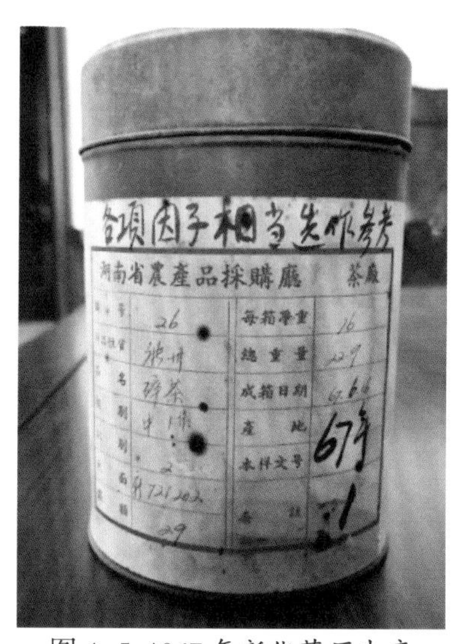

图 4–5 1967 年新化茶厂生产的红碎茶碎中 1 号，批次为“新 721202”

湖南省茶叶进出口公司所属新化茶厂、涟源茶厂既是“湖红”工夫红茶和轧制茶的精制加工和出口基地，又担负着所属区域娄底、邵阳、衡阳十多个县市红碎茶验收、加工和出口拼配工作。为了区分红碎茶与轧制碎茶，在红碎茶唛头代号的汉字后面增加一个“分”字，“分”代表分级红茶，后改名为红碎茶（图 4–5）。以 20 世纪 80 年代所生产的红碎茶为例：如原唛出口的红碎茶新金分 821206，“新”字代表验收单位新化茶厂，“金”代表生产单位新化金凤红碎茶厂，“分”代表红碎茶，“8”代表 1988 年，“2”代表红碎茶中的碎茶，“1”代表红碎茶1号，第四位数的“2”代表红碎茶中档（如果是“3”代表下档）“06”两字代表生产单位（金凤茶厂）出厂总批次。如经新化茶厂自营拼配出口的红碎茶其唛头代号则为新分821206，去掉了代表生产单位的“金”字，最后两位数字“06”代表新化茶厂的出口总批次。

（十一）审 评

红碎茶审评分干评外形和湿评内质两个方面，外形包括重实、色泽、匀净度三项因子，内质包括滋味的浓度、强度、鲜爽度、香气、汤色、叶底嫩度和叶底的红匀度。根据全国供销合作总社和中国土产畜产进出口总公司1979年11月5日联合通知：红碎茶审评应体现侧重内质，以浓强鲜为主要因素，结合香气高低，综合评比品质优次，叶底作为内质的验证。同时要求外形规格要清楚，叶、碎、片、末和大小型号分清。

1. 干评外形

红碎茶干评外形时，先看颗粒重实程度，色泽和净度，然后用样茶盘团旋几转，观察茶叶的匀齐和结构体形。

① **重实：**是看红碎茶身骨的轻重和颗粒的紧卷，英国用300mL容量杯装满茶叶后抹平，再用天秤过磅，红碎茶重量要求不少于115g。简单的办法是用手抓一抓，掂一掂，估计其轻重；用眼看，碎茶要求紧结，呈颗粒状，手掂有重实感；片茶要求皱褶呈木耳形或屑粒形；末茶要求重细似砂，呈砂粒形；叶茶系传统工艺的品种，生产量很少，短细茶条或毫尖可视为碎茶。

② **色泽：**包含颜色和光泽两层意思，其中颜色分为：乌黑、棕红、红褐三种色泽都可以，但要调匀；黄褐、灰黑、花杂则品质较差。光泽：以显油润光彩的为上，黑润、棕红油润较好，干枯、呆滞为差。颜色体现在茶叶组织结构所含茶黄素、茶红素是否丰富和比例是否适当。色泽的油润是由于果胶物质干燥后成为一种薄膜，黏结在叶面上所形成。如果茶叶在揉切和筛分过程中茶汁流失过多，就会失去油润和光泽而变得灰枯。

③ **匀净度：**包含匀齐度和净度两个方面，其中匀齐度：指叶、碎、片、末茶花色分清，大小体形基本一致而匀称。净度：指含筋、梗、毛衣含量不超过最低标准样茶的品质要求，不得含有非茶类的夹杂物。

2. 湿评内质

湿评主要指干茶开汤后，从香气、汤色、滋味、叶底四个方面进行评审。具体如下：

① **香气：**主要是用嗅觉器官辨别香气的高低、浓淡、鲜爽和持久程度，并辨别有无怪异气味。以香气高浓、鲜爽而持久为好，香高而短促不鲜者为次；香气平淡、低而粗，低而短为差。

② **汤色**：红碎茶汤色以红浓、鲜艳明亮为好，淡黄红暗欠亮为次；深暗、浑浊为差。汤色主要分为红亮、红浓、红暗三种。红亮指茶汤红艳而明亮，茶黄素含量多，金圈大；红浓是茶汤颜色鲜红而稠酽，茶红素和其他水浸出物含量丰富；红暗是茶汤深红带暗而欠明亮，这表明茶红素过多地转化为茶褐素，茶汤滋味软而不强，呆而不活。茶汤冷却后出现“乳凝”状态叫冷后浑，是茶黄素、茶红素与咖啡碱、氨基酸等结合成为一种高分子的络合物，是茶叶内含物丰富的表现，茶汤浓度高厚度好是好茶。

③ **滋味**：滋味品鉴依靠味觉器官和口腔辨别浓度、强度和鲜爽程度，茶汤入口最先体会到的是鲜爽度，其次是强度，最后体会浓度。鲜爽度：国外称活泼性，茶汤入口后感觉新鲜爽口，似吃新鲜水果、呼吸新鲜空气，有清新、鲜活愉悦之感。强度：指刺激性程度，茶汤入口引起兴奋，感觉强烈，两腮反应有茶味，有粘舌紧口之感觉。浓度：就是黏稠度、厚度，表现溶解在茶汤中的内容物丰富，水浸出物多，茶汤吐出舌头有沾汁的感觉，舌面留有余味而回味好。

④ **叶底**：叶底作为红碎茶审评内质的验证，其主要看嫩度和红匀度。其中嫩度：用手指按叶片的柔软、硬挺程度；用眼睛观察叶片的老嫩、芽头含量，叶张厚薄，壮瘦、光滑和粗糙程度，分辨叶子的细嫩或粗老。红匀度：红匀度的评审主要体现在三个方面：颜色以桔黄桔红色为好，红而鲜艳更好，紫红为次，暗红为差。明亮度：观察叶底是否鲜活明亮，以红艳明亮为好，深暗呆滞为差。均匀度：审评叶质的老嫩、大小、整碎、厚薄、颜色等方面是否基本一致，均匀一致为匀度好，反之则次（图4–6）。

图 4–6 茶叶审评室

对红碎茶外形，内质各项因子进行审评后，随即用符号做好审评记录，如相当用“V”，稍高用“⊥”，稍低用“⊤”，高用“△”，低用“×”表示。如果品质特殊，可用简短文字记录，比如“香气高浓持久，滋味浓强鲜爽，汤色红亮，叶底红艳”等等。

娄底红碎茶发展的高峰期，在娄底广大农村展现出一幅波澜壮阔的场景。全区 76 家红碎茶厂覆盖了 2/3 的地区，60% 的农业人员参与了红碎茶的种植、采摘、生产加工，当时的生产队、大队（村、组）主要经济收入来源于茶叶，一到采茶季节，男女老幼提着竹篮结队采茶，而红碎茶厂为了赶季节，抢时间，24 小时开工制造，一片欣欣向荣的繁忙景象。

在红碎茶的发展过程中，涌现出了很多先进典型。新化的陶中桂、孟寿禄、谌根望长期进行红碎茶的生产研究，经历了红碎茶的试制、技术引进、仿制、新技术开发的全过程，创造性地开发出很多实用生产技术，培养了一大批红碎茶生产制作技术人员，为红碎茶的发展做出了突出贡献；涟源茶叶示范场的王康儒、双峰茶叶示范场的石爽溪，新化茶厂陈智新、涟源茶厂刘立平等为红碎茶生产技术推广做了大量的工作，红碎茶生产遍及娄底全境。

娄底红碎茶在湖南有较大影响力，全省红碎茶生产技术推广会议多次在娄底召开，每年举办湖南红碎茶技术培训，培训了大量红碎茶技术人员。吴则言、陶中桂、王康儒、易庶绥等多次应邀授课，传授红碎茶生产、加工技术，湖南农业大学茶学系学员常年赴娄底实习，学习红碎茶制作，培养出大批人才。

20 世纪 90 年代以前，娄底红碎茶无论是产业规模，还是生产、加工技术，始终处于全国领先水平。目前，娄底红碎茶产能已经很少，只有少量生产。

二、工夫红茶

工夫红茶是娄底的传统优势产品，最早可以追溯到 1854 年，从那时开始生产制作一直延续到现在，从未间断，是娄底茶叶生产时间最长，影响力最大，技术最为精湛，全境生产最为普遍的传统名茶。

图 4-7 1950 年新化茶厂生产的湖红工夫六级，批次为“新 0605”

1854 年以后，娄底全境改产工夫红茶，制作技术发展到家家会初制技术的地步。娄底工夫红茶在清代高峰期总产量约 5000t，民国时期产量有所减少，但高峰期也保持在约 3000t，茶叶是娄底茶农的主要经济收入。

娄底工夫红茶生产加工的茶庄也处于也鼎盛期，双峰、涟源有茶庄数十家，双峰朱紫贵开设茶庄 10 多家，积资百万，成为当地首富。新化杨木洲大茶市成为娄底、邵阳茶叶的主要集散地。杨木洲八大茶行每家有员工 500 人以上，而当地从事茶行业人员上万人，是一个以茶而兴的小镇，国外洋行纷纷来此地购茶，杨木洲因此而称为“小扬州”。

工夫红茶的贸易特别兴旺，涟源、双峰茶通过涟水入湘江，新化茶经资水，三地之茶运送到长江汉口，然后销往世界各地，工夫红茶成为对外交往的主要特产。

新中国成立后，娄底工夫红茶产量年年增长（图 4-7），1952 年娄底产工夫红茶

3105t，1960 年 4710t，1980 年 7290t，此后，由于红碎茶的大规模生产，工夫红茶有所减少，仍旧占据娄底茶叶的半壁江山。

新化茶厂、涟源茶厂为娄底工夫红茶的技术进步和产业发展做出重大贡献。新化茶厂、涟源茶厂是娄底茶产业的中心环节，对内收购、精制加工全区工夫红茶，对外统一销售出口，两厂为提高工夫红茶的制茶率，提升工夫红茶的品质水平，开展了大量的技术创新，生产工艺从单机到联机，再到流水化作业，技术成果得以全省推广，促进了娄底工夫红茶的发展。

娄底工夫红茶的主要品质特点为：外形条索紧结圆直，色泽乌黑油润，香气馥郁；内质叶底红匀，芽叶整齐一致，汤色红浓（红艳），滋味纯厚，香气纯正带甜香。其制作工序主要包括毛茶初制和精制两个部分。

（一）初制技术

工夫红毛茶简称红毛茶，其鲜叶原料的采摘标准是 1 芽 2 叶或 1 芽 3 叶初展及同等嫩度的对夹叶。要求鲜叶新鲜、匀嫩，严格区分鲜叶等级，分开堆放，分批初制加工，其初制工艺包括萎凋、揉捻、发酵、干燥、分级归堆等工序。初制技术与现代初制加工基本一致，但那时限生产技术水平，人工制作和单机操作居多。现代红茶制作则更为精湛，采用了自动化加工技术，并引进了大数据，从而现实制作的数据化、标准化和自动化。与现代红毛茶制作有区别的是分级归堆，体现了那个时代的特点。

娄底红毛茶初制加工后共分十三个堆，其中级内茶 9 个堆，级外茶 2 个堆，劣变茶 2 个堆。

一级正堆：外形、内质 1~2 等；

一级副堆：外形 1~2 等，内质低于 2 等，无劣变现象；

二级正堆：外形、内质 3~4 等；

二级副堆：外形 3~4 等，内质低于四等，无劣变现象；

三级正堆：外形、内质 5~6 等；

三级副堆：外形 5~6 等，内质低于六等，无劣变现象；

四级堆：外形 7~8 等，内质无劣变现象；

五级堆：外形 9~10 等，内质无劣变现象；

六级堆：外形 11~12 等，内质无劣变现象。

（二）精制技术

初制后的红毛茶经过精制加工、拼配后的成品条形红茶称工夫红茶。它是娄底的传统出口产品，因精工细制、颇费工夫而得名。工夫茶因其独特的工艺与品质风格而深受国内外消费者的喜爱，精制的目的主要是：

① **整饰形状**：毛茶的形态，由于鲜叶采摘标准不一，制茶技术不同，初制后的红毛茶外形有长短、粗细、松紧、弯直、圆扁之分，必须通过再加工，切长为短，改粗做细，断弯取直，使同批次、同级别的成品茶形态基本一致。

② **汰除劣异**：由于鲜叶采摘中会有鱼叶、老梗、老叶、老蒂、茶籽等，以及在初制过程中混入一些非茶类的夹杂物，直接影响茶叶品质，必须通过精制加工，以提高纯净度。

③ **划一品质、分类拼配**：同一级别的毛茶精制后，品质优次差异大，必须通过再加工和品质鉴定，将其各归其类，然后对样拼配。

1．工夫红茶加工的基本作业

1）筛分作业

筛分是工夫红茶精制过程中的主要作业，它的作用是分离茶叶的长短、粗细以及不同类型的茶条，以便分别处理，使茶叶大小近于一律。筛分包括圆筛、抖筛、飘筛三种。

圆筛采用滚筒圆筛和平面圆筛进行，要求分离茶叶的大小和粗细，便于在分筛和风选作业过程中更好地分清花色。

抖筛通常有拉式抖筛和震动抖筛两种，其运动形式不同，目的一样，都是分离茶叶的粗细，亦有划分茶叶内质和定级作用。因此，精制茶厂将毛抖与复抖合并进行，达到工夫红茶体型更为一致。

飘筛常用的有机飘和手飘两种。其作用都是利用筛框作圆周旋转跳跃运动，使轻飘粗大的茶叶留在筛面，重实紧细的茶叶沉入筛底，达到飘筋去毛，完成风选不能完成的任务，且有分别茶叶轻重的作用。

2）风选作业

常用风选机有吸风式和吹风式两种，工作原理是利用空气流动产生风力，达到分离茶叶轻重之目的。重实的茶叶抗风力较大，在风机口的就近处落下，轻质的茶叶抗风力较小，在离风机的较远处落下。除分别轻重外，亦有汰除茶叶劣异的作用，清风可以除去毛筋和尘灰，风选机砂斗可以除去茶叶中砂子、茶籽等夹杂物。操作时掌握好茶软扇、次茶硬扇的原则，本长身茶条索嫩度好，风力不宜大，以防走料。低档筛号茶条粗，黄条筋梗多，风选时要加大风力，要做到下段茶轻，上段茶重。通过风选后的待拼茶要求正茶无砂、无片、片茶内无正茶和毛筋。

3）切断作业

红毛茶经过反复筛分，留在筛面上的粗大茶头，扁头等不符合成品茶规格要求，必须通过切断作业将那些粗大茶头改粗做细，切长为短，改变体形，使之符合成品茶规格要求。切断作业过程中，不仅要选择合理的切茶机具，而且要不断提高切断技术，要尽可能使用各种筛法除尽不应切断的茶叶。要区分应切与不切，轻切与重切的茶叶，凡可切可不切的茶叶一律不切，能轻切的茶叶不得重切。尽量减少切断次数，切后再筛，筛后再切、粗茶重切，细茶轻切，筛孔要先松后紧，逐渐改变茶条形态，提高切茶质量。对各种头子茶，坚持取梗在前，制作在后，拣剔在前，切断在后，以防长梗切断，一梗变多梗，增加拣剔难度。

4）拣剔作业

作用是汰除茶叶中茶梗，茶籽、毛筋及非茶类的夹杂物，达到纯净茶叶品质之目的。20 世纪 90 年代以前，主要采用梯式拣梗机和静电拣梗机进行拣剔，到现代，随着技术的发展，目前主要采用色选机拣剔作业。

茶叶色选机是利用光电原理捕捉物料个体运动轨迹，通过先进电软件驱动高频电磁阀，控制压缩空气使不同颜色的茶叶个体分开，从而达到分级、分类和提高等级效果。

茶叶色选机不但可以剔除茶叶中的茶梗、黄片、竹片、棍棒、小石子以及其他杂物，而且对于茶叶品质更高的金芽、白毫可以单独拣出，从而提高茶叶等级。目前被广泛使用。

5）干燥作业

干燥的目的是除去多余的水分，紧缩外形，提高香气，保持和固定茶叶品质。茶叶具有吸湿的特性，红毛茶在精制过程中，吸收了空气中的水分，必须再干燥发挥香气，保持成品茶品质，干燥的温度在 100~120℃为宜，工夫红茶、轧制茶水分含量 6%，最高不超过 6.5%。

2. 精制工艺与筛网组合

红毛茶精制一般采用单级投料，多级回收的加工方式。分“本身路”“长身路”“圆身路”“轻身路”进行。

① **本身路：**毛茶复火后用滚筒圆筛进行初分，目的是初步分离茶叶的大小、粗细、筛网组合为8、8、7、7孔或6、6、7、7孔。筛面茶切后送“长身路”滚筒圆筛初分，筛底经抖筛机分离粗细。筛网组合视毛茶原料而定，一般1~3级毛茶用10孔或9孔，4~6级用9孔或8孔。筛面继续初分，筛底送交平圆筛分离长短。取5、8、10、12孔四个筛号茶（简称一、二、三、四号茶）。16孔以下交过脚平圆筛分碎茶和末茶，其筛网组合为16、24、32、48、60孔。一号茶经复抖复圆、进一步分离茶叶的粗细，长短。然后同其他三个茶号分别交风选，风力要适当掌握，做到首先清一头，即正茶内不含砂、不含片，仔口茶交“轻身路”处理。一、二号茶经风选机后正口茶交机拣，然后再经手工拣剔。一号茶须过紧门抖筛，筛后清风除细片。

② **长身路**：“本身路”滚筒圆筛的筛面茶头、抖头和捞头经再加工后称长身茶。其精制工艺是：切断—滚圆初分—毛抖—平圆筛分—风选—复抖—复圆—机拣—手拣—紧门—清风。复抖、复圆一般适用一号茶，机拣、手拣适用一、二号茶，清风适应1~4号茶。长身茶是保本级原料的主体。在不影响品质的前提下力求多提。

③ **圆身路**：“长身路”滚筒圆筛的筛面茶头、抖头、捞头和其他各类头尾茶经再加工后称圆身茶。其精制工艺是：切碎—毛抖—平圆筛分—风选—复抖—机拣—手拣—清风。抖头、捞头再切，切后再抖，反复做完。圆身茶因为筛切次数多，外形显得短秃、圆滚、光滑、色泽灰枯，是本级原料中较次的部分。拼配上一般作降级处理，精制时应尽可能减少比重。

④ **轻身路**：“本身”“长身”“圆身”路风选仔口所产生的轻质茶称轻身茶。其特征是身骨轻飘，含片，体形较正茶粗松，必须改粗做细，切长为短。具体做法是：一、二号茶风选仔口先抖，后飘、再风选；筛面交切，切后再圆，圆后再抖，抖后经风选，然后交手拣，手拣后再清风除片。

3. 合理拼配、突出“工夫红茶”品质风格

拼配是指红毛茶精制过程中产生花色众多的半成品，经审评后将那些外形品质基本相当，内质基本接近的半成品花色进行分级分类合并，要求突出工夫红茶外形条索紧细圆直，色泽乌黑油润，滋味醇厚，香气馥郁，汤色红亮，叶底红艳的品质特征。

图 4-8 1969 年新化茶厂生产的湖红工夫茶二级，批次为“新 9201”

精制加工后的半成品花色，又称筛号茶，要逐一登记件数和重量，分别扦取具有代表性的样茶，作为拼配定级时确定品质优次的依据。然后对照国家标准样茶（湖红 2~6 级，5 个标准样茶，7 级是级外茶，一般称不列级）的各项因子进行品质排队，选择合适的筛号茶，按比例拼配待出厂的成品茶小样。

拼配前要对各筛号茶的外形、内质进行审评，评定是否符合所拼茶级别的品质要求。同时要进行成本核算，拼配人员要把产品质量放在首位，在保证产品质量的前提下，尽量发挥红毛茶精制加工经济效益。如发现品质出现差异，要调整拼配比例，对部分筛号茶采取升、降或退回制茶车间重新加工整理，品质合格后方可拼入本级茶内。

成品茶拼配要做到同级产品前后批次品质基本一致，所拼小样经认真审评鉴定符合标准后，按照各筛号茶件数、重量填写产品拼配通知书，交包装车间按各筛号茶的件数与重量比例分批、分轮次拼大堆。整批茶叶拼配完成后要进行翻堆 1~2 次，直到拼配均匀后由扦样人员多处取样拌匀，从中取样与所拼小样进行比对，经审评确定品质符合标准时再进行复火烘干。然后过磅装箱。装箱过程中要抽样审评，检测水分和灰分，工夫茶还要检验粉末含量，使之全部合格后才能包装出厂（图 4–8）。

茶叶在制造过程中，发现日晒代替杀青，揉捻后叶色变红而产生了红茶。近四百年的红茶历史，工夫红茶最具影响力和市场占有率。19 世纪 80 年代，中国生产的工夫红茶在国际市场占有统治地位。20 世纪 50 年代,全国绝大部分产茶省生产工夫红茶。祁红、滇红、湖红、黔红、闽红、宜红、川红、宁红、粤红、苏红、越红、桂红等十二大工夫红茶各具特色，成为我国独有的传统出口产品。

娄底是湖南工夫红茶的核心产区，所产工夫红茶品质优，口感佳，是湖南工夫红茶的典型代表，多次获得国优、部优、省优产品称号，新化县更是外贸部优质工夫红茶出口基地县，生产、加工技术，特别是工夫茶精制技术，始终处于全省领先水平，为省内外输出了大量的技术和人才，湖南茶界泰斗周靖民就是从新化茶厂走出去的茶界权威人士，为湖南茶叶做出了杰出成绩，为后人所尊敬。工夫红茶是娄底出口的拳头产品，几十年来，为出口创汇、发展地方经济做出重大贡献。

传承是最好的纪念，工夫红茶作为传统的出口产品，用传统和创新的制造工艺，保持传统的工夫红茶品质风格。继续引领和占领国际高档红茶市场，是新一代茶人的义务和责任。娄底茶人要不辱使命，勇于担当，弘扬传统，创新技术，让更多人爱上工夫红茶和感受工夫红茶文化的魅力。

三、新化红茶

新化红茶是在传承娄底工夫红茶和红碎茶生产制作技术的基础上发展而来，是娄底红茶近年来的传承与创新，由于其品质与新化地域环境、土壤、气候相关，生产地限定在新化县域范围，故名新化红茶。现今生产的新化红茶，与传统红茶相比较，制造上有着显著的特点和创新（图 4–9、图 4–10）。

（一）新化红茶制造特点

① **注重茶的产地：** 新化地处雪峰山脉，有着复杂多变的地形地貌特征，加之资江河横亘其间，使新化呈现出各种不同的小区域气候特征，如雪峰山脉的南风灌顶，资水流域雾水湿润，从而使新化各地气候都不相同，呈现出典型的小区域气候特征。当资江流域已经产茶时，天门等山区还有冰冻出现。在小区气候特征对茶树生长的影响下，使各

地所产红茶有着显著的差异化品质特点。因此，生产厂家按产地分类新化红茶，从而使新化红茶具有各自不同的特点，形成“山头茶”，“山头茶”各有自己的消费群。目前主要有大熊山、天门、奉家、金凤、资江河、林间茶等山头茶。

图 4-9 时任娄底市副市长谢君毅（右一）详细询问和查看新化红茶品质

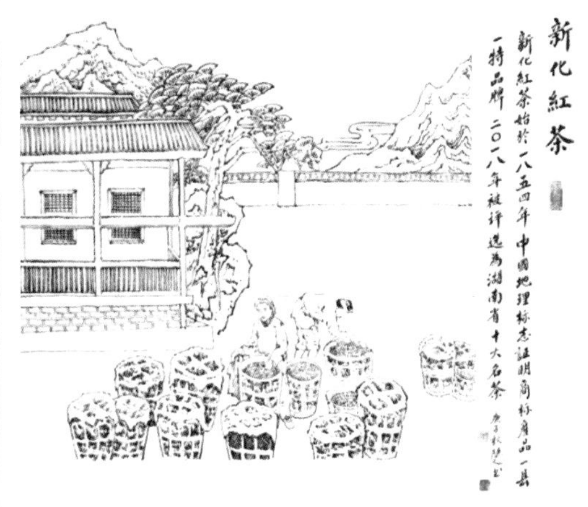

图 4-10 新化红茶历史悠久

② **注重不同茶树品种的分类：**当前，用于生产新化红茶的茶树品种有良种茶树，如槠叶齐、白毫早、碧香早、福鼎大白、乌牛早、桃源大叶等，还有本地群体品种，长树龄的茶树，如20世纪60—70年代的茶树，以及荒野茶树、林中茶树、野生茶树等，不同的茶树品种生产出来的新化红茶，表现出独自的品质特点和口感，各有不同的消费群体，正所谓“茶无上品，适者为尊”。生产厂家按此将产品分类，形成新化红茶差异化特征产品。

③ **加工工艺更加精细化：**在红茶总体工艺流程趋同的情况下，新化红茶更加注重制作工艺的细节，首先是采摘标准更加严格，1芽1叶，1芽2叶，1芽3叶，按标准严格区分，从而为新化红茶的后续制作工艺打下基础；其次，加工工艺更注重细节，对每一个工艺控制更为严谨，近来更是采用数据标准来控制质量，如红茶发酵，对温度、湿度和发酵时间采用数据控制，使新化红茶在加工中形成良好品质。

④ **强调产品原叶化：**现今新化红茶加工工艺讲究制作一次成型，减少了精制加工环节，从而减少芽叶短碎和破损，冲泡出来的茶叶芽叶更加完整，无短碎破损情况，被称之为原叶产品。

⑤ **更加重视产品的有机、绿色、环保、健康：**目前新化茶叶大都种植在雪峰山脉产茶带和资江沿岸产茶带，具有优越的地理、气候、土壤环境，种植技术大多采用有机标准技术，不施用化肥、农药，采用绿色防控技术，在加工过程中，生产加工环境大多为无尘车间，卫生标准达到食品级要求，确保了产品的有机、绿色、环保、健康。

新化红茶是国家地理标志产品，2018年，国家工商总局正式批准“新化红茶”为原产地域保护产品（即地理标志保护产品）。总体说来，新化红茶，茶韵天成，以其条索紧细，色泽乌黑油润，蜜香悠长，汤色橙红明亮，滋味甘醇鲜爽，叶底红亮鲜活等优良品质为行家所称赞，为消费者所青睐。新化红茶内含物丰富，水浸出物高，生态有机，绿色环保，是湖南省十大名茶之一。

新化红茶生产地域范围涉及全县26个乡镇，1个经济开发区、3个办事处，2个国有林场。近几年，新化红茶呈快速复兴之势，现有红茶加工企业27家，其中省级龙头企业5家，市级龙头企业4家，有茶叶专业合作社28个，2017年产茶叶4400t，综合产值达到7.2亿元。新化已成为湖南红茶的核心产区。

（二）采制技术

新化红茶制作工艺：新化红茶采制工艺精细，采摘单质，1芽1叶初展，1芽2叶初展作为原料，经萎凋、揉捻、发酵、干燥等工艺精细加工而成，具体工艺流程为萎凋、揉捻、发酵、初干、摊凉、提毫、足干。

① **萎凋：**主要采用室内自然萎凋和萎凋槽萎凋。室内自然萎凋，将鲜叶薄摊于萎凋帘上，厚度2cm左右，中途轻翻2~3次，避免损伤茶叶，萎凋时间一般控制18h以内，如遇低温随雨，空气潮湿天气，则采用除湿和增温措施，温度控制在28~30℃，萎凋时间一般制在10~12h，萎凋槽萎凋，将鲜叶摊干萎凋槽内，厚度3~5cm，摊叶时要抖散摊平呈蓬松状态，保持厚度一致。采用间断鼓风，一般鼓风1h停止1~2h，春茶鼓风气流控制在35℃左右，下叶前10~15min停止鼓热风，改吹冷风。萎凋时间控制8~16h，鼓风停止时，翻抖茶叶2~3次。适度标准为叶色暗绿，叶形萎缩、叶质柔软，有清香，含水量58%~60%。

② **揉捻：**采用35型、45型等中小型揉捻机，装叶量以自然装满揉筒为宜，揉捻时间60~90min，揉捻加压轻、重、轻加压法。以揉捻叶紧卷成条，茶汁外溢，局部揉捻叶泛红为适度。

③ **发酵：**采用发酵室或发酵机发酵。发酵温度控制25℃左右，空气湿度90%以上，发酵时间4~6h，以叶脉及汁液泛红，青草气消失，发出花果香时为适度。

④ **初干：**采用微型连续烘干机或烘焙机，初干温度在120℃左右，时间8~10min，烘至七八成干，及时摊凉。

⑤ **摊凉：**将初干后茶叶及时均匀薄摊于篾盘中，时间30min。

⑥ **提毫：**采用5斗烘焙机，温度60~70℃，双手抓茶，以一定的掌力，使茶与茶之间相互摩擦，待金毫显露时出锅摊凉。

⑦ **足干：** 采用微型连续干机或烘焙机，足干温度80~90℃，以烘坯含坯含水量不超过7%为适度。

（三）名茶文化

新化红茶作为湖红的杰出代表，以其条索紧细油润，蜜香持久，汤色橙红明亮，滋味甘醇鲜爽等优异品质为国内外行家所称道。早在1936年巴拿马万国博览会上，湖南新化宝大隆红茶获优质产品奖；1974年审定新化工夫红茶和红碎茶为湖红代表样；1984年新化红碎茶新工艺获国家外贸部科研成果三等奖；2015—2017年多个红茶品牌获湖南茶博会金奖；2017—2018年全县有6个红茶产品获湖南省潇湘杯金奖。2018年，新化红茶获得地理标志证明商标和湖南省十大名茶等荣誉（图4-11）。

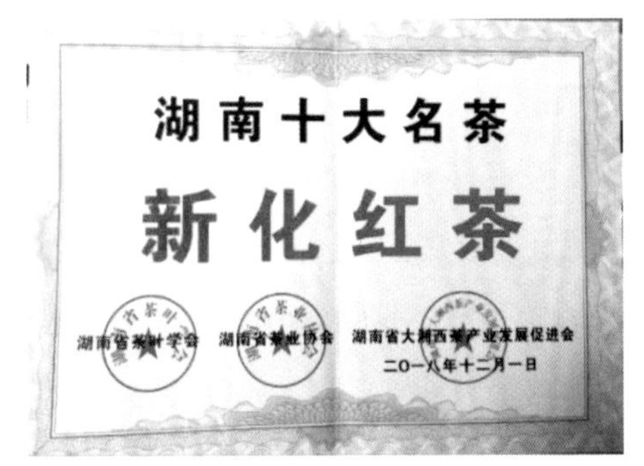

图4-11 新化红茶荣获湖南十大名茶

第二节　绿茶类

一、永丰细茶

永丰细茶是指长沙府湘乡县（今属双峰县）所产的绿茶。

（一）历史沿革

曾国藩本人十分嗜茶与懂茶，尤其喜爱家乡的永丰细茶。清代，茶叶为湘乡经济作物之大宗，一般的农户都习惯在自己的菜园里种植茶树，当地人称为家园茶。此茶以永丰所产为最佳，特别是清明、谷雨时节所采摘、制作的白芽茶，又嫩又细。如果是经开水第二次泡之的茶水，片片细叶竖立杯中，见之令人赏心悦目，心旷神怡。这种谷雨前茶，曾国藩称之为“永丰细茶”。

曾国藩对永丰细茶钟爱有加。他在道光、咸丰、同治年间，无论在京师、江西军次、南京两江总督府，都是指明要家里购买永丰细茶给他寄去。

道光二十二年（1842年）正月初七，曾国藩在《与父亲》信中说：“如有便附物来京，望附茶叶、大布而已。茶叶须托朱尧阶清明时在永丰买，则其价亦廉，茶叶亦好。”是年十二月二十日，他在《与父亲》信中说：“同乡黄茀卿兄弟到京，收到茶叶一篓，重二十斤，尽可供二年之食。”两年之后，他在《与父母》的信中又说：“邹至堂一，望付茶叶一篓，大小剪刀各二把”。咸丰元年闰八月十二日，曾国藩在《与诸弟》的信中又说：“茶叶将近吃完，望即觅便再寄。”为此，家中又准备了“细茶三大篓，曝笋一大篓”，交黎月乔侍制带去京师。咸丰二年二月初四，曾国藩的妻弟欧阳牧云赴京，曾国荃又托其带“细茶一桶、干肉、干鱼、鸡肫共一桶”。综上所述，曾国藩于道光二十年正月到京，咸丰二年六月二十四日出都，在京的十二年半时间内，他一直喝的是永丰细茶，数量之多甚为惊人。

曾国藩有一次收到茶叶10篓，不完全是自己享用，或是用永丰细茶送人，幕府之员也恋上永丰细茶，与之同享。同治五年，曾国藩北上剿捻，在山东济宁公馆，收到家中寄去的茶叶，他回信说：“澄弟所寄茶叶收到，谢谢。”可见曾国藩在军旅之中，也是喝永丰细茶。

1916年，双峰境内茶园达1470hm²，产茶785t，其中外销的红茶433.5t。细茶除农户自留食用外，尚销湘潭、长沙等地。

（二）采制技术

永丰细茶之所以细，茶农一直沿用清代以来传统的手工制作技术。清明之后，谷雨之前采摘的嫩茶，首先要晾干露水；其次在铁锅内炒，谓之杀青；再在木盆之内用手反复揉搓，直到把叶中的水气排除，每片叶子像一条条丝线一样时为止；最后放在特制的竹盘中，用木炭火烘干。双峰民间百姓之家，为了使茶叶颜色好看，增添香味，茶叶买回以后，还要拣一次粗叶，然后再用木炭火烘一次，烘之时，往火中添几个枫球子或松实。这样，茶叶就会呈一种特殊香味。收藏时或泡水时，还另添香芋叶。这种特制的家用永丰细茶，色、香、味俱全，是赠送至亲好的上等礼品（图4-12）。

图4-12 永丰细茶采制鲜叶

二、月芽茶

属于新创名茶，绿茶类，1985年试制于新化县奉家镇，1986年评为商业部名茶。因外形条索紧卷，形似月芽，白毫显露，嫩香持久，滋味甘醇，汤色清澈明亮，叶底嫩绿均匀，饮后口齿留香，回味甘甜，状似峨眉新月而得名。

（一）产 地

月芽茶主产新化县奉家山。奉家山位于新化县西部雪峰山中段与隆回、溆浦两县接壤。镇域面积246km²，海拔从371~1584m，境内溪流密布，森林覆盖度80%以上，气温温和雨量充沛，常年云雾缭绕，空气质量优良，负氧离子含量高，最高达10000个/cm³以上。

土壤为板页岩风化发育的砂石壤土，有机质含量1.5%以上，磷、钾和硒等微量元素含量丰富，pH值5.5~6.5，适宜茶树生长。优越的自然条件和良好的生态环境，奠定了名茶生产的物质基础（图4-13）。

图4-13 月芽茶

（二）茶树品种

主要有白毫早、槠叶齐、碧香早、福鼎大白、本地群体种等品种。

（三）历史沿革

1982年开始研制，1985年定型开始生产，1986年被国家商业部评为优质名茶。1988—1990年连续三年评为湖南名茶，并获湖南名茶称号，1991年获中国食品工业十年新成就展示会优质产品的称号。

（四）采制技术

月芽茶的制作极为精巧，具体工艺分为鲜叶摊放，杀青、揉捻、和坯、摊凉、整形、烘干、提毫、足干等。为了保证月芽茶的品质，对鲜味原料要求极高，采摘极为讲究，采用清明前1芽2叶初展的幼嫩芽叶，并且要求没有雨水叶、露水叶、虫伤叶、芽头粗壮，长短基本一致，制作过程中，各道工序有一套严格标准。制作工艺精湛，分以下几道工序。

① **鲜味摊放：**鲜叶按进厂先后和等级分别薄摊于篾盘内，置于阴凉，通风清洁处，使水分轻度散发，叶缘微卷（含水量控制68%左右）。

② **杀青：**采用手工或杀青机杀青，手工杀青锅温140℃左右，要求杀匀、杀透，做到无红梗红叶及焦尖、焦边叶，时间2~3min，叶色呈暗绿，质柔软，有清香为适度，出锅后迅速薄摊冷却。

③ **揉捻：**杀青叶经摊凉后，进行手工或微型揉茶机揉捻。要求初步成条，有茶汁溢出，保持茶叶完整，用力或加压应适中，揉时不能过长。

④ **炒坯：**炒坯采用电炒锅，温度为70~80℃，蒸发水分，浓缩茶汁，多抛少焖，达七成干，即为适度。

⑤ **摊凉：**将炒好的茶坯迅速薄摊于篾盘内，使茶叶水分重新分布均匀，一般30min。

⑥ **整形：**这是决定月芽茶品质的关键工艺，先在特制不锈钢平台上，用手工整整条，平台加温到50~60℃，或用理条机整条时间5min左右，然后用特制烘盘固定成半月形外形，使茶外形如弯月。

⑦ **提毫：**采用手工在电炒锅或五斗烘焙机上进行，电炒锅控制在70~80℃，5斗焙烘

机控制90~100℃，双手抓茶采用一定掌力，使茶与茶相互摩擦，茶从手间落下，待白毫大量显露时出锅摊凉。

⑧ **足干：**采用焙篾或烘焙机进行，足干温度80~90℃，以烘干茶坯含水量不超过6%度为适度。梗折即断，用手捏茶条即成粉末。出烘摊至室温，为使外形美观，产品规格化，经存放2~3天后进行筛选、筛去碎末，包装出厂。

三、双峰碧玉

双峰碧玉为新创名茶，属绿茶类，创制于1976年，由双峰县茶叶示范场研制。产于双峰县双峰山一带。该地南依双峰山，北临马山河，东吞永城水，西据湄水岗。土壤肥沃，山峰林立，河流遍布，空气温度高，土层深厚，有机质含量丰富，pH值在4.5~5.5之间，具有适宜茶树生长和产制名茶的生态环境。

（一）茶树品种

双峰茶树品种主要为安化云台山中叶群体品种，其特点是发芽早，持嫩性强，芽头长而肥壮，茸毛多，内含物丰富，制成的名优茶，外形色泽美观，内质香高味浓，双峰碧玉的原料主要取材于该品种。

（二）历史沿革

双峰产茶历史悠久。双峰位居潭、邵之间的中心地带（原湘乡中里）。史书记载，在五代时期，双峰就已产茶，且品质甚佳。据《双峰县志》记载：清代初期，已属产茶之乡，曾国藩祖居的白玉堂，植有百余年前的茶树。道光二十二年（1842年）曾国藩寄信给朱尧阶，托他在永丰购买茶叶寄京。双峰茶叶畅销各地，中外驰名，成为湖南十五个主产地之一。1916年县城茶园面积已发展到1470hm²，产茶叶785t，其中外销茶叶433.5t；1935年《湖南产楼概况调查报告》称：湘乡产茶为大宗，茶遍及全县，其中产量之丰，以中南之永丰（双峰县城）为最多。抗日战争爆发后，茶业日渐衰落，到1949年，全境茶园面积仅存1070hm²，产茶450t，比1916年分别减少23.8%和42.3%；1949年后，茶业获得新生。1951年双峰建县，设置茶叶生产的专门机构，配备茶叶专职干部和科技队伍，发展双峰茶叶产业。1952年，茶叶产量上升到669.6t。1955年，全县茶园面积增加到2333hm²，产茶1490t，其中国家收购1310.5t，比1952年增加97%。根据“以后山坡上要多多开辟茶园”的指示精神，县政府多次召开茶叶专业会议，部署新辟茶园的任务，鼓励兴办社队茶场。1978年，全县茶园面积增加到5000hm²，产茶2080t，双峰被定为全国百个年产2500t茶的基地县之一。1987年产茶达3595t，比1949年增加7倍。

1976年，双峰茶场在此基础上通过反复研制，终于成功研制出了双峰碧玉茶。20世纪80年代初以来，参加湖南省历届名优茶比评，曾连年被评为湖南省名茶，成了湖南湘中地区的名牌产品之一，产品远销国内市场，包括港、澳、台等地区，深受消费者青睐。

（三）采制技术

① **采摘：**在清明前后采摘1芽1叶和1芽2叶初展的鲜叶，不采雨水叶、病虫叶、细小叶、紫色叶，只拔采，不掐采。用干净篾篓盛装。采回的鲜叶放在阴凉通风处，用篾盘摊放1~2h即可制作。

② **杀青：**采用斜锅杀青，杀青锅口径80cm，杀青时锅温控制在160~200℃之间，投叶量400~500g，历时2~3min。

③ **摊凉：**杀青叶出锅杀青，用篾簸箕扬10余次，扬出碎片、杂物，簸后薄摊于篾盘内，待叶子冷却到室温时即可初揉。

④ **初揉：**在篾盘内进行，用双手滚转揉捻，茶叶初步成条，茶叶略有溢出即可。

⑤ **初干：**在口径40cm的锅内进行，锅温开始100~110℃，逐渐下降到90℃，茶坯达六成干不粘手时即可出锅复揉。

⑥ **复揉：**茶坯出锅后，用16目筛筛出碎末，并摊凉5~10min，然后进行复揉历时2~3min。

⑦ **造形：**锅温80~90℃，随着茶叶水分散失，锅温逐渐下降到60~70℃，炒到茶叶含水量至20%，条索紧结时，即进行提毫。

⑧ **提毫：**茶叶置于双手掌中，向不同方向回转，使茶叶互相摩擦而显毫。

⑨ **干燥：**烘温控制在60~80℃，中途翻动2~3次，历时20~30min，当手捏茶叶即成粉末，含水量降至5%即可下焙。

⑩ **贮藏：**成茶下焙摊凉后，随即拣剔，然后用棉皮纸包成包，置于石灰缸内贮藏，以备分级出售。

双峰碧玉茶品质特点是：条索微曲紧结，银毫满披隐绿，香气浓郁芬芳，滋味鲜爽甘醇，汤色碧澈明亮，叶底匀嫩肥厚。

（四）名茶文化

双峰茶叶在汉代时期就已饮用，多采用鲜叶做成于茶用开水冲泡，连茶水一同饮食。清代两江总督曾国藩（荷叶乡人）爱饮茶，赋诗曰："烹茶余口大，小啜愧殷勤"；又云："煮茶激情饮，拂回薄微澜。"清代按察史罗泽南（石牛乡人）饮茶吟诗曰："渴来煮茶自吸水，游鱼上下纷相逐。"

双峰居民自古都有到茶馆喝茶的习惯：从20世纪80年代起，政府积极鼓励发展茶馆和茶苑事业，现县城内茶馆已有 10 余家。

四、湘中翡翠

湘中翡翠属于新创名茶，绿茶类，1984 年由双峰县金塘茶场创制，主产于金塘一带。品质特点为：紧结弯曲，绿润显毫，清香高长，味鲜爽，汤色黄亮，叶底嫩软黄亮。

① **茶树品种：** 主要为安化云台山中叶群体品种。

② **采制技术：** 清明前后采摘1芽1叶和1芽2叶初展的鲜叶，不采雨水叶、病虫叶、细小叶、紫色叶，只拔采，不掐采。用干净篾篓盛装。采回的鲜叶放在阴凉通风处，用篾盘摊放 1~2h 即可制作。

③ **名茶文化：** 湘中碧玉于1989年5月以独特的风格和优良的品质被评为湖南省名茶，成为湘中地区一颗璀璨的明珠。

五、玉笋春

玉笋春属于新创名茶，绿茶类，1992 年涟源市湘波茶场创制。品质特点为：芽肥硕，隐绿多毫，清香持久，鲜醇爽口，汤色晶莹，叶底肥软匀亮。

① **茶树品种：** 主要有毛蟹、江华苦茶、涟茶1、2、5、7号、群体品种等。

② **历史沿革：**“入山无处不飞仙，玉笋春香百里醉”。玉笋春由涟源市名优茶开发中心研制而成。产品采自无污染良种茶树鲜叶，运用标准化生产技术和科学工艺精功制作。玉笋春系列有：银针，银毫，曲毫，毛尖，办公室绿茶等多个品种。系列产品由彭季康、张亦山、黄伟祥、邓建和、彭新喜等团队成员经过多年研制而成，获得消费者喜爱。

③ **采制技术：** 在清明前后采摘1芽1叶的鲜叶，经过摊青、杀青、清风、轻揉、初烘、摊凉、炒二青、摊二凉、提毫、烘焙10道工序而成。

④ **名茶文化：** 玉笋春初创于20世纪90年代，1994—1995年先后获得湖南省“湘茶杯”铜奖和金奖。2004年7月，通过农业部农产品质量检测中心的无公害农产品认证。此研究成果也曾获得涟源市人民政府授予“科技进步二等奖”等荣誉（图4-14）。

荣誉

邓建和同志参加研制的玉笋春名茶在199 年 届“湘茶杯”名优茶评比中荣获铜奖，为振兴湖南茶叶事业作出了突出贡献，特发此证。

获奖证书

邓建和同志参加研制的玉笋春名茶在199 年 届“湘茶杯”名优茶评比中荣获金奖，为振兴湖南茶叶事业作出了突出贡献，特发此证。

同志

“玉笋春”名优茶研制及示范推广 成果

授予 科技进步 等奖

涟源市人民政府

图 4-14 玉笋春研发人员邓建和荣誉证书和研究团队获得涟源市科技进步二等奖

第三节　黑茶类

一、渠江薄片

渠江薄片是湖南省渠江薄片茶业有限公司2008年挖掘和恢复的中国历史名茶。渠江薄片为黑茶类产品，有史料记载的最早的中国黑茶，誉为“黑茶之祖、唐代贡品”，是黑茶中最古老尊贵的茶品。外形为古铜币状，色泽油润，正面为“渠江薄片”四字标志。每片6.25g，外形尺寸为39mm×40mm，饮用携带方便，传承唐代宫廷贡茶的特点，富贵高雅；内质香气纯正持久，陈香浓郁，滋味醇和浓厚，口感强烈，汤色橙红明亮，叶底黑褐，均匀一致。该产品可长期存放，且存放越久，滋味越醇。

（一）自然环境

渠江薄片原产于新化县的渠江水系沿岸，经过数千年的发展，新化雪峰山脉和资江沿岸产茶带都属于渠江薄片产茶区域，生态、土壤、气候适宜茶树生长。

（二）历史沿革

渠江薄片的生产记载可以追溯至明代，清代后以后无典可查，特别是1854年新化红茶兴起以后，渠江薄片的生产出现断层。

毛文锡《茶谱》载:“渠江薄片，一斤八十枚。”“其色如铁，芳香异常，烹之无滓也。”杨晔《膳夫经》载：“渠江薄片，有油，苦硬。”

根据以上渠江薄片的品质特征，考证唐宋年间我国所产茶有“团茶”之说，所谓团茶，外形近似饼状，有大团和小团之分，且小团品质好。加之“渠江薄片，一斤八十枚”，说明了渠江薄片的外形特征。因而可以推定渠江薄片的外形应该与饼状类似，近于钱币形状。据《唐六典》所载：“凡权衡以柜黍中者，百黍之重为铢，二十四铢为两，三两为大两，十六两为斤。”换算成现代的重量，则每枚渠江薄片重量为6.25g。且“枚”的数词多用于称呼钱币，说明渠江薄片与小团相类似，形似钱币。

发现这一历史品质特征后，2007年湖南茶叶进出口公司开始进行研究恢复渠江薄片的研究。

2007年5月，时任湖南省新化茶厂厂长的陈建明受湖南省茶叶进出口公司总经理陈晓阳委托，组织湖南省茶叶进出口公司、湖南省新化茶厂、湖南省涟源茶厂、湖南省炉观茶叶科学研究所的技术骨干，调研考察渠江薄片原产地。通过查典籍、翻县志、访黑茶民间艺人，梳理出渠江薄片的制作工艺脉络，发表了《唐代名茶——渠江薄片原产地之考证》。同年7月，由陈建明主持组织研究小组，开展渠江薄片研究与开发。前期在奉家镇蒙洱冲进行渠江薄片黑毛茶制作，参与人员为陈建明、胡家龙、刘兆华、曾启明、陈连生。

2007 年 7 月试制出第一批毛茶样品，并送湖南省安化茶厂做深入的加工试制。2008 年 3 月，由于在安化茶厂试制不成功，研究小组将样茶带回新化，小组人员自筹资金购置了第一台试制设备，自筹资金人员为：陈建明、胡家龙、刘兆华、曾启明、陈连生；4 月试制出第一批样品；6 月产品定型。试制定型参与人员为：陈建明、陈晓阳、蒋幸东、陈建华、王伟、曾启明、陈连生。

2008 年 7 月，成立湖南省渠江薄片茶业有限公司；9 月，产品正式上市；12 月，胡家龙、刘兆华加入渠江薄片茶业管理和研发团队，2009 年 3 月高德益加入渠江薄片茶业管理和研发团队。2009 年 6 月，形成陈建明、高德益、胡家龙的稳定管理层，推动渠江薄片的发展，特别是长沙名望茶业董事长袁浩、总经理周娟，大力推广渠江薄片，高峰期在长沙市区 11 块大型广告推广渠江薄片，渐渐形成市场影响力，受到茶叶界关注，为市场所接受，使渠江薄片成为湖南黑茶的主要产品之一。

目前，渠江薄片产量约 300t，占同类型产品市场的 80%，是新化茶叶的拳头产品。市场销售额达 3 亿元以上，主销中国，同时出口至法国、瑞士、越南等国。

（三）采制技术

渠江薄片精选于海拔 600~1600m 的新化县雪峰山脉和资江沿岸的春茶为原料，由 1 芽 1 叶、1 芽 2 叶的嫩叶制成的特级黑茶。茶树品种为新化传统的群体品种，该品种的主要特质是：叶质肥厚，持嫩性好，内含物质丰富，香气独特。特级黑毛茶经过两年存放后精制，严格捡剔，除去茶梗、茶末和茶片，精心加工制作而成（图 4–15）。

图 4–15 渠江薄片

渠江薄片的制作方法，大体分为：萎凋、高温杀青、揉捻、渥堆、筛选、拼堆、蒸制、压饼、烘焙、包装。渥堆发酵是形成渠江薄片色香味的关键性工序，要求温度在 25℃左右，相对湿度在 85% 左右进行。且需多次发酵，去除粗、青、涩味，转化为口感纯正绵柔、汤色红亮的优良性状，成就茶品的陈醇甘润质感。压饼成型也同样至关重要，对茶的含水量，压制重力，压制时间等都有严格的参数要求，从而使茶饼紧压程度均匀，便于后续工艺的制造。渠江薄片作为一款高端黑茶，外形要求赏心悦目、字迹清晰，饼面平整，无破损，无烂边，冲泡后叶底完整。

（四）名茶文化

现代渠江薄片茶的生产，以湖南省渠江薄片茶业公司为代表，产品获得了市场的广泛认可。2014 年 8 月中国茶文化艺术展在蒙古国举行，渠江薄片产品被蒙古国家博物馆收藏；2014 年 11 月在澳大利亚 G20 会议期间的中国文化节，渠江薄片成为中国文化节的主泡茶；2015 年 7 月荣获百年世博中国名茶金骆驼奖（图 4–16），参加米兰世博中国馆“中国茶叶展示周”，入选《百年世博中国名茶品牌榜》；2017 年被授予“湖南省名牌产品”称号。先后赴俄罗斯、美国、古巴、墨西哥、摩洛哥等国参加经贸交流，2018 年被美国《茶》书收录。

图 4–16 米兰世博金骆驼奖证书和金骆驼奖牌

二、奉家米茶

奉家米茶是湖南省渠江薄片茶业有限公司传承于古代的历史名茶，选用新化雪峰山脉鲜叶为原料，精心制作而成。

（一）历史沿革

湖南省新化县与隆回县、溆浦县交界处的奉家山一带，产茶历史悠久，因奉氏从咸阳迁徙到新化县奉家山，用竹筒灌装茶叶制作，类似于竹筒煮饭，因而得名为奉家米茶。该茶品位甚高，名闻遐迩。

奉家米茶从明代开始生产，《新化县志》记载：“清同治年间，被列为贡品，以抵征粮。”因制作工艺独特，产生特有的“竹香”。随着人们对健康养生的关注度越来越高，奉家米茶因富含丰富的营养物质和维生素，长期饮用对身体健康非常有帮助，因此得以传播开来。2012 年获得湖南省著名商标称号。

（二）制作方法

① **制备黑毛茶：**选取当地适合的茶树鲜叶，经杀青和初揉后进行渥堆，春季 14~20h；渥堆时室内温度 20~30℃，室内相对湿度保持在 85%~98%，堆渥完成后得经复揉、干燥初制得黑毛茶；

② **装筒：**将黑毛茶装入鲜竹筒，每个鲜竹筒内装 250g 黑毛茶后，筒口以布封扎紧；

③ **蒸茶：**将已经装茶封口的鲜竹筒置于蒸箱内，大火蒸制 7~10h 后取出；

④ **发酵**：将蒸制后的竹筒送入发酵房进行36~48h的发酵，发酵结束后，去除封口布，劈开竹筒且保持黑毛茶筒型不被破坏；

⑤ **烘干**：将发酵好的奉家米茶送入空气循环烘干房内，设定适当的风压风量，烘烤一定的温度与时间，含水量在5%时，得到保持筒型的奉家米茶成品，检查成品外观，按规格包装密封。

（三）产品特点

奉家米茶滋味醇和，无涩味，汤色橙黄明亮，肉眼可见白色竹膜覆盖茶表面，感官有茶类中独一无二的“竹香”，茶中的茶氨酸能起到抑制血压升高的作用，生物碱和类黄酮物质能使血管松弛，茶黄素能软化血管，茶多糖具有类似胰岛素的作用，能降低人体内的血糖含量，茶多酚及其氧化物能溶解脂肪，促进脂类物质排出，降低体内脂肪的含量，因此，常饮奉家米茶能起到保健的效果（图4–17）。

图 4–17 奉家米茶

第四节 品牌产品

一、渠江金典

渠江金典为湖南省渠江薄片茶业有限公司品牌，下辖5个产品：

① **上梅红茶**：主产于新化县雪峰山脉，选用新化区域海拔800m以上的云雾茶为原料，是在新化传统工艺上的创新与发展。2013年上市后，得到消费者的好评。2017年荣获“潇湘杯”金奖和“中茶杯”一等奖。其产品特点为：外形苗秀显豪，色泽乌润，汤色橙红，甜香持久回甜，有“果味花香”的美誉（图4–18）。

图 4–18 上梅红茶

② **渠江薄片：**目前渠江薄片产量占公司总产量的70%，市面上80%的渠江薄片由该公司生产（图4–19）。

图 4–19 渠江薄片（天时）

③ **梅山毛尖：**梅山毛尖主产于新化县雪峰山脉，主要由槠叶齐、碧香早、乌牛早、本地群体种制作而成，属绿茶类。2009年荣获第五届中国国际茶业博览会金奖。产品外形似针状，香气清新，饮用后满口含香，滋味醇厚（图4–20）。

④ **梅山银针：**绿茶类产品，主产于新化县天子山。由桃源大叶良种茶树制作而成，关键技术要点在于理条，精准控制理条的温度和时间，将杀青摊凉后的芽头加入理条机中，进行加热理条，温度控制在50~60℃，时间在30min左右，确保芽头完整不破损。选取单芽经特殊工艺精制而成，外形芽头粗壮，色泽嫩绿，冲泡后芽头竖立于杯底，宛如“群笋出土”，又似“刀枪林立”。杯中奇观，栩栩如生，饮用时茶香扑鼻，沁人心脾，甘醇鲜爽，回味无穷。人们称赞此茶曰：人间君子，卓然于世（图4–21）。

图 4–20 梅山毛尖

图 4–21 梅山银针

⑤ **奉家米茶：**黑茶类产品，滋味醇和，汤色橙黄明亮，肉眼可见白色竹膜覆盖茶表面，滋味有茶类中独一无二的“竹香”。

二、寒 茶

寒茶是新化县天门香有机茶业有限公司创立的品牌，产品产于寒茶茶园基地。基地位于新化县天门乡南北走向的雪峰山脉1000m以上的高山巅谷，早春时受南方暖湿季风影响，有山上气温高出山下的气候特征，当地人称“南风灌顶”。在“南风灌顶”气候影响下，茶叶会长出新芽，当北方冷空气乍到，茶叶出现“嫩芽冰裹、寒叶斗雪”的奇观。如此急剧变化的气候条件下，茶树经常被冻死，但同时病虫害也得到抑制，所以茶园无须使用农药，茶叶的品质得天独厚，同类品种茶氨酸检测含量明显高于低海拔种植的茶。主要品种为碧香早、乌牛早品种组成，经多年酷寒进化，内含物丰富（图 4–22~ 图 4–25）。

图 4–22 银装素裹的冰里春鲜叶

图 4–23 公司创始人王洪坤先生在察看冰天雪地中的茶树

图 4–24 采茶人员在寒茶基地采茶

图 4–25 寒茶基地的美丽雪景

2001 年前后，一些茶商在天门乡高山深处种下“万亩有机茶园”，但由于此地严寒，物竞天择，茶树一到冬天经常被冻死，只在向阳坡存活下来一些“坚韧”的茶树。由于打理高山茶园非常不容易，加之劳动力不足，而茶叶不仅廉价且销量并不见好，使得开始的茶商陆续撤离。2013 年，公司创始人之一王洪坤的到来，将此处茶园承包，注册“寒茶”品牌，和“寒”“冰里春”“寒红”等商标。此外，公司利用媒体资源广为宣传，使得寒茶这一块深山璞玉脱颖而出，不仅价格提升到合理的水平，“寒茶”的名气也流传甚广。

公司产品鲜叶均采自寒茶基地的原叶，采用人工提手采的方式，保证芽叶完整、新鲜、匀净，不夹带鳞片、鱼叶、茶果和老枝叶，不宜捋采、抓采或掐采。

① **冰里春：**绿茶类产品，茶氨酸与茶多酚等内含物丰富；茶汤清亮，栗香醇厚、顺滑。有提神、生津止渴、清热去火，利尿的效果。初制产品经过严格筛选后分为“精选”

与“标准”两个品级。冰里春制作采用传统的绿茶工艺，执行绿茶标准GB/T 14456.3—2016，分为杀青、揉捻、干燥三个过程（图4–26）。

② **寒红：**红茶类产品，制作工艺分为萎凋、揉捻、发酵、干燥四个过程。寒红分为精选（1芽1叶）和标准（1芽2叶）两个等级，是新化红茶的高端茶叶产品，因其条索均匀，蜜香绵长，汤色红亮而颇受赞美（图4–27）。

图 4–26 针形、弯曲形冰里春

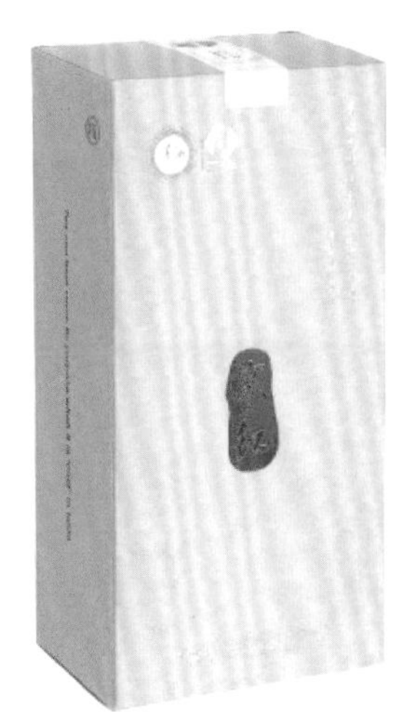

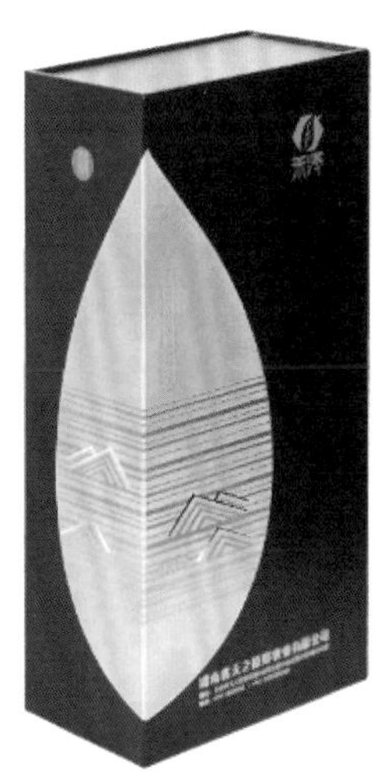

图 4–27 寒红的精选和标准级别包装

寒茶生长在湖南中部的气候分界线：东西走向的南岭山脉北麓与南北走向的雪峰山脉东麓、新化县境内海拔 1000m 以上的高山上。

寒茶是中国历史上第一次根据茶的中医学性味命名的一个茶品类，寒茶是一种原生态种植，低污染的环境概念，寒茶是雪峰山东南麓的气候特征产物。

寒茶包含着发展与成功的哲学思想、事物变化的辩证过程，古典《滴天髓》云：“得气之寒，遇暖而发。得气之暖，遇寒而成。寒之极，暖之至。”寒极暖生，冰里怀春；暖至寒散，煦煦寒红。寒茶高端品牌“冰里春”“寒红”由此而来。

寒茶用中国最古老的哲学《易经》三概念：“变易”“不易”“简易”推演寒茶从种植到产品的各个环节；根据物种进化、基因通过遗传记忆人的食谱等现代科学来揭示寒茶对人健康产生的重大影响。将天、地、人三者和谐、环境保护意识上升为寒茶产品的社会责任，从而导出全新的茶文化概念——易品寒茶。因此，品茶道易，释为“茶易”。概括为：顺承天道，天生变易。秉承人道，人生不易。寒承地道，茶生简易。

寒茶“冰里春”，得天独厚，地处高山，水土、空气未受污染。隔绝农药、化肥，以小片茶园融于荒山大野，害虫与天敌自然平衡，使其至寒之性不生变易，不趋时俗。产出虽低，品性自高。于人体则收凉血降脂、明目舒神之奇效，啜二三杯芽，得轻身静气。

三、桥头河白茶

桥头河白茶是涟源市桥头河白茶加工有限公司品牌，为绿茶类产品（图 4–28），基地位于桥头河镇新华村、七星街镇乌云山两地，海拔 300~700m，远离居民区，身处大山深处，茶树种植于荒山乱石之地，雨量充沛，日照充足。

茶树品种为安吉白茶 1 号，黄金叶。安吉白茶是特定的优良生态环境条件下产生的变异茶树，是茶树的珍稀品种和名贵品种，有近千年的历史，早在宋代徽宗年间赵佶著《大观茶论》中就有安吉白茶的记载。1930 年，安吉农民在孝丰镇的马铃冈发现野生白茶树数十棵。

图 4–28 桥头河白茶

1982 年，浙江农业资源普查时，人们在安吉天荒坪的高山上发现一株千年老茶树，其嫩叶呈玉白色，后育成“白叶 1 号”品种。2012 年，龚梦辉董事长引种种植涟源版安吉白茶。

桥头河白茶采自春分前后的 1 芽 1 叶鲜叶，经摊晾、杀青、理条、干燥等工序，使茶叶含水量不高于 5%，茶叶游离氨基酸总量不低于 5%。桥头河白茶外形挺直略扁，形如兰蕙；色泽翠绿，白毫显露；叶芽如金镶碧鞘，内裹银箭，十分可人。冲泡后，清香高扬且持久。滋味鲜爽，饮毕，唇齿留香，回味甘而生津。叶底嫩绿明亮，芽叶朵朵可辨。桥头河白茶还有一种异于其他绿茶之独特韵味，即含有一丝清冷如“淡竹积雪”的奇逸之香。

桥头河白茶先后荣获国家 A 级绿色食品认证；湖南省著名商标；第八届省茶叶博览会金奖；2016 年全国农业博览会金奖。

四、九峰云雾

九峰云雾是湖南九峰云雾茶业有限公司创立的品牌，属绿茶类产品。

基地位于云雾缭绕的九峰山，有诗云：“九峰灵秀云雾藏，闹春仙子斗新裳，天香丽质神工缀，银身玉体醉茶郎”。这是对“九峰云雾茶”的真实写照。每到仲春，这里茶园生机一片，茶芽勃发，互相轩邈，好像千万个仙子在竞展自己的时装；茶芽采下后通过精心加工，加上她本有的自然纯香，就成了条索紧细，银毫满披，色泽绿润，芳香四溢的“九峰云雾茶”。好像娇嫩的仙女通过天神精心打扮，成了银体玉身，格外妖娆。对茶叶情有独钟的宾客们来说，喝过此茶，都有如醉如痴，雨润如酥，流连忘返，回味无穷的感觉（图 4–29、图 4–30）。

又有诗云：“青山绿水映碧霞，仙境幽景闪光华，云似波涛山似浪，峰如驼马雾如纱。”这是对双峰九峰山山脉的临摹描述。双峰县内坐落在石牛乡的九峰群山，高耸入云，峰峦叠嶂，奇境幽深，云雾缭绕，涧水奔腾，水绿山青，灵气迷人，是茶树生长得天独厚的条件。茶树品种主要有福鼎大白、饶坪水仙、槠叶齐、湘波绿、高桥早、白毫早、涟茶 2、5、7 号。

图 4–29 设施先进的云雾茶种植基地

图 4–30 九峰云雾茶

九峰云雾茶制作工艺讲究，主要工艺有选料、萎凋、杀青、风选、揉捻、炒烘、复揉、烘炒、烘焙、拣选、装包、仓储、保鲜等，严格按照程序操作。2006 年获全国名优茶评比银奖；2007 年获全国绿色种植大户奖；2010 年获省质量诚信承诺奖；2013 年获全省先进农村科普示范基地称号；2017 年评为娄底十大名茶，第九届湖南茶业博览会茶祖神农杯金奖。

五、天鹏生态茶

产品主产于新化县天鹏生态园开发有限公司生态茶园。由白毫早、槠叶齐、碧香早、乌牛早、福鼎大白等茶树品种的鲜叶制作而成。天鹏生态茶园栽培和管理全省一流，不施用任何化肥和有毒农药，一律施用农家肥和菜饼肥，病虫采用生物农药和频振式杀虫灯绿色防控。茶园建立了完善的投入品管理制度、生产档案，保证产品可以溯源（图 4–31）。

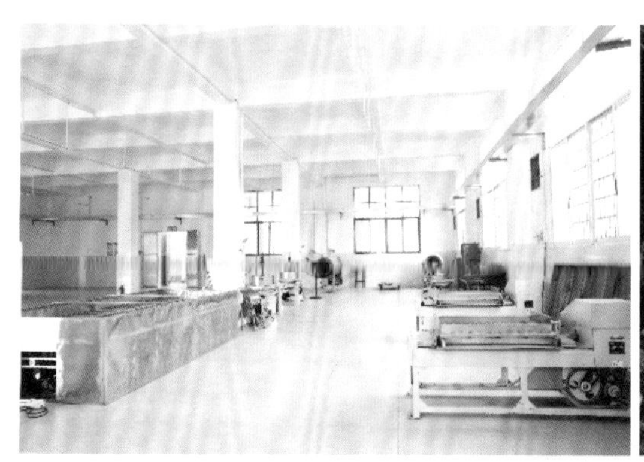

图 4-31 天鹏生态园生产车间和标准化茶园

① **梓鹊顶芽：**属绿茶类产品，该产品获得湖南省第六届茶博会金奖，并通过国家食品质量安全监督检测中心国家标准富硒茶检测。产品内含物质丰富，精心加工制作后，外形美观，滋味醇厚，香气持久。其色、香、味、形获茶客们的青睐和赞赏。

② **梅山悠悠情：**红茶类，具有典型的新化红茶品质特点（图4-32）。

有些情，随着时间消逝，慢慢地就淡了，而有的情，愈远愈烈，越来越难以割舍。

乡情，就是深深打在脑海的烙印，是挥之不去，一遍遍重复的，难以割舍的思念，无论光阴几时，从来都不曾改变。

一方水土养一方人，大部分人对家乡的味道是念念不忘的。“梅山悠悠情”就是一杯家乡茶。品之，是家的味道；存之，是家的思念。

图 4-32 梅山悠悠情

六、紫金茶叶

属新化县紫金茶叶科技发展有限公司生产，产品产于奉家镇渠江源村。渠江源古称蒙洱冲，是历史上生产贡茶的地方，茶文化底蕴深厚。自古至今，当地有家家种茶、制茶的习俗，独特的制茶技术一直传承至今。特别是渠江源贡茶园是历史遗存下来的老茶园，里面有百年以上的古茶树数株，具有很高的观赏和考古价值。目前产品主要由白毫早、槠叶齐、碧香早、福鼎大白、本地群体种制作而成。

渠江源是渠江水系发源地，有姑娘河、茶溪谷、有瀑布。海拔800~1200m，山水秀丽，环境宜人，是休闲、避暑的旅游胜地和天然氧吧。2013年由政府投资进行旅游开发，修建茶溪谷玻璃栈道游览区，茶文化主题公园，茶文化广场，2015年景区对外开放，吸引了四面八方的游客来此旅游、休闲品茶。

图 4–33 风景优美的渠江源茶园基地

渠江源是湖南名茶月芽的原茶地（图 4–33）。产茶区境内有多处古茶亭和石碑及关于茶的种种传说，其中张果老在蒙洱冲錾字岩上留有“茶”字的传说最为人传颂。

① **渠江贡：**绿茶类产品，鲜叶选用公司无二冲贡茶园，精选新鲜芽头、1芽1叶，承袭古老手工贡茶制作方法，其形如青剑，色泽墨绿，味香清幽，回甘醇厚。该产品荣获2016年第八届、2017第九届湖南茶业博览会“茶祖神农杯”名优茶评选金奖。2017年第三届亚太茶茗大奖赛银奖（图4–34）。

② **渠江红：**新化红茶的典型代表。氨基酸含量高，香高味浓、鲜醇带甘，经久耐泡。2016年获第三届全国亚太茶茗金奖；2017年获中国中部农业博览会产品金奖；2018年湖南红茶美食文化节暨国饮盛宴中评为大众喜爱的国饮，第二届中国西部文化产业博览会最佳创意奖，2019年获全国亚太茶茗银奖和澳大利亚国际茶博会金奖（图4–35）。

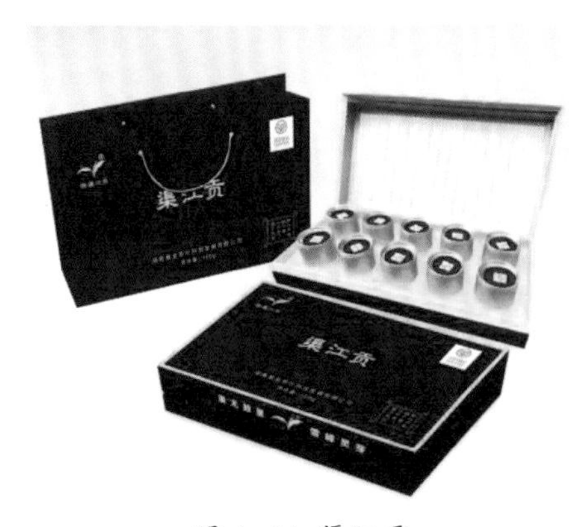

图 4–34 渠江贡

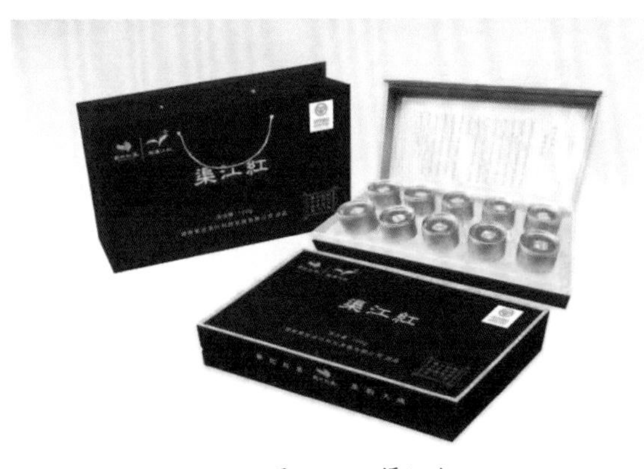

图 4–35 渠江红

七、月光茶

月光茶由湖南月光茶业科技发展有限公司生产，产品产于奉家镇百茶源村（原月光村）。百茶源有高山生态茶林数千亩，该地平均海拔 1200m，森林覆盖率高，土壤与水资源远离污染，富含硒、锌等多种对人体有益的微量元素。茶园种植基地采用有机茶的标准管理，分片指定专人负责。提倡茶农兼营养殖，选用猪、牛粪制作堆肥，以调理土壤有机质。

①**月光红：**传承新化红茶技术，并加以改进和创新，使生产加工技术更合适月光本地茶树的品质特点。生产加工采用自动化、数据化技术，品质优良而稳定。鲜叶采摘主要以1芽1叶为主体，经萎凋、揉捻、发酵、干燥等多道工序精心制作而成。产品具有新化红茶独有的品质特征，经久耐泡，内含物质丰富，鲜爽回甜，香气浓郁，产品赢得消费者的好评（图4-36）。

图 4-36 月光红茶

图 4-37 月光红成为中国茶叶博物馆收藏样茶

月光红茶于2018年12月第八届国际鼎承茶王赛中荣获红茶组茶王奖；2019年3月，在中国茶叶博物馆龙井馆区举办的2019中茶博“茶与文创”春日雅集暨钱塘茶会上，被中国茶叶博物馆收纳为“馆藏优质茶样”（图4-37）。

②**月光露：**绿茶类产品，具有典型的清汤绿叶品质特征，外形翠绿，形美，滋味回甘强烈，带清香。

八、柳叶眉

柳叶眉是新化县国仲茶业有限公司创立的品牌，属红茶类产品。基地位于湖南新化县金凤镇雪峰山脉中段的尧湾。属新化县西陲，与溆浦、安化两县毗邻。群山环绕，山岚起伏，谷幽林深，溪河广布，山林面积占金凤乡总面积的85%，为茶树的生长提供良好的环境。

尧湾老茶园是柳叶眉生产的核心茶园基地，另名为尧湾公园。兼顾采摘七星伴月山、笔架山、九龙山、凤凰界、瓜禄山等地的撂荒茶。茶园的海拔均超过1000m，冰冻期超过100d，茶树病虫害少，芽叶嫩厚。茶树品种为茶树源自金凤乡雪峰山群体品种。

柳叶眉源起新化县金凤乡的山水人文，红军长征时红二方面军曾在此驻扎。该地家家做红茶，人人会做茶。山里人家，开门七件事，柴米油盐酱醋茶。挑着茶叶担子走溆浦，用茶换得日用品。

湖南省茶叶公司老员工记得，当年金凤红茶用来做出口红茶的上等配料。20世纪80年代，金凤红碎茶厂生产的上档二号获省优产品称号，远销欧美等国。这片山水养育了茶芽，养活了山居的农民。之后，中国茶叶出口受创，茶园被撂荒，退耕还林，将茶树彻底的遮盖起来，农户只制自己饮用的茶叶，每年每家不过几斤。但不管什么时代，每家总要做一点，上百年的传承不会断了香火，只是少了繁茂之势。2012 年，恢复尧湾海拔 1000m 地段复撂荒三十多年的茶园基地，研制开发出“柳叶眉”高山野红系列产品。

柳叶眉系列有金豪、金湾、金旗等产品。

金豪为柳叶眉的仙姿玉色，清明前采摘，选取 1 芽 1 叶制作。条形紧秀，金色毛茸密布，茶香中夹杂幽幽花香，汤色明黄清澈，分杯时淡淡金晕缭绕，入口清雅，无苦无涩，爽滑润喉，回味清新，茶底如莲心，肥壮油润，叶底舒展呈古铜色，芽尖俊秀靓丽，茶汤滢滢泛光，入口甜润丝滑，回味空灵（图 4–38）。

图 4–38 金豪 – 紫砂罐

金湾为柳叶眉的名媛美姝，谷雨时采摘，选取持嫩性好的长梗，带 1 芽 3~4 叶制作，貌似弯月，汤色橙红靓丽，恰似一湾粼粼金光，茶底红润丰硕，醇厚甘滑，回味延绵。

金旗为柳叶眉的侠士风流，谷雨前采摘，选取 1 芽 2~3 叶制作，条索粗壮，茶汤橙红透彻，其香清清，其味百千。

金湖为柳叶眉的国色天香，清明后谷雨前采摘，选取 1 芽 2~3 叶制作，烘焙独特，有焦香气息，其香气如湖水般深幽沉厚，茶汤橙黄透亮，焦香馥郁绵长，口感浓烈饱满，回味悠扬，久泡味不绝。

一座高山 千米海拔雪峰山 野生中小叶茶树自强不息 生烂石长丛林

两位老人 年近古稀 匠心手造 呈您一杯最为灵魂的饮料

三代茶农 仁心慈怀 赋予一片树叶以新生

以柳叶眉的精气神 诠释国仲茶业的真诚味道

该产品 2014 年中国中部（湖南）国际农博会荣获金奖，2016 年参加英国伯明翰中国品牌商品欧洲展，2017 年第二届“潇湘杯”湖南名优茶评金奖，2018 年荣获第三届“潇湘杯”湖南名优茶金奖。

九、蒙洱茶

蒙洱茶是由新化县桃花源农业开发有限公司创立的品牌。产茶基地位于雪峰山脉新化段奉家山，素有中国深呼吸小镇之称的渠江源景区。此地山高谷深，云雾如海，溪多泉清湿度大，岩峭坡陡能蔽日，竹木葱茏，土层深厚肥沃。更为奇特之处在于采茶之时，正值此地漫山遍野的兰花盛开季节，花香熏染，使茶叶格外清香，风味独特。茶树品种为高山野生茶、金萱、丹桂等。

① **十八红：** 红茶类产品，《新化县志》记载：新化贡茶十八斤。“十八红”红茶由此而来。产品精选单芽，1芽1叶初展，1芽2叶初展作为原料，经萎凋、揉捻、发酵、初干、摊凉、提毫、足干等工序，将祖传制作技艺和现代加工工艺融合一起。十八红红茶，香气蜜香浓郁、优雅，汤色橙红尚亮，滋味甜醇（图4-39）。

2014年在湖南茶叶博览会茶祖神农杯名优茶评比中获得金奖；2018年，在第十届中国中部（湖南）国际农博会获金奖，同年，在第三届“潇湘杯”湖南名优茶评比中获得金奖。

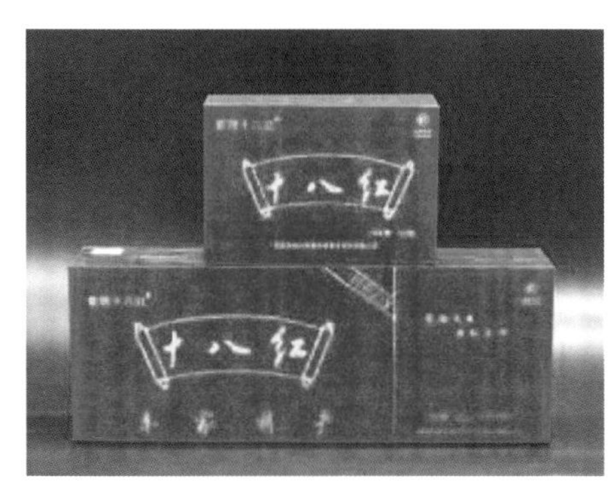

图4-39 十八红

图4-40 蒙洱茶

② **蒙洱茶：** 绿茶类产品。采摘单芽，1芽1叶初展，1芽2叶初展的野生茶叶为原料，融合祖传制作技术和现代加工工艺技术，经筛选分级、摊青、杀青、揉捻、初烘、摊凉、提毫、足干等工艺精细加工而成。其条索匀细，翠绿显毫，栗香高悠持久，茶汤吞咽后，唇齿间留有豆香兰韵（图4-40）。

据传：明洪武时便产生“蒙洱茶”。唐代文成公主出嫁西藏时就曾选带蒙洱茶作为嫁妆。蒙洱茶又称为“湖南三绝之一，王烟、酒鬼、湘妃茶。”而湘妃茶就是蒙洱茶。

2012年，蒙洱茶在中国中部湖南国际农博会荣获“金奖”；同年，中国企业战略联盟与中国行业领先品牌组委会评为“中国著名品牌”；2013年，选为北京中国民营经济创新发展合作峰会爱国华人新春团拜会“指定用茶”，北京人民大会堂迎国庆·共和国将军部长书法联谊会“指定用茶产品”；2014年，“蒙洱茶”荣获湖南茶叶博览会茶祖神农杯名优茶产品金奖；2018年，第三届“潇湘杯”湖南名优茶评比一等奖。

十、蚩尤古茶

蚩尤古茶是由新化县大熊山有机茶场创立的品牌，产品鲜叶来自新化大熊山。大熊山自古属人迹罕至的“蛮夷之地”，至今仍完好保留了2000hm^2原始森林，其中有多种珍贵的野生茶树资源，野生茶属大、中叶种茶，茶树最高可达2.37m，骨干枝直径宽达8.5cm，叶片肥硕，内含物极其丰富，氨基酸和茶多酚等含量均超国家标准。大熊山终年云雾缭绕，盘旋于茶山间。土壤富含森林落叶形成的腐殖质物质。

大熊山既是梅山文化的发源地，又是中华三大人文始祖之一的蚩尤大帝的故里。相传蚩尤之妻春姬善制茶，蚩尤部落也率先将茶叶用于生活和战备，由蚩尤之妻春姬携妇女、老幼于大熊山采茶制茶，蚩尤则率领士兵带茶出征，以茶治瘴，因而所向披靡，打出了蚩尤“九黎之君”的威名。

近代以来，人们利用这里原有的丰富野生茶树资源，在云林深处开辟了数不清的简易茶园，这些茶园与野生茶混生，形成遍及整个林区的大面积荒野茶群。据新中国成立后的统计，林茶混生的荒野茶园面积达1333hm^2。

产品鲜叶采自海拔800~1200m的山坳之中，山路崎岖，一个当地熟练采茶人一天只能采1~1.5kg茶青，又因野生茶树品种不同、生长发育也不均衡，故而所采的茶青看上去不整齐，正因为这种不雷同而造就了它的内在之美。

① **熊山青：**熊山青为绿茶类产品，按绿茶工艺制作，优越的生态环境造就了独一无二的古茶风味，其茶香、口感、汤色之美，是众多绿茶中的佼佼者，难得的原生态荒野茶。荣获中国中部农博会金奖。

② **蚩尤古茶：**蚩尤古茶是红茶类产品，传承新化红茶的传统制作工艺，具有新化红茶的典型特征，汤色红浓，滋味爽口，花香独具，是不可多得的传统珍品（图4-41）。

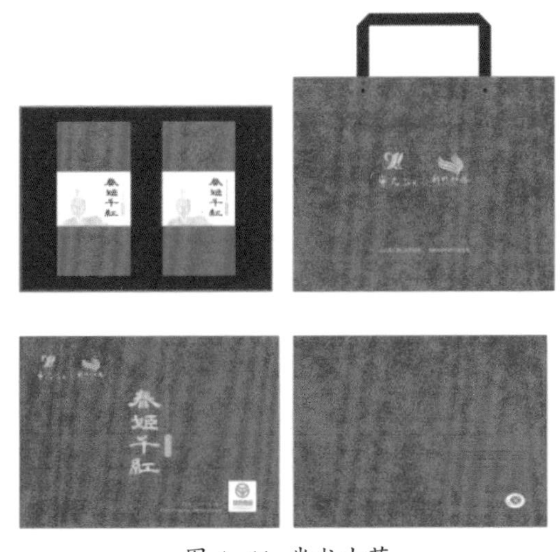

图4-41 蚩尤古茶

傳承 創新 優質 健康
渠江薄片

第五章 茶企业

第一节 茶企简史

一、茶 场

1954年之前，茶园主要分散到户，为农户所拥有。1954年之后，茶园收归集体所有，集体茶场诞生。20世纪60年代以生产队、乡镇（人民公社）为单元的茶场遍地开花，形成乡镇（人民公社）有社办茶场、队办茶场，涟源、双峰、新化有县级国营茶场。据《湖南茶叶大观》记载，截至1990年，涟源市有国营、乡、村茶场959个，其中乡镇茶场41个，双峰县有国营、乡、村茶场644个，其中乡镇茶场20个。1996年《新化县志》记载，新化县有国营、乡、村茶场766个。娄底地区代表性茶场有双峰茶叶示范场、涟源茶叶示范场、龙建茶场、新化茶叶示范场。

20世纪90年代后期，随着娄底茶叶的衰落，茶场基本解体。但现今很多地图上仍以茶场标注，如吉庆茶场、立新茶场等。2005年以后茶场有所恢复，新化县新建一批现代化、标准化茶场，主要沿雪峰脉和资江沿岸分布。

二、茶 厂

20世纪60年代，随着乡镇、村级茶场兴起，为解决茶场出产的鲜叶加工问题，以及大力发展红碎茶，乡（镇）茶厂应运而生。20世纪90年代初期，全市共有乡（镇）茶厂76家，各茶厂年产茶25~100t，主要分布如下。

① **双峰县（25家）**：神冲茶厂，甘棠茶厂，大村茶厂，山斗绿茶厂，梓门茶厂，青树茶厂，杏子茶厂，单家井茶厂，金溪茶厂，印塘茶厂，增桥茶厂，双桥茶厂，新泽茶厂，蛇形山茶厂，锁石茶厂，洪山茶厂，太平茶厂，金峰茶厂，拓塘茶厂，永丰茶厂，白杨茶厂，石牛茶厂，龙田茶厂，乔亭茶厂，金家茶厂。

② **涟源市（27家）**：株梅茶厂，龙建茶厂，桂花茶厂，湘波茶厂，桥头河茶厂，石狗茶厂，株木茶厂，渡头塘茶厂，增加茶厂，南风茶厂，斗笠山茶厂，古塘茶厂，茅塘茶厂，湖泉茶厂，水洞底茶厂，风坪茶厂等。

③ **新化县（17家）**：金凤茶厂，杨木洲茶厂，荣华茶厂，海龙茶厂，田坪茶厂，飞跃茶厂，大同茶厂，文田茶厂，簪溪茶厂，大石茶厂，槎溪茶厂，洋溪茶厂，青山茶厂，坐石茶厂，水车茶厂，燎原五星茶厂，潮水茶厂。

④ **娄星区（7家）**：茶园茶厂，万宝茶厂，石井茶厂，百亩茶厂，西阳茶厂，石竹茶厂，杉山茶厂。

20世纪90年代后期，因市场低迷，除少数几家转型为私营企业继续经营，其余全部消亡。2007年以后，私营茶叶企业崛起，现全市有私营茶叶企业37家。

三、国有茶叶企业

1950年初组建湖南省新化茶厂，后相继兴建多家国有茶叶企业。经历几十年风雨，到2008年湖南省新化茶厂、湖南省涟源茶厂、湖南省炉观茶叶科学研究所进入改制关闭后，娄底已经没有国有茶叶企业。几十年间，存在过的国有企业如下：

① **省属国有企业：**湖南省新化茶厂、湖南省涟源茶厂、湖南省炉观茶叶科学研究所。

② **市属国有企业：**娄底市外贸茶叶公司、娄底市基地茶叶公司、娄底市土产茶叶公司。

③ **县属国有企业：**新化县茶叶公司、新化县茶叶示范场、双峰县茶叶公司、双峰县茶叶示范场、涟源市茶叶公司、涟源市茶叶示范场、涟源市龙建茶场。

第二节　历史茶企

娄底茶叶企业，支撑着娄底茶产业的发展。历史上杨木洲八大茶行，双峰朱紫贵等大茶庄，各领风骚。新中国成立后的茶企如雨后春笋般涌现，曾经有社队茶场数千家，红碎茶厂76家，国有茶叶企业10多家，茶叶收购站数百家，铸就了娄底茶产业的光辉。尽管这些茶企完成自己的使命后，如彗星般闪烁后消失在星空，但却留下了光辉的旅程。

一、杨木洲八大茶行

1930年以后，新化茶商孟公人曾硕甫，邀集其他茶商在新化县琅塘杨木洲（西成埠）新建茶埠，历时3年竣工，投资30多万银元，建成茶行8家，茶业公所1处，初级子弟学校一栋，以及南杂、药店、旅店、百货等16家商店，命名为“西成埠”。牌号有宝大隆、丰记、光华、裕庆、宝聚祥、富华、宝记、富润。共有流动资金24万银元，从人员1万人以上。从事工夫红茶的收购、生产加工和销售，最高年制销工夫红茶10万箱以上。

1941年，广州、香港相继被日军侵陷，海运中断，出口几乎停止，部分红茶转为内销。抗战胜利后，因国内战争，仅少数华侨在广州收购，茶商资金多转营其他行业。“西成埠”茶号仅4、5家恢复生产，全年不上1000箱，茶叶贸易奄奄一息。

1950年3月，中茶公司安化支公司派于非等人赴杨木州，租赁原“西成埠”茶号5栋、住宅2栋建立国营新化茶厂。

二、湖南省新化茶厂

（一）发展历程

1950 年 3 月，中国茶业公司安化支公司派遣于非赴杨木洲大茶市租赁八大茶庄，组建中国茶业公司新化茶厂。从此，新化茶厂恢复了因战乱而停工的新化茶叶生产，进行技术革新，产能不断提升。1950 年，加工工夫红茶 747.9t；1956 年达到了 2193.85t；1958 年，因资江修建柘溪水库，湖南省新化茶厂整体搬迁至新化县上梅镇崇阳岭，1959 年建成投产。1976 年，生产加工工夫红茶 2984.8t。1979 年，新化茶厂实行生产流水线改造，建立立体车间一栋，实现了机械联装流水线作业，被湖南省茶叶进出口公司认定为当时最先进的工夫红茶加工设备。在湖南省茶叶进出口公司下属 13 家国有茶厂推广。1974 年，湖南省实施工夫红茶标准样制度，湖南新化茶厂的工夫红茶标准样为娄底地区、邵阳地区的执行标准。1976 年，新建红碎茶拼配加工流水线，邵阳地区“九县一郊”和新化县产红碎茶全部归口湖南省新化茶厂拼配加工出口，并负责两地的红碎茶厂建设的技术指导和人才培训。1979 年，湖南省新化茶厂生产加工量达到 4589.4t，为邵阳地区“九县一郊”和新化县做出突出贡献。

湖南省新化茶厂是湖南省茶业界有重大影响力的企业（图5-1）。1952年4月，苏联茶叶专家贝可夫·哈里巴伐·索里维也夫同中央农业、外贸部、合作总社等单位的领导人来厂参观指导。1959年，湖南省茶叶生产现场会在湖南省新化茶厂召开。1963年被邵阳专署评为先进单位。1964年初，出席北京全国财贸系统会议，次年又出席中国土畜产进出口总公司会议，介绍新化茶厂改善经营管理的经验。1985—1987年连续评为省茶叶公司先进单位及娄底地区外经贸系统的先进单位。1987年2月，湖南省人民政府发给该厂“出口红茶专厂”证书。

图 5-1 湖南省新化茶厂

1989 年，茶叶出口受阻，导致企业亏损，加之茶叶市场开放以后，原材料成本上升，企业生产逐年减少。至 1997 年，生产量约 1500t，2002 年，企业停工歇业，职工下岗分流。2008 年，根据湘政发（2004）25 号文件精神，企业进入改制程序。2012 年 9 月，企业资产管辖权由中国土产畜产进出口总公司移交给新化县人民政府。年底，完成改制，职工解除劳动合同，资产上市处置，企业工商登记终止。

表 5-1　湖南省新化茶厂历任负责人

时间	负责人	时间	负责人
1950.02—1950.12	于非	1984.04—1985.03	方第甲
1951.01—1951.11	王堃	1985.04—1986.12	李名骥
1951.12—1961.09	靳玉书	1987.01—1994.02	曾中发
1961.10—1970.09	孙政文	1994.03—1997.02	孙屏南
1971.01—1982.12	苏选	1997.03—2001.02	黄木洲
1983.01—1984.03	曾中发	2001.03—2012.12	陈建明

（二）主要贡献

① **加工产能：**在计划经济期间，承担了新化和邵阳“九县一郊”的红毛茶精制加工，1979年达到顶峰，生产加工量为4589t。由于超出了企业的承载能力，湖南省茶叶进出口公司决定新建湖南省邵阳茶厂，将邵阳市产红碎茶划归湖南省邵阳茶厂加工，红毛茶仍由湖南省新化茶厂加工。到1986年以前，加工量维持在3000t左右，之后，市场开放，年生产加工1500t左右，促进了娄底地区和邵阳地区茶叶产业的发展和进步。

② **出口创汇：**以湖南、广州、湖北、上海茶叶进出口公司为方向，承担了本地80%的茶叶出口任务，为出口创汇做出了突出贡献。

③ **人才输出：**1958年，输送至湖南省涟源茶厂技术骨干80人；1959年，输送至湖南省平江茶厂技术骨干30人；1978年，输送至湖南省湘潭茶厂技术骨干30人；1979年，输送至湖南省邵阳茶厂技术骨干30人；先后调入湖南省茶叶进出口公司技术人才数十人，涌现出周靖民、刘化行、刘玉球、陈立树等杰出人物。

④ **技术革新：**推动生产加水技术的不断进步，工夫红茶加工技术经历了从手工—单机—半联机—联机—生产加工流水线的进步，并在全省进行推广（图5-2）。

图 5-2　1953 年新化茶厂干燥机柴油发动机房

（三）产　品

主要生产湖红工夫红茶和红碎茶，所产工夫红茶和红碎茶被对外经济贸易部确定为优质茶出口基地。

三、湖南省涟源茶厂

（一）发展历程

1957年，根据中华全国合作社总社（57）合基字第465号通知，核准投资60万元，从新化茶厂调配技术骨干数十人，指派新化茶厂厂长靳玉书负责，在涟源市兰田镇新建湖南省涟源茶厂，1958年建成投产。

计划经济期间，娄星区、涟源、双峰、衡阳祁东、祁阳所产茶叶归属湖南省涟源茶厂收购。1966年精制加工茶叶1497.9t，茶叶精制加工量逐年增加，至1975年，精制加工量达到3368.8t，1986年精制加工量达5883.75t。其中，1974年，湖南省实施红碎茶标准样制度，涟源茶厂的红碎茶标准样为娄底地区、邵阳地区、衡阳地区的执行标准。1976年湖南红碎茶兴起，娄星区、双峰、涟源为红碎茶主产区，红碎茶产量逐年增加，1979年中国土产畜产进出口总公司、湖南茶叶进出口公司指定涟源茶厂为红碎茶出口基地，1985年涟源茶厂产红碎茶达到顶峰，产量4585.45t。之后，由于茶叶市场开放，引入竞争机制，精制加工量逐年减少。1989年，东欧剧变，苏联解体，导致茶叶外销受阻，企业亏损，库存积压，生产量逐年减少，到1998年，停工停业，职工处境艰难。2008年根据湘政发（2004）25号文件精神，企业进入改制程序。2012年底，完成改制，职工解除劳动合同，资产上市处置，企业工商登记终止。

（二）主要贡献

① **加工产能：**计划经济期间，承担了涟源市、双峰县、娄星区、衡阳祁东、祁阳所有红毛茶和红碎茶的精制加工，推动上述地区的茶叶种植、生产、加工，使茶叶成为当地的主要产业。

② **出口创汇：**从建厂初期至1987年，总产值达1.135亿元，95%的产品都用于出口创汇，为湖南出口创汇做出了积极贡献。

③ **技术服务：**承担涟源市、双峰县、娄星区、衡阳祁东、祁阳红碎茶生产加工技术的指导工作，培养一大批红碎茶加工技术人员，指导上述地区茶叶种植与生产，奠定当地茶叶产业基础。

④ **技术革新：**对工夫红茶、红碎茶生产制造技术不断革新，在全省首先建立立体车间生产加工流水线，为当时最先进的精制加工技术，在全省推广。

（三）产 品

主要生产湖红工夫茶和红碎茶，产能巨大，高峰期的1979年产茶5011t，1982年6330t，1985年6109t。

四、娄底市外贸茶叶公司

（一）发展历程

1977 年 9 月，经国务院批准，将邵阳地区析置成涟源、邵阳两个地区，娄底市茶叶公司是分家设立组建的公司。茶叶公司的名称随地区的更名而变更，先后更名为涟源地区茶叶公司、娄底地区茶业出口公司、娄底市外贸茶叶公司。公司的经费由湖南省茶叶进出口公司按人头拨付。此外，公司有两个下挂单位，娄底地区茶叶办公室和娄底地区茶叶学会。公司参与和见证了娄底茶叶产业从辉煌走向低谷的历程。1984年茶叶市场开放，公司逐步转型，1989 年完全转型为经营性公司，省茶叶进出口公司的下拨款项基本断供。不得不利用原来同广东省茶叶进出口公司的关系，在广东花县炭步镇成立广东花县娄星茶厂，同时利用日本“黑字环流”贷款，进口小包装茶机组建了娄底地区出口小包装茶厂。勉强维持公司几十口人的生存。1991 年，娄底地区出口小包装茶厂被划出另行组建新的公司。娄底地区茶叶出口公司更名为娄底市对外经济贸易茶叶公司，直至 2005 年底公司改制，企业终止。

公司运行期间，实现了全行业的管理，包括代表政府及有关部门召集会议，制定规划，生产栽培，技术推广，茶叶收购，茶叶加工，出口创汇等业务。具体体现在：协调县（市）公司与外贸茶厂、新化茶厂、涟源茶厂、炉观茶科所的关系。由技术人员长期驻厂，指导全地区乡村茶厂的加工技术。组织召开地区的茶叶会议和学习班培训工作。针对性地开展高产栽培和优质茶制作的科学研究。组织娄底市茶叶学会年会，学术交流，论文评选，新会员发展等。在计划经济期间，开展出口创汇物资奖励的兑现工作，包括粮食、化肥、名牌自行车等紧缺物资。

（二）主要贡献

公司制定和落实了娄底地区茶叶产业发展规划，提出了茶叶产业发展战略，为各乡镇茶园种植、茶厂生产、加工提供了技术指导。为红碎茶厂提供建设规划和技术服务。引导新化、涟源、双峰茶叶基地的建设，使之成为湖南省茶叶主产县和出口创汇基地（图 5-3）。

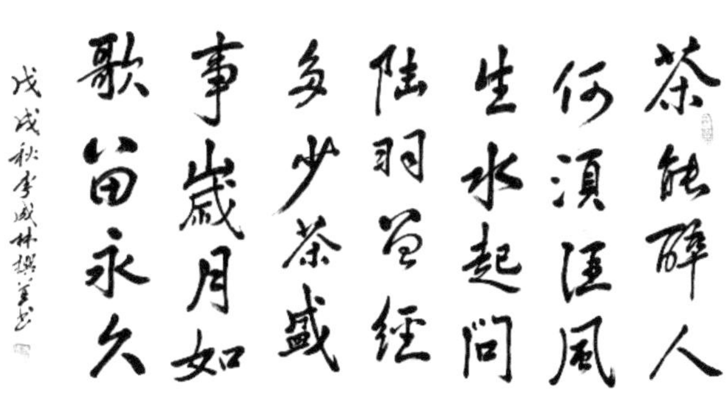

图 5-3 李成林手书（曾任娄底市外贸茶叶公司经理）

五、娄底市外贸基地公司

娄底市外贸基地公司成立于1990年，属娄底市外经贸委管辖，是一家以经营茶叶为主，兼营五金矿产的国有企业。位于娄底市娄星区扶青路。它是从娄底市外贸茶叶公司分出的具有独立法人资格的独立核算、自主经营、自负盈亏的综合性经营企业。它的前身是娄底地区出口小包装茶厂，后更名为“娄底地区出口货源公司”，再更名为“娄底地区茶叶基地公司”，到1992年底定名为“娄底地区外贸基地公司”。由于业务的不断扩展，1995年，娄底地区外贸基地公司下辖“娄底地区出口小包装茶厂”和新投资组建的“娄底地区外贸冰淇淋厂”，两个厂都具有独立核算、自主经营、自负盈亏的独立法人资格。1997年“娄底地区”改名为“娄底市”，企业名称发生相应改变，直到2006年企业改制后生产经营中止。该公司主要从事茶叶流通领域的经营，主要产品有湖红工夫红茶和红碎茶。

六、娄底棉麻茶叶土产公司

公司隶属娄底市供销合作联社直属企业。1984年前，主要统一管理各县、市计划、调拨、生产指导工作，承担政府行政职能。1984年后国家的计划经济逐步转化为市场经济为主体，茶叶市场随之放开。1986年收购经营红碎茶，逐步的扩大生产规模，并投资建设茶叶加工厂，生产加工红碎茶、工夫红茶、绿茶、特种茶等，高峰期年生产加工茶叶1000t。2003年响应国家企业改制政策，职工解除劳动合同，给予经济补偿，企业生产经营中止。

七、新化县茶叶公司

新化县茶叶公司是隶属新化县供销社管辖的县属国有企业，位于新化县上梅镇。1984年以前的计划经济时期，主要承担新化县的茶叶收购任务，指导全县供销系统茶叶收购站点的茶叶收购质量、价格等标准的制定。同时承担全县的茶叶种植、加工技术指导。1984年茶叶市场开放后，公司进行体制改革，转型为自主经营的实体企业。1992年成立黄泥坳茶叶加工厂，生产加工工夫红茶和红碎茶。2002年企业改制后经营中止。

八、涟源市茶叶开发总公司

涟源市茶叶开发总公司位于湖南省涟源市蓝田街道红旗路居委会，经营范围为茶叶加工销售，为县属国有企业。计划经济时代，主要收购涟源全境的茶叶，为涟源茶厂提供货源，同时指导全县的茶叶种植、生产和加工。茶叶市场开放后，公司自主经营，自负盈亏，产品远销海内外。为涟源茶产业的发展做出了巨大贡献。1998 年停产，现已改制，企业中止。

九、涟源市茶叶示范场

湖南涟源市茶叶示范场地处桥头河镇，建于 1958 年，占地 70hm^2 多，这里山清水秀，环境优美，周边无任何污染源，水质、土壤和空气条均符合绿色食品生产要求（图 5–4）。该场培育的“涟茶 2 号”被评为省优质产品，两个茶叶产品“鹰嘴岩翠”和“玉笋春”，采无污染良种茶树鲜叶，运用标准化生产技术和科学工艺精工制作。于 1994 年、1995 年、1996 年分别获得湖南省“湘茶杯”铜奖和金奖。1996 年，通过国家绿色食品认证。

图 5–4 位于桥头河镇的涟源茶叶示范场旧址

2000 年以后，该场改制，企业中止。

十、涟源市园艺示范场

涟源市园艺示范场筹建于 1956 年，位于湘中龙山山脉脚下的杨市镇，果茶间作面积 68hm^2，现有人口 1058 人（图 5–5）。属小丘陵地域，土地肥沃，气候温和，雨水充沛，有良好的农业生态环境，茶叶以地方优质小叶种为主，生产经营工夫红茶、绿茶及红碎茶等多品种、产品并远销欧洲、日本等。培育了省名优品牌涟红“73–696”，载入了省农作物审定品种名录。

图 5–5 位于杨市镇的涟源园艺示范场旧址

2000 年以后，该场改制，企业中止。

十一、茶园茶厂

茶园茶厂 1958 年建场，称茶园乡八一茶场，20 世纪 60 年代扩大了面积，接收了插队的知识青年，1970 年改为茶园经济作物场，1975 年筹建茶园茶厂，集中培育和管理茶场并组织收购全乡各村组送来的茶叶，集中管理面积133.33hm^2，1976年投产，茶叶送涟源茶厂精加工成工夫红茶出口，后来自己产生加工红碎茶。最鼎盛时期在20世纪80—90年代，季节性采茶人500多人，茶场茶厂固定工人200多人，年产量500t，产值300多万元，茶叶基本送交涟源茶厂。改革开放前供销社管生产收购，外贸管出口，销售无忧；改革开放后，茶叶主要送湖南省茶叶进出口公司、湖南省茶业集团公司，广东省茶叶进出口公司。2004年茶厂承包给黄湘东，合同期10年，旺盛时期年产茶350t，产值200多万元。出口滑坡后，茶叶送安化做黑茶。随着娄星区城镇建设的扩大和农民收入来源多样化，以及合同到期不续等原因，这个曾经辉煌的茶厂停办。茶园茶厂曾经是娄星区最大最著名的茶企，主产红碎茶。其主要茶树品种有安化群体品种，20世纪90年代大力改良茶树品种，引进和栽培20多个优质红茶品种，主要有槠叶齐和碧香早等。

十二、双峰县茶叶示范场

双峰县茶叶示荡场是现今永丰镇城西居委会的前身，位于永丰镇五里牌新街90号，该场建立于1956年，有茶园面积92.53hm^2，以安化群体、湘波绿、白毫早、福大白、槠叶齐，江华苦茶等品种为主，年产鲜叶500t。其拥有8个茶叶队，1个科研队，1个初精制加工厂。有干部职工200多人。加工厂厂房面积5000m^2，初精制机械100多台套，制茶设备齐全，年加工干茶300t以上。主要加工红碎茶、绿茶、工夫茶、花茶等，曾为双峰县农副产品外贸出口创汇发挥过很大作用。最高时年创税20多万元。1983年研制“双峰碧玉”，因其外形条索紧细卷曲，白毫满披显露，香气馥郁持久，滋味鲜爽醇厚，汤色碧绿明亮，叶底翠绿匀整的特点，多次被评为湖南省名茶，乃全国名牌茶品之一。

至2001年因县域经济发展和城市扩容建设，双峰县茶叶示范场实行企业改制。茶园全被征用作开发用地。

十三、双峰县茶叶公司

双峰县茶叶公司是隶属县供销社管辖的县属国有企业，位于双峰县永丰镇。计划经济时期，承担双峰县的茶叶收购任务，指导全县供销系统茶叶收购站点的茶叶收购质量、价格的制定。同时承担全县的茶叶种植、加工技术指导，并开发研制了一批名优绿茶和红碎茶，获得各类大奖。1984年茶叶市场开放后，转型为自主经营的实体企业。主要生产经营工夫红茶和红碎茶，加工制作名优绿茶。2001年企业改制后经营中止。

第三节　现代茶企

近年来，随着湖南省千亿茶叶产业的布局规划，中共娄底市委、市政府高度重视茶叶产业的发展，把茶叶列入全市重点支柱产业，新化县还被列入全省新一轮茶叶产业重点布局县，娄底茶叶产业实现复兴，催生出一大批茶叶企业。到 2020 年，娄底有规模性茶叶企业 37 家，其中省级龙头企业 5 家，市级龙头企业 9 家，娄底茶产业在全省地位显著提升。

一、湖南省渠江薄片茶业有限公司

（一）发展历程

2008 年湖南省新化茶厂进入改制，企业终止。为继续发展新化茶叶产业，时任湖南省新化茶厂厂长的陈建明，牵头组建湖南省渠江薄片茶业有限公司，公司名称因挖掘和恢复中国历史名茶“渠江薄片”而得名。

公司成立之初，租赁民房用于生产加工，地址为新化县梅苑开发区桥东街。2011 年业务迅速扩大，原址不能满足加工需求，迁至上渡办事处塔山村。2012 年经新化县人民政府批准，在梅苑工业园建设渠江薄片茶叶产业园，2015 年竣工投产，公司迁至园区（图 5–6）。

图 5–6　渠江薄片茶业园

公司产业园占地面积 13600m^2，年加工能力 1200t，固定资产 6000 万元。主要产品有渠江薄片、奉家米茶、上梅红茶、梅山银针、梅山毛尖。现有茶园面积 120hm^2，其中有机茶园面积 80hm^2，多次被评为“有机茶先进基地”。产品加工原料来源于新化县雪峰山脉和资江沿岸，惠及山区茶农 16000 户以上。2012 年被授予“娄底市农业产业化龙头企业”；2014 年被授予“湖南省农业产业化龙头企业”。2019 年通过国际公平贸易认证，小农户团体认证，热带雨林认证，打造更好的可持续发展的百年企业。

公司致力于产品质量和企业管理。2016 年获得了 ISO9001 质量管理体系认证、HACCP 体系认证；2017 年 12 月 80hm^2 茶园获得欧盟及美国有机茶认证，成为有机茶出口企业；同年，荣获湖南省质量信用 AAA 级企业，湖南省名牌产品称号；2018 年通过国家认证认可委员会的诚信企业建设；2019 年中共娄底市委、市政府授予优秀民营企业称号（图 5-7）。

图 5-7 2017 年市农业农村局局长袁若宁（左三）视察渠江薄片茶业

公司拥有实用新型专利 8 项，国家发明专利 6 项。有完善的人才团队和管理机制，其中高级农艺师 1 人，制茶大师 1 人，工程技术人员 10 多人。

公司宗旨：传承、创新、优质、健康。发展目标：百年企业，传世名品。

（二）主要业绩

挖掘和恢复中国历史名茶"渠江薄片"，丰富了湖南黑茶品类。建设渠江薄片茶叶产业园，树立新化茶叶加工企业新标杆，提升了新化茶叶产业的影响力。传承创新发展渠江薄片，使该产品成为国内外消费者喜爱的名品。

二、新化县天鹏生态园开发有限公司

（一）发展历程

新化县天鹏生态园开发有限公司成立于 2007 年 1 月，厂址位于新化县枫林街道向荣村。2008 年正式开发茶叶产业，经过四年的艰苦创业，2012 年完成 $100hm^2$ 核心基地建设并投产。目前，拥有茶叶精细化加工厂 $4200m^2$，年产干茶能力 500t。固定资产 2000 多万元，生产性生物资产 3000 多万元。

据记载，蔡锷将军的曾祖父蔡登禄、祖父蔡洪峰曾在这里生活，太平天国战乱时，祖父蔡洪峰携其子蔡正陵（蔡锷将军父亲）举家迁往宝庆府（现邵阳市）洞口县，因此天鹏生态园是蔡锷将军的祖籍地。这里山清水秀，人杰地灵，是产好茶的地方。所产的鲜叶只要稍做加工，绿茶色泽翠绿、香气悠长，红茶味甘、香醇、汤红亮。让蔡锷将军祖父、父亲一生念念不忘，为此，蔡锷将军曾派副官到向荣来寻茶（图 5-8）。

图 5-8 天鹏生态园厂房

天鹏生态茶园原是一个综合性园艺场，蔡锡林是园艺场的第一任场长，20 世纪 90 年代处于荒废状态，蔡锡林希望能够重新开发，让园艺场重获新生。其长子蔡辉华和次女蔡姣华之前在广东发展，有较好的产业和事业基础，为继承父亲的遗愿，回家乡创业，成立天鹏生态园。

公司生态茶园良种覆盖率达 100%。拥有绿茶、红茶、白茶、黑茶四个系列产品，注册商标为“梓鹊顶芽”“梅山悠悠情”“传习顶芽”。

公司严格按照有机茶标准进行管理，茶园培育和管理推广应用生态物化栽培技术。建立完善的投入品管理制度、生产档案，产品可溯源。2013 年通过欧盟标准农残检测。被评选为娄底市农业产业化龙头企业；2014 年创建湖南省农业产业化示范区；2015 年创建农业部标准茶园；2016 年建成高标准精细化生产厂房并投产，被评选为获湖南省农业产业化龙头企业；2017 年，通过 ISO9001：2015 国际质量体系认证；2018 年被授予“娄底市十佳农业产业化龙头企业”。

（二）主要业绩

成功创建新化县首个标准化示范茶园，推动新化县茶园建设向规范化、标准化发展。走上名优茶发展之路，提升新化县茶叶产业整体水平。带动当地农民就业和脱贫致富。

三、湖南紫金茶叶科技发展有限公司

（一）发展历程

湖南紫金茶叶科技发展有限公司成立于 2014 年 1 月，注册资金 1000 万元，是集种植、研发、加工、销售、茶文化交流为一体的现代化综合企业，2020 年评选为“湖南省农业产业化龙头企业”。

公司采取“公司 + 合作社 + 基地 + 农户”的产业化模式运作，实行产、加、销各环节有机结合。目前拥有生态茶园 33hm^2 多，新种茶园 200hm^2 多，辐射周边无公害茶园 333hm^2 多。拥有正式员工 18 人，临时员工 280 余人。高级制茶师 5 人，茶艺师 3 人。

与省茶科所、农科院签订有长期合作协议。先后获取“全省十佳旅游休闲示范基地”“湖南省最美茶叶村”“全国三十座最美茶园”等荣誉称号（图5-9）。

图5-9 紫金茶叶生产车间

图5-10 無二冲贡茶园石牌

（二）主要业绩

打造“渠江源茶文化主题公园”和“姑娘河茶溪谷自然风光带”两大旅游区域，建成以茶产业为主的“渠江源休闲度假山庄”。参与各种学术交流活动，推动茶叶的积极发展。致力于品牌建设和茶文化的传播，积极发展绿色健康的茶文化经济（图5-10）。

四、新化县天门香有机茶业有限公司

（一）发展历程

新化县天门香有机茶业有限公司成立于2013年6月，2015年成为娄底市农业产业化龙头企业，2020年评选为湖南省农业产业化龙头企业。现有茶园面积200hm^2，年产高山优质茶9.8t，2017年销售额达4800万元。公司在海拔1300m高的天门乡土坪村建设野荷谷寒茶休闲生态农庄一处，占地80亩，并建有面积约500m^{2}的标准化茶叶加工厂，2000m^{2}的游客接待中心。现有正式员工20余人，基地临时员工180余人。50hm^{2}茶园2020年3月通过欧盟有机认证。

产品有4类：冰里春绿茶、寒红红茶、寒黛黑茶、寒玉白茶。在娄底、新化建有寒茶体验门店。拥有自主注册商标30多件，“寒”于2016年被湖南省认定为著名商标；2017年寒茶产品获得CCTV 7中国20个优质农产品免费一年广告宣传；寒红、冰里春分别获得湖南省茶业博览会“茶祖神农杯”名优茶评比红、绿茶金奖；2018年中国寒茶被澳门国际绿色环保产业联盟认定为首选推荐茶；2019年寒茶冰里春获得第二十一届中国中部农博会产品金奖。公司取得GAP认证以及寒茶马德里商标证书。

（二）主要业绩

自寒茶品牌打造以来，创始人王洪坤先生利用自身的资源优势，将藏于深山的天门乡美景通过凤凰传媒、新浪、网易、人民网、红网等媒体向世界展示，引导寒茶基地附近几个村建设游客接待场所，挖掘当地风土文化，使这片大山深处的土地收到了许多外来游客的青睐和追捧。引导寒茶基地附近几个村建设游客接待场所，加快了当地贫困山区农民脱贫致富的进程。茶叶采摘、加工，茶园除草、施肥需要大量的劳动力，直接为当地近500户低技能的贫困人口提供了大量的就业机会，带动当地农民增收。公司基地所在地土坪村2016年脱贫，2018年成为了湖南省最美乡村（图5-11）。

图5-11 天门香有机茶业生产厂房

五、湖南月光茶业科技发展有限公司

（一）发展历程

湖南省月光茶业有限公司成立于2017年11月，位于新化县奉家镇百茶源村（原月光村），2020年评选为湖南省农业产业化龙头企业（图5-12）。公司拥有2000多平方米全钢架结构玻璃厂房与1000m^{2}无尘车间；中国首条鲜茶生产线和数字化红茶绿茶生产线；通过新造、流转、合作等形式整合茶园近333hm^2。2017年获洽鲜（北京）茶业科技有限公司投资，引进专利“鲜茶”生产技术。2018年与湖南省茶叶科学研究所签订合作协议。

图5-12 月光茶业生产厂房

图5-13 月光茶业茶园基地

公司茶园基地位于奉家镇百茶源村。该地自唐代以来一直为贡茶产区，平均海拔1200m，昼夜温差大，常年云雾缭绕，无任何污染，山泉纯澈，土壤含硒量高。茶园采用有机茶园标准化管理，不施化肥、不打农药。茶园实行种、养结合耕作制（图 5-13）。

（二）主要业绩

实现茶叶加工过程标准化、数字化；通过流转土地、用工、提供技术和苗木等多种方式参与精准扶贫，对口帮扶贫困户超 1000 人；携手浛鲜（北京）茶业打造“浛鲜”品牌，年产值近 1 亿元。

六、涟源市桥头河白茶加工有限公司

公司位于涟源市桥头河镇新华村，核心园区距涟源市城区 30km，距娄底市城区 25km，位处长株潭 1 小时经济圈内，交通便利。涟水、湄水两条湘江支流贯穿全镇，水源充足，土壤富含硒元素。经专家实地考察论证，对于种植白茶 1 号茶树，打造生态观光茶园具有得天独厚的先天条件（图 5-14）。

图 5-14 刘仲华院士（右三）参观桥头河白茶

公司是以茶叶种植、加工、销售、示范为一体的农业综合开发企业。自成立以来，在涟源市七星街镇，桥头河镇等地开发建设茶叶标准示范园 146hm^2（其中七星街镇柏杨村基地面积 93.3hm^2），主栽桥头河白茶 1 号，加工厂房面积 2000 多平方米，年加工能力 300t。近几年来，公司先后被评为娄底市农业产业化龙头企业；湖南省现代农业特色产业园，全国农产品加工示范合作社（图 5-15、图 5-16）。

图 5-15 桥头河白茶生产厂房

图 5-16 桥头河白茶基地

七、湖南九峰云雾茶业有限公司

（一）发展历程

湖南九峰云雾茶业有限公司成立于2010年7月，注册资本200万元，法人代表李桥英。由20世纪70年代原双峰县永丰茶厂的基础上发展起来的，集茶叶种植、加工、内销、出口于一体。位于双峰县石牛乡石牛村。2005年成为湖南省茶业协会理事单位；2015年被列入湖南省大湘西茶产业发展促进会会员单位；2019年被列入湖南省红茶协会会员单位；2019年成为娄底市茶业协会会员单位，法人代表李桥英任协会副会长（图5-17）。

图5-17 领导考察公司加工生产车间

公司历经40余年的工艺积淀，不断发展壮大，拥有潇湘·九峰云雾茗优茶加工厂和大宗茶出口茶加工厂，厂房面积共计2200m^2，拥有现代自动化茗优茶、大宗茶生产线各一条，出口茶生产线两条，高标准有机茶基地33.33hm^2，公司名优茶年销售量4t，出口茶年销售量500t多。40余年来，公司经历波涛起伏的茶叶市场，仍然坚持传统制作出口红碎茶，远销海外，年销售量达500余吨。

（二）主要业绩

“九峰云雾”系列茗茶、绿茶、黑茶和出口红茶获得广泛的市场认可。几十年来，坚持茶叶行业不动摇，使公司不断发展壮大，带动双峰茶叶产业发展。

八、新化县青文生态农业发展有限公司

（一）发展历程

新化县青文生态农业发展有限公司位于新化县吉庆镇陇山村。是集茶叶及农产品种植、加工、销售、旅游、观光于一体的娄底市农业产业化龙头企业（图5-18）。

公司成立于2014年7月，注册资金1000万元。现有茶园173.33hm^2，厂房2000m^2，配套用房300m^2，资产2600多万元。有红茶、绿茶、白茶生产线，检测设备齐全。现有员工40人，其中高级制茶师3人，高级品茶师2人，茶艺师5人，检测师2人。

公司主要生产绿茶和新化红茶，茶树品种为安吉白茶，所出产的茶叶茶氨酸含量高，滋味鲜爽，香气纯正，深得消费者好评。

（二）主要业绩

与湖南农业大学、湖南省茶叶科学研究所实现战略合作，引进先进的高科技研发工艺制成“湘茗情”绿茶。“鸡叫岩”品牌深受广大消费者欢迎。2016 年，吉庆茶叶产业园被评为全县最美茶园；2017 年，被评为湖南省特色产业园。

图 5-18 青文生态农业厂房

九、新化县国仲茶业有限公司

（一）发展历程

新化县国仲茶业有限公司成立于 2014 年，娄底市农业产业化龙头企业。集种植、生产加工、销售、科研、文化活动为一体，专业制造柳叶眉有机红茶和绿茶，致力打造“柳叶眉”品牌。历经四十余年自主研创，三代传承，依托科研指导，专业匠心打造健康原生态茶品（图 5-19）。

公司拥有博士 2 人、硕士 2 人，本科生 2 人，制茶师 4 人；洁净生产车间 1000 余平方米，品茗楼 200m^2，研发实验室 200m^2，生产线 2 条。首期 1000 万元投资，完成古茶园恢复 40hm^2。以“公司 + 农户 + 基地”模式，成立新化县金凤有机茶种植专业合作社。合作社现有农户 44 户，挂靠贫困户 78 户，带动农户 3141 户 6400 人。新化县国仲茶业有限公司致力于可持续发展的生态农业以及绿色健康的大茶产业。以茶促旅，利用本地青山绿水资源，发展小农庄经济。

（二）主要业绩

主营高山原生态有机红茶、绿茶，柳叶眉旗下所有产品传承当地传统工艺，保留茶之本味。建立柳叶眉中心基地，保障“柳叶眉”的优良品质。潜心研发有机茶，为消费者提供健康产品（图 5-20）。

图 5-19 国仲茶业标准化厂房

图 5-20 云山雾罩的柳叶眉基地

十、新化县天渠茶业有限公司

（一）发展历程

新化县天渠茶业有限公司是集茶叶种植、研发、生产、销售于一体的民营企业，娄底市农业产业化龙头企业，致力于新化红茶的传承与创新。2015 年复垦老茶园 133.33hm^2。目前拥有渠江源錾字岩古树贡茶基地；紫鹊界梯田核心景区荆竹地段富硒土壤老茶园 200hm^2，有机茶园 66.67hm^2（图 5-21、图 5-22）。

图 5-21 天渠茶业厂房

图 5-22 天渠茶业处于崇山峻岭之中的茶园基地

2017 年建成投产 2000 多平方米的标准化茶叶加工厂。引进先进制茶设备，由湖南省茶叶研究所制茶专家团队指导生产加工；2017 年于新化县城建成“渠红”品牌旗舰店，占地面积约 1000m^2，集品牌展示、产品体验、商务交流于一体。

图 5-23 渠红

渠红是该公司主要产品，属红茶类（图 5-23）。产于全球重要农业文化遗产地、世界灌溉工程遗产地——紫鹊梯田，所产茶的土壤硒含量高达 0.755mg/kg。

该茶“薯香”悠长、回甜，外形扁平挺秀，色泽红润，内质清香味醇。泡在杯中，芽姿优雅，素以“色铁、香郁、味甘、形美”四绝称著。2018 年被选为神农茶祖节指定用茶；2018 年荣获第三届“潇湘杯”湖南名优茶金奖；2019 年荣获湖南省优质农产品金奖。

（二）主要业绩

“渠红”红茶荣获“潇湘杯”金奖。复垦老茶园，为茶园提质改造提供了新方式。

十一、涟源市枫木贡茶业有限公司

（一）发展历程

枫木茶的历史可追溯至 1952 年，枫木茶产地从安化析出归涟源管辖，枫木茶成为涟源全国茶叶生产基地亮点。至 20 世纪 60 年代，枫木茶获得进一步发展，茶园种植面积发展至全镇，茶叶出口远销美国、苏联、日本、伊拉克等 10 多个国家。1982 年，枫木茶在长沙举行的全国茶叶质量评比会上荣获全国第二名。1983 年，在武汉举行的全国茶叶质量评比会上跃居全国第一名。在此基础上创立涟源市枫木贡茶业有限公司，主营枫木贡茶，取得良好发展业绩。

枫木贡茶是绿茶类产品，产于海拔 700m 的古塘枫木岭。该地气候独特，冬寒夏凉，昼夜温差大，蚊虫少。茶园种植不施农药化肥，无茶叶农药残留，重金属含量为零。土壤富硒，茶叶含硒 0.818mg/kg，是珍贵的富硒茶。茶树本地中小叶群体品种为主（图 5–24）。

图 5–24 枫木贡茶茶园基地

枫木贡茶采于清明前后的1芽1叶鲜叶，经摊放、杀青、摊凉、揉捻、解块干燥、提香等工序，干茶白毫显露，条索细圆紧直，呈深绿色，呈汤色通透清绿，栗香浓郁，味甘爽口，被誉为“十六泡茶”。袁隆平院士品尝后题词:“枫木贡茶好”（图5-25）。2015年被评为湖南省著名商标。2018年获国家地理标志证明商标注册。2019年注册为马德里商标。

图5-25 袁隆平院士题词

（二）主要业绩

1989年，涟源市茶叶公司试制出失传已久的枫木贡茶（枫木醉茶，即原安化贡茶），经湖南省茶叶专家鉴定会鉴定，获得90.09高分。2009年，成立涟源市枫木贡茶叶有限公司，建立枫木贡茶叶示范生产基地（图5-26）。2013年，投资建立占地近1.33hm^2的标准化茶叶制作厂房，新建绿茶、红茶、黑茶三条标准化生产线。2015年，涟源市枫木贡茶叶有限公司被授予娄底市农业产业化龙头企业、涟源市规模企业，枫木贡茶成为湖南省著名商标，获得国家地理标志证明商标和马德里商标。

图5-26 包小村首席专家考察枫木茶业

十二、新化县桃花源农业开发公司

（一）发展历程

新化县桃花源农业开发有限公司成立于2011年3月，注册资本500万元，2019年被授予娄底市农业产业化龙头企业。

公司致力绿色产品“蒙洱茶”的品牌打造，建设标准化茶叶加工厂房一座。与中国农业科学院茶叶研究所和湖南省茶叶科学研究所签订合作协议，共同开发“蒙洱茶”。现有正式员工20人，基地临时员工180人。绿色茶园106hm^2。

近两年来，组织贫困户与残疾人参与茶园土地整理、种植和管理等工作，与38位残疾人和23户建档立卡贫困户签订合作协议，为残疾人和贫困户提供援助和支持，被授予湖南省残疾人阳光扶贫示范基地（图5-27、图5-28）。

图 5-27 桃花源农业茶园基地

图 5-28 大山深处的蒙洱茶基地

（二）主要业绩

在 2012 年湖南省“关注民生、质量服务、节能减排”会议上被授予“质量服务诚信承诺示范单位”；在 2014 年成为奉家镇首家上规模入统企业。

十三、新化县梅山峰茶业有限公司

（一）发展历程

新化县梅山峰茶业有限成立于 2009 年 11 月，是由湖南省新化茶厂的专业技术人员，在改制后重新组建。公司吸取新化茶文化历史价值，集种植、生产加工、销售于一体。公司总资产 800 万元，其中固定资产 400 万元。现有技术人员 12 人，正式员工 32 人，季节性临时工 350 人。茶园基地位于石冲口镇的石竹村、天门乡青围村，总面积 106.67hm^2。精制加工厂位于新化县梅苑工业园，天门乡、青园村分别有初制加工厂一处。主要产品有梅山峰·渠江薄片、新化蛮茶、奉嘎山·月芽茶、渠江溪红、蚩尤蛮红。

（二）主要业绩

已逐步形成茶园、产品开发、加工厂、销售产业链；建有多个茶园基地和加工厂。

十四、新化县顺丰茶业有限公司

（一）发展历程

湖南省新化县顺丰茶业有限公司成立于 2013 年，是专业从事茶叶生产、加工、销售、研发于一体的民营企业。目前在科头乡小浪村流转土地 40hm^2，老茶园 6.67hm^2。茶园基地海拔

图 5-29 顺丰茶园基地

600~1000m，气候宜人，云雾缭绕，土地肥沃，生态条件良好，茶园严格按有机茶标准进行种植和管理（图 5-29）。

公司现有员工 25 人。注册商标为“兴梅山”“龙凤姿”。现有厂房和仓库 500m^2，拥有加工生产线两条，年黑茶加工能力 80t，其中“兴梅山渠江薄片”30t；“龙凤姿”精制茶 20t；精制茯砖、天尖千两茶 30t。同时生产红茶薄片、白茶薄片、金花薄片等系列产品。

（二）主要业绩

兴梅山薄片荣获 2014 年湖南茶业博览会茶组神龙杯金奖；龙凤姿黑砖茶产品荣获 2014 年湖南茶业博览会茶组神龙杯金奖；兴梅山薄片荣获 2017 年武陵源川贵湘名优茶评比第一名。

十五、湖南紫鹊界有机茶业开发有限公司

湖南紫鹊界有机茶业开发有限公司成立于 2013 年，坐落于雪峰山东麓的紫鹊界景区。拥有 800m^2 生产加工厂和完善的生产加工流水线。主要生产“紫鹊寒芽”“紫鹊寒红”“紫鹊春芽”系列产品。根据天门乡生产优质茶的自然条件和悠久的茶文化历史，在天门乡金石村建成 42hm^2 有机茶园。注册商标为“紫鹊寒芽”“紫鹊寒红”“紫鹊春芽”。主要产品有紫鹊寒芽、紫鹊寒红、紫鹊春芽。茶园基地于 2019 年 7 月成功通过有机认证。

十六、新化县新丝路茶业有限公司

新化县新丝路茶业有限公司成立于 2017 年，注册资金 600 万元。公司拥有标准茶园 200hm^2，正在建设标准化厂房和办公楼。现有正式员工 35 人，临时工 60 余人，设立管理、生产、加工、销售等部门，完善管理制度，企业步入正规化轨道。商标为“知青行”“千年老匠”。

图 5-30 新丝路茶园基地

茶园基地位于槎溪镇风塘村罗家凼，分布于海拔 600~800m 之间的山腰坡形地带（图 5-30），周边青山环绕，风景优美，无污染源，被称“新化养生圣地”和“天然氧吧”，茶园呈集中连片分布，标准化程度高，被确定为新化县红茶示范基地。品种有潇湘红、

肉桂、水仙、白芽奇兰、黄魁、中黄三号、梅占等。2018—2020年，通过“技术帮扶、土地入股、股份合作”三种方式，与槎溪镇8个村的贫困户建立紧密型利益联结机制，带动周边茶农631户，涉及贫困人口1415人。公司着力打造集茶叶种植、加工、销售、休闲旅游于一体的现代农业企业，立足生态、精细、高效、养生、休闲，创建一二三产业融合示范基地。

十七、新化县大熊山有机茶场

（一）发展历程

新化大熊山有机茶场成立于2009年，注册资金1000万，是专门从事高山优质荒野茶生产为主的民营企业。公司位于中华蚩尤始祖龙兴之地——湖南大熊山国家森林公园内，拥有现代化的生产厂房，老茶园基地和荒野老茶园233hm^2。茶场以“原生态、纯天然”为生产理念，所有产品均以传统工艺生产，不含农药、化肥及其他任何有害物质，全力打造一款“自然茶、健康茶”（图5-31、图5-32）。

（二）主要业绩

目前拥有两大品牌茶:“蚩尤古茶”和“熊山青”。其中“蚩尤古茶”为高档红茶和黑茶系，“熊山青”为高档绿茶系。

图5-31 公司景观全景规划

图5-32 纯荒山野茶

十八、新化县天羽农产品开发有限公司

湖南天羽农产品开发有限公司成立于2017年，注册资金2000万元，是一家专业化、品牌化的茶叶产品及相关服务供应企业，运营总部位于娄底市。

公司始终坚持品质和品牌兼重并行的发展战略，专注于有机茶叶、粮食、蔬菜、水果、林木和农业旅游等生态农业项目，以生产、运营“天门羽”系列茶叶产品为核心（图5-33）。

图5-33 位于海拔1000m的天羽茶园基地

秉承“灵秀山水一方好茶”的理念，于天门乡土坪村种植茶园40hm^2，采用人工除草、有机种植，纯人工采摘嫩芽，再配以标准的制茶工艺，致力于自然生态茶的发展，只为做一杯好茶。

十九、新化县金马农业开发有限公司

图5-34 金马茶业生产车间

新化县金马农业开发有限公司成立于2016年，旗下有新化县金马有机茶种植专业合作社。以种植高山寒茶为主，拥有标准茶园27.67hm^2，2019年新增茶园13.33hm^2，基地位于平均海拔900m以上的金石村，呈分散性布局，最大限度保护生态环境，达到生物自然平衡。茶园周围环境怡人，没有任何污染，不施用农药化肥，种植过程全部采用人工除草，人工采摘，保证茶叶的高品质。

对农户发放茶苗，与贫困户签订保底收购合同，带动当地茶叶产业发展。打造写生养生基地和茶旅基地融合。建设高标准的加工厂，注重产品质量，厂房生产车间为高标准无尘车间（图5-34）。

二十、新化雅寒茶叶有限公司

新化雅寒茶叶有限公司，前身为新化县大石红碎茶厂，成立于1975年，公司法人代表刘勤星从1976年进厂当职工，1986年承包大石茶厂。2005—2009年更名为新化县富茗有机茶厂，2010—2016年更名为新化尖峰有机茶种植专业合作社，2017年再次更名为新化雅寒茶叶有限公司。

公司拥有40hm^{2}有机茶园，茶园基地分布在新化县古台山、粗石雾峡、西河镇双河村、天门乡雅天景区、留心村等。呈分散性布局，最大限度的保护生态环境不受破坏，达到生物自然平衡的效果。基地属于雪峰山脉北段，茶园海拔 800~1300m，常年山清水秀、云雾缭绕、倚峰雪脉，有“山崖水畔、不种自生”之说。

公司集茶园种植、生产加工、销售于一体，生产雅寒系列产品。2000 年被湖南省茶业集团股份公司评选为先进单位，2001 年公司法人代表刘勤星被评选为先进个人，2002 年被评选为先进单位；2003—2007 年连续 5 年被湖南省茶业集团股份公司授予优质茶基地，2008 年授予有机茶基地。

主要产品雅寒红，采用 1 芽 1 叶、1 芽 2 叶原料制作，传承于传统红茶工艺，做工精细，外形金豪显露、条索壮实，内质滋味醇厚甘甜，花香浓郁，具有高山茶的显著特点（图 5–35、图 5–36）。2009 年荣获第六届中国国际茶业博览会金奖。

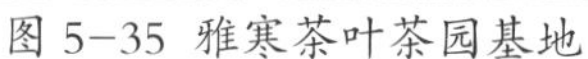
图 5–35 雅寒茶叶茶园基地

图 5–36 雅寒红茶

二十一、新化县立新知青茶叶专业合作社

新化县立新知青茶叶专业合作社成立于 2018 年创立，地址为新化县田坪镇（图 5–37）。合作社的前身是新化县立新茶场，田坪镇镇办集体企业。1969 年由下乡知识青年完成建设，茶园面积 72.87hm^2。后因各种原因，茶园荒废，2018 年进行恢复改造，恢复老茶园 40hm^2。以有机茶标准进行管理和作业，不施农药和化肥，确保生产的茶叶品质优良。茶园地处犹南山村，海拔在 750~960m，山高林多，植被茂盛，常年多雨多雾，气候湿润。茶树属本地群体性品种，树龄 50 年以上。所出产的茶叶具有香气醇厚，回味甘甜，内含物质丰富的特点。

合作社现有标准化加工厂 1000m^2，红茶、绿茶生产线各一条。企业员工和临时性用工 200 人。历史上，立新茶场主产红茶，是新化茶厂的主要原料供应基地。专业合作社秉承立新茶场传统，融合现代化的管理和科学的制茶工艺，以打造立新茶场红茶品牌为目标，将企业做大做强。

产品立新红茶和立新绿茶均产自于具有50年以上树龄的立新茶场，由于茶树树龄长，经过几十年与环境的融合共生，充分适应了当地的土壤、气候环境，茶树能充分吸收环境提供的营养成分，使茶树表现出自己的优势特性。所产茶更是体现出“天人合一”的品质特点

图 5-37 立新知青合作社生产车间

主要成就：恢复荒废的立新茶场老茶园 72.87hm^2，使老茶场焕发新青春。

二十二、新化县川坳白茶种植专业合作社

新化县川坳白茶种植专业合作社成立于2014年,注册资金200万元,法人代表张娟红。

合作社位于奉家镇渠江源村。该地海拔800m多，山清水秀，适宜白茶的种植与生长（图5-38）。合作社租赁渠江源村山地100hm^2，已种植白茶苗53.33hm^2，黄金芽26.67hm^2。白茶加工厂房一栋，面积1200m^2。职工宿舍一栋，面积500m^2，白茶生产加工设备40套。资产总额为880万元。2019年底，合作社白茶销售400万元，带动周边农户创收150余万元。合作社主要生产新化红茶和川坳白茶。

图 5-38 川坳白茶园

二十三、新化县科头乡真味茶厂

新化县科头乡真味茶厂位于科头乡小浪村，成立于2017年。厂区总面积1000m^2，员工30多人，固定资产300万元。于新化县城内开办真味茶馆一家，流转野山茶基地33.33hm^2，是以野山茶开发、生产加工、销售于一体的民营企业。

真味茶厂主要加工制作荒山野茶。组织当地村民采摘新化县20世纪40—50年代遗留下来的荒山野茶，以传统工艺与创新工艺结合精心制作。因深山老林中的茶树常年无

人打理，保留了天然野生的独特韵味，结合特殊的传统制作工艺，因此受到广大爱茶人士的喜爱。

真味茶厂由两名青年返乡创业，一步一个脚印发展至今，将新化荒野茶变废为宝，促推新化茶产业发展，贡献自己的一份力量（图 5-39）。

图 5-39 真味茶厂

二十四、新化县渠江溪茶业有限公司

公司创始人谭燕，毕业于湖南中医药大学本科，本是一个医生，因对“药茶同源”主题感兴趣，2000 年以茶创业进入市场，创立新化县渠江溪茶业有限公司。本人在茶叶市场摸爬滚打多年，茶专业技术不断学习精进，累积实战和技艺经验，使公司成为一家以“茶”为主题的专业化企业。公司旗下门店位于新街明源购物广场，于闹市区开辟一块宁静的场所，以提升消费者茶品体验，推广本土优质茶。引进全国各地的名优茶，增加市民对茶的认知和理解。公司宗旨：做老百姓消费得起的名茶。

二十五、湖南小桂林生态茶叶有限公司

小桂林茶园建于 2000 年，当时茶叶市场处于低俗时期，茶叶企业纷纷倒闭。老茶人周迪元在长期从事的茶叶产业中，深感只有提高茶叶品质，扎根基层才是茶叶发展的根本出路，于是投资种植茶园（图 5-40），当年开辟茶园 6.67hm^2，2006 年成立小桂林生态茶叶有限公司。此后不断拓展，现有高标准化优质茶园 20hm^2，生产加工车间一栋，产名优绿茶 2000kg，大宗茶 20t，创造了良好的经济效益。

图 5-40 小桂林高标准茶园

小桂林茶业是新化茶产业低谷中早期私营资本投资种植茶园的企业，是新化茶产业发展之路的探索者。

二十六、娄底华盛茶业有限公司

娄底华盛茶业有限公司，成立于 2006 年 5 月，位于娄底市娄星区氐星路 1182 号，

法人代表邓文锋。公司是一家专业从事茶叶出口贸易的企业，年出口茶叶贸易量1000t左右，主要出口国有美国、欧盟、俄国、非洲、中东等地。自成立以来，采购娄底、湖南及全国各地的茶叶，通过茶叶拼配箱，出口到世界各地，将中国茶推荐给世界，让世界人们领略中国茶文化的魅力，同时为消化国内茶叶库存、出口创汇做出贡献。

二十七、湖南水云峰农业科技有限公司

（一）发展历程

公司成立于2013年元月，系湖南省农业产业化、林业产业化龙头企业。茶园位于冷水江市三尖镇新屋、木山村境内的排云山上，实行花、果、茶套种，茶园生态林防护。拥有1333.33hm^2“茶中有林、林中有茶”的原生态自然风光茶园，500m^{2}制茶车间和一条制茶生产线，主产优质名茶“雾海茗尖”。采茶、制茶体验中心和休闲度假接待中心（包括茶产品展示、茶艺表演、餐饮、休闲、住宿）2000m^2。2018年成为湖南省大湘西茶产业发展促进会的会员单位。

（二）主要业绩

带动本地周边农户新种茶叶，脱贫致富；带动上下游相关产业就业。茶园建成投产后可年新增销售收入3200万元左右。

第六章 茶人

肖岐發展新化茶

明永樂元年（一四〇三）肖岐第二次到新化县任知县教导人民种植桑麻棕桐又為茶园导之植树茶充貢賦自此産量大增（嘉靖十二年（一五三三）新化县志

第一节　历史茶人

一、毛文锡与《茶谱》·渠江薄片

唐五代十国毛文锡（生卒年不详），字平珪，高阳（今属河北）人，一作南阳（今属河南）人，五代前蜀后蜀时期大臣、词人，与欧阳炯等五人以小词为后蜀君主所赞赏。其著有《前蜀纪事》2卷，《茶谱》1卷，词今存30余首，见于《花间集》《唐五代词》。其事迹见《十国春秋·前蜀》。

唐代茶事兴旺，名人雅士以品茶为乐，饮茶之风遍及全国。毛文锡对茶十分钟爱，深入研究全国各地的名优茶，并将其汇总，935年著《茶谱》。《茶谱》记载了全国各地的茶叶和典故，对渠江薄片的产地、产品品质进行了较为详细的记录。因此渠江薄片得到广泛的传播，以致传世至今。之前的856年，杨晔《膳夫经》也有渠江薄片的记载，但较少为世人所知。2008年，湖南省渠江薄片茶业有限公司依据《茶谱》及唐代以来的记载，挖掘、恢复生产渠江薄片。

《茶谱》原著在流传中佚失。《崇文总目》《郡斋读书志》《直斋书录解题》《通志》《文献通考》《宋史》艺文志等引述有《茶谱》原文。熊蕃的《宣和北苑贡茶录》说："伪蜀词臣毛文锡作《茶谱》。"晁氏说："记茶故事，其后附以唐人诗文。"后人所见《茶谱》为其他书中引录而来。

茶　谱

长沙之石楠，其树如棠楠，采其芽谓之茶。湘人以四月摘杨桐草，捣其汁拦米而蒸，犹蒸糜之类，必啜此茶，乃其风也。尤宜暑月饮之。潭邵之间有渠江，中有茶，而多毒蛇猛兽。乡人每年采撷不过十六、七斤。其色如铁，而芳香异常，烹之无滓也。渠江薄片，一斤八十枚。

二、肖岐的历史贡献

肖岐（1403年）前后，江西吉水人，生卒不详，曾任新化县知县，宝庆府知府。嘉靖十二年（1533年）《新化县志》记载：明永乐元年（1403年）肖岐第二次到新化县任知县（县长），八年间，教导人民种植桑、麻、棕、桐、漆、腊。"又为茶园，导之植茶，以充贡赋"。其开辟有黄会园等贡茶园四处，专事用于上缴贡茶，并把茶园作为示范基地，教导种植茶园，自后产茶大大增加。肖岐调任宝庆府知府后，又训导继任知县蒋英继续坚持种茶。所产茶叶在省内销往滨湖各县，换购谷米回乡；省外以湖北襄樊为据点，转销北方各省。新化茶叶生产因此得到较大提升，确立新化长期发展茶叶的基础，使新化茶叶生生不息，传承不绝。

历代新化县志都有将肖岐列入《名宦》卷，并赞之曰：“永乐初来令，廉能才干，爱民敬神，教民种植桑麻棕树等物，民获其利，寻升本府知府，遗爱在民。今有茶园，亦其遗迹也。”

清道光十二年《新化县志》载有《肖侯传》（图 6–1），现录如后：

图 6–1 道光十二年《新化县志》载《肖侯传》

新化尹肖侯名岐，江右吉水之伟人也。我朝洪武初来，知县事，若张候。原善始，创县治，建学宫。又得二尹，罗君栢，叶君宗，后先继之。垂三十有五年，流风善政，渐破人心，班班可考。永乐改元，侯乃至，成其所未成，举其所未举。生民未尽饱食也，则教之樹五穀，勤耘耨。未尽暖衣也，则教之樹桑麻，工纺绩。饱且暖矣。又为茶园，导之植茶，充贡赋。若棕若漆若蜡株之类，莫不谕多栽，取之以供岁，为公私之用，他如作典士绢，均徭役，抚贫弱，息讼，弭盗，罔不一一究心其利，益于四民也，不浅矣。抚循逾八载，慎终如始，擢守本府，志愈坚，政愈平，卓有能聲，上下欣慕。今虽已逞口碑，尚在予奉檄修志。闻侯善政善教，有如此，敢忘固陋？传其事，以为长民劝也。

三、曾国藩与永丰细茶

曾国藩（1811—1872 年），初名子城，字伯涵，号涤生，清长沙府湘乡县荷叶塘乡（今属双峰县）人。早年就读于岳麓书院。道光十八年（1838 年）进士。原任京官，咸丰二年（1852 年）奉诏在湖南办团练，创建湘军，造战船，建水师。咸丰四年（1854 年）率湘军在湖南狙击太平军。次年在长沙靖港惨败，后反攻湘潭、岳州获胜，扭转了湖南战局。遂率部出湘，攻取武昌，败太平军于湖北田家镇。咸丰八年（1858 年）攻克九江。咸丰十年（1860 年）曾国藩升任两江总督。次年节制苏、皖、赣、浙四省军务，派李鸿章率淮军至上海，左宗棠率湘军入浙江，他则居上游指挥，策划三路大军围攻天京（今南京）。同治四年六月（1864 年）攻陷天京，太平天国宣告灭亡。同治五年（1865 年）调任钦差大臣，围剿捻军，战败去职，与李鸿章、左宗棠等从事洋务，举办军事工业。同治八年（1870 年）任直隶总督，查办天津教案，为舆论所谴责。两年后逝世于南京，归葬长沙坪塘伏龙山。

曾国藩是清末理学思想的代表人物，其思想对近代中国影响甚大。他将“实事求是”从考据学命题变成哲学认识论命题，明确打出理学经世派的理论纲领——“经济”，即经邦济世。它适应了时代的需要，把理学经世派的经世主张纲领化，并扩展了姚鼐“义理、考据、辞章”等“为文”之方的主张，提出义理、考据、辞章、经济是四种“为学之木”，从而大大扩张了其理论的适应范围，并使之成为理学经世派的一个理论纲领，影响十分深远。

曾国藩为了平定太平天国，筹集军饷，十分重视茶叶税收。咸丰五年（1855年）四月，湖南设立厘金局，于正税之外，加征百货厘金税。厘金取自商人，具有商品等价交换属性，不会很快产生社会矛盾，因而在初行之时遇到阻力较小。所以曾国藩认为“病商之钱可取，病农之钱不可取”。厘金一般按量征收，茶叶每箱除装箱时纳厘金一钱五分外，到卡复抽银四钱五分，在百货中最重。咸丰十年（1860年），为了进一步保障湘军的给养，曾国藩又在长沙设东征局，由黄冕、裕遴总办东征局厘金，委派员绅驻原设厘金局卡兼收，凡盐、茶等货物，于应完厘金外，又加抽半厘。长沙厘金局设于三汊矶，湘军将领胡林翼《题厘金局》联云：“天子何忍伤民财，因小丑猖狂，扰兹守土；地丁不足济军饷，愿大家慷慨，输此厘金。”

咸丰五年曾国藩率湘军出湘进入江西、安徽后，即在当地开征茶税以资湘军给养。《曾文正公全集》中还收有《议定徽宁池三府属庄茶引捐厘章程十条》，内容涉及安徽、江西的徽州、宁国、池州、婺源各地茶引捐收有关章程十条规定。

曾国藩非常喜爱家乡的永丰细茶。曾手书对联云：“银毫地绿茶膏嫩；玉斗丝红墨沈宽。”

同治九年，曾国藩在河北保定的直隶总督署，曾国荃信告曾国藩说：“弟宅因叶亭北来之便，寄呈细茶一箱，曝笋一箱，乞查收。二味似可口之至，但不知到保定其味如常否？”不久，曾国藩回金陵，三任两江总督。同治十年三月初十，曾国荃信告国藩说：“白芽茶仍极昂贵，昨乃觅得上谷雨前芽茶不满二十斤，悉数寄呈，请尝试之，倘再得更佳于此者，又可遇便寄呈。兹因督销局解饷来金陵之便奉上，此茶二篓，祈留上房用。”由此看来，曾国藩用茶数量之大，确是因整个幕府以及待客都是喝永丰细茶。半月之后，曾国荃又寄信国藩，对寄金陵的二篓茶叶作了一番解释：

昨鲁秋航来此辞行，云将赴金陵，弟是以托寄茶叶二篓，其小篓六斤，系蓝田家园厚味细茶。其大者十一斤，乃永丰之名品也，是否合常年色片口味，一试便知。罗研生来城托寄新刊《楚南文征》《湖南文征》一箱，计十套，亦乘鲁便带呈。研意在求序，似不能不有以应之……册内之文未曾翻阅，而刊刻极精，似亦可爱，其味当如家乡细茶之永与否，尚未可知，俟大序到日，楚南人自无不信矣。

曾国荃称“永丰之名品”，曾国藩“一试便知”，可见曾国藩精于茶道。“是否合常年色片口味”，进一步说明曾国藩一直是喝永丰细茶。《楚南文征》《湖南文征》载：“其味当如家乡细茶之永与否？”把永丰茶之味与好书、好文章之味相提并论，也从一个侧面看出曾国藩对永丰茶的痴迷。

曾国藩是同治十一年二月初四在金陵（今南京）谢世的。在他生命的最后半年，又品尝了家乡的细茶。纵观其一生，既没有青睐西湖的龙井，也没有喝过庐山的云雾茶，可见他对永丰细茶的独钟之情。

明、清之际，湘乡已属产茶之乡。与永丰细茶同时发展的还有永丰红茶。清道光年间，曾国藩的妹夫王待聘即在永丰“晋升典”帮办茶。咸、同年间，洋务运动的兴起，海禁大开，中外商人互做生意，汉口辟为通商口岸，茶叶为我国出口的大宗货物。此时，双峰沙塘乡有个叫朱紫桂的，原是永丰一家杂货铺的学徒，他抓住时机，转为办茶，一跃成为清末湖南大茶商之一。永丰的茶农在每年谷雨前开采茶，制成细茶，将拣粗叶制成红茶出口。朱紫桂在永丰及湖南各地设立茶庄收茶、加工、装箱、运至汉口卖给外商。由此促进了永丰茶叶的生产。

四、曾硕甫与杨木洲八大茶行

曾硕甫，新化县孟公镇人，生卒不详，自幼好学，喜交友，曾游学各地。成年后在桃源某茶庄做伙计，开始熟悉茶行业。后来在桃源开设茶庄，发展到安化、桃源开设茶庄数家，把新化茶运往桃源、安化加工。在桃源开设茶庄期间，与当地茶商争购茶叶产生纠纷，发生械斗，于是返回新化。

1930年，曾硕甫返回新化后，因新化茶叶需要运往安化、桃源等地加工，导致地方权益受损，于是邀集本地其他茶商在产茶中心地带新化县杨木洲兴建茶行，受到当地茶商的响应。历时三年建成茶行八家，茶业商会会馆一栋，初级子弟学校一栋，以及南杂、药店、旅店、百货等16家商店。把杨木洲更名为西城埠，与安化东坪遥相呼应，在湖南茶界产生了很大影响，常年有洋人来此订购茶叶。由此，极大地推动了新化茶叶的发展，茶园面积、产量迅速增加，从事茶叶的人员猛增。同时，资江上游邵阳市区域茶叶也运送至杨木洲加工，带动了邵阳茶叶的发展。杨木洲也因之进入繁华时代，往来商贾不绝，被誉为“小扬州”。

曾硕甫为人品格高远，热衷公益事业，聚资修建了数条通往杨木洲的石板路，沿路建有茶亭数座，供行人休息喝茶之用，得到当地人的赞誉。

第二节　现代茶人

一、茶行业主管领导

1. 袁若宁（1966.10—）

袁若宁，女，湖南新化人，中共党员，娄底市农业农村局党组书记、局长。

1988 年 7 月参加工作，任冷水江报社编辑、记者；1992 年调《娄底工作》杂志社，2002 年 5 月当选娄星区人民政府副区长，2006 年 5 月任双峰县委常委、宣传部部长，2006 年 6 月任双峰县委常委、纪委书记，2008 年任娄底市劳动和社会保障局副局长、党组书记，2011 年任娄底市委组织部副部长、市委老干部局局长，2017 年 5 月任娄底市农业委员会主任，2019 年 2 月任娄底市农业农村局局长。

袁若宁出任娄底市农业委员会主任后，主导娄底茶叶产业发展，结合娄底茶叶产业的实际情况，大力发展娄底茶叶品牌，主推新化红茶。2017—2019 年先后利用中国中部农业博览会推介新化红茶，扩大娄底茶叶知名度;实施一二三产融合战略，将茶叶的种植、加工、销售与品牌、旅游有机结合，提升娄底茶叶的整体发展水平；推进新化红茶示范片建设，带动娄底茶叶产业的全面发展；引导建设茶叶特色产业园 5 家，促进茶叶企业提质增效。近年来，娄底茶叶产业快速发展。

2. 黄建明（1965.3—）

黄建明，男，湖南娄底市娄星区人，中共党员，现任市农业农村局党组副书记、副局长（正处级）、娄底市茶业协会名誉会长、娄底市政协农业委员会副主任、娄底市科学技术协会副主席、《中国茶全书・湖南娄底卷》副主编。2017 年被国家人社部、农业部评为全国农业先进工作者（省劳模待遇）。

1984 年 7 月在原娄底地区农业局参加工作，2001 年底任市农办党组成员、总农艺师，长期从事农业农村工作，对娄底茶叶产业发展做出了一定贡献。特别是近几年，从项目、技术、经营上积极支持娄底茶叶产业的发展，促进一二三产业融合，提升茶叶发展水平；领导和支持娄底市茶叶产业协会工作，加快和促进娄底茶叶产业的发展；经常深入茶叶基地指导茶叶生产，推进新化茶叶示范片建设；主导“娄底人喝娄底茶”各项消费活动，组织娄底茶文化各项活动；积极支持茶叶品牌打造，为“新化红茶”等茶品牌宣传推广不遗余力；对品茶有一定研究，常从茶人角度指导茶叶企业改进加工技术和品质。

3. 李南新（1974.9—）

李南新，男，湖南新化人，中共党员，现任湖南省涟源市委常委、市人民政府常务副市长、党组副书记。

2012年任新化县副县长，主管农业，大力支持新化县茶叶产业发展。在任期间，新化茶叶种植面积迅速扩大，茶叶企业如雨后春笋般涌现，新化茶产业在全省地位不断提升。主张大力发展新化红茶，首次提出“新化红茶”公共品牌战略，使新化红茶市场影响力不断扩大。2014年主持开发了湖南首个茶旅文化景点——“渠江源”茶文化园。参与紫鹊界申办世界水利灌溉工程遗产、全球重要农业文化遗产申办工作。

4. 陈永忠（1970.6—）

陈永忠，男，湖南新化人，1992年1月参加工作，中共党员，历任新化县乡镇企业办主任、镇长、镇党委书记等职，2016年3月至现在任新化县农业农村局局长。

近几年来，狠抓茶叶产业发展，向县委、县政府提出两茶一药（茶叶、茶油、中药材）发展产业思路，将茶叶作为扶贫的主要支柱产业来抓。积极争取上级部门、县政府的项目和财政支持，在4年时间争取3200多万元资金专项发展茶叶产业，支持建设标准化茶园基地、现代化加工厂房、品牌打造、营销渠道、茶旅融合等项目。2019年，全县茶园面积达到5600hm^2,产量4850t,综合产值8.2亿元。新化红茶获得中国地理标志证明商标、湖南十大名茶、一县一特农产品，成为湖南红茶核心产区和典型代表，在国内具有一定的品牌影响力。精心打造新化红茶展示中心和红茶一条街，标志新化茶叶又上了一个新台阶，步入快速发展轨道。

5. 陈伯红（1972.8—）

陈伯红，男，新化县圳上镇久大村人，中共党员，毕业于湖南省长沙农业学校。1993年9月参加农业农村局工作，历任新化县农业局经作站、办公室、农业技术培训中心、项目股、环保站、土肥站站长、股长等职；2005年任农业局党组成员，纪检组长，分管人事工作；2008年任副局长兼纪检组长；2011年任副局长兼蔬菜局长；2016年机构改革后任农业局副局长，分管经作（茶叶，蔬菜，水果等）、土肥工作。

在分管茶叶工作期间，他重点推广新化红茶，使新化红茶成为新化县地理证明商标，县域公众品牌。茶叶产业成为新化县重点主导产业，重点扶贫产业，一县一特产业。新化红茶被评为湖南十大名茶。其2018—2019年连续两年被评为省茶叶先进工作者。

二、领军茶人（以年龄大小排列）

1. 石爽溪（1925.9—）

石爽溪，男，湖南新邵县人，中国农工民主党党员，农工双峰县委创始人。历任县政协第一、二、三届专职副主席，第六届省人大代表，第六届省政协委员，双峰楹联、茶叶、工艺美术、书画、农业协（学会）会会长、名誉会长、顾问等社会兼职。

1951 年毕业于武汉大学，分配到中南农科所工作。不久，调任中南军政委员会农林部特产局主管茶叶；1954 年，石爽溪调任省农业厅经作处，负责茶叶方面事务。其合作撰写《振兴湖南茶叶》发表于《湖南日报》；与湖南农业大学朱先明教授编著《茶叶栽培和茶叶制造》；1957 年下放双峰茶场，指导双峰茶场技术改造，提高了茶叶单产量。其创制简易解块分筛机、改进日本臼井式揉茶机的棱骨，使之更合适于提高红碎茶品质。1960 年调任县农业局经济作物股，大部分时间在农村蹲点办样板。1978 年因长期从事农技推广工作，获得国家农牧渔业部颁发的奖状和奖章。其先后在《茶叶通讯》发表《解放初期的中南茶干班》《双峰茶叶产业化和复兴的探讨》等学术论文。

石爽溪诗词入选《华夏吟友》《河洛春秋》《湖北文学》等全国数 10 种刊物。

2. 陶中桂（1926.12—）

陶中桂，男，副研究员，湖南安化市硐乡人，中共党员，湖南省茶叶学会会员。1946 年毕业于湖南修业高农，先后在湖南省制茶厂、安化砖茶厂、新化茶厂、湖南省炉观茶科所从事茶叶技术和研究工作，曾任炉观茶叶科学研究所所长；主持《红碎茶新技术研究》工作，1984 年荣获对外经济贸易部科技成果三等奖；参加《6CSJ－40 型振动运输送塑辊拣梗机研制》工作，分别获对外经济贸易部、商业部科技成果四等奖；主持《茶树新品种开发》研究，1986 年获娄底地区科技成果二等奖；参加《茶叶六六六、滴滴涕残留量降低技术研究》工作，获对外经济贸易部科技进步二等奖；参与《茶叶生产与收购》的编写工作。其曾多次被评为湖南省茶叶进出口公司、湖南省茶叶学会、新化县先进科技工作者称号。

3. 易庶绥（1933.7—）

易庶绥，男，湖南省冷水江市人，高级工程师，中共党员，毕业于安徽农业大学茶叶系。湖南省茶叶学会第四届理事，第五届常务理事，娄底地区茶叶学会理事长。1950 年参加工作，先后在新化县商业局、邵阳地区外贸局、娄底地区外贸局等单位一直从事茶叶生产、收购、技术、经营工作，历任主任、科长、副经理、经理。他撰写的论文《加强领导、开展科研、改造旧茶园、提高单产》，1959 年在全国茶叶工作会上宣读；论文《积极搞好产品收购，努力提高茶叶品质》，1979 年在全国出口红碎茶会议上宣读；论文《加强宏观管理，保证出口货源》论文，1987 年被湖南省茶叶学会评为优秀论文三等奖。曾多次评为先进工作者。

4. 王康儒（1936.11—2019.7）

王康儒，男，广西北海市合浦县人，高级农艺师，中共党员，湖南省劳动模范，湖南省茶叶学会会员，湖南农业大学茶叶专业。

1960 年参加邵阳行署农业局工作，1961 年调涟源县茶叶示范场，任场长兼党委副书记。他主持选育出涟茶 1、2、5、7 号系列茶树品种，对提高中、小叶种红茶品质取得良好成效；主持改造低产茶园，增产效果明显。1985—1989 年连续立功，被评为省、地区优秀共产党员、先进工作者、农业功臣、劳动模范。其主持的茶园大面积高产项目，湖南省农业丰收计划指导委员会授予大面积丰产奖、湖南省科技进步三等奖，娄底行署科技成果一等奖。同时也发表多篇论文。

1978 年国家领导人华国锋同志为他亲笔题词："树雄心，立壮志，向科学技术现代化进军。"王康儒是国家高层次专业技术人才和高技能人才，享受国务院特殊津贴专家。

5. 魏振球（1937.10—）

魏振球，湖南省新化县人。原新化县农业局经作站站长、高级农艺师、中华茶人联谊会会员、湖南省茶叶学会会员、娄底市茶学会理事、新化县政协常委，入选中国专家大辞典农业技术专家、中华当代茶界茶人辞典。

1961 年 7 月毕业于湖南省长沙农校茶叶专业，分配在新化县农业局，一直负责茶树栽培、制造技术推广、试验、示范以及茶叶科研工作。

从 1963 年开始，对衰老茶园进行"改土""改树""改园"，使全县茶叶产量、产值三年跨三大步。同时推广机械制茶和先进制茶技术，20 世纪 60—70 年代初共推广大小揉茶机 271 台，20 世纪 70—80 年代，推广先进的红碎茶综合加工技术，在全县建立红碎茶厂 17 家。

1982 年挖掘出历史名茶"奉家米茶"；1984 年参与研制中国名茶"月芽茶"研究，该茶 1986 年被商务部评为优质名茶，1988 年获湖南省科研成果四等奖和娄底市科研成果一等奖，1990—1992 年连续三年被省供销社评为省优质名茶并获金杯奖。同时研制省优红碎茶上档 2 号，1984 年荣获新化县科研一等奖；1984 年获娄底行署茶树品种资源考察成果二等奖；1986 年获娄底行署茶叶区划科研成果二等奖；1988—1991 年被娄底地区茶叶学会评为优秀科技工作者。

他撰写发表《论我县名优茶开发与利用》，此文在 1990 年全国茶叶科技研讨会上被评为三等奖。

6. **黎志凡**（1942.10—）

黎志凡，男，湖南省邵阳县九公桥人，高级农艺师，中共党员，毕业于湖南农业大学茶叶专业。湖南省茶叶学会第六届常务理事，娄底地区茶叶学会副理事长。1966 年参加邵东县农业局工作，1978 年调任娄底地区农业局，历任副科长、科长、副局长、局长、党组书记。1978—1986 年连续评为娄底地区农业局先进工作者。其承担《县级农业资源调查和农业划区》课题，1983 年获娄底地区科技成果一等奖；组织《茶树品种资源调查》获 1983 年娄底地区科技成果三等奖；主持《茶叶划区研究》获 1986 年湖南省农业厅技术成果二等奖；先后发表茶叶学术论文 17 篇。

7. **谢祚咸**（1943—）

谢祚咸，男，高级工程师，湖南新邵县人，中共党员，湖南省茶叶学员会员，原娄底地区茶叶学会理事长。1966年毕业于湖南农业大学茶叶专业,同年分配在新邵县农业局。1980 年调娄底地区外贸茶叶公司任经理，一直从事茶叶生产技术指导和茶叶经营贸易工作,促进了娄底茶叶产业的发展。其主持研制“月芽茶”,1986 年获全国商业部名优茶称号。主编《工夫红茶生产与收购》《茶树栽培技术》等科普读物。他主编地区茶叶学会会刊《涟源茶叶》等学术刊物，在公开刊物发表茶叶学术论文 12 篇。1989 年被评为娄底地区有突出贡献的科技工作者。

8. **李成林**（1955—）

李成林，男，新化县水车镇人，中共党员，本科学历，高级农艺师，毕业于邵阳学院茶叶专业,先后担任新化县茶叶公司经理（法人代表）、娄底市茶叶公司经理（法人代表）、娄底市茶叶学会常务理事长主持日常工作（理事长候选人），中国茶叶学会会员，湖南省茶叶学会第七届理事会常务理事，2015 年从娄底市商务局退休。

李成林长期从事茶产业工作，取得优异的成绩。具体如下：积极引进和推广良种。从广东、福建、江华、长沙、涟源等地引进适宜制作红、绿茶的品种，发展新化良种茶园 5000 余亩，填补新化县 1978 年之前无良种茶园的空白；发表茶叶论文和普科文章 50 余篇，与刘光明共同撰写的论文《袋泡茶生产前景浅析》，1991 年被娄底地区茶叶学会授予优秀论文二等奖；1984 年作为“金凤红茶”研制小组负责人，研制的红碎茶上档二号（422101）获湖南省优质食品称号，1984 年新化县科技成果一等奖，娄底行署科技成果二等奖；1984—1986 年参加“RD”添加剂对红碎茶品质的影响及其经济效益的课题研究，新化县人民政府和娄底地区行署授予科技成果二等奖和三等奖；参与新化县“月芽茶”的研制，1986 年中华人民共和国商业部评为全国名茶，娄底地区行署科研一等奖，湖南省科技成果四等奖，1988—1990 年连续三年评为湖南名茶，1991 年中国食品行业十年新成就展示会获优质产品称号。

9. 刘立平（1955—）

刘立平，男，中共党员，新化县西河镇正中村人，茶叶制造工程师。1974 年参加湖南省涟源茶厂工作，一直从事茶叶生产、加工、经营工作。历任涟源茶厂生技科副科长、科长、副厂长等职。1984 年在湖南农业大学进修两年，省茶叶学会会员、娄底茶叶学会会员。其参与研究《湖红工夫茶标准》项目，1990 年获湖南省对外经济贸易委员会科学技术进步二等奖，1991 年 4 月获中国对外经济贸易部科学技术进步三等奖；曾多次获得市、县优秀科技工作者称号。1994 年调娄底市棉麻茶叶土产公司，任副经理、经理。在娄底市供销合作联社退休。

在长期从事茶叶工作中，主持工夫红茶、红碎茶审评、拼配、生产加工技术，参与自动化加工生产流水线建设，负责工夫红茶、红碎茶标准样制订，推广红碎茶新工艺技术，培养本地茶叶技术人才等各方面做出积极贡献。

10. 陈智新（1955.11—）

陈智新，男，汉族，大专学历，湖南新化人，“湖红”标准制订小组成员。1972 年参加工作，历任湖南省新化茶厂技术员，生产技术科负责人、生产技术科科长、茶叶工程师。1992 年娄底地区供销社作为特殊人才引进，先后任娄底地区茶叶土产公司副经理、娄底地区土特产公司经理。1998 年承包涟源常林茶厂，2005—2011 年在云南制作普洱茶，2012 年后在娄底和广州传授茶技和茶文化，多次在湖湘茶语等茶楼免费上课，宣传健康饮茶。

1983 年负责拼配出口的“湖红”工夫红茶，因质量优良获对外贸易部荣誉证书；1984 年作为“金凤红茶”试制小组技术负责人，研制的新金分 422101 红碎茶上档 2 号获湖南省优质产品奖；1986 年负责对新化茶厂制茶工艺进行改革，产品质量显著提升，经湖南省茶叶进出口公司查定小组审定，被评为省属红茶厂第一名，荣立三等功。1993 年其开始负责娄底地区茶叶土产公司茶叶业务，当年购销茶叶超 1500 吨，创公司经销茶叶利税最好水平。

他从事茶叶专业技术工作多年，在制茶工艺创新、茶叶科学研究、学员培训中做了大量工作。其先后在《涟源茶叶》《湖南茶叶通讯》《中国茶叶加工》《中国茶叶机械》等专业学术期刊上发表论文 12 篇；与刘光明同志合作在《中国茶叶加工》发表《减少红条茶精制中碎茶比例的体会》论文；与陈伯伦同志共同撰写《叶底应属内质》的反驳论文在《中国茶叶》发表；多次在娄底和邵阳地区各县市红碎茶厂举办培训班，负责红碎茶技术讲课，培训学员超千人次，积极推动了红碎茶产业大发展。

11. 康作夫（1957.10—）

康作夫，男，湖南双峰县洪山镇人，中共党员，高级农艺师，湖南省茶叶学会会员，双峰县茶叶学会秘书长、副理事长。1982 年毕业于湖南农业大学茶叶专业，同年分配在娄底地区农校任教，1983 年调至双峰县茶场。他主持创制的“双峰碧玉”，两次被评为湖南名茶。在双峰县茶场期间，曾历任双峰县茶场副场长、场长、书记等职。主要从事茶叶生产技术研究推广工作。在茶叶制作，良种繁育推广，低产茶园改造等方面成绩显著，多次评为先进工作者。在省级以上茶叶刊物上发表有多篇论文，其中代表作《春茶开采期，生叶高峰期和秋茶产量与气象因子的关系》发表在 1988 年《浙江茶叶》第 1 期上。1994 年与湖南农大刘富知等教授开展的科研项目《轻剪整形时期对茶叶自然品质的影响》获湖南省科学进步三等奖；1995 年获湖南省农业丰收一等奖。

12. 曹卫非（1957.11—）

曹卫非，男，湖南省双峰县人，中共党员，毕业于湖南农学院邵阳分院茶叶专业，省茶叶学会会员，高级农艺师。2000—2014 年任娄底市农业局党组成员、总农艺师。其参与《茶树品种资源考察》项目，1983 年获娄底地区科技进步三等奖，参与《茶叶生产区划研究》项目，1986 年获省农业厅科技成果二等奖，参与《月芽茶研制》项目，1988 年获娄底地区科技进步一等奖；省科技进步四等奖，《略谈娄底名优茶生产条件及发展对策》在 2001 年省茶叶学会年会上获优秀论文二等奖。先后发表茶叶方面学术论文 4 篇。

13. 陈建明（1963.7—）

陈建明，男，新化琅塘镇杨木洲人，中共党员，大专学历，高级农艺师，毕业于安徽农业大学。现任娄底市茶业协会会长、湖南省渠江薄片茶业有限公司董事长。

1980 年参加湖南省新化茶厂工作，历任原料科副科长、科长、厂长助理。2001—2012 年任湖南省新化茶厂法人代表、厂长、党总支书记，后主持新化茶厂的改制工作。现兼任湖南省大湘西茶产业发展促进会副会长，湖南省茶业协会副会长，湖南红茶发展促进会副会长，湖南省茶叶学会理事，《中国茶全书·湖南娄底卷》副主编、执行主编。新化县第十四届、十五届、十六届、十七届人大代表。2014 年新化县人民政府授予优秀企业家称号，2018 年被授予娄底市“五一劳动奖章”。先后在《中国茶叶》《茶叶通信》《中华茶人》等专业杂志发表学术论文 10 多篇，其中《论唐代名茶——渠江薄片原产地之考证》在茶叶界产生重大影响。

陈建明长期从事茶叶生产、加工、技术研发推广和企业经营管理工作，工作在茶叶生产技术第一线，对红茶初制和工夫红茶精制有较为深入的研究。近年来，多次为新化茶叶产业发展提出重大发展建议。其主持中国历史名茶渠江薄片的挖掘与研究，带引研发团队继承和恢复渠江薄片黑茶的生产工艺，使产于新化的渠江薄片黑茶重新问世，成为新化县域名片，获得多项国际、国内大奖。2008年牵头创立湖南省渠江薄片茶业有限公司，发展为湖南省农业产业化龙头企业，建立企业销售网络，拓展企业品牌，强化产品质量，使渠江薄片茶业成为省内知名茶企。其主持研发的上梅红茶、梅山毛尖多次获奖。

14. 曾佑安（1964.1—）

曾佑安，男，新化县洋溪人，高级农艺师，湖南农业大学茶学专业本科并获学士学位，湖南省农学会会员，省茶叶学会会员，新化茶业产业协会技术顾问。1985年参加新化县农业局工作，从事农业技术推广。1997年任新化县经济作物工作站站长，2009年任新化县农业局总农艺师，2009年、2012年选派为新化县科技特派员，并评为娄底市优秀科技特派员。

其三十年来参与多项农业技术推广研究项目，获科学技术进步奖多项，发表论文100多篇。1986—1990年，参与新化名茶月芽茶的研制与推广。1989—1993年参与湖南省茶树规范化栽培技术推广研究项目，主持新化县茶树规范栽培推广项目。该项目1993年获国家农牧渔业部丰收一等奖。2009—2013年指导新化天鹏生态园开发有限公司新建标准化茶园1500亩，该基地2016年成功创建国家级茶叶标准化示范园，2018年评为湖南省茶叶特色产业园。

其指导全县新发展标准化茶园3333hm^2，引进茶树良种储叶齐、福丁大白、凤凰水仙、梅占、金萱、黄金芽、安吉白茶、紫娟、黄魁、萧湘红等10多个；指导茶叶企业新建茶叶加工生产线十多条，使新化县成为全省新一轮茶叶产业重点布局县，湖南1000亿茶产业10强县。

15. 聂艳红（1974.4—）

聂艳红，女，湖南涟源人，渌羽茶艺创始人，中国茶业流通协会茶馆专业委员会副主任，高级茶艺师。2002年，创立渌羽茶艺，在经营期间，渌羽茶艺多次评为湖南十大特色茶馆、全国百佳茶馆等荣誉称号。其多年来参加和指导茶艺师积极参加茶艺比赛，获得诸多荣誉：2012年“明慧”杯湖南省茶艺师大赛中获得银奖；2013年“武阳春雨”杯全国茶艺师大赛中获得铜奖；2016年湖南“华莱杯”茶艺电视直播大赛获得三等奖；2017年湖南武陵片区茶艺技能大赛获得二等奖；2018年“海曙杯”首届中国家庭茶艺大赛获得最佳茶席奖；2018年“潇湘”杯首届全国评茶员职业技能竞赛获得全能赛优胜奖；2019年“五彩湘茶”茶湖南省茶艺技能大赛获得团队、个人双料一等奖；2019年“大红袍”杯全国茶艺大赛获得最佳演绎奖。

三、茶人录（以年龄大小排列）

1. 周靖民（1916.3—）

周靖民，男，湖南新邵县人，中国国民党革命委员会成员，湖南省茶叶学会会员。新中国成立前毕业于私立求实中学，在实业部合作事业湖南办事处、大中华茶厂等单位任职。1950年2月随中国茶业公司安化支公司于非赴新化，参与组建中国茶业公司新化茶厂，1951年任新化茶厂副厂长兼业务股长。后调任中国茶业公司湖南省公司、湖南公司常德办事处、桃源茶厂筹备处、湖南省农业品采购厅、湖南省棉麻烟茶贸易局、涟源茶厂从事茶叶生产经营工作，历任副厂长、科长、主任等职。主持涟源茶厂建厂的生产工艺，技术加工，茶叶评审等的技术工作。

他主编和参编的茶叶专著有《陆羽茶经校注》《湖南省对外经济贸易志·茶叶部分资料汇编》《红碎茶制造》，发表茶叶历史、茶文化论文多篇，多次被评为湖南省茶叶进出口公司、省地方志编纂委员会先进工作者，其中撰写的《湖南省对外经济贸易志》，湖南省地方志编纂委员会授予三等奖。

2. 谌根望（1919—2003）

谌根望，男，湖南安化县人，高中文化。湖南省茶叶学会会员。1949年9月参加工作，新化茶厂成立后，任新化茶厂股级干部。一直在新化茶厂、新化茶厂炉观初制厂、湖南省炉观茶叶科学研究所基层从事茶叶种植、生产加工技术工作。参与了红碎茶研究项目数十个，其中参与的红碎茶新技术研究获得外经贸部科技进步三等奖。本人发表茶叶学术论文多篇。

3. 陈伯伦（1922—1998）

陈伯伦，男，新化县杨木洲人，初中文化，湖南省茶叶学会会员。1949年以前，在杨木洲茶行担任茶叶审评员，1950年新化茶厂成立，任收购评茶副主任。长期任新化茶厂红毛茶收购部门副股长、副科长等职，直至退休。

其长期从事茶叶收购审评技术工作，多年参与全省湖红毛茶标准样制订，为娄底、邵阳培养了大批生产、收购审评技术人员，发表茶叶学术论文多篇。

4. 李又新（1924—）

李又新，男，中共党员，1961—1965年任新化县副县长兼农业局局长。

新化是湖南茶叶主产区，1958年由于追求产茶数量指标，重采轻管，茶树元气大伤，全县茶园采摘面积锐减，总产量由年产千吨以上降到415t。为了恢复茶叶生产，李又新同志推动发展茶园面积，加强全县茶园肥培管理，并于1962年主持创建吉庆茶场。

1963年参加赴北京参加全国茶叶工作会议，回来后大力推动发展茶叶生产，做到每个公社办茶场。据1971年统计，全县共办专业茶场808个，建新式梯级茶园2333hm^2。

5. 周益治（1925.3—）

周益治，男，1925年3月生，党员。1951在安化茶厂参加工作，1952年担任车间主任，1954年从事茶叶验收工作，1966年从安化茶厂调入涟源茶厂，从事茶叶总验工作，负责茶叶的收购、评审评级，直至1980年退休。在工作期间，先后多次被湖南省茶叶进出口公司评为优秀茶叶技师。

6. 周载贤（1925.12—）

周载贤，男，高级农艺师，湖南新化县孟公镇人，湖南省茶叶学会会员。1945年毕业湖南省六职采矿冶金专业学校。先后在新化茶厂、湖南省茶叶进出口公司、湖南省农产品采购厅、新化县茶叶办等单位从事茶业技术工作，历任股长、组长、办公室秘书。其多次被评为娄底地区供销系统、湖南省供销社系统、湖南省茶叶学会先进工作者、优秀会员。他撰写学术论文9篇，其中有两篇获娄底地区茶叶学会优秀论文二等奖和三等奖。

7. 陈克初（1926—2000）

陈克初，男，新化县孟公镇人，高小文化，中共党员。1955年参加新化茶厂工作，任车间主任。1971年任新化茶厂副厂长，后调任新化县机械厂副厂长，1979—1985年任新化茶厂副厂长。其长期主持生产加工工作，主持新化茶厂生产车间流水线改造、精制加工技术改造工作，推动机械化制茶技术进步，多次评为先进生产工作者。

8. 刘化行（1927—）

刘化行，男，高级经济师，湖南省新化县人，中共党员，中南财经大学毕业，曾任湖南省茶叶学会副理事长，中国茶叶学会理事，湖南省对外经济贸易企业管理协会副会长兼秘书长，湖南省三利贸易公司总经理，湖南大学兼职副教授。1951年在新化茶厂任股长，后调任省茶叶进出口公司科长、副经理、省财贸办公室组长、省对外经贸委编志办公室主任等职。其长期从事茶叶贸易和生产加工工作，对全省茶类生产布局，边销茶和出口茶基地建设有重大贡献。其主持创制的猴王牌茉莉花茶，获经贸部银质奖；组织引进的乌龙茶技术，首创湖南乌龙茶生产，被经贸部列为全国四个出口口岸之一；1988年参加提高湖南绿茶品质工艺研究，获省科技进步成果三等奖；茶园施用稀土降低茶叶农药残留试验，获经贸科技进步奖；在桃园县组织支持华俊良种选育推广，茯砖、花砖、黑砖茶标准化研究均获成功；前后撰写有关茶叶业务论文10多篇，其中《饮茶有益人体健康》被中央电视台拍成电视在全国播放；著有《茶叶贸易》一书。

9. 陈立树（1929—）

陈立树，男，新化县孟公镇人，高小文化，中共党员，湖南省茶叶学会会员。1950

年参加新化茶厂工作，1955—1960年任新化茶厂副厂长。1960年调涟源茶厂，1960—1975年任涟源茶厂副厂长、厂长、革委会主任等职。后调任邵阳茶厂厂长，邵阳地区外贸茶叶公司经理。在邵阳地区外贸茶叶公司退休。

陈立树长期从事工夫红茶、红碎茶的生产、加工，主持和参与多项工夫红茶和红碎茶的生产加工技术改造，被授予省劳动模范，多次评为先进生产工作者。

10. 张子益（1929— ）

张子益，男，湖南省安化县人，中共党员，高级工程师，湖南省茶叶学会会员，娄底地区茶叶学会理事。1950年参加新化茶厂工作，1958年调至涟源茶厂，参与涟源茶厂的建设。涟源茶厂建成投产后，历任生技科科长、副厂长、厂长。其从事茶叶生产技术工作30多年，主持了多项茶叶技术科研研发工作，特别是对茶叶静电拣梗机做了深入的研究，并做出杰出成果，是当时的前沿技术。其曾荣获湖南省、地区科学技术成果奖，科技先进工作者，后在湖南省涟源茶厂退休。

11. 喻恢云（1930— ）

喻恢云，男，高级农艺师，湖南安化县人，中共党员，湖南省茶叶学会第一任理事。1950年结业于湖南省茶叶技术培训班。其先后在湖南省农业厅、湖南省茶叶试验站、双峰县农业局、双峰县茶叶示范场、历任科长、主任、站长、场长等职。其先后组织创办县茶场、县茶校；改制茶类，主持创制“双峰毛尖”、低产茶园改造、茶园喷灌、茶树良种选育等15个开发研究项目，均获得理想效果。他在长期从事茶叶生产技术推广中，总结提出“茶树快速成林”“三三制”管理系列栽培技术，得到省、市、县的表彰。他三次出席全国农业科技先进工作者代表大会，授予嘉奖；撰写发表科技论文30篇。

12. 刘玉球（1931—2009）

刘玉球，男，湖南省新化县杨木洲人，中共党员，经济师。1950年参加湖南省新化茶厂工作，1955年加入中国共产党；历任湖南省新化茶厂车间主任、人事股长、总支委员。1956—1958年两次被评为湖南省劳动模范并参加颁奖大会，1969年6月调湖南省临湘茶厂任厂长、书记。1978年调湖南省茶叶进出口公司，历任财会科长、企管科长。多次出席中国茶叶进出口公司的年度总结会，出访韩国、中国香港等地区调研国际茶叶市场，多次受湖南省高等院校邀请开展茶叶栽培制作现场交流活动。在国内专业刊物上发表多遍有关茶叶生产、企业管理等文章。

13. 刘厚新（1932—2007）

刘厚新，男，新化县琅塘人，高小文化，茶叶制造工程师。1950年参加新化茶厂工作，任历生产技术部门工夫红茶、红碎茶审评员、拼配员，生产技术股长、科长，1988

年任副厂长。主要从事红茶的精制技术工作，精通工夫红茶、红碎茶拼配、精制加工技术，参加了湖红工夫茶四套标准样的制订。荣立三等功一次，多次评为先进工作者。

14. 陈保国（1933.5—）

陈保国，男，新化县琅塘镇杨木洲人，中共党员。1950 年参加湖南省新化茶厂工作，历任保卫、车间、政工股长、主任等职，1968—1969 年任新化茶厂革命委员会副主任，1970 年调任新化县革命委员会生产组成员，1971 年任新化县师范学校工宣队队长，1972—1979 年任新化县电力政工组组长，1980 年于新化茶厂退休。在新化茶厂工作期间，参与新化茶厂从杨木洲整体搬迁至崇阳岭的建设工程，生产车间技术改造等工作，多次获得先进工作者等荣誉称号。

15. 孟寿禄（1934.9—）

孟寿禄，男，湖南省安化县人，中共党员，湖南省茶叶学会会员。1951 年 8 月参加新化茶厂工作，1956 年任茶叶技术助理员，1960—1961 年任新化茶厂团委副书记；1962 年调新化茶厂炉观初制厂工作，任办公室负责人；1965 年任炉观初制厂负责人；1973—1979 年任炉观茶叶初制厂厂长，期间，带领初制厂使用伊达式揉切机开始研发红碎茶制作工艺；1979 年研制的红碎茶被中国土产畜产进出口总公司评选为优质产品；1979 年 8 月，炉观茶叶初制厂归属湖南省茶叶进出品公司直属单位，更名湖南省炉观茶叶科学研究所，任生产股长，主管茶叶生产加工与新技术应用及改造工作。其参与“红碎茶新技术”研究并与团队获得外贸部三等奖；1985 年任副所长；1988 年任所长，1992 年 4 月因病辞去职务，退居二线；1994 年退休；1959 年，被评为邵阳地区共青团突击手；1981 年被评为娄底地区外贸局优秀共产党员；1985 年月 10 月，湖南省茶叶学会为孟寿禄等同志从事茶叶工作 30 年以上颁发荣誉证书。

16. 曾雍熙（1935—）

1962 年 7 月招工至新化粮食局洋溪粮站；1964—1979 年在新化茶厂工作；1979 年—1984 年在炉观茶科所工作，历任主管会计、财计科长；1985—1991 年任炉观茶科所副所长；1991—1994 年任湖南省炉观茶科所所长，主持和参与炉观茶叶科学研究所的技术攻关研究项目。

17. 曾华省（1936.3—）

曾华省，男，湖南邵阳人，中共党员，高级农艺师，曾担任副主任、副局长等职。1959 年毕业于安江校，分配至双峰农业局经作站工作，1964 年调双峰县园艺示范场工作，1977 年调回双峰县农业局，先后担任副主任、副局长等职务。

曾华省在低产茶园改造技术领域取得过突破性成果。1981 年承担省农业厅《低产茶园改造和提高茶叶品质》项目，1988 年改造低产茶园和提高茶叶品质的综合技术成果获双峰县人民政府科技成果一等奖。1990 年湖南省茶叶学会授予《低产茶园改造技术及效益的研究》论文一等奖。

18. 谢田云（1937.10—）

谢田云，男，1959 年 9 月在涟源茶厂参加工作，先后担任茶叶审评技术员，助理工程师，生产技术科科长，经营科科长。长期从事工夫红茶、红碎茶的精制加工技术工作，参与涟源茶厂红碎茶、工夫红茶标准样的制作和审定，茶叶加工、审评技术深受同行好评，多次省、市、县荣誉称号，为湖南省茶叶学会会员，1995 年退休。

19. 欧阳吉华（1939—）

欧阳吉华，男，高级经济师，湖南省新化县人，中共党员，湖南省茶叶学会会员。1965 年毕业于湖南农业大学茶学专业，同年分配到湖南省茶叶进出口公司，从事茶叶内外贸易生产经营工作。期间，多次驻点新化茶厂、炉观茶叶科学研究所，指导厂、所生产加工和工夫茶、红碎茶制作技术改造。主持引进“劳瑞茶叶加工机具配套及工艺技术研究”，获得国家经贸部、湖南省科技成果三等奖。参加《红碎茶新技术研究》获得经贸部科技成果三等奖；参与《6CSJ-40 型振动输送塑辊拣梗机研制》，分别获国家商业部、经贸部四等奖；参与《6-CR35 型卧式红碎茶揉捻机研制》，获邵阳市科委三等奖；撰写《湘粤经济关系研究——发展湘粤茶叶贸易的对策》一文，1988 年由湖南人民出版社出版。

20. 吴言则（1939—）

吴言则，男，湖南双峰县人，中共党员，高级农艺师，历任双峰县农业技术推广中心副主任兼县农科所联合支部书记、省果茶公司双峰中片站经理，从事茶叶工作近 40 年。重点工作领域为茶叶加工制造、茶栽管理的进行技术推广、技术示范。娄底地区行署曾授予制茶标兵称号。其创制的“双峰碧玉”，被评审为湖南优质茶，试制“双波绿”绿茶新产品，1965 年报送农业部评审，农业部颁发奖状以资鼓励。曾连续 16 年被评为茶叶先进生产者和先进工作者（图 6-2）。

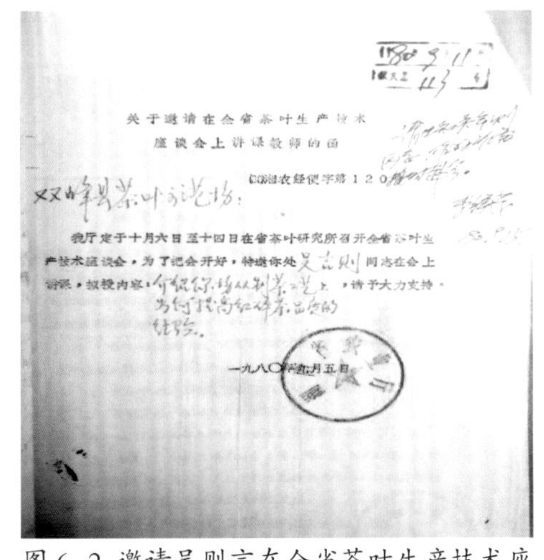

关于邀请在全省茶叶生产技术
座谈会上讲课教师的函

(80)湘农经便字第120号

我厅定于十月六日至十四日在省茶叶研究所召开全省茶叶生产技术座谈会，为了把会开好，特邀你处吴言则同志在会上讲课，拟授内容：[illegible]，请予大力支持。

一九八〇年九月五日

图 6-2 邀请吴则言在全省茶叶生产技术座谈会上授课

21. 邹学松（1940—）

邹学松，男，新化县洋溪人，中专文化，茶叶制造工程师。1964 年参加新化茶厂工作，历任新化茶厂审评员、原料科副科长、科长，劳动服务公司经理等职。长期从事茶叶收购审评技术工作，主持制订娄底、邵阳湖红毛茶收购标准样，为两地培养大批红毛茶收购审评技术人员。多次评为先进工作者。

22. 孙屏南（1944—）

孙屏南，男，新化县洋溪人，高中文化，1964 年参加新化茶厂工作，任新化茶厂驻邵阳验收站经理，负责邵阳市九县一郊的红毛茶收购、审评、计价，历任原料科副科长、科长，茶叶制造工程师；1994—1996 年任新化茶厂厂长（法人代表），在茶叶市场低谷期，带引全厂开展生产自救，使企业走出困境；1997 年退休。

孙屏南长期从事茶叶的种植技术指导，红毛茶收购、审评等技术工作，担任厂长期间，致力于工夫红茶的加工与企业经营管理，多次被评为先进工作者。

23. 颜壮华（1945—）

颜壮华，男，中共党员，高级农艺师，湖南涟源市人，湖南省茶叶学会会员，娄底地区茶叶学会理事，1969 年毕业于湖南农业大学茶叶专业，同年分配在双峰县农业局工作，先后任双峰县吴湾区区长、县农业局局长、县人大代表。

他曾主持《茶叶生产区划》规划研究，获湖南省农业厅科技成果二等奖；主持研制的“湘中翡翠”名优茶，两次被评为湖南名茶；组织 10 个乡镇、9 个茶厂的选址、规划、设计、施工和机械设备安装工作；主持或参与其他农业生产开放项目，多次获奖；先后在《中国茶叶》等发表论文 5 篇。

24. 陈忠民（1946—）

陈忠民，男，新化县琅塘镇杨木洲人，中共党员。1980 年参加新化县茶叶公司工作，初为生产培植员，在水车区蹲点两年；1983 年被评为娄底地区供销系统先进生产者；1984 年任茶叶公司生产组长，总揽全县茶叶生产工作，多次获得嘉奖。

1986 年任茶叶公司黄泥坳茶叶加工厂厂长，年加工茶叶 100t 左右；1992—1995 年，任新化县茶叶公司经理；1996 年，调任新化县琅塘镇供销社监察主任；2000 年任主任，改制后调县烟花办退休。

25. 刘国仲（1947—）

刘国仲，男，湖南新化人。2012 年，时年 65 岁的刘国仲先生，筹资近 500 万元，组建新化县国仲茶业有限公司，承租尧湾村海拔 800m 以上地段撂荒 30 多年的老茶园，完成水、电、路、办公场所等基础建设和茶园垦复，秉承独特的制茶工艺，研制开发出“柳叶眉”高山野红系列产品。

刘国仲提出并践行“有匠心、制匠品、做匠人”的制茶理念，及其妻戴玉林以“用心做茶，慈心为茶，要把每一片茶叶放在手掌中心”的虔诚育茶、制茶信念，制作出来的“柳叶眉”高山野红系列茶，条索紧结匀称，色泽乌黑润泽，气质高贵优雅。

刘国仲夫妇致力于爱心助学，先后动员3个子女捐款12万元，设立“柳叶眉”奖学金，资助金凤乡学子顺利完成学业，逐梦未来。2018年新化县茶叶产业协会授予刘国仲先生“最可爱茶人”称号。

26. 周迪元（1949—）

周迪元，男，新化县孟公镇人，长期从事茶叶种植、加工近50年。1972年参加水车区供销社工作，1973年调任隆回县供销联社，从事茶叶加工、生产技术指导工作14年；1988—2000年回乡，承包新化簪溪红碎茶厂；2000年承包孟公镇园艺场，创建新化县小桂林生态茶叶有限公司，开辟建设新化县第一个良种化、生态化、高标准示范园；2007年获新化县农村实用人才贡献奖；2017年获娄底市传统制茶工艺比赛第三名。

27. 高德益（1950.8—）

高德益，男，中共党员，湖南新化人，政工师，1969—1979年入伍。1974年参加西沙群岛自卫反击作战荣立三等功；1979—1995年参加湖南省新化茶厂工作，从事茶叶生产、加工和经营管理工作，历任人事科长、工会主席、副厂长；1992年新化茶厂派出高德益、孙社林、刘衡新、刘国华前往与俄罗斯一江之隔的黑龙江省黑河市，进行边境易货贸易。与黑龙江省国际公司签署出口莫斯科第一茶厂2000t工夫红茶。此单工夫红茶，被外贸杂志誉为当时的最大一笔民间贸易。1995—2009年在湖南省茶业集团公司从事茶叶工作；2009年2月至今任湖南省渠江薄片茶业有限公司总经理，负责茶叶市场开拓，参与了渠江薄片、梅山毛尖、上梅红茶等的研发工作。

28. 邓建和（1954.1—）

邓建和，男，涟源市人，中共党员，2012年在涟源市农业农村局退休。其长期从事茶叶产业的技术研究和推广工作，指导涟源市茶叶的生产、种植技术、品种推广、品种改良、茶叶加工、品质提升、产业发展；1995年，本人参与制作的“玉笋春”被湖南省第八届湘茶杯名优茶评比获金奖。

29. 刘勤星（1954.9—）

刘勤星，男，新化县西河镇人，新化雅寒茶叶有限公司董事长。其1978—1985年在新化大石红碎茶厂从事茶叶制作工作；1986—2005年承包新化大石红碎茶厂；1998年后，在茶叶市场低迷、茶企纷纷停产的情况下，坚持生产工夫红茶，高峰期产量达250t，受到湘茶集团的多次表彰；2006年在天门乡新造茶园20hm^2，2009年成立新化尖峰有机茶种植专业合作社，建设厂房2600m^2；2017年更名为新化雅寒茶叶有限公司，目前公司拥有有机茶园 40hm^2。

30. 王苏华（1954.11—）

王苏华，女，1954 年 11 月生，双峰县永丰镇人，中共党员，大专学历，农艺师。1973 年 4 月随知识青年上山下乡到双峰县茶叶示范场接受再教育，一直从事茶叶技术的学习研究。主管该场制茶厂的茶叶制作与审评，主持和参与了该场多项茶叶制作先进技术的研究与实施，并在全县推广，取得了很好的经济效益。是双峰毛尖、双峰碧玉等名优茶的原创人之一。

王苏华是双峰县茶叶审评顶级专家之一。1980 年 5 月作为访问学者随团赴日本三个月进行参观学习交流，受到了当时党和国家主要领导人华国锋主席的接见，1983 年被评为全国三八红旗手，1996 年任县科协副主席，2000 年任县质量技术监督局纪检组长、党组成员，2002 任副局长、党组副书记。2010 年退休。

31. 邹志明（1956.11—）

邹志明，男，大专文化，湖南新化人，中共党员。1978 年 7 月参加工作，曾担任过人民公社书记、区委书记、乡镇党委书记、县委副调研员、县总工会主席等职。湖南省“五一劳动奖章”获得者，全国优秀工会工作者。退休后，受县政府的安排于 2015 年 4 月组建成立新化县茶叶产业协会，当选为首届协会会长，兼任湖南红茶产业促进会副会长，娄底市茶业协会副会长，现任新化县茶叶产业协会名誉会长。

在任职县茶叶产业协会会长期间，其协调、组织全县茶叶企业通力协作，围绕“茶旅融合发展，做大做强新化茶叶产业，以产业带动农民就业增收和精准脱贫”的工作目标，推进新化茶叶产业发展。五年来，新化茶叶产业取得快速发展，“新化红茶”成为新化县域公众品牌，国家地理标志证明商标，湖南省十大名茶之一。协会连续五年被评为全省先进单位。

32. 李桥英（1957.3—）

李桥英，男，湖南双峰县人，现任湖南九峰云雾茶业有限公司总经理，湖南省茶业协会理事，湖南省大湘西茶产业发展促进会会员，娄底市茶业协会副会长。其从事茶叶行业 40 多年，精通茶叶种植、加工、生产技术，历任双峰县石牛茶厂会计、厂长，双峰县永丰茶厂厂长；多次被评为先进个人，娄底市总工会授予“娄底工匠”荣誉；2012 年创立湖南九峰云雾茶业有限公司，使之成为双峰县农业产业化龙头企业。

33. 胡家龙（1958.3—）

胡家龙，男，中共党员，湖南新化人。1979 年 10 月参加湖南省涟源茶厂工作，1984—1988 年历任湖南省涟源茶厂担任人事、政工、党务工作，任办事员、副科长、科长等职务；1998—2008年任涟源茶厂党总支书记；2008年至今在湖南省渠江薄片茶业有限公司工作，主管茶叶生产、技术工作，现任公司副总经理。在茶叶行业专营从事茶叶制作，收购，加工生产30多年。其参与了中国历史名茶“渠江薄片”黑茶，新化红茶“上梅红”产品的研发制作；建立制定渠江薄片茶业有限公司一整套企业生产标准及技术参数；2019年8月被评为湖南省“十大杰出制茶工匠”。

34. 伍芬桂（1963—）

伍芬桂，男，湖南新化人，中国共产党党员，湖南省茶叶学会会员、农学会会员，1985年毕业于湖南省农学院茶叶专业；1985年参加娄底地区农业局经作科工作；1989—1992年奉国务院第二次援藏精神援藏，赴西藏林芝易贡茶场工作；1992年2月至今历任娄底地区农业局植保站站长、经作科科长，娄底市农业局助理调研员、工会主席、调研员等职。

其主持或参与了项目“湖南省优质茶叶生产技术”“西藏茶树品种驯化与选种技术”“西藏优质茶生产技术”，分别获省科技进步二等奖、市科技进步一等奖。

35. 欧阳辉（1963.1—）

欧阳，男，汉族，大专学历，系新化县上渡街道办事处上渡村人，现任新化县茶叶产业协会会长，新化县青文生态农业有限公司，梅山公交车有限公司董事长；1978—1981年在上渡中学任教，先后任新化县啤酒厂任车间主任、副厂长，东方武术馆副馆长，湖南省武术馆馆长总教练，新化平安驾校、平安运输公司董事长、总经理；2006年至今在任新化县梅苑汽车站、梅山公交车有限公司董事长。

2013年其投身茶叶产业发展，任新化县青文生态农业开发有限公司董事长，投资开发建设标准化茶园100hm^2，新建茶叶加工厂3000m^2，引进全套先进生产加工设备，主要生产加工新化红茶、绿茶，茶叶产品受到市场消费者欢迎；2015年任县茶叶产业协会副会长；2020年6月任新化县茶叶产业协会会长，与茶有缘，沉淀其中，做强产业，造福于民。

36. 刘国华（1963.2—）

刘国华，男，湖南省新化县人，湖南省茶业协会会员，1980年参加湖南省新化茶厂工作；1985—1986年在湖南农业大学茶艺系学习茶叶专业课程；1986年先后从事茶叶收购、生产技术加工、经营等工作，多次获得先进生产工作者等奖励；1992年在新化茶厂黑河办事处的边境贸易工作中，协助办事处签订与俄罗斯边境贸易工夫红茶巨额销售订单。

1989年其合办新化县大石茶厂，后离职担任新化县燎星实业有限公司天门乡万亩有机茶园负责人，普洱市银生茶业有限公司任总经理助理；2009年进入湘茶集团，历任湖南省君山银针茶业有限公司任采购部经理，郴州南岭茶树繁殖有限公司任常务副总经理，湖南省茶业集团股份有限公司莫斯科办事处常务副总经理，湖南河西走廊茶业有限公司任副总经理；2015 年进入湖南炎帝生物工程有限公司茶业事业部。其主编撰写“蛹虫草茯茶”Q/CSYD 0015 S–2019 企业标准。2019 年任新宁县舜帝茶业有限公司执行总经理。现任湖南辰投碣滩茶业开发有限公司副总经理。

37. 李洪玉（1963.5—）

李洪玉，男，新化县奉家镇人，新化县桃花源农业开发有限公司董事长。其 1984 年加入同村一位老人承包的奉家乡东风茶场；1987 年承包原川坳村茶厂；2001 年承包奉家镇东风茶场；2011 年 3 月组建新化县桃花源农业开发有限公司。至 2018 年，开发高标准生态茶园面积 67.67hm^2。与建档立卡贫困户 23 户、残疾人 38 人建立利益连接机制，为建档立卡贫困户和残疾人年创收 150.7 万元；2012 年中国企业合作促进会与非公企业发展论坛授予其“中国优秀民营企业家”称号;2014 年中共新化县委、县人民政府授予“脱贫致富模范”称号。2018 年娄底市人民政府授予“残疾人创业自强模范”称号。

38. 谢建辉（1964—）

谢建辉，男，汉族，高级农艺师，新化曹家镇人，毕业于华中农业大学园艺系，新化县第十七届人大代表、农业农村委员会委员。其先后在新化县农业局吉庆农业站、种子公司、经济作物股等部门工作。在长期的农技推广工作中，他引进和推广粮油作物新品种 20 个、经济作物新品种 144 个（蔬菜名优新品种 65 个、水果名优良种 46 个、茶叶良种 8 个、中药材品种 25 个），累计良种推广面积 56 万亩，良种化率达到 80% 以上。其引进、创新和推广农业新技术、新模式 102 项，自创新技术 15 项，累计推广面积 21333hm^2；获县十佳农技服务标兵、娄底市科学技术进步三等奖 1 次、省级科技成果鉴定 1 次、国家专利 1 项。

近十多年来，随着新化茶叶产业的发展，引进槠叶齐、白毫早、碧香早等 8 个优良品种，2014 年、2019 年、2020 年在科头乡园艺场、枫林街道办天鹏生态园进行露地、大棚良种茶苗繁育；指导标准茶园建设和低产茶园改造、茶园生产管理、加工厂房建设和设备引进改造与提升，走遍了全县茶叶企业、合作社、生产基地。深度参与茶产业相关 10 多个项目申报和实施，参与“新化红茶”中国地理标志证明商标的申报和新化红茶品牌推广活动。

39. 梁复文（1964.8—）

梁复文，1964 年 8 月生，男，湖南省涟源人，中共党员；1987 年由涟源四古供销合作社调至涟源茶叶公司工作，直至 2003 年公司改制下海经商；现在云南省西双版纳傣族自治州勐海县勐海众益茶厂经营茶叶。

梁复文在涟源茶叶公司工作期间曾担任业务员、业务股副股长、股长、茶叶公司经理等职务。从事茶叶收购、加工、销售工作，业务遍及内蒙古及东北三省，与湖南省茶叶进出口公司、广东茶叶进出口公司建立合作关系，茶叶出口欧美市场。

40. 肖建飞（1964.11—）

肖建飞，男，1964 年 11 月出生，双峰县荷叶镇人，中共党员，农艺师；1985 年 7 月毕业于安徽农业大学茶叶机械系，同年 8 月被分配在双峰县茶叶示范场工作，历任技术员、制茶厂厂长、副场长、场长等职；从事生产经营、茶园培管、茶叶加工审评、名优茶开发等技术工作。参与和主持了名茶产品"双峰碧玉"的研发工作。1995 年 7 月至今，在双峰县农业局工作，历任办公室主任、农业经济作物站站长，主管双峰县经济作物的技术指导工作；2016 年至今在双峰县农业局工作，任主任科员。

41. 陈连生（1964.12—）

陈连生，男，湖南新化人，大专学历，高级评茶员、评茶考评员。1983 年参加湖南省新化茶厂工作，从事茶叶加工；1993 年调生产技术科岗位，任茶叶检验员；1994 年 7 月至 12 月参加省出口检验局学习，获出口茶认可检验员证；1995—2008 年，在新化茶厂从事茶叶审评、检验工作；2008—2010 年任新化渠江薄片茶业有限公司担任生产负责人，负责茶叶审评、检验工作；2012 年至今，任新化梅山峰茶业有限公司法人代表，负责茶叶加工、审评、检验工作。2015 年至今任新化县茶叶产业协会副会长，2017—2019 年在湖南省黑茶商会担任副会长。

1995 年其参与湖南出口红茶 IS09000 质量体系编写工作，2008 年参与研发渠江薄片工作。

42. 刘光明（1964.5—）

刘光明，男，湖南省娄底市娄星区人，中共党员。1987 年 6 月毕业于安徽农学院茶业系机械制茶专业，获学士学位，被分配到娄底地区茶叶出口公司工作；1987—1988 年被派驻新化茶厂锻炼并指导工作；返回娄底后，先后任娄底地区茶叶出口公司业务课长；参与了部优产品"月芽茶"的研发工作，参与筹建娄底地区出口小包装茶厂，后调任广东省花县娄星茶厂副厂长；1991 年参与组建娄底地区茶叶出口基地建设公司，先后任业务科长，工会主席，直到 2006 改制。

其受邀参与编写由杭州茶叶研究所所长李大椿主编的《中国袋泡茶》一书，发表论文《加快湖南省袋泡茶发展步伐的思考》；先后在《中国茶叶加工》杂志上同陈智新合作发表论文《减少红条茶特制中碎茶比例的体会》，单独发表《袋泡茶生产前景浅析》《浅谈如何发展袋泡茶生产》等论文。

43. 刘辉章（1964.8—）

刘辉章，男，娄底市万宝人，大学本科，毕业于安徽农业大学，1985年参加涟源茶厂工作，历任班长、车间主任、副厂长；1994年调任邵阳市外贸茶叶公司任副经理。

其1997年辞职下海在云南收购、加工、销售茶叶；2010年在西双版纳创办勐海众益茶厂有限公司，占地2hm^2，一年收购、加工、销售普洱茶1500t；先后开办勐海齐兴盛茶业有限公司、勐海众益茶业有限公司、中国茶叶一级经销商等与茶相关联的公司。

44. 曾启明（1965—）

1983—1992年2月在湖南省涟邵矿务局芦茅江煤矿工作，历任机采连副连长、保卫干事、宣传干事、工会秘书等；1992—1997年在炉观茶科所工作，历任秘书、所贸易公司副经理、人秘科长；1997—2012年任炉观茶科所所长、法人代表，是所里主要技术负责人，主持承担了红碎茶的研发工作，开展了红碎茶的生产经营和推广；2012年主持炉观茶科所改制工作；2008年参与渠江薄片的研究工作。

45. 谢建胜（1965.1—）

谢建胜，男，湖南涟源人，中共党员，1989年毕业于安徽农业大学茶叶系；1989年参加湖南省炉观茶叶研究所工作，先后担任班长、股长、副所长等职务；1992—1993年参加娄底地区中青年干部培训班；1994—1997年任湖南省炉观茶叶研究所所长。主要从事红碎茶研究、加工工作，对红碎茶生产工艺有较深刻的掌握，批量生产了大量的名优红碎茶；1997年调娄底市外贸局下属利达公司任经理，2003年调娄底市贸促会工作至今。

46. 童彩惠（1965.9—）

童彩惠，男，汉族，湖南涟源人，中共党员，安徽农业大学茶学系本科毕业，获农学学士学位；1989年参加湖南省炉观茶叶科学研究所工作，历任实验工厂班长、副厂长，加工车间副主任、主任；1994—2012年任炉观茶科所副所长，2013年炉观茶科所改制后留任参与企业改制至今。

由于其长期在茶叶生产、科研一线工作，对茶叶制造、技术有深入了解，特别是对红碎茶的制作技术研究较为透彻；任副所长期间，主要负责生产、技术工作，是茶科所的主要生产技术人员，先后多次被评为先进生产工作者。

47. 陈广平（1966.2—）

陈广平，男，涟源市人。1988—1995年在涟源市茶叶示范场工作，主要从事茶叶的种植、生产、加工技术；1990年任副场长；1995年12月至今在涟源市农业农村局工作，主要以茶叶技术推广为主；1993年参与制作的“鹰嘴岩翠”名优茶被湖南省茶叶学会评定为炒青优质绿茶，获得金奖。在长期的茶叶生产工作中，其积累了丰富的茶叶种植、加工技术经验，为推广涟源茶叶生产做出了积极贡献，多次被评为先进生产工作者。

48. 王洪坤（1966.3—）

王洪坤，男，新化县琅塘镇人，现任新化县政协常委，湖南省天之原野农有限公司（新化县天门香有机茶业有限公司全资控股公司）法人代表，娄底市茶业协会副会长。其1988—2017年在娄底市中心医院放射科从事医疗设备维修工作，2013年投资成立新化县天门香有机茶业有限公司,同年创立“寒茶”品牌与“易品寒茶”文化概念;2015年完成“寒”系列产品绿茶“冰里春”、红茶“寒红”、黑茶“寒黛”、白茶“寒玉”的生产与命名工作。同年“寒茶”被湖南省工商局评定为著名商标，新化县天门香有机茶业公司被授予娄底市级龙头企业。2020年寒茶基地50hm^2茶园获得欧盟有机认证与良好农业认证。

49. 黄东风（1966.5—）

黄东风，男，汉族，中共党员。1988—1994年任奉家镇月光村委会主任，1994—1999年任月光村党支部书记；1999—2005任奉家镇东风林场厂长；2005—2016年，担任月光村党支部书记，期间大力发展茶叶种植业，积极开辟茶园，参与组建茶叶企业，推进当地茶产业发展。2016年9月至今，组建湖南月光茶业科技发展有限公司，出任董事长。把月光茶业建设成市级农业产业化龙头企业，茶园面积66.67hm^2，惠及当地贫困人员数百人。月光牌茶获得多项金奖，黄东风曾获“湖南省十佳造林模范”称号。

50. 张娟红（1966.9—）

张娟红，女，新化县白溪镇人，现任新化县川坳白茶种植专业合作社法人代表兼董事长，湖南春满园茶叶有限公司法人代表兼董事长。

在改革开放初期辞职下海去武汉市汉正街经商，经过市场经济的磨炼，将安吉白茶种植技术引进湖北阳新县尝试白茶种植，带动附近村民纷纷效仿，从最初的几百亩发展到几千亩，成为当地“白茶行业领头羊”“农村脱贫致富的带头人”。2014年其返乡，在新化县奉家镇川坳村、大桥村投资2000多万元种植安吉白茶80hm^2，组建新化县川坳白茶种植专业合作社和湖南春满园茶叶有限公司。

51. 王在富（1966.12—）

王在富，男，新化县游家镇人，初中文化。其从1988开始学习制造红碎茶、红毛茶、绿茶；1998年在大石茶厂制作工夫红茶，全面负责生产技术工作；2002年在新化天门万亩有机茶园基地从事茶叶的种植、栽培，管理茶园；2013年至今在新化县天门香有机茶业有限公司工作，负责茶叶加工技术管理，具有丰富的茶叶种植、生产加工技术实践经验。

52. **康冬前**（1968.8— ）

康冬前，男，汉族，娄星区蛇形镇人，中共党员，高级农艺师，湖南省茶叶学会会员，1991 年毕业于湖南农业大学茶学系。其 1991 一 2002 年在双峰县茶叶示范场任技术员、制茶厂厂长、副场长等职，从事茶园培管、茶叶加工、名优茶开发等技术工作。在省级刊物上发表过多篇论文。2002 年 8 月至今在双峰县农业农村局工作，历任经作股、科教股副股长，指导双峰县茶叶等经济作物的生产与科技教育工作，指导研制的《九峰云雾》多次获湖南省名茶称号。现任双峰县农业农村局科教股股长。

53. **李爱晖**（1968.10— ）

李爱晖，女，冷水江人，现任茗泉阁茶馆董事长。从小喜欢传统文化，更喜欢茶和茶文化。1999 年开设第一家茶馆——玉竹楼，面积 100 ㎡。茶馆从里到外，包括桌椅板凳全部采用青竹手工创作，是当时冷水江市独具个性特色和品位又很温馨的茶馆，至今在冷水江人们的心中留有记忆。2008 年升级为花之茗茶馆，延续着玉竹楼的茶文化，2016 年再次升级为茗泉阁茶馆，茶馆扩大至 1800 ㎡，成为传统茶文化的传播之处。

54. **唐咸瑞**（1970.1— ）

唐咸瑞，男，汉族，湖南永州人，中共党员，高级农艺师，湖南省茶叶学会会员。1970 年 1 月出生，1995 年毕业于湖南农业大学茶学系，1995—2002 年在双峰县茶叶示范场任技术员，从事茶园培管、茶叶加工、名优茶开发等技术工作。2011 年 1 月至今任双峰县农业技术推广中心工作，现主持推广中心的全面工作，从事农业新技术应用、推广。在省级以上刊物上发表有关茶叶论文 6 篇。其中《关于娄底市茶叶产业化发展的思考》一文，在 1999 年湖南省茶叶学术研讨会上宣读，获三等奖。2010 年获湖南省农业丰收奖一等奖，2012 年获湖南省农业丰收奖特等奖。

55. **龚梦辉**（1970.12— ）

龚梦辉，男，涟源市桥头河镇温塘村人，中共党员，涟源市桥头河白茶有限公司董事长。1994 年参加飞跃煤矿工作。2001—2006 任飞跃煤矿矿长。2007—2010 年任广西梦辉矿业公司董事长。2011 年转行从事茶行业，组建涟源市桥头河白茶有限公司，出任法人代表、董事长。开发桥头河白茶标准化茶园 133.33hm^2，引进安吉白茶品种，建设加工厂房，使涟源市桥头河白茶有限公司成为娄底市农业产业化龙头企业。

56. **吴通**（1973.7— ）

吴通，男，湖南省涟源市古塘乡人，娄底市工商联执委，涟源市枫木贡茶茶业有限公司法人代表、董事长。其 1997 年参加湖南中医药大学工作，2013 年成立涟源市枫木贡茶茶业有限公司，开发生产枫木贡茶，使枫木贡茶得以传承。随着公司的不断发展，

2015 年枫木贡茶茶业成为为娄底市农业产业化龙头企业。

57. 袁啸峰（1974.9—）

袁啸峰，男，湖南新化县人，中共党员，毕业于武汉大学。其 1988 年参加广东南海电力实业集团公司工作，从当地的早茶习俗中体会到了茶的魅力，多次到英德学习红茶加工工艺。2002—2005 年赴云南西双版纳象明乡学习普洱生茶炒制技术，经过努力与实践，熟悉掌握制茶、评茶、茶艺技术；2018 年被湖南省职业技能鉴定专家委员会聘请为茶叶专业委员会委员。

58. 罗新亮（1976—）

罗新亮，湖南新化县洋溪人，中共党员。其娄底农校毕业后，进入公安系统工作 20 年，曾任奉家镇派出所所长；2017 年辞去奉家镇派出所所长等一切公职，出任湖南紫金茶叶科技发展有限公司董事长（法人代表），进入茶叶产业界。带领紫金茶叶发展成娄底市农业产业化龙头企业，建成高标准茶园 $100hm^2$，现代化厂房和自动化生产线，成为当地茶叶企业的标杆，推动当地山区经济，精准扶贫，乡村振兴的发展；2019 年当选为湖南省扶贫先进人物；2020 年 4 月，湖南紫金茶业联合湖南渠江薄片茶业、湖南天门香有机茶业、湖南天鹏茶业、湖南国仲茶业等共同成立湖南新五嘉茶业集团公司，担任执行董事（法人代表）。

59. 蔡辉华（1976.10—）

蔡辉华，男，湖南新化人，大学文化，中共党员，现任新化县天鹏生态园开发有限公司董事总经理。其 1994 年应征入伍，在海军湛江基地某部服役，因在部队表现优秀被广东省司法行政系统特招为公职人员；2007 年返乡创业，成立新化县天鹏生态园开发有限公司；2008 年正式立项开发有机茶。历时 13 年的发展，把茶园基地建设成标准高，管理规范的示范性茶园。公司在他的带领下，成长为省级农业产业化龙头企业，茶园被评为农业部标准茶园示范单位，湖南省农业产业化标准化示范基地。

60. 李正堂（1977.10—）

李正堂，新化县上梅办事处人，高级评茶员，制茶师。其 2012 年组建新化县顺丰茶业有限公司，2016 年任顺丰茶业董事长，致力于结合市场开发新产品，如白茶薄片、龙凤姿黑砖等，其中具有个性人文历史的“宝庆码头”系列深得市场好评；2017 年任新化县茶业协会副会长，并代表新化茶产业队伍参加湖南省总工会举办的首届制茶大赛，荣获娄底市第二名，省优秀奖，娄底市总工会授予“娄底工匠”称号，颁发“五一劳动奖章”；2020 年代表新化队参赛湖南省红茶制作大赛，单项拼配取得第一名，理论第四名，制茶第六名的优异成绩。

61. **梁春辉**（1979.12—）

梁春辉，女，涟源市蓝田镇人，高级茶艺师，2012 年至今在娄底市娄星区渌羽茶馆工作，从事茶艺技能培训、茶艺表演等；2012 年荣获“明慧”杯湖南省茶艺师大赛中获团体铜奖；2017 年荣获“武陵味道”杯湖南省茶艺师大赛个人二等奖；2019 年荣获“五彩湘茶”杯湖南省茶艺技能大赛团体一等奖。

62. **谭燕**（1981.1—）

谭燕，女，湖南冷水江人，国家二级评茶师，高级茶艺师，毕业于湖南中医药大学。2000 年其进入茶行业，一直以门店经营为主，经营涉及全国各类茶品及茶具，茶器销售，积极推广家乡优质茶品，让家乡茶走出去。普及茶文化，培养茶饮爱好者，让茶根植于老百姓生活中；2014 年成立新化渠江溪茶业有限公司，致力于茶业项目的开发，茶叶技术的研发、加工，茶艺、茶文化的研究及培训。

63. **陈致印**（1981.7—）

陈致印，男，江西全南人，中共党员，博士，副教授，高级评茶员，湖南省“三区人才”，湖南人文科技学院“双师双能型”教师，先后被聘为湖南省职业技能鉴定委员会茶叶专家委员会委员，娄底市茶叶协会专家委员会主任，娄底市农学会理事，娄底农学会科普基地联系专家。

陈致印于湖南农业大学园艺学院茶学专业获得博士学位，现在湖南人文科技学院农业与生物技术学院从事教学科研工作。近几年，先后主持文化和旅游部、教育部、湖南省科学技术厅、湖南省教育厅、横向项目等省部级课题 10 余项，市厅级课题 10 余项，参与省部级课题、科技创新团队项目 5 项。其在《天然产物研究与开发》《食品与生物技术学报》《食品工业科技》等权威期刊上公开发表论文 10 余篇；出版专著 2 部；出版教材 2 本；授权实用新型专利 5 项，软件著作权 3 项，省级成果鉴定 1 项，获得校级荣誉 20 余项。

64. **陈颖**（1981.9—）

陈颖，男，湖南新化县人，新化县陈年上品茶叶有限公司法人代表，主要从事茶叶的营销和市场开拓，旗下陈年上品茗茶品牌店铺成为新化家喻户晓的老字号茶店，2004 年创办新化第一家茶叶专营直营门店；后相继在新化、冷江创办茶叶专营直营门店 5 家，2013 年其创办长沙阳光 100 茶业运营中心，致力于茶叶的营销；2018 年建立 800 多平方米的茶叶加工厂，开发长石村高标准生态茶园 25hm^2，复垦 20 世纪 60 年代荒山茶 33.33hm^2。

65. **吴江**（1982.12—）

吴江，女，涟源市古塘乡人，大学，渌羽茶艺企业法人代表。湖南省女企业家协会会员，湖南省娄底市女企业家协会会员，涟源市青年企业家协会会员，湖南省茶馆协会会员，中国茶业协会会员，涟源市政协委员。茶艺师二级技师，评茶员二级技师，东方自然风插花传承弟子，东方式插花讲师。其2010年加入渌羽茶艺团队；2013年创立渌羽茶艺卓越店，并引入素食项目，被涟源市宣传部征集并纳入涟源美食；2012年参加湖南第二届茶艺师大赛获得银奖，2013年代表湖南省参加“武阳春雨杯”全国茶艺师技能大赛获得铜奖，2017年代表湖南参加全国家庭茶艺大赛进入前十并获得最佳茶席奖，2019年参加湖南省“五彩湘茶杯”茶艺技能大赛获得一等奖，2019年参加“大红袍杯”全国茶艺技能大赛获得最佳表演奖。

66. 彭宁（1983—）

彭宁，女，来自新邵县龙溪铺大山的农村姑娘。自从20年前随父母到冷水江做生意，因为喜欢茶而选择从事茶行业。20多年来其一直经营茶馆茶店，经历了茶楼的兴旺与衰退，见证了茶被人们慢慢认知的过程。近15年来自己开设茶店，亲力亲为从每一款茶的选材、加工、制作到品鉴、销售，可谓是大自然的搬运工，茶的传播者。

目前，经营仁海茶艺茶馆，已经有11年历史，具有丰富的茶馆经营经验。

67. 胡善芳（1984.2—）

胡善芳，女，湖南省冷水江市人，国家一级茶艺技师，高级评茶员，评茶考评员，娄底市茶业协会专家组成员。长期从事茶艺、评茶、培训、茶馆经营工作，精于茶道、茶叶评审，致力于茶与茶文化的推广、传播，长期为茶艺师学员授课，培养茶艺师数百人，具有丰富的理论与实践经验。

2006年至今，其任职明惠春园茶庄总经理，2012年发起主办娄底市“明惠杯”茶艺大赛，2015年指导明惠春园茶庄茶艺师参加湘西茶艺大赛荣获三等奖，2019年担任武陵山片区技能竞赛茶艺师赛项裁判员。

68. 周珊珊（1988—）

周珊珊，女，山东省日照市人，清华大学工商管理硕士，自幼爱茶；高级评茶师、国家茶艺师技师、对影茶书苑创始人、普洱茶品鉴师联盟负责人。

其参与国家高等职业院校茶艺大赛标准制定，国家中等职业学校茶艺大赛标准制定；担任首届普洱茶春茶博览会评委。首届世博茶艺花艺大赛评委。

其研习茶艺多年，擅长编排茶艺表演。对唐代煎茶，宋代点茶，日本茶道，韩国茶道等有深刻的研究；以中国传统文化为根基，把宋代点茶与现代调饮相结合，独创了深受年轻人喜爱的时尚茶饮；亦把茶、酒、咖啡相结合，研制出了独特口感的新式中国茶。

69. 陈梦笔（1988.7—）

陈梦笔，女，湖南新化县琅塘镇杨木洲人，高级茶艺师，中共党员，大专，毕业于湖南广播电视传媒学院；2011—2013 年在中国永红服装进出口公司工作；2014—2015 年在新化县茶叶产业协会就职；2016 年至今任湖南省渠江薄片茶业有限公司办公室主任、技术质量控制体系负责人；主持渠江薄片茶业欧盟有机茶体系、中国认证认可委员会诚信体系、ISO9001 质量控制体系、国际公平贸易体系建设和认证，取得良好成效，被评为先进工作者，新化县高新开发区授受优秀党员称号。

陈梦笔出生地杨木洲曾经是新化茶叶经济中心，长辈世代以种茶、制茶为业，爷爷陈保国、父亲陈建明均从事茶叶工作，在茶叶领域取得不俗业绩，传承下来，是第五代茶人。

70. 罗慧琪（1989.4—）

罗慧琪，女，湖南新化人，中共党员，高级茶艺师、高级评茶员、评茶考评员。2011 年毕业于湖南电子科技学院，2014 年任顶尚茗茶馆总经理；2017 年创办湖南省素馨连素食茶馆；2018 年创办素心茶艺培训学校，受聘湘宜茶艺培训学校专职茶文化培训老师。

71. 邹庭（1990.6—）

邹庭，女，湖南涟源人，国家二级评茶技师，高级茶艺师，2012 年毕业于四川音乐学院，2012 年开始接手家族茶业，涉及种植管理茶山以及销售；2016 年成立湖南紫金源茶业科技有限公司；2017 年创立品牌石中生；2017 年承接“一带一路”国际茶宣传工作。2018 年受聘至善茶艺培训学校技能培训老师。

第三节　茶人精神

一、自力更生办茶场

（一）建场当初，一无所有

老贫农杨德喜带领 12 名社员，头顶青天，脚踏草地，来到山上担任建场工作。没有房子，他们自己动手，搭起一间小茅房；缺少农具，自己带；没有炊具就利用一只烂水缸和一只破锅。吃在工地，睡在工地，艰苦奋斗 5 年。但随着场子的扩大，场员的增加，碰到了缺乏资金、肥料、技术等困难，有人说：“办这么大的茶场，没有国家贷款，不拔化肥是办不起的。”但“自力更生，艰苦奋斗”的精神鼓舞着他们战胜困难的信心和勇气。缺乏资金，一是发动群众自己筹，三队杨春生，听说茶场冒钱买茶种，主动把积累起来的一百块钱投出来；杨五云是个困难户，听说大队办茶场，是为了子孙万代造福，立即把卖鸡蛋的三元多钱投给场里。就这样发动群众筹集 470 多元。二是场里种些当年有收益的经济作物和发展养猪，当年收入 8400 元。三是以茶场为骨干，在不离开集体，不离开农业，不离开本队的前提下，开辟副业新门路。办起了鸡场、猪场、红砖厂等企业，当年收入20000多元。以农为主，以副促农，以短养长，以厂养场，厂场结合，解决了资金困难。一年来，买回来八千多斤茶种，七万多株茶苗，一万多斤化肥。新建了茶场住房，加工厂，猪栏。除了本身开支外，对场员开荒，按每个劳动日付工资七角，去年共付场员工资2000多元，下欠的计划在二、三年内分期付清。

由于落实了政策，调动了场员的种茶积极性。缺乏肥料，发动群众挑塘泥巴，烧火土肥，换老土砖，扩种绿肥等办法，改良了土质。缺乏技术，干中学，采取"派出去，请进来"的办法，培训了二十多名茶果专业技术人员。缺乏水源，发动群众挑。刚种上的幼龄茶苗，碰到了连续两年严重干旱的威胁，老场长杨德喜率引场员，爬山越岭，到五里外的地方挑水抗旱。还采取割茅草复盖，插松杉枝遮阴等办法，战胜了干旱，保住了茶苗。

在开荒种茶的过程中，他们抓住冬季的好天气，大积土杂肥，大搞水利。抢住雨天，落雪天，上山开荒整梯。春节期间，破旧立新，过去拜年走亲戚，他们过革命化的春节，开荒种茶。大大地促进了茶叶和各种经济作物的发展。

（资料来源：双峰县档案局）

（二）办茶场必须立足于自力更生

全县社队茶场以大寨为榜样，坚持自力更生，做到劳力自己上，工具自己带，资金自己筹，种苗自己育，房屋自己盖，肥料自己积，技术干中学。采取这些办法，克服了困难，闯过了难关。水洞底公社托山大队茶场，办场资金困难，发动群众一次投资850多元；大桥公社经济作物场，群众自带工具，开垦了15.33hm^{2}石山，挖烂锄头2000多把，担烂篼箕八百多担，搬走石头50多万方，堆成了261条长达8500m的石硫，全部种上了茶树、果树。全年产茶3t，收入1万多元。

截至1974年，全县共有社队茶场1381个，其中，公社茶场65个，大队茶场1216个。固定劳力18300人。

（资料来源：1975年12月全省茶叶会议资料，涟源县革命委员会《发展茶叶生产》）

二、立新茶场知青种茶记

1969年夏，立新茶场迎来了一群朝气蓬勃的年轻人。他们一行40多人，扛着行李，来到田坪镇的犹栏山村，开始了立新茶场的建设。

他们就是响应号召的下乡知识青年。

立新茶场，建设在犹栏山，海拔800多米。从田坪镇到达山上，要走6km的山路。山上除了3栋泥巴糊的茅草房外，其他一无所有。大米、油盐等生活必需品，也要从山脚下20多里外的田坪镇挑上山。生活的艰难，超乎常人的想象。

当年从冷水江市锡矿山下放的知青张先生说："生活的艰难其实是小儿科，最难忍受的是每年的七八月份，山上野蜂、毒蛇出没，去砍山开荒，一旦遇上马蜂窝，被蚂蜂叮咬，全身又痒又痛，涂点万精油，几天都消不了肿。那难受劲，才叫真正的痛苦。"现在，他的手臂和脖子上还留有当年蚂蜂叮咬的痕迹。

犹栏山，处于新化田坪镇的西北，与涟源的龙山山脉相连，山连着山，岭挨着岭，连绵起伏，一片群山峻岭的景象。翻过山坳，就是古塘，据说那是产贡茶的地方。在开辟茶园以前，犹栏山就是一片荒芜之地，除了少量的树林外，荆棘丛生。

张先生回忆说，在这样的地方开荒种茶，要经过几大步骤。砍山，烧山，整梯，挖土，开沟，然后放上土肥，埋上茶籽，才算是完成了茶园开垦的前半部。后面就是茶籽发芽后地维护了。

开荒的时候，由当地老农带领，扛一把锄头，腰间系一个刀筒，挂一把柴刀，再背一竹筒茶水。砍山时，每个人分一块区域，为了赶进度，大家约定谁先砍完谁先休息。于是大家都奋勇争先，唯恐落后于人。砍山中间总要歇一次烟，大家一起围坐在树荫下，喝几口竹筒水，吸一口土旱烟，就觉得日子特别滋润。

要烧山了，大伙把砍下来的树枝杂草归拢到一起，点上火，一堆一堆的干柴杂草次第燃烧起来，漫山遍野，一簇簇火光裹着浓烟直冲云霄。

烧山一般都先在下午。烧山的时候，当时开辟茶园的100多人都全员出动，好不热闹。待烧完山，回到场部，一个个全身乌黑，只有眼珠子还闪着明亮的光。

对于场部的女知青，大家还是很照顾的。她们偶尔也会去山上，干些锄草、种菜的轻活。平时安排她们烧水、煮饭，帮忙洗衣服。每每回到场部，见到她们的身影，就多了很多笑声。

那时候不知道什么是苦，什么是累，都是一门心思把活干好，把茶种好。整梯、翻土，几个月下来，手心里不知不觉地生出一层厚厚的老茧，但心里蛮高兴。知识青年上山下乡，接受贫下中农再教育，我们觉得与老农更拉近了距离。看着原来望不到头的荒山，突然间变成了一层层的梯土，整齐而有秩，沿着山势蜿蜒曲折。心里的喜悦，发自内心。

日子，清苦却也快乐。

那时的山上，没有什么娱乐，天黑下来，如果没有月亮，就剩下煤油灯在风中摇曳。场里有个从新化县城来的吴胖子，拉得一手好二胡。晚上，大家围着他，听他拉曲子，有时候和女知青打闹嬉戏，唱着"胡大姐，你是我的妻……"有月亮的晚上，就相约爬到山顶，对着群山大声吼着，声音在寂静的夜中传出很远。

每月最期待的是县城的电影队到田坪镇放电影的日子。届时，大家早早地吃了晚饭，修饰整理，很有点油光粉面的意思，相约下山看电影，一场电影看下来，会让他们津津乐道好几天。

这样的日子悄悄流淌，冬去春来。

第二年春，种下的茶籽就发芽了，嫩绿的芽叶，就像他们心爱的孩子。他们几乎天天看着它生长，一叶，二叶，到了春夏之交，居然长出六七叶。可地里的野草也在疯长着，茶苗赶不上草的疯长，渐渐的覆盖了茶苗。他们都很着急，没日没夜地守着。风里来，雨里去。除草，施肥，翻土，修剪……经过几年的细心呵护，1972 年，茶树已经成园，满山青翠。

“第一次担着采下来的鲜叶去田坪镇红碎茶厂售卖，心里别提有多开心了。因为，那是我们自己种出来的。”张先生的回忆有些激动。显然，他还沉浸在当年的青葱岁月中。

如今，立新茶场几经坎坷，经历了兴旺、衰落、荒芜之后，2019 年，又再次恢复（图 6–3）。

图 6–3 娄底电视台主持人李韬和李晨重访梅山节目，走访立新茶场，忆知青岁月

那年还是一个十一二岁小男孩，跟在知青屁股后面跑的曹绍荣，在茶园荒芜的日子，一直守护着这块让人留下青春和汗水的茶场。去年，又顺理成章地成为茶园复兴的领头人。

生命是一个不断追求的过程，一个人也许没有辉煌的结果，但是不能没有闪耀的过程。纵使瞬间的辉煌，也胜过百年平庸。

（资料来源：实地查看和知青的回忆，由陈建明撰写）

三、伍佐燎：打开一扇窗的人

伍佐燎先生考察了大石、天门等地后，最后决定在天门乡开辟万亩有机茶园。2002 年初夏，我第一次陪伍先生去天门考察，同去的还有周重旺、刘富知等茶界知名大佬和专家。

从新化县城到天门，都是坑坑洼洼的碎石公路，尘土飞扬，再加上山道弯弯，翻山越岭，车行甚是缓慢，用了将近 2 小时后，才抵达公路的尽头——长峰。

当时的伍作燎董事长，在商界摸爬打滚多年，创办新化县燎星实业开发有限公司，成功开发了南门湾建材市场，业务延伸到建材、房地产、超市等行业，是新化知名的成功企业家。涉足农业，开辟茶园，伍先生是私营资本投资第一人，第一个吃螃蟹的人，他的举动，让我很是惊讶。当时的茶行业如自由落体般不断堑向深渊，很多茶叶企业破产倒闭，茶人惶恐、迷茫，或转型，或歇业。伍佐燎先生的惊人之举，我很佩服他的勇气，更让我好奇，他为什么要去穷山沟里种植茶呢?

万亩有机茶园的种植选点在天门乡的尖石、土坪、金马三个村的高山峡谷，从镇街要步行 8km 山道。我们九点出发，由于山路崎岖陡峭，中间歇了二次，才到达山顶，已经是中午了。山顶凉风习习，草木葱茏，偶有山鸡掠过，惊起一群群鸟雀。群峰之间，清幽洁净，云雾缭绕，真是天生能出好茶的地方。

地方虽好，但要开辟成茶园，却面临很多的问题。公路进山，显然是当务之急，但修路不是小的投资、短的时间能完成的。没有公路，机械设备进不来，开荒只能采用人工；茶苗、肥料进山，得用马背驮；山上移动信号也不好，接打电话要爬到山坡当阳的地方。如此种茶，不仅种茶人辛苦，成本也会很高。

中午到一个农户家吃中饭，主人很热忱，和过节一样，洒扫庭院，菜肴满桌。临近的几户人家，听说我们来开辟茶园，主动地前来与我们攀谈。言谈中，我们能感受到他们对搞活经济、增收致富的渴望，能感受到他们的纯朴与真诚。陪同我们上山的天门乡党委书记陈创业说：山上有 16 户人家，已经开通照明用电，只是电压不很稳定。村民大都在外务工，小孩上学要去山下的学校寄宿。山上的孩子大都 10 岁以后，能基本独立生活才去上学。山区条件虽苦，但培植茶园可是得天独厚。书记的谈话，话里话外，希望通过引进投资，把山区的资源潜力发挥出来，改变人们的生活条件。

伍佐燎先生对种植茶园显然经过深思熟虑，决心很大。考察过后，他说，没有公路，他来出资修建；人工开荒成本高，就当是为老百姓创造就业机会，增加收入，改善生活。他相信，通过几年的努力，一定能把万亩有机茶园种植出来。

项目正式启动。2002 年夏秋之交，通往山上的公路开挖，开荒种茶也如火如荼地进行着，每天好几百人进山，荒芜的山地一点一点发生着变化，一层层的梯土开垦出来，一排排的茶苗栽种上了，山岭沟壑间充满了欢歌笑语。到 2003 年，开荒种植茶园 253.33hm^2，公路也打通了 5km，万亩有机茶园基本成型。

回来的路上，我与伍佐燎先生同车，望着窗外群山叠嶂，沟沟壑壑，我问出了那个藏在心里很久的问题——为什么选择种茶？伍佐燎先生笑着说，他陪同彭展发书记（时任新化县委常委、政法委书记）到过天门很多次，走访了不少山里人家，看着他们还过着贫困的生活，心里不由产生了一种责任感，想为他们做点什么。一方水土养育一方人，如果通过这个项目开辟出一条改善山区百姓生活条件的新路子来，那也算是山野间的一件大事，也算没有辜负上天踢予天门的这片奇山异水了。说到激动处，他停了下来，拧开保温杯，有滋有味的呷了口茶，接着说，尽管现在茶市低迷，但茶叶千年传承不断，肯定会有复兴之期。

听着伍佐燎先生的话，我很感动，感动于他的品行，也感佩于他的远见卓识，伍先生的形象在我心中顿时高大起来，我欣然担任了这个项目的技术顾问。

2004 年，伍佐燎先生因病长期在北京住院治疗，项目被迫中止，但这片茶园却保留了下来。伍先生留下的茶园，就像一粒埋进地里的种子，生根，发芽，成长，激发了这块土地的活力。这块茶园出产的梅山毛尖、寒茶，已经广为外界知晓、认可。现在，茶园打造成了旅游景点，游客进山，为这个地方的发展留下了无限的可能。

时间的车轮滚滚向前，片刻也不停留。光阴荏苒间，已是 2018 年秋天，时任副市长梁立坚视察这片茶园，站在高处远眺，我向他谈起当年这段往事，他说：伍佐燎先生为天门打开了一扇窗子，让山里人看到更广阔的世界，山外人赏到更美好的风景。

（资料来源：陈建明供稿）

四、渠江薄片茶业：做让人惦记的茶

（一）

今晨，新化迎来了 2016 年春节后的第一场雪。

清明节前雪，本也不稀奇。只是，新化接连多日晴，初春的气温暖至二十多摄氏度，据说奉家镇下团村古桃花源的桃花已开成烂漫之势，而自家厂区内的茶花，也在肆意吐香。这蓦地来场雪，多少让人有些意外。

陈建明推开窗，一股寒气直往骨头缝儿里钻，地面上铺了一层薄薄的银白色的雪花。

他驱车开过街市，开往 10km 外的天子山茶园。他想去察看一下，这骤然而至的雪，会不会影响清明前的嫩叶采摘计划。

由于下雪，街市不像往日那般喧哗，厚装出行的人们，步履匆匆，但相比晴好时候的拥挤闹腾，清冷间似乎多了些许安宁。

（二）

陈建明出生在新化县杨木洲村，对新化茶产业有所了解的人，大抵都会知道杨木洲大茶市和八大茶行。是的，就是新化茶厂的前身，在新中国成立前已盛极一时，蜚声海外。

杨木洲大茶市出品的红茶，往南运往广州，往北运往武汉，往东运往上海，然后出口至世界各地。在新中国成立前，其出口额达到惊人的高峰。新中国成立后，政府整合杨木洲八大茶行，建成了新化茶厂。

在这样的环境中长大，陈建明打小便认定，自己将来是要做茶的。

安徽农业大学毕业后，陈建明回到新化，开始了宿命般的制茶人生。

陈建明入厂之时，正是新化茶厂发展得如火如荼的时候，主产红茶，每年的生产计划超过 4000t，主要出口俄罗斯，日本，东欧等地，这对于一个小县城的不足 500 人的国营单位而言，是一笔相当可观的产值。那时候的茶厂，是人人艳羡的好单位。

然而，大锅饭的好光景，并没有延续太久。自 1992 起，国营茶厂开始不景气。湖南省八大国营茶厂，新化茶厂、安化茶厂、涟源茶厂、平江茶厂、桃源茶厂、湘潭茶厂、邵阳茶厂、炉观茶叶科学研究所，无一例外开始颓败。

陈建明 2001 年临危受命，出任新化茶厂厂长主持工作。辉煌已成过往，彼时的各大国营茶厂，都已经奄奄一息。

那时，中国的许多城市都在沸腾中争先恐后的集体蜕变，作为千年古邑的新化，却似乎对此浑然不觉。长达一千年的挣扎与探寻，使得一代代生活其中的新化人，在历史的洪流中，始终安之若素。

新化茶厂在 2005 年启动改制进程，2008 年进入改制进程。新化人平静地接受，然后默默地寻找着新的安身立命的方式。

（三）

陈建明时常独自行走在茶厂，这座城市边缘的他工作了 28 年的老厂房。昔日的熙熙攘攘，到如今的神秘消沉，总让他有些恍惚。28 年，一万多个日日夜夜，于一座城市而言，只是漫长时光中的一个节点，于他而言，却是半世光阴。他在继承和发展制茶技艺的过程中呕心沥血，他觉得，他应该为这座沉寂已久的城市做点什么，他必须做点什么！

命运，从来都是流动的。

2007 年夏初，陈建明联合湖南省茶叶进出口公司，组织新化茶厂、涟源茶厂、炉观茶科所的技术骨干，复活失传已久的唐代贡品——渠江薄片。

渠江薄片源于晋，兴于唐，盛于宋，失传于明洪武年间，是黑茶之祖，比近些年名噪一时的安化千两茶早了 500 多年。

据考证，渠江薄片产自奉家镇的奉家、双林、上团一带。这一带海拔在 600~1600m 之间，常年细雨蒙蒙，土壤肥沃，腐殖丰富，是茶树生长的风水宝地。

在改制的风波中思量着何去何从的传统匠人们，仿佛又看到了新的希望。他们一生与茶打交道，能让消逝已久的古代名茶再现人间，是一种莫大的荣耀。

陈建明作为此项目的主要负责人，多次带着匠人们前往奉家山考察，那里至今保存着上千年的古老茶园，是湖南黑茶最早的历史见证。

这些匠人彼此分享着人生的经验和代代相传的技艺，一双双兴奋的眼睛如同黑夜里的繁星，相互寻找，也相互映照。

终于，在 2008 年 7 月，他们研制成功了毛文锡《茶谱》中所载的“其色如铁，芳香异常，烹之元滓也”的渠江薄片。众人皆喜，他们决定注册公司，申请商标和专利，以期振兴新化茶产业。

湖南省渠江薄片茶业有限公司，就是在这样一种背景下成立的，陈建明顺理成章地成了公司的董事长。而渠江薄片黑茶，也于同年 9 月，正式推向市场。

（四）

2008 年至今，8 个年头过去了。

这 8 年间，陈建明带领公司团队，把湖南省渠江薄片茶业有限公司，从一个占地不足 500m^2 的作坊企业，发展成拥有 120hm^2 有机茶园基地，13600m^2 产业园，总资产达 5843 万元的省级龙头企业。茶品种类，也从渠江薄片，扩充到梅山毛尖、梅山银针、上梅红、奉家米茶等多个系列。

这些年，公司出品的茶也获得过不少荣誉；每每省市领导来新化，渠江薄片茶业也被当作一个示范企业视察；更时常有不少慕名而来的茶友，在产业园里流连忘返（图 6–4）。

图 6–4 2018 年，东华大学学生游学、寻访渠江薄片茶

然而，不得不承认，相比我们的近邻安化，渠江薄片仍显得势单力薄。安化的黑茶高度产业化，几届黑茶文化节，使得“安化乃黑茶之乡”的观念深入人心。而原本“蓝血贵胄”的新化渠江薄片，却更像是深海珍珠，落寞的发光。

每每谈及茶，陈建明的眼神中总有一种质朴的执着，他说，他所孜孜以求的，也就是不断能做出让人惦记的茶，喝了以后总还想再喝。

陈建明知道外面的世界对渠江薄片的好奇与想象，他像一个不离不弃的守望者，试图打开大门，邀请更多的外来者进驻，以便给渠江薄片茶业，也给新化，带来新的生机和突破。

（五）

开往茶园的路上，陈建明想起了冈仓天心《茶之书》之中的话语：茶，是人们私心崇拜纯净优雅所使用的托词。主人与宾客来往之间，共同成就俗世的至上祝福，也让此情此景成为一次神圣的会面。在生命荒野中，茶如一隅绿洲，让厌倦世间枯燥乏味的人生旅人，能够相聚于此，一饮艺术鉴赏的活水。

陈建明想，明前银针，谷雨毛尖，渠江薄片，竹香米茶，大抵也应和着不同的人生滋味儿与情感寄托吧。

（资料来源：2016 年 8 月《茶叶新资源》叶子）

第七章 茶俗茶礼茶艺

谈茶俗离不开当地历史与茶文化。清代，我国北方继“丝绸之路”的衰弱，出现了横跨亚欧大陆的中俄“茶叶之路”，南起湘、闽，北越长城，贯穿蒙古国，至当时的中俄边境，湘茶再由俄商经西伯利亚东转往欧洲腹地。中俄商人“彼以皮来，我以茶往”。据考证，古新化、安化是万里茶路的起点，今天新化全境、涟源、双峰的大部分地区就是其中的重要部分。

据传说，“神农尝百草，日遇七十二毒，得荼而解之”。这“荼”，就是茶。神农大帝为解决先民的饮食问题，遍尝百草，终于从湖湘大地生长着的野生茶树上，发现了茶叶的解毒作用，使人们开始重视茶叶，并利用茶叶，开掘了中华茶文化的长河之源。神农氏成为人类历史上第一个发现与利用茶叶的饮用价值与医药功能的人，开创了人类饮茶的历史，于是炎帝神农氏就成为中国乃至世界的“茶祖”。所以，我们说：“茶祖在湖南，茶源始三湘；茶为国饮，湖南为先。”娄底民间，普遍认为茶是上天赐予人间的宝物。新化县水车镇长石村白旗峰，以前叫石龙山，曾是苗瑶居住地。据传，唐朝年间，当地发生痢疾，村民纷纷病倒，大家遍寻草药无效。一日，有人在一小茅屋旁看见一蔸灌木金光闪闪，一老妪和蔼地对众人说：“你们要找的东西在此，清凉解毒，可煎水当茶喝。”说完，转眼不见了。一会，只见观音菩萨驾着祥云在空中说：“你们要好好珍惜。”说完，消失了。大家以为这是观音菩萨降临，纷纷采摘回家煎水喝，果然茶到病除。于是大量种植，并把这种茶叫“观音茶”。唐宣宗大中元年丁卯岁，苗瑶居民在小茅屋旁用石头垒建了观音阁（现在还留存有石头垒造的挡风墙），天天敬奉。“观音茶”成为当地一种名茶，但现在已绝迹。

从娄底目前流行的与茶有关的习俗来看，很多还保留着苗瑶特色。娄底人对茶的认识和应用有自己的特点，还不止限于茶的基本功用，如补充人体水分、消渴解毒、养生保健、抗氧化（消除氧自由基）、抗炎、降低心血管病发病概率、预防癌症、降血脂、减少体脂形成、抗菌、改变肠道菌群生态等。从俗语和饮食习惯中可以看出。如“宁可三餐无饭，不可一日无茶”“茶饭茶饭，先茶后饭”。饭是养命之饱，天赐的茶比饭更重要。在娄底民间人们常说，茶在社会上的地位，比任何食品饮料都要尊贵，声望极高。有茶饭、茶点、茶汤、茶农、茶商、茶卤子、茶簶、茶馆、茶褐色、茶壶、茶缸、茶盘、茶桶、茶花、茶话会、茶晶、茶镜、茶菊、茶具、茶青、茶砖、茶盅、茶匙、茶食、茶水、茶色、茶树、茶叶、茶饼、茶油、茶碗等称谓。茶无贬义词。

娄底人在没有解决温饱的年代，也都是把茶摆在第一位。要问别人家人口多少，一般不直接问有几口人，而是说：“你们家有几个人呷茶饭？”讲到家里有妇女做家务时，也是说：“有人煮茶饭。”讲照顾老人或服侍别人周到时，说：“茶到水到。”有许多地方还把煎药叫“煎茶”,以避讳“药”字,饮药汤叫“茶汤”。去药房抓药不叫抓药,而叫“抓茶”。这里有一个典故：明代时期，新化发生大规模鼠疫，很多村十室九空，后用茶叶泡贯众、忍冬藤、薄荷、大青之类的草药，供村民喝了才控制住疫情，村民对茶叶更是敬如神明，对变了质的或吃剩的茶叶茶水不能随便泼掉，特别是不能泼在大路上、潲桶里，要泼到树蔸、墙角上或人踩不到的地方。否则，就是暴殄天物，对天不敬，以后就会遭到惩罚，没有茶饭吃。茶和饭对于当地民众生活来说一样重要，是生命的第一需要。

今天，梅山茶和茶文化深深融进社会的文脉和人们的生活之中，成为梅山优秀传统文化穿越历史，跨越时空，传承创新，服务百姓的重要内容。现在尽管物质生活方面水平不断提高，当地民众还是说过日子就是柴米油盐酱醋茶，说明了茶仍然是老百姓过日子的基本需求，而“琴棋书画诗酒茶”又使茶与文人雅士结缘，在精神生活方面表现出广泛的审美情趣。

茶俗在娄底民间无处不在，茶礼仪与喜庆、交际和生活等有关，融入了丰富的文化内容，有其较深的象征意蕴，通过复杂的程序和仪式，达到追求幽静，陶冶情操，培养人的审美观和道德观念。既体现着农耕文明时代人们对自然的敬畏和感激，又表达着欢乐吉祥。

第一节 茶俗茶礼

一、敬神茶俗

（一）敬 神

娄底一般老百姓家中大厅正中央有个祖宗神位，正中央牌位“天地国亲师位”，六个字讲究撇不顶天、地不离土、国不开口、亲不闭目、师不飘刀、位不立点（图 7–1）。谷雨上午采的茶才可以做敬神的茶，初一、十五是敬神的好日子，每月的农历初一和十五，摆 4 个杯子，茶壶里泡好谷雨茶，从左到右倒茶水，同时烧上 3 炷香，插香前点上横放行礼，先中间后左边最后右边。敬茶后，要烧钱纸，要庄重，不要说话、打卦。晚上才可以撤走杯子，当晚夫妻不可以同房。

图 7–1 茶祖节祭神农茶祖

（二）香 茶

在涟源龙塘、桥头河、古塘等地，对神明、祖宗最恭敬的是香茶贡饭（在未开饭前盛一酒杯饭敬神），如果条件不允许，供饭可以没有，但香茶必不可少。敬完神后，喝香茶可得到保佑。

（三）祈 茶

如果信人不能天天到（寺）殿里敬神，那就自带一包（半两至 2 两）茶叶到所请的菩萨、太公坛里，发起心，请起神降下祈茶。祈茶不能放在不干净的地方。信人拿回家后时时泡喝，喝时要请起神，求神灵保佑。这种茶，在娄底的儒释道三教里都用。在这里，茶叶成为通达神意的使者和神秘力量的化身。

二、婚嫁茶礼

在娄底，茶的礼仪很多都与喜庆有关，既体现着农耕文明时代人们对自然的敬畏和感激，又表达着欢乐吉祥。

（一）筛茶钱子

旧时在农村，男女看对象，双方同意后，由男方做一担包子，由媒人领着担到女方家，并给女方放定钱，也叫"看当"。大家寒暄坐定后，女子正式用茶盘端茶出来，第一给媒人，第二给来相亲的男子。男子喝完茶后将茶钱压到杯子下面或放到杯子里，再放回茶盘给女方，叫放茶钱子，也叫为定，意思是正式确定了恋爱关系，男女可以光明正大地来往了。茶钱，是拿去买茶喝的钱，一般都不多，过去是几十元，现在是几百元。在新化山歌里，可看到许多以茶定情、以茶陶情的歌句。如"红茶泡水香又甜，端茶献客笑在先。不为彼此解焦渴，有茶结得万人缘""妹十指尖尖倒杯茶，倒杯茶几你少年哥哥呷，呷了我俩把情调。我左手接着妹的茶，右手给你捏一把，妹哎，我看你心里麻不麻。哥哎，你喝茶就喝茶，莫到杯子底下弄玩耍，摔烂哩杯子惹娘骂……"用茶来牵线，爱情增加几分浪漫。

（二）闹新房——"合合茶"

湘中农村流行"闹花夜"，在结婚前一天晚上，男家答谢众亲友以往对孩子的关照，特别邀请舅、叔等亲戚举行茶宴和酒宴款待。通常先办酒宴，后办茶宴。茶宴时，请民间艺人演唱花鼓戏，边吃茶点，边听弹唱，一般是清茶加茶点，也有用擂茶的。茶点多是当地土特产，如油炸红薯片、巧果片、熟花生、瓜子、糖果、盐姜等。

在举行婚礼后，青年男女涌进张灯结彩的大门，将在门边迎客的新郎新娘连推带搡拉到堂屋里，七手八脚地把他们按在早已准备好的两条板凳上坐下。羞羞答答的新娘在大庭广众之中用背对着新郎。这时，拢来两位调皮的小伙子，使劲地将新郎新娘扳过来面对面坐下，膝盖挨着膝盖，不让他动弹半点。另外，一位小伙子搬起新娘的左脚，搁在新郎的右大腿上，然后将新娘新郎的右手抬起，扳开他们的拇指与食指，合并成一个长方形。旁边的另外一个人将早就准备在手的瓷茶杯放在长方形里，立即注满茶水，让前来道喜的亲朋戚友轮流把嘴凑上去喝一口。喝干了，又注上，一边喝，一边说笑话，直到所有的人都喝遍为止，场面热闹有趣。

（三）新娘换茶

主要指新娘结婚当日，女家将爆米花或爆玉米花用柜子装着，有的还有瓜子、花生、薯片等,散给闹新房的男女老少,叫“散新满娘换茶”。吃完中饭，大家就守着新满娘的新房要换茶吃，新娘打开箱盖用杯子、升子舀出爆米花（在涟源桥头河一带叫英米子）给乡亲们,大家用衣兜装，用手帕装，用升子装，用袋子装，挤拢不开的人。第二天早上吃陪席时，新娘要用茶盘打好换茶（主要是瓜子花生）对客人逐桌逐个地敬，这时主要亲戚接下换茶后，将自己的一点心意放到茶杯里当即回给新娘子，叫“放新满娘换茶钱”（图 7–2）。新娘换茶后，作为婆家媳妇，是谨守妇道，忠贞不二，又说：“好女不吃两家茶”。

图 7–2 新娘敬茶

（四）新婚三日茶

在娄底民间，结婚后第二天，新郎新娘回女方家拜访，叫回门。第三天，岳母带茶叶、煮熟的鸡蛋等东西去看望女儿女婿，男家设宴款待，叫“三日茶”。茶叶寓意要女儿习惯夫家生活，熟蛋意即要女儿像煮熟的鸡蛋不会飞，安心安意和丈夫过日子，生起崽来像滚鸡蛋一样，生男育女，传宗接代。

三、丧葬茶俗

（一）为老人做棺材

当父母老了，家人就会为父母做棺材，棺材不直接称为棺材，要称寿材，取长寿之意。棺材完工的当天，一些晚辈和亲朋好友就会来“送茶”：用茶盘端着一包茶、一升米、四个菜（鸡、鱼、肉、面），寓意给主人添粮添寿，老人去世之后在天堂继续喝茶。

（二）入 殓

老人去世后，家人用绵纸包 7 粒米、7 根茶，入殓时放到老人手心里（抓住），意思是到天堂里有米有茶。

（三）清明扫墓

清明扫墓时要备好果、茶、酒：果有苹果、梨子、荔枝、桂圆4样，一壶茶，一壶（瓶）酒。到墓地后：修整坟墓，培添新土，清除杂草；墓前摆上果、茶、酒；扫墓人行祭礼，包括鞠躬、跪拜、行礼和烧钱纸；将茶、酒倒在墓地四周（图7–3）。

图7–3 清明扫墓祭香茶

（四）接送祖宗

农历七月十日接祖宗，十四日送祖宗。接祖宗时，先打卦，打卦时要一个一个问（逝者）是否回来，卦象先要呈胜卦（阴阳卦象），如果呈阴卦或阳卦，还要继续讲"哪些方面不满意，请他原谅"，再打卦，一定要出现胜卦表示回家了才行。然后在大厅正中央摆放好香茶和供果，将去世的亲人接回来住4天。这4天，早中晚饭后都要敬茶，烧钱纸。七月十四晚上送祖宗，要为每个逝者写一个封包（包钱纸），封包写上"谨具冥材一束、逝者姓名和收"字。在屋外摆好香茶、供果、封包，打卦，打胜卦时表示已将祖宗送出门，一定要胜卦才行。

（五）春节祭祖

除夕三十晚上，在堂屋的供台上摆放三生祭品（已蒸熟的一个猪头、一只鸡、一条鱼），四个方向各摆一杯茶，点香、烧纸、放炮，祭奠祖先。正月初一，天没亮，挑好井水泡好茶。第一个抢到井水的大吉大利。正月初一到正月十五，早晚都要敬茶、点香、烧纸。

四、敬茶礼仪

茶在维持人际关系方面起着独特的桥梁作用。人们将向客人敬茶作为待客之道，它能给人以一种"宾至如归"的感觉。客人来访，主人奉上一杯清茶，然后端上糖果、甜食之类，以示欢迎。在饮茶习俗上，除了用于招待偶然来访之客外，也用于正式的宴会。饭前饮茶寒暄，饭后继续饮茶叙谈，借茶表意，其乐无穷。

"男子进屋一袋烟，女子进屋一壶茶"。对不吸烟的男子上一壶茶，这是娄底民间最基本的待客之礼。斟茶的时候，一般是茶斟酒满，因茶都是开水泡的，所以要勘，以免烫伤。给客人倒茶时，左手压右手，表示尊敬;家里窗下是主位，敬茶时，第一杯从主（尊）位开始，从左到右，从老到少。客人接茶要双手，喝茶时右手端杯左手遮脸。

在民间，要用茶叶的还有这样几种场合。

一是除了结婚用换茶，过年也要给来拜年的大男细女装换茶。这种换茶的花样多，可以是爆（玉）米花，也可以是薯片、瓜子、花生、糖粒子、方糕糖，都要用茶杯盛着，表示礼貌。这里的换茶已不是一般意义上的茶水，而是食品。不是茶而叫茶，既体现了茶的消遣特点，又表达了对茶的一种敬意和喜爱。

二是接亲的那天。男家要准备一斤米、一包茶叶送给女方家，茶叶放到女方家的茶叶罐里，米放到女方家的米桶里，表示从今后两家共茶饭，合二为一。

三是进新屋。在民间，进新屋是大事，主人家自己要准备红火炉子、茶叶、米、油、盐进新屋。做酒那天父母送茶叶、米表示庆贺，其他亲友则送米、谷表示庆贺。

四是分箸。从父母身边或兄弟身边分开，父母亲友都要来庆贺，父母送的礼物里，茶叶是不可少的，茶饭茶饭，先有茶再有饭。

五是洗三朝。人来到这世间的第三天，都要洗一个澡，叫洗毛三朝。用茶叶等煮鸡蛋的水洗，洗掉秽气，皮肤好。

六是水土茶。一些初次出外的人，为防水土不服，常带些茶叶在身边。他们都认为，家乡的茶叶能冲掉外地水里的怪味，能让自己尽快适应那里的水土和空气。所以，在外漂泊的人，不论是过去还是现在，都以能喝到家乡的茶叶为享受。

七是以茶代药。在民间，如果遇到有人煎中药吃，特别在正月初一到十五，不说“你在吃药啊”，而是说“你在吃换茶啊”，这里，用换茶来避讳药，表达了一种对药的禁忌和对换茶意义的拓展。

文化要以一系列生活方式来承载，茶文化承载的就是一种极富质感的生活方式。娄底茶俗与娄底人的人生相始终，从出生、相恋、成婚、生育，丧葬直至祭祀，都有不同的方式和文化内涵，这种别具一格的经久不衰深深根植于民间的、大众的、民族的、地域的茶俗，体现了农耕文明时代人们对天地自然的敬仰、感恩和虔诚以及对人类本身和自然发展规律认识的不断提高，体现了人类对饮食最原始的情感，其中的珍惜劳动果实、公平、喜庆、吉祥又是人类社会不断前进的动力和基本原则，也展现了茶从作为生存生活最基本的需求到社会礼仪内涵的不断丰富，从物质生活到物质与精神相结合的发展历程。随着改革的进行和历史的发展，我国踏上了现代化的新征程，物质财富越来越丰富，人们对美好生活的追求越来越重视。茶是色、香、味、形四美俱全之物，正可与人们追求真善美、追求超越的精神相契合；茶道的“和、静、清、俭”精神，恰与社会的可持续发展及人的全面发展要求相适应，茶文化是有改变社会不正当消费活动、创建精神文明、促进社会进步的作用。因此，我们弘扬茶文化有着积极、深远的意义。

第二节 茶 艺

一、茶艺类型

娄底茶艺多彩多姿，已经发展为一种独具梅山文化的艺术形式。

娄底茶艺表现形式以本土茶为核心，通过引入本土茶文化故事，选取本土名茶，以梅山文化为背景，以茶艺演示的形式，重点表达梅山人崇文尚武，义勇为先，霸得蛮，耐得烦，坚韧不拔的人文精神，从而形成梅山茶文化艺术。一杯新化红茶，以资江船歌为演奏乐曲，茶茗小口，粗茶淡饭的日子，简简单单的生活，衬托梅山乡野普通人家的生活情景，幸福而简单；一壶渠江薄片，演绎出大熊山的雄伟，蚩尤的壮烈，梅山人山间狩猎的情怀。2012 年，天下梅山茶馆以渠江薄片为主题的茶艺，参加中国茶艺比赛，获得银奖。渌羽茶艺队更是获得多个茶艺表演大奖，她们表演的茶艺《春晓》以娄底乡土文化为背景，配上本地音乐，演绎出本地茶文化特点。

娄底茶艺按照茶艺的表现形式又可分为以下四大类：

（一）表演型茶艺

表演型茶艺是指一个或多个茶艺师为众人演示泡茶技巧（图 7-4），其主要功能是聚焦传媒，吸引大众，宣传普及茶文化，推广茶知识。这种茶艺的特点是适合用于大型聚会、节庆活动，与影视网络传媒结合，起到宣传茶文化的良好效果。表演型茶艺重在视觉观赏价值，同时也注重听觉享受。它要求源于生活，高于生活，可借助舞台表现艺术的一切手段来提升茶艺的艺术感染力。近年来，娄底茶艺表演多选取本土文化题材，用茶艺来传播梅山茶文化，引发关注，具有代表性的表演队有对影、渌羽、天下梅山、明惠春园、仁海等茶艺队。

图 7-4 茶艺表演

（二）待客型茶艺

待客型茶艺是指由一名主泡茶艺

图 7-5 为客人泡茶

师与客人围桌而坐，一同赏茶鉴水，闻香品茗。在场的每一个人都是茶艺的参与者，而非旁观者（图 7–5）。都直接参与茶艺的创作与体验，充分领略到茶的色香味韵；可以自由交流情感，切磋茶艺，以及探讨茶道精神和人生奥义。这种类型的茶艺适用于茶艺馆、机关、企事业单位及普通家庭。讲话和动作纯朴自然，大家自由交流，达到茶与人的和谐自然。

（三）营销型茶艺

营销型茶艺是指通过茶艺来促销茶叶、茶具、茶文化。这类茶艺是最受茶厂、茶庄、茶馆欢迎的一种茶艺。演示这类茶艺，一般要选用审评杯或三才杯（盖碗），以便最直观地向客人展示茶性（图 7–6）。这种茶艺没有固定的程序和解说词，而是要求茶艺师在充分了解茶性的基础上，因人而异，看人泡茶，看人讲茶。看人泡茶，是指根据客人的年龄、性别、生活地域冲泡出最适合客人口感的茶，展示出茶叶商品的保障因素（如茶的色香味韵）。讲好茶，是指根据客人的文化程度，兴趣爱好，巧妙地介绍好茶的魅力因素（如名贵度，知名度，珍稀度，保健功效及文化内涵等），以激发客人的购买欲望，产生“即兴购买”的冲动，甚至“惠顾购买”的心里。营销型茶艺要求茶艺师诚恳自信，有亲和力，并具备丰富的茶叶商品知识和高明的营销技巧。

图 7–6 泡茶演示

（四）养生型茶艺

养生型茶艺包括传统养生茶艺和现代养生茶艺。传统养生茶艺是指在深刻理解中国茶道精神的基础上，结合中国佛教、道教的养生功法，如调身、调心、调息、调食、调睡眠、打坐、入静或气功导引等功法，使人们在修习这种茶艺时以茶养身，以道养心，修身养性，延年益寿。现代养身型茶艺是指根据现代中医学最新研究的成果，根据不同花、果、香料、草药的性味特点，调制出适合自己身体状况和口味的养生茶。养生型茶艺提倡自泡、自斟、自饮、自得其乐，受到越来越多茶人的欢迎。

二、茶 席

茶席，简单地说就是泡茶时用具的布置和摆放，指以茶为灵魂，以茶具为主体，在特定空间形态中，与其他的艺术形式相结合，所共同完成的一个有独立主体的茶道艺术组合整体。

茶席是静态的，茶席演示是动态的。静态的茶席只有通过动态的演示，动静相融，才能更加完美地体现茶的魅力和茶的精神。茶席其实是一种对话，人与茶，人与器，茶与器，人与人。多种的话语叠加，传递的是一个共同的语言。茶席只是一种表达，从来都不是孤立存在的，要符合泡茶逻辑，这个逻辑包含了对茶的解读。茶席还要有空间深度，能够以茶与茶客人之间无语交流，从而走向更全面的感受（图 7–7、图 7–8）。

图 7–7 独具个性的茶席

图 7–8 茶席展示的美感

茶席常见形式如图 7–9~ 图 7–14。

（一）舞台表演型

本小节插图中相关人员，茶艺（周珊珊）、插花（胡纠纠）、古筝（陈瑶圆）、解说（于洋）。

图 7–9 舞台表演型（主题：渠江薄片）

“琴棋书画诗酒茶”，茶，不仅是开门七件事之一，还是从古至今历朝历代著名的文人墨客们极为喜爱的七件宝之一。中国人饮茶的历史极为悠久，饮茶能怡神醒脑，有助文思，因此得到文人的喜爱。

茶不仅仅是文人雅士的标配，也是雅俗共赏的集大成者。人们将茶融入生活，更融入了中华民族千年的文化民族之魂中。

琴里知闻唯渌水，茶中故旧是蒙山，倾听山外轻音，方知茶是故乡浓。古筝的韵味袭来，或泉水叮咚，或如走马摇铃。一首《茉莉芬芳》与渠江薄片的茶香融合，余音绕梁，久久不绝，有如桥下潺潺的流水，偶有孤鸿飞过的几声清啼，有如万里无云乘风浣花。饮茶需静，恰逢琴音的婉转入耳，让人更快地找寻到心底的一湾平静之港。

图 7-10 茶艺表演

图 7-11 茶艺表演

昨日东风吹枳花，酒醒春晚一瓯茶，坐听琴音与君共赏，赏花赏月赏秋香。若谈及茶趣，花艺不免称为其最佳拍档，古朴的茶几上，取花朵三支两朵，成风景万千世界。花与茶的融合，能使温柔的茶香更加拥有沁人心脾的魔力。只愿你爱上有茶有花的日子，从此生活也便有了四季的颜色。

图 7-12 茶艺表演中的插花

很多时候，品茶“品”的不是茶，而是生活百味。邀友三盏茶，头一盏茶是洗涤口中的尘埃，将近来的烦忧甚至是苦涩都一扫而光。第二盏茶，是沉淀与希冀，似阳光驱散迷雾，照亮前进的道路。第三盏茶是寄情与思念，秋日浅吟思千里，折桂言茶心尚卿。

（二）唯美情趣型

图 7-13 唯美情趣型

（三）家庭茶艺型

图 7-14 家庭茶艺型

三、茶席插花

茶席插花，茗赏者上；茶与花皆为清雅之物，两者相伴，相得益彰。茶席插花是茶席设计不可少的要素之一，茶席花强调为茶席主题服务，使饮茶更具有生动的艺术趣味，也能够通过插花表达对茶客的敬意（图 7-15）。

茶席中的插花，要求花体简约、精巧。花器的质地，多以竹、木、草编、藤编和陶瓷为主，多用较小的长颈瓶、胖矮瓶，或是小型古朴的盆、钵、碗、篮等，以体现原始、自然、朴实之美（图 7-16）。

茶席插花一般用材较少，风格清寂，以线条表现为主，可不拘泥于形式，但要有奇思妙趣的意境之美，切合茶席所要表达的内容。

图 7-15 在茶席上点缀一束小花，更增情趣

图 7-16 茶席上的插花器具

按造型可分为直立、倾斜、下垂与复合四大类型。直立型通过表现植物向上直立生长的势来表现其向着阳光的一面。倾斜型通过表现植物向着水面生长或者被风吹过的势表现其装饰的一面。下垂型和复合型是通过植物在不通境况下的生长条件来表现其自然的一面。

茶席插花宜选择花小而不艳，香清淡雅的花材，最好是含苞待放或花蕾初绽的花，花朵不要繁多插花并非只能选用花，植物的枝、叶、花、果、茎、根均可选用，除了新鲜的红花、绿叶、青苔，还有枯枝、干果也非常适合与茶席搭配。

以季节来分类，春天用山茶、海棠、牡丹等，夏天以芍药、石榴、茉莉为主，秋天用桂花、石竹、菊等，冬天用品格高的蜡梅、水仙、松、竹、金橘。

茶席插花，体现着一个茶席的精气神，要与茶叶的性情品味相一致(图 7–17、图 7–18)。

绿茶清丽淡雅，可配竹子、菊花。红茶甘醇，可配茶花、柳枝。乌龙茶清香、浓郁，可配枯木萎枝。

图 7–17 插花的艺术

图 7–18 茶具杯底增添荷叶更具视觉效果

茶席花的插制要点如下 ：

① **虚实相宜：**花为实，叶为虚，有花无叶欠陪衬，有叶无花缺实体。

② **高低错落：**花朵的位置切忌在同一横线或直线上。

③ **上轻下重：**花苞在上，盛花在下；浅色在上，深色在下。

④ **上散下聚：**花朵枝叶基部聚拢似同生一根，上部疏散多姿多态。

插花在茶室中可用来体现四季的更迭与时光的交替，给茶席提高整体视觉的美感。

茶席插花的四季表现如图 7–19~ 图 7–22 分别表现春夏秋冬。

茶席上的插花，实则是茶的精神体现，以花草的气息，在茶席的布置中点缀，与茶相辅相成。

图 7-19 春

图 7-20 夏

图 7-21 秋

图 7-22 冬

四、茶器具

① 盖碗（图 7-23、图 7-24）

图 7-23 盖碗（1）

图 7-24 盖碗（2）

② 壶类（图 7-25、图 7-26）

图 7-25 泡茶壶（1）

图 7-26 泡茶壶（2）

③ 公道杯（图 7-27）

图 7-27 公道杯

④ 品茗杯（图 7-28）

图 7-28 品茗杯

第八章 茶馆

第一节　茶馆沿革

茶馆，是现代人所熟知的叫法，古时称茶亭、茶坊、茶肆、茶店、茶社、茶园、茶室、茶楼等。

娄底茶馆历史久远，是以梅山文化为起源发展而来，独具梅山文化特色。具体来说，古代娄底茶馆文化以行善、积德、修行、福荫子孙为特征，发展到现代茶馆，讲究人文修养，雅致，高品位，体现现代文明精神。

梅山文化源起于蚩尤，蚩尤被黄帝战败后，率部落潜居新化大熊山，成为当地土著，不归王化，被视为“蛮夷”。后张五郎（东汉时期）创立梅山教，梅钼、扶汉阳继之并发扬光大。宁国清的《浅论梅山文化》载：“梅山教不拜上帝，不尊佛祖，不重男轻女，不迷信鬼神，不禁七情六欲，只尊奉自己祖宗，尊奉大自然的各种灵物，比如雷神、猎神、草神、女神等”因此，每家堂屋正厅必立祖宗神位，上书:天地国亲师位。逢农历的初一、十五日，必定祭祖。祭祖备大米一升、水果三堞、肉一盘，茶水三杯，酒水三杯，供奉于案前，烧钱纸，敬香，躬身为礼，以为不忘其本。民间俗称“敬香茶”。传统一直延续到现在，在娄底的农村，随处可见家里的祖宗神位。娄底饮茶习俗由此演变而来，渐渐在民间形成饮茶习惯和传统。

随着饮茶的传播，开始出现茶摊。早期茶摊的出现与祠宙、宗教相关，信人去祠宙烧香拜神求福，神灵会指引做善事，积阴德，从而福及自己和子孙。于是有人去十字路口或渡头河畔等过往行人多的地方摆茶摊，向过路行人免费提供茶水。后来，茶摊内容更为丰富，有茶桌、竹椅、茶碗，可以供人休息喝茶，还出现了茶点、小吃之类的，如新化的杯子糕、野菜粑等。这就是娄底早期茶馆的雏形。

随着社会的进步，经济的发展，茶亭开始出现，替代了茶摊。娄底有史料记载的茶亭出现在明代，嘉靖二十九年（1550 年）《新化县志》载有茶亭三座：梅山亭、劝稼亭、超然亭，“立亭以憩之”。由于明代以前地方无修志传统，明代以前的茶亭无史可考，但茶亭的出现应该可以追溯到唐代以前，因为唐代娄底茶事已经极为繁盛，出现茶亭是顺理成章的事。

清代，娄底茶亭有了长足的发展，几乎每个村都建有茶亭，道光十二年（1832 年）《新化县志》记载新化 129 个村，有茶亭 79 座，并专门为茶亭立卷，这是史无前例的，而且卷首写有《茶亭》序（图 8-1），云：

亭以茶名，志施茶也。夫一饭尚不足为德，一茶何足以言施，既言施，施亦小为者也。

顾惠不在大，期于当阨。施不在博，期于及时。大地当载驰载驱之路人，值载饥载渴之时，忽有亭焉。托一枝之美荫，兼有茶焉，生两腋之清风，即此偶息劳筋。一盏虽非玉液，有客從兹小憩，百感何啻琼浆。

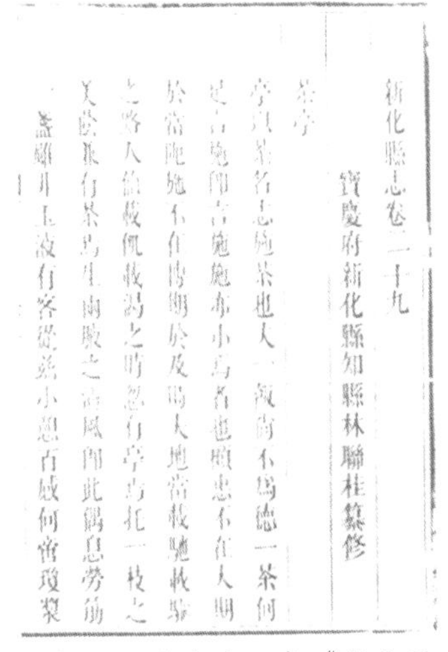
新化縣志卷二十九
寶慶府新化縣知縣林聯桂纂修
茶亭
亭以茶名志施茶也人一飯尚不忘德一茶何
足云施即云施施亦小焉者也顧惠不在大期
於當阨施不在博期於及時大地當載馳載驅
之路人值載飢載渴之時忽有亭焉托一枝之
美蔭兼有茶焉生兩腋之清風即此偶息勞筋
一盞雖非玉液有客從茲小憩百感何啻瓊漿

图 8-1 道光十二年《新化县志》载茶亭序

新邑一百二十九村，茶亭七十零九所。人人食德，处处饮和，斯亦推广，皇仁之一端也。故旧志弗录而兹特详著于篇。

同治十一年（1872 年）《新化县志》记载的茶亭则更为详细，相当于为建茶亭之人树碑立传，实则是对建设茶亭之善举的推崇，更有利于茶亭的传播。

至民国，娄底茶亭达到鼎盛时期，1996 年《新化县志》记载：新化茶亭达到 488 座。而娄底全境现今仍有多处茶亭遗址，最早的茶亭遗址建设时间可追溯到明清时期，有些茶亭至今保存完好，修复即可使用。

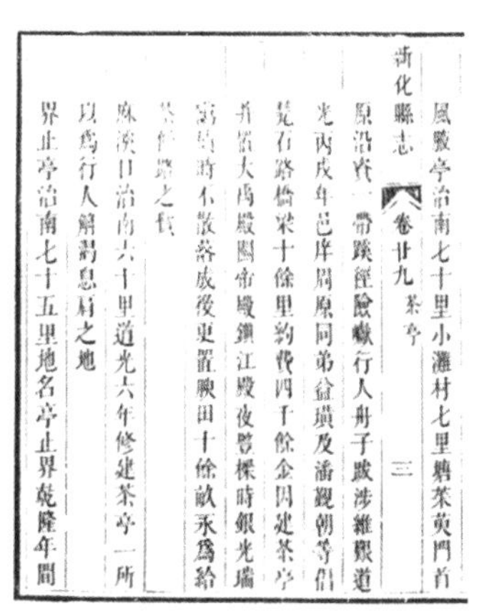
風腋亭治南七十里小灘村七里鋪茶黄門首
新化縣志 卷廿九 茶亭 三
原沿資一帶蹊徑險巇行人舟子跋涉維艱道
光丙戌年邑庠周原同弟益璜及潘觀朝等倡
甃石路橋梁十餘里約費四千餘金因建茶亭
并置大禹殿關帝殿鎮江殿夜暨㮾時銀光瑞
靄積時不散落成後更置腴田十餘畝永為給
茶修路之費
麻溪口治南六十里道光六年修建茶亭一所
以為行人解渴息肩之地
界止亭治南七十五里地名亭止界乾隆年間

图 8-2 道光十二年《新化县志》载风腋亭

茶亭一般为长方形，亭两边建有长板凳，供人落脚坐下休息，中间摆放茶桶，茶具，供路人渴饮。在茶亭的一边建有厢房，厢房有人居住，以打理茶亭，厢房旁长年有火灰堆，火灰终年不息，供行人使用。茶亭的进口必书亭名和亭联，如石猪槽亭："来是路兮归时路，得停车处且停车。"青枫亭："倦停且自由客侣；渴饮何须问主人。"从而赋予茶亭的文化特性。

茶亭一般为捐资修建，道光《新化县志》对此有详细记载（图 8-2），如"三条巷茶亭，监生邹生安建，捐田五亩，茶土三嶂，往来便歇渴饮。"捐资原因由各有不同，风腋亭"原沿资一带，蹊经险岳，行人舟子跋涉艰难。道光丙戌年，邑痒周原同弟益璜及潘观朝等倡。甃石路桥梁十余里，约费四千余金，因建茶亭并置大禹殿，关帝殿，镇江殿，夜暨㮾时，银光瑞霭，积时不散。落成后更置腴田十余亩，永为给茶修路之费。"节义亭为"蒋富润妻陈氏为其母周氏建，施茶以延母寿岁"。继志亭为"监生彭礼三兄弟修建，置田六亩，以承父志，故名"。之所以大家捐资修建茶亭，是因为修建茶亭被视为是行善之举，有积德之功，福荫子孙，所以为父建，为母建，为子孙建，都是善举，因为茶亭方便了饥渴的行人。这种文化理念成为一种信仰，深入人心，浸透梅山大地，深刻地影响了梅山文化发展，成为梅山文化的组成部分。

综观娄底茶亭，文化内涵独具特色，其特征有：

一是有亭必有联，从而使茶亭能够雅俗共赏，这是娄底茶亭的一大文化特色。

二是茶亭一般建设在过往行人多的路口、渡头。古代娄底交通不便，山路崎岖，人们长途跋涉后，需要休息、喝茶，或突遇变天下雨，亦可躲避风雨。稍事歇息后即可赶路。茶亭为过往行人提供了极大的便利，这是茶亭兴盛的一个重要原因。

三是茶亭以积德扬善为目的，不以商业赚钱为目标。所有茶亭由人捐资修建，免费提供歇息，供应茶水。这就带有公益性质，本质就是做好事。茶亭成为人心向善、乐善好施之仁义精神的象征，这对今天的现代社会仍然具有现实意义。

现代茶馆则与茶亭文化一脉相承。新中国成立后，由于交通不断发展进步，人们出行更为方便，茶亭的功能渐渐消失，茶亭走向没落，与生活渐行渐远。改革开放后，人们生活水平不断提高，对饮茶的需求更为强烈，从而催生出现代茶馆。20世纪80年代以来，茶馆如雨后春笋般涌现。

娄底现代茶馆随处可见，饮茶、聊天，吃点心，享受品茶的悠闲，或是和儒商谈谈经营之道等。当今社会经济的发展，物质财富的增加，为茶馆文化的发展提供了坚实的基础。目前娄底有茶馆数百家，百家争鸣，百花齐放，著名的茶馆有天下梅山、渌羽茶馆、对影茶书院、天颂茶楼、天地人和香、仁海茶艺、北京茶馆等，同时，茶文化研究会、茶文化交流馆、茶文化沙龙等不断涌现，促进了茶文化的继承和发扬光大。娄底现代茶馆具有以下几个方面的特点：

一是茶馆成为精神文明建设的一个重要方面。茶馆是一个品茶之地，更是一个交流窗口，人文荟萃，传统文化艺术在茶馆中得以具体体现，人们在品茶之余，总能从茶馆中感受到中国传统文化的魅力。

二是茶馆日益注重内在的文化韵味。从茶馆的外表装潢、内部陈设，服务员的服务礼仪、沏茶技术、柔美音乐……无处不透出典雅深远悠长的文化气息。

三是茶礼、茶艺、茶道成为茶馆文化的重要组成部分。人们在一个宁静舒适的茶馆，通过茶礼、茶艺、茶道的熏陶，将自己融入大自然中，体验到茶的真味。

四是茶馆成为文化交流的中心，商业洽谈的最佳场所。很多茶馆举办书画展或组织品茶、评茶等活动，有的经常举办专家学者的茶学讲座，有的还举办大中小型“茶话会”等。

五是传承梅山文化精神。茶馆被视为有品位、有修养的优雅之地，这样的氛围感染着人们，使人自觉加强修养，提高品行，这与梅山茶文化扬善积德一脉相承。

娄底茶馆漫长的发展史，与梅山文化的传统习俗、民间文艺结合在一起，表现出娄底茶馆的特征，现今的娄底茶馆是梅山文化的传承、创新和发展。

第二节 茶 亭

娄底茶亭，历史悠久。茶亭源于娄底丰富的茶叶资源，独特的天然条件和梅山文化发展。新化著名本土文化研究者胡能改对新化茶亭进行过深入细致的研究，并发表著作《渐行渐远的茶亭》，对新化茶亭有详细记载，《茶亭》一节，基本采用胡能改先生的记述，并作修订。

一、溯 源

茶亭是在茶摊的基础上发展而来。明嘉靖二十二年（1543 年）《湖南通志》载："茶叶新化最多。"明洪武二十四年（1391 年）生产"贡茶"，新化多地产贡茶，涟源古塘亦产"枫木贡茶"。民国时期琅塘杨木洲建有"西成埠茶市"。新中国成立后，转为"新化茶厂"。古茶名品"渠江薄片"在唐大中十年（856 年）已负盛名，其名可谓古朴古香。

茶叶古为药用，故有济世之功。味苦而寒，阴中之阴，沉也、降也，最能降火，火为百病之源，火降则消矣。故茶能清头目、除烦渴、化痰、消食、利尿、解毒，专治头痛目昏、多睡善寐、心烦口渴、食积、痰滞、痔、痢等病。

《本草名译与传说故事》中记载，唐宣宗（847—859 年）时，从东都洛阳来了一个和尚，其年一百三十岁。宣宗问他："你活了这么大年纪，是吃的什么长生不老药？"和尚回答说："从小家贫，不知是什么药，只是喝茶罢了。"于是，宣宗便赐他"茶王十斤"，安置保寿寺。从此，饮茶之风盛于唐朝。在元朝，五品级官员才准喝茶，否则刑处。茶在社会上的地位，比任何食品饮料都要尊贵，声望极高。《语汇》中命名的有茶饭、茶点、茶汤、茶农、茶商、茶卤子、茶箓、茶馆、茶褐色、茶壶、茶缸、茶桶、茶花、茶话会、茶晶、茶镜、茶菊、茶具、茶青、茶砖、茶盅、茶匙、茶食、茶水、茶色、茶树、茶叶、茶饼、茶油、茶碗。"茶"无贬义词。

因此，前人以茶建亭，供其休息和饮用，避风挡雨使茶亭具备了积德扬善的功能，茶亭也成为地方施善之举，其德何其高也。

二、亭与茶

亭源于驿站、邮亭，衍化而被民间利用。茶与亭联手，用茶充实亭的生机，茶亭被赋予了生命的活力，这是茶亭长期存在的主要原因。亭是文人雅士会亲访友、迎送抒情、观赏游乐的场所，也是供过路客休息、避雨的地方。在亭中摆放一桶茶，供过路行人之用，并有专人打理。茶亭主要建在交通要道、渡口码头和风景优美的地方,被赋予了很多功能。

许浑《谢亭送别》:“劳歌一曲解行舟,红叶青山水急流。日暮酒醒人已远,满天风雨下西楼。”说明亭子建在人必栖憩的码头。

宋朝吕本中《题淮上亭子》:“亭下长淮百尺深,亭前双树老侵寻。暮云秋雁且南北,断垄荒园无古今。露草欲随霜草尽,归樯时度去樯阴。秋风未满鲈鱼兴,更有江湖万里心。”说明亭子的建筑,便于往来行旅。

于石《半山亭》:“万叠岚光冷滴衣,清泉白石锁烟扉。半山落日樵相语,一径寒松僧独归。叶堕误惊幽鸟去,林空不碍断云飞。层崖峭壁疑无路,忽有钟声出翠微。”亭中有禅意。茶与亭如此融洽,故民间习惯称为“茶亭”。茶亭也一直连续至今。

三、茶亭选址、构筑

(一)茶亭选址

在山区,亭址多选择人烟稀少的山坳,一般为行人必经的交通要道、分岔路口,故有“有坳必有亭,有界必有亭”之说。在平原地带,一般五里一亭,《新化县志》记载:“数里一亭。”如新化县城,从庆丰门到西门岭,出城门走百级台阶的石板路,就有一亭,叫“西门亭”。从薰和门往南走至黄泥坳,正好五里,有“五里亭”。出城西南不到两里的跑马岭有一亭,名“跑马坳茶亭”。总之,茶亭是为人们歇息喝茶、避风挡雨、紧急避险等建造的。1996年《新化县志》“行止”一节中载:“为方便行为,乡村大道,每隔数里,建有茶亭,过往者可小憩用茶,歇憩上路,须防丢失东西,念:荷包烟袋扇,起身念一遍。”

(二)茶亭的构筑和经费来源

在梅山地区,茶亭不是辞典里所说的亭,而是作为公共福利的建筑物。其造型一般是:以亭为主体;左边为守亭住房(紧靠茶亭主体,名为厅堂,设神龛、雕神像,可供祭祀);右边为亭的过道,过道由十六根亭柱筑成,分两边排列;中间为长方形的亭堂,四柱中夹一块长长的厚木板为坐凳,两边相同;两端砌拱形大门,门上书亭名,亭顶飞角流檐显雄壮气势。条件好的亭子,内外都绘彩画或历史故事,图案有龙、虎、猪、马、牛、羊等各种飞禽走兽。大门夜间关闭,以粗横木代锁,但很少用。亭外有人行道,供丧葬抬柩、牲畜来往。茶亭里开了天井,茶缸摆设在天井旁,喝剩的茶水和洗缸的水,可顺手倒进天井里,不打湿亭地。茶缸边有一堆日夜不熄的灰火,为过路者备火抽烟。所谓灰火,扒开则火色彤红,转瞬即成白灰色,由树根兜铺底,锯木灰盖面,有香烟缭绕之瑞气,令人进入茶亭时有清幽之感,如临寺庙。墙外右侧围墙处,都立有碑记,记载着建亭年月,捐款人姓名,守亭公约,护林防火、禁赌、戒大烟、谨防偷盗等乡规民约。

亭堂后是灶房，或左或右是猪楼、牛栏、厕所，两边是仓库、住房，非常方便。亭门外两侧都有亭联以抒情、写景、题咏古人、弘扬哲理、表扬乡人，体现出茶亭文化的生机。只可惜世易时移，已查不到亭联真迹。

图 8-3 圳上石砌古茶亭

修建茶亭，都是民间自发组织的公益事业。以行善积德为宗旨，福荫子孙为目的，不存在当今所谓的经济价值，不涉及朝政时令，故持续了千百年之久。建亭经费大多是殷实户牵头，捐献田土山林作为建亭基础，然后发起募捐（图 8-3）。在所辖之地有钱出钱，有力出力，一鼓作气，形成永固，人人共赏。然而，建亭的原因各有不同。建亭用意表现在亭名上，有因纪念寿辰者，如八十亭、九九亭、仁寿亭；有因弘扬典故者，如妹子亭、大与亭、普善亭；有为划分地域的，如分水界、黄茅界、山溪界；有记载前人功绩的，如福高亭、白骨亭、众乐亭；有为抒情添景的，如水月亭、白水亭、水星亭；有为分担两地共同责任的，如一天亭、上义亭、四方亭；有为继承祖上遗志的，如继志亭、先志亭、绳武亭。也有一些茶亭是纯粹出于方便路人而修建，亭子以路程的远近命名，如五里亭、十里亭、半山亭，但大多以实地命名，便于传颂。

四、茶亭功德

娄底茶亭有几千年的历史，它之所以有强大的生命力，就在于它有深厚的群众基础和文化内涵，更重要的是有不可替代的社会公益作用。

1. 供劳累行人歇息的场所

尤其是为长途跋涉的人们提供方便：解手换衣、歇息喝茶、问路远近、了解乡情。行人走进茶亭，有一种回到家的亲切感觉。

2. 预防抢劫等犯罪

这方面的作用，有两个突出的案例：一个是在新化吉庆、田坪与安化接壤的黄柏界，清咸丰四年（1854 年），一匪徒抢劫茶商，守亭主人联合当地农民，将匪徒就地正法，埋在黄柏界茶亭。此举传颂新化、安化二县。另一个是在 1945 年，奉家三个农民上县城挑盐，被土豪罗之德枪杀，三个人的购盐款被抢。水车、文田镇的老鼠石茶亭主妇，联合富家村、小田村农民，报警并抓获了罗之德，将其正法。

3. 防疫作用

茶亭是传统济世所，凡疫病流行，民间采取两大方法：其一是在茶缸里泡贯众、忍冬藤、薄荷、大青之类的草药。因草药不需花钱买，举手可得，且其作用不可小觑。如贯众清热解毒；薄荷清凉解毒；忍冬藤与金银花同功，都有清热解毒的作用，被誉为“药中之王”；大青有预防乙型脑炎之功。过路者饮了茶亭茶水，专张点说，就等于注射了疫苗。此种方法，延续到20世纪50年代。1958年，新化县内疫毒流行，政府布置使用贯众防疫，效果很好，载入了1996年湖南出版社出版的《新化县志》里。其二是灰火堆里放苍术。苍术烧烟，可避瘴气，消除疫毒，闻者必爽，免疫力加强。

4. 信息传递和社交场所

凡政府的通告、公告都张贴在茶亭等重要道口。不便在家庭场合议论的事情，常在茶亭商议。

五、星罗棋市的茶亭

娄底总面积8117.6km²，道路纵横交错，茶亭星罗棋布，每个亭子都有动人的传说故事。只可惜时过境迁，知之者甚少。现在仅存少量茶亭，如涟源七星镇的春风亭、凤山亭、止可亭、劳止亭等，十分珍贵。另外，有些茶亭至今存有遗址，但无名字；有些茶亭有名字，但不见其遗址，或已改建为民房，原址被毁得面目全非（图8-4）。

图8-4 风雪中的奉家米茶亭，新建于2014年

据《新化县志》载：清道光年间，县境内（包括冷水江与隆回一部分地域）有茶亭488座，县北富溪村（现白溪镇东富）有茶亭21座。当今曾迪先生所著《乡土梅山》记载：面积仅有94.3km²的文田镇茅田村就有茶亭28座。2013年3月9日，俄溪张会文先生说，白溪至俄溪，从亭子坳（虎形山）茶亭开始计数，有21座。且有些茶亭现在还供应茶水。

由此可见，娄底茶亭不仅分布广，而且数量多，更令人惊喜的是，这些亭子还没有完全消失。新化县270座茶亭名如下：

桃峰坳茶亭（在蕨毛村）、青峰井茶亭、周氏茶亭、兹竹茶亭、朱氏茶亭、石印湾茶亭、普意茶亭、荆竹茶亭、永丰茶亭、景行茶亭、老鼠石茶亭（在丈田上横溪）、挑寿茶亭、风雨茶亭、灯心塘茶亭、和纳茶亭、白云茶亭、仁寿茶亭、望兴茶亭、众乐茶亭、既济茶亭、正阳茶亭、奉先茶亭、清叙茶亭、五里茶亭、七里茶亭、石章茶亭、潮水铺茶亭、骨风台茶亭、老屋凼茶亭、寒婆坳茶亭、三乐冲茶亭、马田茶亭、徐家桥茶亭、南烟茶亭、余公茶亭、鸡公溪茶亭、尹树山茶亭、红亭子茶亭、孟公茶亭（在汝溪桥方公坳过去五里）、泽润茶亭、淡如茶亭、华印茶亭、大院子茶亭、石泉茶亭、坪溪茶亭（在圳上），三村亭茶亭（在孟公镇北丰村）、聂家坳茶亭（洞沙村与坪溪接界处）、兔子堖茶亭（在江溪村通新化城的地方）、三塘冲月云桥茶亭（在炉观口前村）、白石岩茶亭、园明庵茶亭、青山十茶亭、福高茶亭、庙守桥茶亭、亭子坳茶亭、养子茶亭、李子坳茶亭、二路上浪石茶亭、杨家坪花山茶亭、西门茶亭、雷打坳茶亭、岑背后杨家坪茶亭、岩寨茶亭、大塘边茶亭、长峰茶亭、白峰坳茶亭、石敖茶亭、孟公茶亭、白石骨茶亭、蒲公岩茶亭、四方茶亭、长田垅茶亭、东岭茶亭、大栗山茶亭、佛光茶亭、花山茶亭、刘家溪茶亭、火烧桥茶亭、七里冲茶亭，金凤茶亭、阳雀茶亭、铁炉茶亭、瑶湾茶亭、竹林茶亭、凤凰界茶亭（以上六个茶亭属金凤），三板桥茶亭、跑马岭茶亭、麻溪冲茶亭，肖家坳茶亭（白溪何思）、笋芽山茶亭（在雪峰脚下，属金凤）、龙通茶亭（在琅塘）、边旁山茶亭、双石桥茶亭（在礼溪双石桥）、石门茶亭（在琅塘）、塘下茶亭（属孟公）、甫里茶亭（属琅塘）、蜈蚣溪茶亭（属白溪何思）、马家茶亭、双记茶亭（在丈田村双江口）、双林江茶亭（在白沙坪曲子岭，新化与溆浦通衢之处）、守株茶亭（在梅城下田村）、小水茶亭、鸭桥茶亭、周家弯茶亭、陈家山茶亭、查子坳茶亭、先志茶亭、赵家茶亭、黄牯坳茶亭、高丰茶亭（在吉庆坐石）、斗山茶亭（在温塘界上）、石头坳茶亭、桥迎山（招云峰）茶亭、白毛界茶亭、黄溪新泉茶亭、大安山茶亭、火待湾茶亭、漆树坪茶亭、横田茶亭、尖坪茶亭、柏湾里茶亭、孝义凼茶亭、界头山茶亭、青凼茶亭、石桥湾茶亭、水田茶亭（又名大水田茶亭）、大门坳茶亭、菜家岭茶亭、江底下茶亭、塘井边茶亭、六华茶亭、黄柏界茶亭、正方茶亭、长排茶亭、梓木山茶亭、洞头山茶亭、红岩山茶亭、半山湾茶亭（属石桥）、禁田茶亭、干山茶亭、秀岩茶亭、土佃村茶亭、焕新茶亭（在温塘）、落水塘茶亭、彭关茶亭、神仙岭茶亭、米家岩茶亭、抱堂茶亭、滴水洞茶亭、兴隆坳茶亭、徒桐茶亭、茶山茶亭、眼花茶亭、赵龙刘姓茶亭、滟塘茶亭、苦竹山茶亭、枧冲茶亭、合桥茶亭、云霄桥茶亭、三门石茶亭、毛家凼茶亭、白岩茶亭（此亭一脚踏三县，即新化、涟源、安化）、南冲茶亭、烟竹山茶亭、亭子坳茶亭（又名虎形山茶亭，从白溪进鹅溪，在竹山下去一点）、洞上茶亭、腰山界茶亭、牛坳茶亭、木皮界茶亭、雷打洞茶亭、烟山坳茶亭、分水界茶亭（与陆家冲隔界）、桎木子茶亭、卧龙界茶亭、松木桥茶亭、枫树界茶亭（从白溪上戴冠）、清水塘茶亭、庵堂界茶亭、牛坳茶亭、毕岑界茶亭、长林界茶亭（从飞跃去安化界上）、油竹界茶亭、磨子界茶亭、太平铺茶亭、太阳坳茶亭、山溪界茶亭（圳上与安化接壤处）、眉毛界茶亭（在天门凉风）、金竹山茶亭（亦名荆竹亭）、滩下茶亭、曹公坳茶亭（在荣华乡至安化横溪村分岔处）、满顶茶亭、西云山茶亭（在荣华乡伯依佛庵堂处）、炉主溪茶亭（还有一亭忘名，都在不到五里之内）、土箕界茶亭（从青荆爬山至印后的界上）、成家冲茶亭（在往过街集市不远处）、栗山坳茶亭（在栗树坪山上，路通大熊山俄溪等地）、塘头冲茶亭（从乐家到过街集市的地方）、灰石坳茶亭（从俄溪麦烟冲上来的山坳处，形同山间十字路口。茶亭由一谭姓赤脚医生服务，延续到农业生产责任制后才结束）、杉木坳茶亭（在沙塘湾，今冷水江市）、风雅茶亭（此亭修建规模极大，过亭居二户人家）、遗爱茶亭（又名一爱亭）、八十茶亭（八十岁生儿子，喜而建亭）、新茶亭、老茶亭（在琅塘镇高坪村）、唐家村茶亭（在横阳境内）、青龙山茶亭（属油溪，现旅游胜地梅山龙宫处）、伍家茶亭（属油溪，青龙山界上）、肖家冲茶亭、果老茶亭（从牛车湾到白溪去的方向）、古道茶亭（在白溪印堂与鹅溪戴冠交界处，至今有二十株古树，亭址仍在）。

六、茶亭典故

（一）还金亭

从新化大码头过河，有个小地方名雷公凼，地址在现新化一中所在地，亭早已消失，碑记无存，只有口碑流传。

话说，隆回一王姓孤客夜宿陈家鸡毛小店，携银数百两，前往省城赎犯罪的儿子。由于探子心切，天未亮便匆匆上路，忘银于枕席下。店主陈绍昌早起整被，见银袋遗床，来不及唤醒家人，提袋追赶。幸资江挡路，舟车不便，王姓客人徘徊于江边，见陈绍昌疾驰而来，以为自己在宿店时有失礼之处，正疑惑，陈绍昌高举钱袋，交与王姓客人。后来，王姓客人携子登门酬谢，在鸡毛小店处，建立“还金亭”，以示不忘还金之恩。其功德被载入陈氏家谱。陈显寰先生所著《夙荒磨血传》中，亦有记述。

关于此亭的故事，还有另外一个版本。现年近九旬的安寿华老师说，他小时读书和尚坝私塾时，常见还金亭，四合院形式，亭宇轩昂，但传说是魏应伯家族拾金不昧，所建地点在凤家垅陈家湾地段。桑梓镇姜寿文老师也说，新中国成立前夕，他常路过还金亭，地址不在一中门口。一亭之事，百年之间，传说不一。可见，文字记载何其重要。

（二）格虎亭

从还金亭向东走不上四里，有座格虎亭，位于现在的资源村。亭宇名依《尚书·舜典》“格高五岳”之意。

话说顺治年间，有户李姓人家，孤儿寡母。子名李子和，因母重病，前往县城抓药。返回时，夜幕降临。行至山坳处，老虎挡路。李子和救母心切，并不害怕，向老虎求情说：“虎啊虎，我是你口中肉，等我将药送回家，再送你吃也不迟。”虎果然让了路。李子和回到家里，将药煎好，给母亲服了之后，便把途中遇虎并与虎相约的事告诉母亲，且说不可失信。母依其言，鼓励儿子说诚心重于孝道。于是，李子和辞别母亲，前往山坳。老虎依然待在那里等他，见李子和来了，唯恐惊吓到他，伏地不起。李子和走到老虎身边，吓得身软如麻，禁不住恐惧晕了过去。老虎并未伤害他，而是像家犬一样扇着耳朵，摇着尾巴，晃晃脑袋跑进了山林里。李子和醒来，见老虎走了，很久才回去报告母亲，母亲很高兴。故事流传至李子和七世孙李长檀，李长檀于清光绪十一年（1885 年）参加殿试，幸会翰林院编修、著名书法家曹中铭。他们是同乡，且曹中铭早闻李子和孝母感动虎的故事，便欣然应李长檀之请铭题“李子和孝恩感虎处”。后来，李氏族人在子和遇虎处修建了格虎亭（图 8-5），竖起一块 3m 高的石碑，雕塑了栩栩如生的石虎，刻上了曹中铭的题词。李子和十世孙李贡书的跋刻在正中间，记载了修亭立碑的始末。1966 年，格虎亭还保存完好，可惜 1967 年被拆毁。

图 8-5 格虎亭遗迹

（三）妹子亭

亦名“美兹亭”，位于桑梓镇的坪溪管区，今有亭址。相传有户童姓人家，只生一女，名草艳。为照顾双亲，草艳守闺不嫁。等父母过世，草艳韶华已逝，只能独自生活。她仁慈善良，一心向佛。见坪溪、坪烟道路陡险，人烟稀少，途中无歇憩立足之地，便将家中积蓄全部捐出，修建茶亭，并亲自烧茶泡水，奉献终身。故人们将此亭称为妹子亭。后来，人们认为亭名未将其善举行为充分表达出来，更名为“美兹亭”，又称“亦兰亭”；亭子所在地命名为“草艳垅”。

2014 年 2 月 21 日，姜寿文先生说“亦兰亭”是另一事，亭的上联曰：“茶亦清香味称陆羽；亭多才会情畅右军。”

（四）千金亭

在黄土磅茶亭、竹鸡界反背处，洪传政所修。洪传政是个铁匠，在宁乡时，有一贪官、将金子裹在“猪屎铁”里运回家，东窗事发，死于狱中。后来，贪官子孙没落，将“猪屎铁”贱价卖给了洪传政。洪传政得了这批藏宝生铁，举家离开了宁乡，泛舟水上，到了新化潘洋（现荣华乡境内），见地僻人稀，于是潜居下来。可是自从得到黄金之后，洪传政全家大小连年大便泻血，百药不解。洪传政是个手艺人，认为物各其主，于是大发善心，将所得之金全部用于慈善事业，修庵堂、架桥梁、施义渡、建茶亭，方保后裔平安。

故至今存有千金亭。

（五）桂榜亭

相传游子代（名游智开，一生为官，《清史稿·列传》载有其事迹）与桂榜山庵堂一和尚交好，和尚修炼成功，化龙入海，梦告游子代。游子代劝他从安化开道，因为安化是山地，人稀田少。和尚听了游子代的话，返过山坳，从安化将军江乡至渠江汇资江，新化、安化两县都没有受到损失。桂榜山风景优美，茶亭及庵堂门口十分开阔。

（六）九里亭

前人用老弓丈量，从上义亭上山，至竹鸡界，正好九里，故名“九里亭”（茶亭原有义田四亩，山土十余亩，现有界碑可考）。九里亭是张氏族人连五公独家捐资所建，又名“连五亭”。“大跃进”和“文革”时，茶亭失守，无人居住，道路荒芜。因过路人撰歌指责当地村干部背弃祖宗遗产，于是又于1975年组织修葺了一次，并派人居住。直到2000年，因住茶亭者无生活保障，自动离亭，亭才日渐朽败。九里亭上书的“九天甘露”依然熠熠生辉，亭联：“九天甘露沾途道；里巷仁风惠往来。”

（七）迪光亭

在曹船坳上，一苏姓老儒，怀才不遇，在亭上书联，以自己比苏东坡、米芾：“一径松风坡老杓；半江书画米家船。”认为自己的才华如四通八达的渠道，无须乡里来吹捧：“酌斟宛似衢樽设；记识何须里鼓鸣。”

（八）牛屎印（茶）亭

为谭姓所修，茶亭为什么叫牛屎印呢？据说，有一盗贼偷了农家一头耕牛（古代，一头耕牛就是全部家产，牛被盗走，就会损害一年的农耕，而且难买到上牛相的牛。据说那牛四脚踩在地上成“田”字）。贼把牛从栏里牵出来，牛知道不是主人，沿途拉屎。主人按牛屎和足印追踪，找回了牛，避免了经济损失。后来，主家感念牛之聪慧，在获牛之处建了一座亭子，该处的地名也被改为“牛屎印”。

（九）莫家（茶）亭

又名磨子界茶亭，为胡姓万学公后裔所建。茶亭据产丰富，有四亩良田，大片茶园山土。好几名茶农都争着住亭，住富了再回去。可惜的是修寨蜜水库时，拆亭将石碑作为了修水库的堤石。却有人记得碑上一首诗：“漫道羊肠曲折多，白云深处有行窝。乘凉略赏三竿竹，破迷因兴七碗锅。与亭相依忘祖籍，长临逆旅夜婆娑。劝君请早寻归路，莫恨奔波两鬓衰。”

古时，守茶亭、架义渡是无依无靠、家庭困难的人才干的事。能在碑上刻诗的人，很可能是外地来的落难人，且有很高的文化修养，懂得卢仝的诗。他在潦倒困窘的情况下，住守茶亭，故有此感。

（十）其他茶亭

在吉庆，只存有亭联传颂。亭左联：“清泉半溪渴尘尽洗，让他一步云路同登。”亭右联：“清风明月添行色，让水廉泉解渴尘。”

1. 石猪槽亭

在吉庆镇华山管区。只存有亭联，曰：“来是路兮归时路；得停车处且停车。”

2. 青枫亭

在桑梓，只存有亭联：“倦停且自由客侣；渴饮何须问主人。”

3. 九九亭

位于温塘镇，某人 99 岁大寿时捐资所建。亭联：“凿井饮清泉伫看康衢再唱；蟠桃欣结子幸会王母余甘。”又联：“画荻成文文子文孙更迭出；醴泉益寿寿身寿世两完全。”又联：“寿世济人道全慈孝；醴泉益寿渴解清凉。”

4. 引善亭

在圳上蒋冲界。其联曰：“引动松风留好客；善烹井水利征夫。”

5. 仕梅亭

在圳上松山。其联曰：“仕路初开钦若祖；梅林止渴诳行人。”又联：“仕苟过亭无妨驻足；梅林止渴曷若清心。”

6. 半山亭

新化有三座茶亭名为“半山亭”（另两座为桑梓半山亭，洋溪半山亭），此处所言“半山亭”在圳上松山，其亭联曰：“半为利半为民忙中暂息；岭以南岭以北过去还来。”

7. 继志亭

在圳上松山。据传，陈涤资的继父陈疑道在弥留之际交代陈涤资：“我有一件心事没有完成，你要去完成我的心愿，为我筑一座亭子。”涤资尊诺，建继志亭。亭联曰：“继父建亭原先有意；志在行旅莫谓沽名。”

8. 竹园亭

位于圳上龚家桥，亭联曰：“左右溪山禽鱼松竹；周旋进退伊侣椅园。”

9. 新泉亭

在圳上方乐村，亭联曰：“新建数椽到此少停倦足；泉流万斛烹来奸润枯肠。”

10. 所憩亭

又名“黄毛界亭”，在黄溪、俄溪、大熊村与株梓交界处。其联曰：“此处望无梅喝杯茶去；空亭煨有火卿筒烟行。”

1993年，地方捐资对该亭进行了复修（图8-6）。向礼柔、刘鼎铭先生有诗赞曰：“黄茅界上景观多，极目搜奇费揣摩。庶木摇风情缱绻，诸峰列阵影婆娑。山岚浮艳花增色，野径幽深鸟放歌。所憩亭前南北路，有谁息隐入烟罗？”

图8-6 白溪镇大熊村所憩亭

11. 浮溪铺亭

亭联曰：“浮云富贵等闲看，若将若相若王侯，无如此一曲笙歌一场春梦；青史芳名亘古永，曰忠曰孝曰节烈，决不染半分污垢半片尘埃。”

12. 株木亭

在圳上株梓。亭联曰：“山驿当前息肩好上孟公岭；梅城在望取道须经伯仲亭。”又槎溪乡株木山亭联曰：“地属寨边，济世犹存先祖泽；风当巷口，披襟不让大王雄。”

13. 水月亭

从白溪沿江而下，在悬岩上建亭，亭下是深潭。亭联曰：“水泛乳花留好客，月底茅舍促征人。”

14. 上义亭

从滩下亭到汪家塘，正五里，名“上义亭”。亭联曰：“上位暂留君子驾；义将方结旅人缘。”

15. 石山亭

从资江沿河而下，到潘洋地界，为纤夫休憩之所，岩上留下了深深的篙痕，记载着纤夫的辛酸。亭联曰：“帆影都随流水逝；纤夫永驻悬岩间。”

16. 分水岭界茶亭

亦名“横溪西云山茶亭”，离曹公坳茶亭七里处。亭联曰：“分客各从南北来止鞭歇马；水流异向东西去汇海成洋。”

17. 白（云）安茶亭

亭联曰：“茶热酒香客到；日照风细花开。”

18. 天马山（茶）亭

在西河境内，亭联曰：“天马双蹄踏滑石；犀牛独角卧龙潭。”

19. 一天平（茶）亭

天平就是秤，意为称量过往行人的道德品质。其亭在从大官溪去中家庄的石坳上，此处常有猛虎出现，20世纪50年代，茶亭墙上还书写着“此地有虎，行人小心”的警语。其联曰：“前路赤日炎炎，试问能行几步；这里谅风飕飕，何妨暂坐片时。”

20. 天门界茶亭

属横阳孟公，亭联曰：“天门无坎人难入；山地有亭旅相通。”

21. 三村亭

在横阳北丰，亭联曰：“三军不必思梅岭；村酒何须问杏花。”

22. 琅塘风月亭

在琅塘川岩，亭联曰：“川上流泉滴为甘露；岩前越荫惠以清风。”

23. 古塘茶亭

在石门通往横阳的地方，亭联曰：“聊以息肩坐片刻不分宾主；亦堪适口饮一盏各自西东。”

24. 风月亭

在横阳桥头基隆山坳上，亭联：“风入座中松声唰爽；月沉水底石骨澄清。”

25. 香炉岩（茶）亭

亭联曰：“莫嫌峡山三间屋；常备清凉一碗茶。”

26. 方家坳（茶）亭

亭联曰：“暮鼓晨钟惊醒几多名利客；经声佛号指引不少迷路人。”因靠近仙姑寨，故有此联。

27. 善寿亭

亭联曰：“善行善言一部阴骘文得老而功高盖著；寿身寿世千家儿女命微斯人其谁与归。”

28. 大与亭

位于茅田大横沙禾树坳，清嘉庆年间修建，亭名“大与”，谓工程之大，非与人莫所为，乐取于人以为也。修建乡村公路时，拆除了一部分，古碑尚存，内有育婴碑记。

29. 望云亭

在文田村牛轱田，与隆回望云山对峙，建于清嘉庆年间，咸丰、宣统年间两次补修。其联曰：“四大皆空坐片刻不分尔我；两头是路吃一盏各自西东。”

30. 继述亭

在文田王家坳桐树坪，罗光聪遵母命，故名“继述”。其联曰：“野鸟有声开口劝君聊且息；山花无语点头笑客不须忙。”

31. 水星亭

在内草坳，亭子有不少固定资产，有茶园数块，柴山一片，良田数亩，守亭者每年交租谷八石。亭联曰：“水出高山其名则美；星罗四布落地方荣。”

32. 节寿亭

在菁田楼下，罗世楫为母陈氏建。亭联曰：“严寒何忍行客身倦怠堪止步；酷暑难耐骚人马疲可暂停。”

33. 福荫亭

在楼一卜张公岭，处新化、溆浦两县要道。唯此亭至今茶水供应不断，福荫永存，难能可贵。

34. 抱肚界茶亭

在文田抱肚界，地处深山密林，人烟断绝。行人之苦，莫过于此岭，殷实者解囊相助而建亭，后遭毁坏。清末，罗德用将近地田庄、庄屋捐出，恢复旧有亭宇。

35. 继顺亭

在文田杏子坳。罗静川好施，舍于路旁，常置炉火设罐樽，候过往者斟酌，相与嬉笑而去，不记资酬。欲建亭施茶，不幸六十六岁死去。长媳刘氏念翁之志未竟，命藻富、藻望、藻丰、藻芳四子，续成其事，取名继顺亭，谓续祖志顺慈命之意。

36. 绳武亭

在文田东易家山，罗楚才原拟在廖家坝建棠憩亭不果后，其长孙罗世彦在易家山以成先志，故以“绳武”为名，取《诗·大雅·下武》中“绳其祖武”之意。

37. 寨边亭

在洋溪寨边，其联曰：“远岫层层罗柴戟；平林密密布瞻帷。”

38. 石泉亭

在洋溪火烧岭，有亭东联，亭西联。亭东联曰：“石冷松清不须靖节消尘俗；泉香水洌可使相如解渴思。”亭西联曰：“石下有清流活火煮茶能解渴；泉边多有树参天蔽日好乘凉。”

39. 一字界（茶）亭

在天门乡，亭联曰：“亭对天门开铁锁；洞藏龙虎响铜锣。”

40. 东岭双江亭

在游家东岭村。亭联曰：“双手拨开云得路；江流汲出水烹茶。”又联：“双溪幽似修仙地；江水浑如送客船。”

41. 顾问亭

在东岭土地坳，亭联曰：“顾影堪怜杯中岁月催人老；问津可指马上功名衣锦还。”又联：

“顾声帝子今何在；问道王孙胡不归。”

42. **滑石大与亭**

在西河镇天马山，亭联曰：“大地开汤瓯境界；与君息车马风尘。”

43. **普济亭**

在孟公镇，有两联。东联曰：“普座沾春风夏雨；济人以甘露醴泉。”西联曰：“普瞻茗战持蝉翼；济及蓬飘驻马蹄。”

44. **东迎亭**

在横阳西云山，亭联曰：“东友如三伏；迎客有凉亭。”

45. **吉寨茶亭**

在锡溪，其联曰：“曰帝曰佛曰圣人名光日月；安刘安汉安天下至在春秋。”

46. **紫鹊界（茶）亭**

地处当今旅游胜地紫鹊界。

47. **白水亭**

从白溪镇往东羊桥过铁山江，到杨桥，上千级石蹬，亭建其上，曰“白水亭”（图 8–7），何谓白水？因靠天下雨。亭联曰:“白水从天降；亭风贯路通。”

图 8–7 白水亭：建于清同治四年位于吉庆镇杨桥村

48. **十里亭**

在大熊山十里坪。亭联曰：“十里屏开独标清胜；熊峰鼎峙半吐精华。”此联对仗不工，却深藏典故。话说乾隆的祖父是大熊山人氏，因饥饿偷了财主的炊食，被乡规民约活埋在蜡烛山上。其山与熊山对峙，遥相呼应。活埋人的情景，用“半吐精华”，彰显灵气，象征乾隆的发达。

49. **陶公亭**

在洋溪白塘，亭联曰：“富贵荣华烟云事；功名利禄勿追求。”

50. **梅山亭**

在县治南四里，宋熙宁所开梅山上，秀峰环拥，陇亩四望，为是邑山水之胜览，建元毁。永乐三年，知县萧岐修复斯亭，寻废，碑尚存。嘉靖戊申，知县余杰捐资，同主簿周经、典史张槐重建亭宇，不扰于民，而一旦规制焕然。邑人刘轩撰记，见《艺文》。自是大夫士凡郊游饯赏，每聚首于此，咸称盛举也。

51. **劝稼亭**

在县治北。景泰间知县潘全创。正统间重建，当农务方殷，长吏以时循行，劝课力农者，自相敏于其事，乡耆立亭以憩之，故名。训导蔡硅有记，士夫有诗。今废。

52. 超然亭

去县治西南一百里文仙山上。宋淳祐间建。昔文斤公居此山，号超然子，以其登眺有超然物外之兴，故名其亭以志之。

七、亭 记

（一）澄清亭记

自古胜境不一，皆有琼楼画阁，以为游观休息之所。而地以人显，往往以嘉名赐之，谓名之有所取乎！阙里胡，为传人圣之居；陋巷胡，为寄高贤之迹。谓其无所取乎！则彼所云，丈乡武里，让水廉泉者又何以称焉，渡之有澄清也。纤尘不染，源远流长。溯洄道左一苇是杭，可以鸯胸怀之洒落，壮气度之汪洋。吾不知仙足名者，始是何？毋亦留心济物，堪为一世之津梁，因藉是以纪国家之瑞乎！故不闻鸠工运石，为飞阁流丹，上下天光，与揽辔澄清之思；相与辉映。斯亦一时缺事也。岁辛卯，都人士相聚而谋，将置义田于渡之傍。越壬辰而议定。遂买膏腴之壤，募人耕之，收口粮为舟子衣食计，馀以备酪奴暨�首鸭头之朽坏，而后乃令建亭。余观亭之翼然在上也：春水泛绿，浪破桃花，一碧万顷，汪洋无涯，望洲中之小艇，疑海上之仙槎。既棲迟之有所，亦羁旅而忘家。已而烟波荡漾，气烈如烘，渴麈万斛，室远途穷，饮一滴之甘露，生两腋之清风，问征夫以前路，恍嬉游于光天化日之中。未几潦水净而寒潭清，秋光兮青冥合，夜色浮兮白露横。帆来远甫，铮铮锵锵，时闻有金石声。凭栏远眺，亦足以畅叙幽情。迨至雨雪霏霏，行道迟迟，冰坚冻厚，寒气沁脾，舟临彼岸，良久难移，肤裂指堕，俟立何依。有亭若此，宾至如归，斯皆亭之胜概也。今都人士，同心协力，不日告成，即名其亭曰澄清。迁客骚人，方将挹彼清流，相与咏歌，其盛俾四方之问津者，不以此为武陵之迷径，而以此为湘邑之名区。则人杰地灵，将必澡身浴德，涤虑洗心，负作舟之材。之具者，潜于其间，亭出而应国家之瑞焉。然后知澄清之名之果有取尔也。

（《胡氏族谱》清咸丰十年冠曹朝宗学海氏稿）

（二）梅山亭记

新化为宝庆属邑，地势阻僻，山林茂密，然民俗简朴，亦颇有古意焉。今邑宰萧侯、二尹罗判簿冼同寅协恭，兴坠举废，逾期而政理教通，民和物宜。

一日公暇，偕寻旧邑南至五里许，得胜境曰“梅山”，四面之峰峦林壑迎趋拱揖，竞秀呈奇，翠紫纵横，烟云开合若图画，鲜明旋绕于兹山，使人周览环观，心神飞动，恍出乎尘埃之表，咸谓宜建亭于斯，寓暇日之观游可也。邑之耆老有晋而言曰："相传是山，初无草木，一夕忽有梅枝插石上，日就荣茂，岁久凋枯，根干已经尽，昼犹见影于石，众以为仙迹，乃建亭于其上而有'梅山'之扁，邑之号梅山者，亦由是也。昔之为邑者，盖尝以为观游焉。兹亭虽不存而名未泯也。"侯乃跃然喜，慨然叹曰："是何先得我心之同哉？"于是抡材命工而复斯亭者。

（原载明嘉靖《新化县志》，学训导杨世行撰）

（三）重建梅山亭记

梅山，距邑南四里许，石峦特起，周匝可十余丈，列嶂环拥，秀水带映，烟云花鸟，萃丽献奇，实囊括一方之胜览也。山曷以梅称？或谓汉臣梅鋗之家林寓焉，或谓昔传一夕忽有梅枝插石上，朝即荣茂花实，众以为异，故名。则是山之毓灵协瑞有自来矣。宋章惇察访有《开梅山》之歌，国朝萧邑侯岐尝建梅山之亭，已屹然为吾邑增重。嗣是岁月侵寻，芜为榛莽，百有余年，宦游兹土不知其几人，未有举其废者。

嘉靖戊申，邑大夫余君以江左名士来令吾邑，越三载，政清弄服，治洽风淳，而百度具以振饬，佐之以邑簿周群经，公毅明敏，恩施泽流，而经理之才猷宿著，邑尉张君槐惠爱孚而民心怀，均以能称者也。肆今四时宁谧，百谷用登，邦之人士偕得以享和平之福，而公庭之政亦多暇日，大夫乃相与徘徊嘉景，寻梅山之故址而构亭焉。损资命匠，罔劳民罔伤财，不逾月而阙功就绪矣。是役也，邑团郭君宸、周君莒、程君凌云适风化是邦，咸与赞襄之力焉。落成之日，诸公宴会于亭，予亦叨席之末，大夫举觞而属予曰："子，邑人也，当有言以纪厥美。"予因作而叹曰："事之兴复，固有其时哉？"予素景仰是山，每思恢复其旧，今遇大夫而一旦亭宇飞，焕然聿新，凡胜日芳辰，郊游饯赏，冠盖相仍，恒聚于斯，易荒秽而为瑰伟卓绝之境，可以庆是山之所遭也。噫，景得人而彰，人得景而美，如竹楼之胜概，兰亭之佳致，固以人而显者也，将俾是亭传之于四方，不与之媲美矣乎？遂撰次其颠末，镌诸坚砥以谂往来之观者。

大夫名杰，号南麓，直隶铜陵人。

（原载明嘉靖二十八年《新化县志》，进士邑人刘轩撰）

八、茶亭消失的原因

茶亭好处多，为何消失了呢？有三个主要原因：

一是因为茶亭是靠义田维持生活的，而义田大多是地主、富豪捐的土地。"土改"时将义田列入了分配方案，住茶亭的人也只能分到农民同等的土地。失去了义田山土的收入，茶亭也就没有经济基础而自然解体。当时，虽然政务院有指示："茶亭、桥梁等公益事业占有的田产保留不列入分配。"但农民不同意，大多没有执行。据统计，1957 年，新化县境内仍有茶亭 265 座。当时，由当地农业社解决守亭人员的报酬，政府给每座茶亭补助 20~45 元。至 1958 年"大跃进"时,新化县（包括冷水江）境内仅保存茶亭 68 座，原有茶亭大多变为农家住房。到 20 世纪 80 年代末，除山区少数茶亭外，多已不存在。

二是"大跃进"时大炼钢铁需要大量木材。茶亭是公物，不需做任何人的思想工作，喊拆就拆。

三是交通发达。新中国成立后，政府大力修建基础设施，乡村到处修建了公路，人们的出行时间大大缩短，不再需要中间歇息的场所。

茶亭的消失既有客观原因也有主观原因，与经济社会发展和时代的进步密切关联，不能完全归咎于人为的破坏和信仰的消失。然而，尽管茶亭随着时代的变迁而逐渐消失，但茶亭不会因时过而名易，不会因物亡而名衰，古代茶亭所代表的乐善好施之仁义精神，在今天仍然会绽放出璀璨的光芒。

九、双峰茶亭、茶联

双峰位于湘中腹地，新中国成立前为湘乡县中里。潭宝路贯穿全境，通过山路，还可通衡阳、涟源以及湘乡首里（下里，现湘乡全境）和上里（现娄底、涟源一带）等地。旧时，主道和人烟稀少的偏僻山路上，多有茶亭，供人们稍事憩息、饮茶解渴。双峰境内的茶亭文化品位颇高，每个亭子里都有颇具欣赏价值的对联。

梓门桥高桥村有一个规模较大的茶亭，因茶亭村名在撤区并乡时更改为"茶亭村"，原亭入口处有一联："为名忙，为利忙，忙里偷闲，且吃碗茶去；劳心苦，劳力苦，苦中寻乐，再拿壶酒来。"

青树坪镇北面数里之处有一座雷公亭，其亭联为："世路苦多歧，怜亡羊圣迷野，纵横错变弗相假，小坐山亭正前马；客游何太急，亏怜蛟鸲笑鹏，有余不足谁能纯，且当茗饮看浮云。"

青树坪镇南面数里处还有栗山茶亭，其联曰："栗里风清，看此日三径就荒，松菊犹存，好谢通旁名得客；山阴亭旧，念一时群贤毕至，少长咸集，共话江左永和年。"

栗山茶亭又一联："酒热茶香，过客莫叹征途苦；金戈铁马，松风时挟怒涛飞。"

有半山茶亭，联曰："半岭通佳气；山色入沧溟。"

甘棠茶亭联："荏苒半生，几度星霜催我老；纵横天地，长年风雨庇人多。"

锁石镇群力村与衡阳高汉交界的黄龙大山顶，有清峻亭，联曰："清泉不出山，毕竟能解人间渴；峻岭欲通汉，到此皆为顶上材。”

黄龙大山山腰有半山亭，其联为：“天半风烟，会当凌绝顶；空山草木，前不见古人。”

适意茶亭，联为：“适从何来，少安勿燥；意随所至，小住为佳。”

山斗枫树坳茶亭联为：“看两头都是大路；歇一肩莫误前程。”

石牛关口茶亭联为：“关塞山川，叹人世奔忙，猥奢望名扬利薮；口淡雅道，借亭边憩饮，好领会流水浮云。”

与邵东交界处的界岭茶亭联为：“界分湘邵；岭裂东西。”

十、涟源茶亭

（一）卧云亭

卧云亭位于斗笠山镇天井村大坳岭之上，为湘（乡）—安（化）古道上现存完整的唯一茶亭（图 8-8）。始建于清光绪戊申年（1905 年），建成于清光绪丁未年（1908 年），由晚清湘乡名贤邓起玉等倡捐主建。其整体建筑面积 142.6m^2，砖木结构，传统营造法式。正门石拱，壮美齐整；牌楼高耸，气势不凡。正门上之“卧云亭”大楷，笔力沉雄，雍容大度，出自晚清名家手笔。

亭内设有总管庙，立菩萨三尊。昔时亭志、议规、功德等碑刻，均保持完整，字迹清晰可辨。曾经两次修缮，1997 年、2007 年修缮情形，刻以碑记二块，嵌于亭内，诸多对联亦为修缮时新刻。

自亭门西出下山，见山路蜿蜒于丛林之中，青石板层层叠叠，此即湘安古道之组成部分地段。建成之初，共有石阶二千余级；惜岁月沧桑，现仅存六百余级而已（图 8-9）。

图 8-8 卧云亭

图 8-9 卧云亭全景

卧云亭处于古湘乡、安化两县交界之境，当地民风淳朴，深受湖湘文化和梅山文化熏染。虽历经百年风雨，至今古道上依然有人往来通行，古亭内依然有人烧茶送水，仿佛从前。在国家交通高度现代化的今天，这是一道令人感慨万千的风景。

（二）仙麓亭

仙麓亭位于湄江镇仙峰村南，占地150m²，坐南朝北，砖木结构。仙麓亭有过亭、佛殿和厢房。过亭为牌楼式建筑，抬梁构造，风火山墙高耸，十分的美观，仙麓亭的门呈圆形拱门，门框上的题词“仙麓亭”三字，字迹遒劲有力，远远地望去十分美观（图 8-10）。在仙麓亭的过亭的墙上嵌有石碑，上面记载着当时修建庵堂的经过和捐资人的姓名。在仙麓亭的厢房内有神龛，上供奉着关公的神像，在两边有住房，供守亭的人居住。仙麓亭坐落在仙女峰的山坳上，是旧时湄江伏口通往桥头河的交通要道，也是远近闻名的风景名胜。

图 8-10 仙麓亭

（三）寿山亭

寿山茶亭位于七星街镇白鹞村管子山组地段（图 8-11），始建于1946年。系石、砖、木结构，茶亭宽 4m，长 13.8m，有佛殿、山门，两侧有厢房。茶亭原来是方便来往行人临时休息的地方，现在由罗桂香一家居住。过亭为牌楼式建筑，抬梁构造，风火山墙高耸，十分的美观，门呈圆形拱门，门框上的题词“寿山亭”三字，字迹遒劲有力，远远地望去十分美观。在寿山亭的过亭的墙上嵌有石碑，上面记载着当时修建庵堂的经过和捐资人的姓名。寿山亭坐落在山坳上，是旧时安化通往宁乡的交通要道。

图 8-11 寿山亭

（四）乐善亭

茶亭坐落于涟源市伏口镇半排村，乐善亭始建于清代康熙年间，后修补过两次，外有大型石碑十六块（图 8-12），留有对联曰：“吴之仇，魏之恨，仇恨中，

图 8-12 乐善亭遗址

有忠有义，单枪匹马为江山；刘为兄，张为弟，兄弟们，分君分臣，异姓结成亲骨肉。”此茶亭为历史上安化县八铺大道之中的重要地标，历史悠久。

（五）可止亭

茶亭坐落于涟源市七星街镇，可止亭始建于清道光年间，此后三次大修，有碑文可为证。内有关圣殿，可见人们对忠义之士的敬佩。如今外观房屋主次分明，保存尚完好。为人们通往安化县（梅城）的重要地标物，再往梅城走，前面是群山叠嶂，故而可止（图 8-13）。

图 8-13 可止亭

（六）劳止亭

茶亭坐落于涟源市七星街镇，劳止亭始建于宋，此后重建，又经历三次大修，有碑文可为证。内有关圣阁，如今房屋保存完好。为人们通往安化县（梅城）的重要地标物，人走到这里已经很累了，再往梅城还有很长的路，附近赶集经商者，在回家途中可以歇息一会（图 8-14）。

图 8-14 劳止亭

第三节 现代茶馆

一、娄底茶馆

（一）对影茶书苑

只做浮生避堇客，惘向对影茶烟处。邀三两茶友相会，一同品尝氤氲茶汤中蔓延出的芬芳悠远，用心灵的清疏，感受生活的美好，这是饮茶的真纯之美。在惬意宁静的时光中，于对影茶书苑闲坐，或静观复古情调中展开疏离又浪漫的往事，或轻折秦桑绿枝，开始一段幽逸的美学修行。风雅就是一种生活日常，一杯茶，一枝花。

饮茶是需要仪式感的。举手投足中，茶被赋予生命，人们才能在闻、品、赏、悦之间，获得心尖上的满足与平静。对影茶书苑打造的茶修学堂，专业讲师趣味详解茶经，带你寻找茶思的奥秘，感受茶之古韵的冥想。茶室成功举办上千次“跟着古诗学品茶”的茶修课程，培养爱茶之人达千余名，让每一个拥有茶趣的人能以茶修心，拥有对风雅之美独特的领悟。

不应辜负花枝去，且嗅清香倍饮茶。有道是美酒配佳肴，一壶好茶自然也要配一席静植，才能以茶为引，雅致相契。花的清心，茶的韵味，在这一隅高雅的茶室中交织，折枝插瓶，抬手弄茶，便有一种清香袭来，不谈悲喜，品茶习书，不争朝夕的闲情逸致。

一枝春花，几枝冬残，可以成为案上的风雅。对影茶书苑的花道课程，它给予对花艺痴迷的人一个学习的机会，让花道根植于心灵的土壤，拥有生发的温度，让审美的种子开出满枝的清香。

纵有清风十里，不如闲茶半盏，无论是清浅或是温暖的日子，对影茶书苑都将真心相伴，为生活增添一枝芬芳，摇曳生姿（图 8–15、图 8–16）。

图 8–15 对影茶书院

图 8–16 对影茶书院室内一角

（二）渌羽茶馆

2002 年 2 月，在涟源市人民路创立第一家清茶馆，白墙灰瓦，花格根雕，小巧精致，取名为“绿羽茶艺”（图 8–17）。谐音茶圣“陆羽”，寓意茶叶像绿色的羽毛，拂去浮躁，得静心绿地。2008 年，茶馆搬迁到涟水河畔，将“绿羽”更名为“渌羽”，“渌”意指清澈的水，寓意要学习水的善品，做厚德之人。2019 年，渌羽茶馆 17 岁，由最初的一家

图 8–17 渌羽茶馆荣获全面百佳茶馆称号

店发展成 4 家店，多次被评为“全国百佳茶馆”，湖南十大特色茶馆，湖南省茶馆协会副会长单位。

① **涟羽涟水店：**位于涟水之滨，倚于小桥之旁，楼外是枝繁叶茂，绿草茵茵，小池花园。室内樱花盛开，书声歌声，茶香菜香，轻餐果饮，一应俱全。而“渌羽”二字在楼外那绿荫之中，假山之上。与楼顶那八角观景亭相得益彰，尽显古典与现代之美。

② **渌羽卓越店：**位于涟源卓越建材城三楼，以素菜、插花为经营特色。素心素菜，茶语花香，大隐隐于市，休闲静心的好去处。

③ **渌羽光明山店：**位于市政府对面，闹中取静，交通十分便利，以商务休闲为主。冬天地暖设备开放，处处暖意融融，在寒冷的冬天坐闻香、品茶韵，已然成为最舒服的文化享受。

④ **娄底渌羽店：**位于新星南路娄底八中对面，毗邻珠山公园。窗阁亭台，回廊石柱，曲径通幽，可闻丝竹之悦耳，可观茶艺之舒柔，可吟诗词之大雅，可赏书画之神韵，可闻幽香之陶情。笔墨纸砚能抒怀抱，小桥流水还解风情。

漫步渌羽，体会中国茶之美。渌羽为这个繁忙之城，留一片休憩、清闲之地，喧嚣的尘世，留一方心灵的净土。

2004 年成立渌羽茶学堂，不间断进行成人和少儿茶艺培训，花艺培训，举办插花雅集，古琴古筝雅集，国学吟诵，节气品鉴会，汉服秀，读书会，亲子 DIY 活动。2019 年成立娄底渌羽职业技能培训学校，让茶艺走进校园，走进企业，走进社区，走出涟源，走向全国，走上舞台。

渌羽茶艺团队在 2012 年湖南首届茶艺大赛中荣获银奖一个，铜奖两个；2013 年荣获全国茶艺大赛三等奖；2016 年荣获全国首届茶界大直播电视大赛三等奖；2017 年荣获湖南职业技能大赛二等奖；2018 年荣获全国家庭茶艺大赛最佳茶席奖；2019 全国首届评茶员技能大赛前十佳；第四届全国茶艺大赛湖南赛区团体和个人双料一等奖；“大红袍杯”国赛最佳演绎奖，“武陵杯”技能大赛二等奖一名，三等奖两名。

（三）明惠春园茶庄

明惠春园茶庄位于娄底市春园北路春园公寓旁，是集茶、书、休闲娱乐为一体的高雅文化场所（图 8-18）。茶庄建于 2006 年，面积 $500m^2$，整体设计以和谐，合理的空间布局，尽显现代人忙里偷闲的意向与要求，古龙门，雕刻花窗，仿古灯

图 8-18 惠春园茶庄

饰等组件以及大量的字画或真或仿的古玩器具，渗透出高贵儒雅的氛围，给思想以沉淀升华，是艺术与人文相结合的经典之作。近 $200m^2$ 的空中花园，曲径通幽，隔离了城市尘嚣，宁静，悠闲，在给顾客提供完善服务的同时让顾客尽情享受心灵的静养。明愚春园茶庄于2010—2014年连续被中国茶叶流通协会，中华合作时报，茶周刊评为“全国百佳茶馆”。

（四）四合苑茶馆

四合苑茶馆创建于2007年11月，位于湖南娄底市娄星广场内，占地面积 $1000m^2$。现有8间湖景茶室，1间开阔的共享茶空间及 $600m^2$ 的苏州园林式院落，古朴素雅、环境幽静。这里以“商务清茶馆”为主题，同时融入了更多的文化艺术气息，可进行书画展览、茶壶雅集、公司会议等活动（图8-19）。

图8-19 四合苑茶馆

四合苑茶馆一直秉承有机健康的人文茶馆的原则，被指定为恒福、正山堂等国内优质茶具茶叶品牌代理，且茶馆馆主每年坚持深入核心茶区原产地亲自收茶、制茶，亲力亲为精心把关茶品，力求让每位茶友都品鉴到纯正、高品质的原生态好茶。

图8-20 天下梅山内景

（五）天下梅山茶馆

2003年，天下梅山茶馆在冷水江诞生，创建之初，之所以取名“天下梅山”，源自梅山地域的黑茶文化历史（图8-20）。

早在唐代（856年）的史料中就已记载“渠江薄片”，曾列为朝廷贡品，万历年间被定为官茶，大量远销西北。

图8-21 天下梅山品茗雅致清幽

天下梅山历经十七年的沉淀和发展，拥有自主经营的天下梅山冷水江店，天下梅山娄底旗舰店，天下梅山吉星园文化餐厅，天下梅山耕味坊特产，及全程运营的娄底市人大市政协机关食堂。现已打造从商务接待、公务接待到特色茶餐文化全系品牌，秉承民族之精神，推广梅山文化（图 8-21）。

如今，天下梅山不仅仅是一家消费休闲场所，更是一种文化符号，这里，六大茶类齐全，茶具茶器琳琅满目，在茶艺师灵巧的手下，把茶文化展现得淋漓尽致。在这里更能感受到梅山文化的神奇和无穷魅力，野性粗犷的新化山歌，勇猛刚烈的梅山武术，古老神秘的梅山傩戏催生出了具有血性的梅山人，天下梅山人砥砺前行，在传承中创新，带着情怀，带着梅山人的血性，在茶马古道上聆听那清脆的马蹄声。

天下梅山延续千年的历史文化，寻根问祖，演绎着我们的禅茶和餐饮文化故事。

（六）天地人和香

天地人和香茶楼，位于“吃在新化”的千年梅山古邑·新化县学府南路金满地商业广场，是一家集茶、餐、书、艺等休闲娱乐为一体的综合型茶楼。茶楼建于 2015 年，面积 $1200m^2$，整体设计以徽派建筑与文化为底蕴，合理空间布局，小桥流水，飞檐石雕，青瓦马墙，集山川园林之灵气，融传统风俗文化之精华，风格独特。其中开放式大厅面积 $700m^2$，大厅中央建有传统戏台，四周设有卡座，拱门回廊，曲径通幽，清雅、古朴而不失富丽气派（图 8-22）。

图 8-22 天地人和香茶楼室内一角

新化茶叶源于汉，兴于唐，盛于宋，明清时期贡茶，历史贡、名茶“奉家米茶”“渠江薄片”等常见于《茶谱》等知名茶文献巨著。天地人和香茶楼为新化茶产业协会副会长单位，旗下茶叶工厂两家，茶艺师 15 名，致力于传统茶艺、茶道、茶文化之复兴。偷得浮生半日闲，静坐庭前淡品茶，坐这青瓦飞檐楼亭之中，细品一怀地道新化高山茶叶，定有淡泊顿悟之意境，悠然雅趣之神韵。

汲传世，袭茗道，春末闲谈；谈古道，通幽径，朝花夕拾。远离城市尘嚣，宁静、悠闲，在给顾客提供完善服务的同时让其尽情享受心灵的静养。

（七）仁海茶艺

仁海茶艺（茶馆）位于世界锑都湖南冷水江市，坐落在美丽的资江河边。楼下江水汩汩，楼畔岸柳如烟，江风轻拂，白鹭翻飞；既可观长桥飞虹，又可眺苍崖翠岭；茶客临窗而饮，沉醉于青山绿水之中，神清气爽，身心愉悦。

图 8-23 传播茶文化中的仁海茶艺

仁海公司自 2010 年即在冷水江创办仁海茶艺（茶馆），其时定位于中高档茶馆，让茶客“饮有所乐，学有所得”，投资 300 余万元，配以红木家具，紫砂茶具，是一家以传承茶饮文化，以茶技、茶艺、茶礼、茶道为理念，以冷水江本土特色文化为主题的茶文化综合体验馆。营业面积 1000m^2，设有大小包厢 17 个，置有大厅自泡茶台，开有阅览室，备有轻音乐演奏间，辟有书画创作室，并陈列各类古玩书画。于此品茗亦可博览群书，挥毫泼墨，奏清音听雅韵。装饰中西合璧，融汇古今，风格典雅大气。公司从业人员 30 余人。

仁海茶艺（茶馆）为冷水江市四大茶馆之一。其诚心待客、服务周到、设施高档齐全、环境优雅幽静享誉湘中，曾接待过来自欧洲、北美洲及亚洲多国朋友和客人（图 8-23）。

（八）北京茶馆

北京茶馆位于新化上渡街区学府路与上梅东路交汇处，始建于 2012 年，总面积 800 多平方米，内设高档茶室二十余间。茶馆内，一步一景，曲径通幽。书画古雅，水景灵动。悠扬古琴与旗袍丽影，氤氲于徽派建筑与京派四合院落的完美镜像之中，构成了北京茶馆浓厚的文化底蕴，是古城新化一张淳浓雅致的文化名片（图 8-24、图 8-25）。

图 8-24 新化北京茶馆

图 8-25 新化北京茶馆室内一角

（九）天颂茶楼

天颂茶楼创建于 2004 年。“天”即天道，顺应自然，追求和美；“颂”即颂扬，弘扬社会正能量，祈求国泰民安。天颂旗下有 2 个茶楼，一个茶叶公司，现有员工 90 余人，其中副教授 1 人，经济师 1 人，茶艺师 12 人。天颂茶楼以经营特色茶饮为宗旨，冷江店坐落在城市中心商圈——信和广场，地理位置十分优越；新化店落户于火车站旁的温州商城，商贾云集，交通便利。天颂品牌创始人曾颂丰先生将天颂茶文化厚植于湘中梅山文化中，将中华优秀传统文化作为企业文化的灵魂，将家文化与茶文化紧密结合，将人文情怀与商道精髓有机融合，赢得社会各界广泛赞誉。

图 8-26 天颂茶楼新化店

天颂茶楼冷江店投资 300 万元，新化店投资 320 万元。两店经营面积 2000 多平方米，经营场所以大厅为主，同时配设卡座和包厢，能满足各种客户需求。店堂装修选取仿古风格，文雅大方，书香四溢（图 8-26）。茶文化是天颂独有的特色，大厅设有茶文化展厅以及书画创作展台，品茗之余，顾客雅兴所至，可以尽情泼墨。天颂还定期举办各种茶艺表演，创办了“天颂大学堂”，开通了网络直播平台，并在长沙注册了“湖南天颂茶叶有限公司”。

天颂以服务普通消费者为理念，致力于打造城市文化客厅，倡导“以茶论道，以茶会友，以茶聚心”，将服务质量置于至高无上的地位，让每一位顾客都能享受到星级服务。基于多年积累，天颂茶楼每年营业额达到数百万元，成为行业中的翘楚。

（十）天香茶馆

娄底天香茶馆坐落在湖南省娄底市中心城区娄星广场东面，其创建于 2001 年初，是娄底市目前茶馆业历史悠久、环境优美、交通便利、茶文化气息浓郁的茶馆（图 8-27）。

图 8-27 天香茶馆

图 8-28 天香茶馆荣获全国百佳茶馆称号

天香茶馆设计新颖、装修古朴、突出绿色、环保、古朴、清新、人与自然和谐相处的人文思想，集品茗、茶艺、茶点、茶餐、茶艺表演、茶艺培训、会所服务、琴棋书画、名茶卖场于一体，是品茗、聚会、休闲、商务洽谈、贵宾接待的首选茶馆，天香茶馆经营茶叶、茶具、礼品茶、企业订制茶、婚庆生日随手礼茶定制，山头收藏茶定制，其茶叶茶具来自全国著名茶产区茶农手中和江苏宜兴紫砂之乡的名师之手，质地优良、价廉物美。

天香茶馆秉承中国五千年优秀茶文化理念，致力“真茶真水，真情真意，真善真美、真诚守信”的中国茶道精神，坚持以茶悟道，以茶会友，顾客至上，服务第一的服务宗旨，2009年天香茶馆被评为“全国百佳茶馆”，2001年被评为“湖南十佳茶馆经理人”“湖南省百佳茶馆”（图8–28）。

天香茶馆在积极推进中国茶文化理念的同时创新发展，自于2008年以来先后创办了天香茗茶超市等三家连锁店，开辟湖南安化湖南坡野荒黑茶生产基地，在省城长沙设立湖南安化湖南坡野荒黑茶运营中心。天香茶馆以优雅的环境，优质的茶品，热情的服务，致力中国优秀茶文化传播，使广大茶饮爱好者从天香楹联“坐久不知香在室，推窗自有蝶飞来”的意境中感悟美好人生，升华理想信念。

（十一）群芳园茶庄

群芳园茶庄成立于2000年初春，以秉承弘扬中国传统茶文化为宗旨，集品茗赏艺、茶叶、茶具销售为一体、名家紫砂壶、名家字画、仿古器具鉴赏的高雅清茶馆。

群芳园茶庄始终坚持创造专一、专业的茶文化、高起点、严要求，努力打造群芳园茶艺整体形象，荣获“3.15消费者信得过单位”“再就业能手”“娄底人喜爱的名店”，全国第一批“四星级茶馆”等殊荣（图8–29）。

为配合“茶为国饮，共同创造和谐娄底”的建设目标，给喝茶爱好者提供一个清雅、专业的茶世界，本店内设包厢12个（大、中、小），大厅可容纳30人，室内外装饰遵循中国传统风格“复古、典雅、肃静”。茶庄主刘斌先生热情欢迎各茶艺、茶道界及品茶爱好者人士莅临指导，共同推进中国茶道文化的研究与发展。

图8–29 群芳园茶庄

群芳园茶庄的经营理念是“以诚信为本，以品质求生存，以服务求发展”。群芳园茶庄服务宗旨“顾客是上帝，顾客永远是对的”。群芳园经营开办原则“微利经营、广交茶友”。

（十二）尚一茶庄

尚一茶庄创建于2012年11月，位于风景秀丽的孙水河畔，是以现代、简洁、明亮的中式家具元素为主题，集品茗、餐饮、茶叶、茶具及南红玉器、石器销售为一体的会友之所。

图 8-30 尚一茶庄

尚一茶庄是娄底市首家五星级茶馆，占地面积 700 多平方米，兼具茶艺厅、棋艺包厢、书画创作室、雅座等精品商务休闲茶庄（图 8-30）。茶庄既可以欣赏优雅古典的茶艺、书画，又可以聆听古今经典歌曲，在“和静清寂”的空间里放松身心，追求雅逸生活。被誉为娄底市文学艺术联合会创作基地、娄底书画院创作中心、湖南城市学院娄底校友分会。简洁古朴的风格和深厚的文化气息，吸引了文艺界和书画界人士在此谈古论今，挥毫泼墨。名家精品力作多悬于茶庄内，使尚一茶庄文化底蕴更浓，人文环境日趋高雅。

尚一茶庄一直倡导员工做人要讲德，做事要讲真，追求茶德之清尚，待客始终如一的服务理念，以求真务实的态度，细致温馨的服务，一心一意为来自各方的朋友奉上一杯好茶。

（十三）茗泉阁茶馆

图 8-31 茗泉阁茶馆内景

茗泉阁茶馆历经二十几载岁月沉淀，从 1996 年的绿竹楼茶馆到 2008 年的花之茗人文茶馆，后全面升级为茗泉阁茶馆。茗泉阁茶馆是一家以茗品、书画为主题的大型人文茶餐馆，位于冷水江市资水河畔，这里紧依滨江公园，景色秀美，书香茶香，古色古香（图 8-31）。

店内营业面积 1500 多平方米，设有大小包厢 35 个，是名家书画创作及茶文化大讲堂和茶艺师培训学堂。有各类茶叶茶具样品展示厅和卖场、有雨林古树普洱，新化红茶，福鼎白茶等各类品牌茶叶，便于茶友们品鉴、交流、选择好茶。

茗泉阁茶馆始终坚持以传承和弘扬中国传统茶文化为己任，倡导健康生活方式，为传播茶艺、茶道、茶文化、书画等和推动本地茶产业发展做出贡献。2017 年承办湖南省“武陵味道特色餐饮茶文化”冷水江赛区茶艺比赛，获得冷水江市一等奖，娄底市和湖南省二等奖。并以出色的组织能力获得优秀组织奖。

数十载的沉淀积累，使得茗泉阁茶文化底蕴更浓，人文环境更雅致，是难得的修身养性之地，品茗交友之所。

（十四）名人聚茶休闲会所

名人聚茶艺会所创建于2009年，坐落在双峰县永丰镇城北杏林路。会所紧临湄水河风光带上游，东览文塔山，南摄风雨桥，右邻女杰广场。门前高树掩映，风光秀丽，湄水经过，波澜起伏，韶光闪灼。室内装饰精美，现代风格与古色风貌交相炳焕，相得益彰。

该会所是一家传承茶文化、礼仪、休闲为一体的聚人茶楼。经营的茶叶品种有本土茶和各种名茶，经营场地2000多平方米，茶室15间。人们在此处能品着茗品，放松心情，畅谈天南海北，互倾冷暖人生，或交流思想，增进了解；或棋牌对弈，调整心态，以减轻工作生活带来的压力，收到愉悦心情的效果，获得有声有色的生活，尽情享受人生的乐趣。

二、茶 摊

娄底茶摊自古就盛行，当初主要在渡口码头、茶亭等行人流动较多的地方摆放，茶摊免费提供茶水，供过路行人饮用（图8–32）。摆摊人以行善乐施为目标，为过路行人提供方便。随着社会的发展，茶摊渐渐发生变化，出现专业性的茶摊，为过路行人提供茶水，并进行收费。服务也更为完善周到，比如提供喝茶用的桌椅，喝茶也更为讲究，有专用的喝茶碗、喝茶杯，提供茶点心。娄底茶摊一直持续到新中国成立前，大多在集市码头等行人较多的地方摆放。

图8–32 资江北塔的茶摊

2015年，随着新化资江风光带的建设完成，资江风光带雅致的环境，宜人的风光，成为市民休闲、散步、跳舞、练拳的好地方。到了晚上6点以后，市民会聚集于此，放下一天的紧张劳累，享受难得的夜晚时光。适应市民晚上休闲生活的茶摊应运而生。

最早在资江风光带摆茶摊的为汪从容，茶摊名为“资水茶话”，摆放了约30只茶桌。茶桌为木制可折叠简易桌，方便收摊，一个茶席为茶桌一只，竹椅四只，可随时提供茶水和茶点。茶摊摆放在环境优雅，场地宽敞的露天处，一般茶摊在晚春至秋初摆放，下午五点开摊，12点收摊，下雨天则停止摆放。

茶摊收费便宜，被称为10元茶，即：茶水10元，点心10元。一杯茶，一盘茶点，三五人聚集聊天，在优雅的露天地方，喝喝茶，放松心情，成为市民休闲方式。

随着茶摊生意的火爆，参与摆放茶摊的人不断增加，茶摊受到了新化县委、县政府的支持，目前在资江风光带两岸摆放茶摊的有十五六家。茶摊的增加，竞争加剧，茶摊服务项目也更加完善，开始注入茶文化元素。比如茶桌上摆放灯笼，茶摊中心位置设置小舞台，邀请茶艺、文艺人员进行茶艺和文艺表演，给茶摊增加了新特色。

新化茶摊最为成功的是资水茶话，茶摊摆放60桌，高峰期市民要排队等候茶位。资水茶话摆放在北塔公园临资江处，可远眺资水风光，一杯茶，看资水奔流，月光洒落江中，月移塔影过江来，秀美的风光，就落入了一杯茶中。再听一曲二胡或古筝曲，那日子真的非常美好。

茶摊的出现，极大地方便了来资江风光带休闲的市民，受到市民的追捧，发展成为新化喝茶的新时尚。茶摊作为一种低消费、简单方便的饮茶方式，为传播茶文化，推动茶消费，使茶叶进入寻常百姓家起到了良好的带动和示范作用，促进了新化茶叶产业的发展（图8-33、图8-34）。

图8-33 邀三五好友，席地而谈，品一杯新化茶

图8-34 在昏暗的灯光下，你坐这头，她坐那头，素雅如初，捧一杯茶，绽放着初夏迷人的芳香

茶文

第九章

第一节　茶文学作品

娄底有关茶的文学作品很多，留下了很多著名的篇章，通过对茶的描绘，表达对茶的赞美，或描写产茶的兴旺，或以茶的品性以意寓人，又或以茶比拟人生，使爱茶和饮茶成为一种文化现象。

一、诗 词

（一）咏新化茶诗词

茶　赋

夫其涤烦疗渴，换骨轻身。茶荈之利，其功若神。则有渠江薄片[⑥]，西山白露，云垂绿脚，香浮碧乳，挹此霜华，却兹烦暑。清文既傅于读杜育，精思亦闻于陆羽。若夫撷此皋卢，烹兹苦茶，桐君之録尤重，仙人之掌难逾。豫章之嘉甘露，王肃之贪酪奴。待枪旗而采摘，对鼎以吹嘘，则有疗彼斛瘕。困兹水厄，擢彼阴林，得于烂石。先火而造，乘雷以摘。

吴主之忧韦曜，初沐殊恩。陆纳之待谢安，诚彰俭德。别有产于玉，造彼金沙。三等为号，五出成花。早春之来宾化，横纹之出阳坡。复闻湖含膏之作，龙安骑火之名。柏岩兮鹤岭，鸠坑兮西亭。嘉雀舌之纤嫩，玩蝉翼之轻盈。冬芽早秀，麦颗先成。或重四园之价，或侔团月之形。并明目而益思，岂瘠气而侵精。又有蜀冈牛岭，洪雅乌程。碧涧纪号，紫笋为称。陟仙厓而花坠，服丹丘而翼生。至于飞自狱中，煎于竹里。效在不眠，功存悦志。或言诗为报，或以钱见遗。复云叶如栀子，花若蔷薇。轻飚浮云之美，霜笴竹箨之差。唯芳茗之为用，盖饮食之所资。

（宋·吴淑）

过新化文仙山下[⑦]

一县绿荫里，江山似永嘉。丁男多过女，子胥半输茶。

（明·谢梅林）

---

⑥ 作者所列渠江薄片产自湖南新化。
⑦ 文仙山今属隆回县罗洪，原名文斤山，原属新化县境。

潮水浦午炊[8]

春光欲尽日九十，客行已过山万重。闲看平地突虎兕，时观古木腾虬龙。

石船有树可凉坐，村碓无人从水舂。烧笋烹茶饭卓午，穿花度竹溪溶溶。

（明・萧世贤）

龙溪驿[9]

空馆挂蒲鞭，前庭思黯然。断碑依草卧，高树与云连。

茶灶添新火，诗囊检旧编。夜深谁作伴，风雨对床眠。

（清・曾瑶）

新化怀古

新化何年邑？经营自宋中。畲田仍粤俗，板屋有秦风。茶长家家课，溪流处处通。晴岚朝晻霭，晦雾夕溟濛。蚺挂长棕树，鸠鸣苦竹丛。潮生泉洞湿，仙去石船空。城郭山川险，西南郡国雄。争危明辙，绥辑赖群工。无欲真能化，伐谋岂在攻。病予樗散甚，问俗愧乘骢。

（明・丹泉杨祐）

横阳山[10]

乌金白铁由来产，尚有茶园隔岁花。不上头纲充土贡，天怜山邑作生涯。

（清・张家）

履福桥

长虹横亘激云霄，十里溪光锁画桥。碧瓦临风迷曲港，红栏映水带春潮。

剜苔碑剩青烟篆，煮茗香随绿乳遥。此地可能容驷马，留题他日姓名标。

（清・黄发邑庠生[11]）

---

⑧ 嘉靖年间的一年暮春，刑部郎中萧世贤来宝庆（今邵阳）公干，在潮水铺吃午餐，公馆歇宿，浅酌低吟。潮水浦，新化县潮水乡。

⑨ 龙溪，今新邵县龙溪铺镇，原属新化县境。曾瑶，新化人，有才子之称，此诗作于清・嘉庆年间。

⑩ 作者系嘉庆年间湘潭人，横阳山为今新化县孟公镇。

⑪ 邑庠生，即：秀才。

盛世品茗

渠江薄片，黑茶之宗。足珍弥贵，天下闻名。一杯独品，两腋生风。亲朋相聚，商贾沟通。客来烧活水，兴逸品佳茗。抚琴吟诗赋，把酒论交情。漫步竹篱下，神游仙境中。无世俗之物欲，有陶潜之心情。唐朝开茶道，现代有传承。诗人曰：盛世品茗。

（陈建明，2013年）

题渠江薄片

曾是皇家贡上茗，千年流韵紫禁成。一杯小啜生甘露，顿觉心舒眼放明。

（陈建成，2014）

（二）渠江源论茶诗集（2017）

渠江源风景

岩壑披藤绿，清溪冷欲流。到门乔木盛，隔叶鸟啼幽。

石级摄云脚，晨曦醒野畴。山南茶圃大，匀得一丘不？

（省吾斋主人，辽宁人）

渠江源景区（新韵）

鹊界桃源渡，渠江自此开。林深闲锦雉，径野冷苍苔。

汉月真明也，唐风甚快哉。闻筇敲栈道，疑是慕茶来。

（懵懂野叟，山东人）

题新化渠江源景区古瑶人遗址

翠竹茗茶千仞峰，寻幽神界策孤筇。拏空枝荫秦时径，侵野草迷汉代踪。

世乱无妨归白髮，河清自可见苍松。邑人不解兴衰故，合与烟尘一任封。

（南阳郡人，重庆人）

题新化渠江源景区

迭嶂层峦锁冷烟，迷途独得旧渔船。越空惊见逃秦地，遗世逢多品茗贤。

曲径荒凉藏栈道，远峰跌宕列梯田。小亭台畔苍松老，倦倚龙鳞学悟禅。

咏渠江薄片

春风约略已还家，暂洗纤尘将饮茶。味极浓汤何用辨，香笼薄雾不须遮。

自开清韵来仙界，善养灵根驻碧霞。弹指人间千岁过，扶杯一笑证龙蛇。

（零落一身秋，江苏人）

渠江源

蔽日层云接大巴，沥泉欢跃会金沙。渠江曲折涵苍碧，葱岭绵延思黑茶。

闻道仙风生极品，不疑灵气酿菁华。麝檀沁润春消息，渴许龙庭望奉家。

（江南春，江苏人）

题渠江薄片茶

早春苍润喜初匀，细剪瑶山一朵云。日月精华臻至美，冰霜磨练领前军。

烹来片玉何妨薄，比似琼浆了不分。遥想谪仙新解酒，清词草罢海天闻。

（廖国华，湖北人）

咏渠江源

人间行路难，到此小盘桓。扑眼皆春色，凭栏一梦寒。

欲寻茶马道，先渡奉家滩。最喜清溪上，琴心日夜弹。

（心魔，湖南长沙人）

渠江源二绝

浅映青青淡月牙，姑娘河畔试新茶。忽然一阵山歌起，漫随渠水到瑶家。

恨被渔夫识本真，桃源顿失武陵春。世人皆曰归新化，犹有渠江未染尘。

（刘安定，湖南湘潭人）

渠江薄片茶⑫

宜煎宜煮亦宜冲，五泡依然汤色红。一盏回甘千载后，舌尖犹沐大唐风。

（白跑堂，湖南益阳人）

⑫ 渠江薄片乃黑茶鼻祖，唐末即为朝廷贡茶。

新化渠江源景区三首

渠江薄片

薄制一枚玄铁寒，方圆休作五铢看。石泉瀹쁘仙灵气，千古风云绕舌端。

茶溪谷栈道

远离王化外，幸免雾霾侵。曲栈穿云出，飞泉挂石吟。

乐山还乐水，清肺更清心。鸠杖鹖冠叟，烹茶披素襟。

姑娘河

断崖初日翠岚收，理棹佳人字莫愁。欸乃一声江水阔，间关百啭楚山幽。

茶园缥缈忙村女，春色尖新入竹篓。野老樵苏古藤下，闲看童稚弄鱼钩。

（高林生，湖南人）

渠江源

曲栈渠江出奉家，凭栏溯水赋桑麻。几分山色余青霭，一脉溪声沁黑茶。

脚下烟云能展翼，人间殊胜本无华。劝君暂绝红尘客，观瀑亭中试月牙[13]。

（张红果，湖南人）

题新化渠江源景区

幽境隐渠江，声名未是逢。山深迷远客，泉古润高腔。

不二冲中槚，姑娘河畔幢。分茶唐宋味，好与话西窗。

（柳堂，湖南新化人）

咏渠江薄片（茶）

养晦山中莫计年，精华酿就夺天然。仙姝雾笼风姿卓，瓦鼎松烧美味旋。

醒脑无须奔药圃，开喉有韵出丹田。寻诗独向渠江问，绿蚁红裙暂靠边。

（雨农，湖南新化人）

咏渠江薄片

横断山深处，奇茶莫可名。街谈多本事，火种半原生。

月照溅溅白，风回的的清。西窗谁煮雪，闲品夜三更。

（船村，湖南新化人）

⑬ 渠江所产月芽茶为中国名茶。

茶溪谷望古桃花园

溪山坐久已忘机，四面青岚欲湿衣。秦晋尚留干净土，蛮荒长诵太平诗。

来听鴂舌幽亭外，渐起茶馨小酌时。欲与佳朋二三子，一秤日影落残棋。

读经亭

小亭重坐待茶煎，石冷溪清若许年。读破经书亦何用，乱山压鬓听溅溅。

月芽亭

一壶新瀹起氤氲，与客同看万亩云。饮到夕阳西下后，月牙新样待重分。

寒然亭

竹笕遥遥接瀑边，延来鲜水细烹煎。与君漫饮新亭下，共戴秦天抑晋天？

（寤堂，湖南新化人）

渠江薄片赋

有小叶神兜，绕溪谷渠江，全流三百里，海拔千余米。以洪荒之原，矮灌而丛生。摘其嫩叶，揉捻渥堆，松火干之；则黑褐油润，泡制而味醇，汤汁红黄艳。闻之，则原野芬芳、令公情怀、马背驼铃，皆映眼耳。因渠江生衍，而曰其黑茶者也。

夫渠江之茶种，以黄土为给养，以韧枝为躯干，以翠绿御媚俗，以清纯做奉献。冠不争天，位尊友善谦让；根不争地，清贫忌贪勿占；枝不争势，铁骨不恃豪强；叶不争荫，芥视繁华从简。花不争春，高绽无意弄姿；果不争时，惯看秋月春风；蝬灾癞疾，抗争中求生存。百顷之兜，逶迤沧桑倔强；千年之品，花骨香魂远方。

探高山之寒茶，碧水以润枝，云雾而养芽。丛形如杯，有花不开，盘根错节，蓬勃青翠。芽叶似针，色如翡翠。合百药而除邪癖，安心神以寿延年。农无需稼穑，民不要耕耘；峰峦玉叶，丰俭以济民生。百药之引，甘苦以解疾患；饮品之王，始唐兴宋贡明清。而今薄片，得高人指点，工匠精研；升腾工艺兮经典传承，渠江再造兮一品千年，谓之神山圣水美饮矣。

草木知秋兮人生至晚，渠江之灵兮薄片其染。茶品亦人品，人缘即茶缘。人茶相依兮聚散有时，生生不息兮诗韵人间。

（杨建长，2017）

仁海茶艺赋

雪峰山下，蚩尤故乡，资水汩汩，岸柳行行，白鹭徐飞，青崖赤岗，长桥飞影，

短笛无腔，渔火点点，晚钟悠扬；“仁海”于斯，在水一方，市声远逝，村廓近旁。

若夫神农发源，嘉木去疾疗伤，陆羽著书，《茶经》始为滥觞，东坡爱茶，诗书名冠天下，谢安喜品，雅量举世无双，唐寅善啜，风流已成韵事，板桥乐吮，“乱石”铺就华章。

仁容万物，海纳千江。高朋在座，雅士满堂；紫砂凝津，汲天地之灵气，红木照影，映吉人之天相；纤纤玉指，揽尽人间秀色，盈盈笑靥，绽放尘世春光；煎煮冲泡，色形味香，空谷幽兰，灵芽微张，高山流水，碧玉沉江；茗烟袅袅，宛若缪斯起舞，风华熠熠，仿佛茶神徜徉；六彩献瑞，软硬柔刚。

瓯倾玉液，淌日月之精华，盏漾神汤，逸草木之芬芳；华而不奢，浅酌清心健胃，稀而不薄，畅饮荡气回肠。真气淡淡，洗尽心中块垒，江风习习，漫说巨变沧桑；人有灵思，悟出佛理禅道，茶生和气，添得福禄寿康。舌底鸣泉，低吟浅唱。

又以古玩可赏，自有闲情逸致，又以群书可览，神游八极四方，又以挥毫泼墨，画著山间陌上，又以抚琴弄筝，坐听雅韵清响。玉兰窗下观夜月，杜鹃声里看斜阳。

嗟乎！佳茗在饮，夫复何求？春夏秋冬，仕农工商；名载锑都，五湖高风流贯，誉满湘中，四海热肠交往。茶里乾坤大，壶中日月长！

（范精华，2019）

二、歌 谣

（一）资水滩歌

《资水滩歌》为民间歌谣，成歌于新化资江河段，全歌5000多字，最早成歌时间已无可考，最迟成歌于清代。开始时在船夫拉纤时传唱，后来演变为资江沿岸传颂。内容反映资江两岸的景观、特产、人物、风貌，描述船夫的生活和心情。《资水滩歌》反映茶叶状况的有多处，涉及种茶、饮茶、制茶、茶叶品质等方方面面，茶叶是全歌中描述最多的，从歌谣中可以看出新化资江沿岸产茶的盛况。现摘抄与茶相关的歌谣附如下：

序 歌

天下山河不平凡，千里资江几多滩。水过滩头声声急，船到江心步步难。谁知船工苦与乐，纤夫崖滩血与汗。赤热严寒道不尽，资水滩歌唱不完！

下滩歌

学堂崖上来观看，十里茶亭口也干。千猪百羊万石米，城内城外一船茶。

上滩歌

山西来了买茶客，桥溪开了卖茶行。八卦滩上乌须坝，只见东坪好茶庄。

五里三路杨木洲，如今此处修茶庄。琅塘有个买茶客，至今没有归家乡。
老板船靠黄牯坳，个个到此吃茶汤。三仙姑娘会化溪，路走十里有茶香。

（二）新化采茶歌

正月采茶是新年，剥出茶种点茶园，点完茶畬十二亩，梳妆打扮去拜年；
二月采茶茶发芽，织个背篓采春茶，左手织对阳雀叫，右手织双蝶采花；
三月采茶是清明，姐妹双双绣围裙，两边绣起茶花朵，中间绣起采茶人；
四月采茶正当阳，又采茶来又插秧，采得茶来秧又老，插得田来茶又黄；
五月采茶是端阳，茶蔸脚下恶蛇盘，纸剪大钱祭土地，吩咐恶蛇斠地方；
六月采茶热难当，杨梅树下好乘凉，芭蕉叶子当蒲扇，口吃杨梅甜又酸；
七月采茶叶稀稀，姐妹在家坐织机，织起绫罗与绸缎，缝成箱箱采茶衣；
八月采茶桂花黄，头茶冒得紫茶香，头茶香得茶堂屋，紫茶香透几重房；
九月采茶是重阳，重阳美酒蒸几缸，先蒸三缸老水酒，再蒸三缸是蜜糖；
十月采茶走资江，风送帆船卖茶忙，生意要做红茶客，逗憎几多美姑娘；
十一月采茶是寒冬，十担茶箩九担空，茶箩挂在茶树上，到了明年又相逢；
十二月采茶快过年，姐妹双双收茶钱，打点上街办年货，买份祭礼谢茶仙。

（三）双峰采茶歌

1

正月里采茶是新正，我父不依我修行。把我打进白雪室，搬柴送水苦修行。
二月里采茶茶叶生，我父寻我进皇宫。一心不愿招驸马，出了皇宫进山东。
三月里采茶茶叶青，我父恼怒打寒宫。宫娥才女催如累，双手合掌拜师尊。
四月里采茶茶叶圆，出了山东奔深山。修行劳累多辛苦，二八十六苦修行。
五月里采茶茶叶稀，脱掉绫罗换布衣。荣华富贵全不爱，一心修得正菩提。
六月里采茶热难当，手托数珠放佛光。那摩弥伦随心转，咬牙提气奔经堂。
七月里采茶秋风凉，蒲团打坐在佛堂。陀螺念珠拿在手，师尊菩提讲道场。
八月里采茶燕门开，我拜父王上天台。我看父王有事迷，住在阳世长花夷。

2

采茶姑娘茶山唱，茶歌飞上白云头。草中野兔窜过坡，树头画眉离了窝。
江心鲤鱼跳出水，要听姐妹采茶歌。采茶姐妹上茶山，一层白云一层烟。
满山茶树亲手种，辛苦换得茶满园。春天采茶摘茶芽，快趁时光掐细茶。

风吹茶树香千里，盖过园中茉莉花。

采茶姑娘时时忙，早起采茶晚插秧。早起采茶顶露水，晚插秧苗伴月光。

采茶采到茶花开，漫山遍岭白一片，蜜蜂忘记回窠去，神仙听歌下凡来。

3

百花开放好春光，采茶姑娘满山岗。手提蓝儿将茶采，片片采来片片香。

采到东来采到西，采茶姑娘笑嘻嘻。昔日采茶为别个，今日采茶为自己。

茶树发芽青又青，一根嫩芽一颗心。轻轻摘来轻轻采，片片采来片片新。

采了一篮又一篮，山前山后歌声扬。今年茶叶收成好，家家户户喜洋洋。

三、对 联

三雀和鸣桑梓树；一茶清酿紫砂壶。

一室茶香缘薄片；三湘水妙在渠江。

好茶好水好心境；俏月俏梅俏竹风。

清心明目君如此；换骨轻身我亦然。

天地孕精华，圆成薄片；人间留胜迹，再酿名茶。

贵妃醉酒，一盏薄片香飘长安府；东壁寻根，千年渠江茶传百世人。

色如铁，形似钱，粗观悟得三分道；香益清，味尤妙，细品修成半个仙。

黑茶解解解元渴；老马将将将帅军。

清茶一盏相思引；薄片三杯浪漫歌。

尽日雅情，喜知陆羽烹泉法；满身仙气，新饮渠江换骨茶。

形似铜钱色如铁；名为薄片味超浓。

梅山黑茶推鼻祖；渠江碧乳带秦风。

薄片香浮唐宋韵；茶瓯浪卷渠江潮。

以茶为币，千载无人来打假；呵气如兰，九州何处不飘香。

问华夏黑茶几许；唯渠江薄片千年。

黑茶长饮古今雅；薄片漫携天地轻。

舀去渠江煮茶美；捧来明月制经高。

薄片绝无铜臭气；渠江早有宋唐风。

黑茶鼻祖，兴唐盛宋，享誉千年，渠江薄片如甘露；

特效神功，疗渴浮香，取源一水，产品姿形似古钱。

黑茶长饮身似虎；薄片闲观品如兰。

钱涌渠江无俗气；泉烹薄片有清香。

巧制乱真，烹钱清俗气；久传溯本，煮字品仙香。（茶如钱币状，且印有字）

无滓自清，两朝曾贡黑如铁；依江独贵，千载长珍圆似钱。

何处清幽，掬来龙泉烹雅趣；此中恬淡，应来竹舍煮黑茶。

第二节　茶专业著作

一、《新化之茶》

《新化之茶》是王彦于1942年撰写的新化茶叶调查报告。王彦于1942年赴新化调查新化茶产业情况，历时三个月，走访了新化全部产茶区域，对新化茶叶的种植、采摘、加工等进行了全面调研，在此基础上撰写出《新化之茶》。

该报告全面描述了1942年新化茶产业状况，涉及茶的种植、采摘和加工等各方面，记述了当时新化茶种茶面积、产量，新化茶的价格、收购、外运，新化茶的加工技术、从业人员等，特别是对新化杨木洲工夫红茶加工进行了详细的调研和描述。综合新化茶产业情况，认为新化茶位居全省三、四位，在湖南茶叶中占据重要地位，并提出了新化茶产业发展的建议和意见。该文对研究新化茶叶历史具有重要意义，现录于后：

一、概　述

新化县境，田少山多，尤以北部与安化接壤之区，丘陵盘旋，万峰重叠，如乐山乡、平山乡、镇资乡、大和乡、四教乡、罗江乡等，山地居民，凡有土有地之家无不栽种茶树，以此营生，历有年代，出产量虽不及安化、平江等县之盛，但在湖南之茶业地位上亦恒居第三、四位，据调查，常年毛茶产量多则三万担，少亦二万余担，制成红茶出口者，除外埠茶商来此收购不计外，仅就本地茶商采制之数，计民国二十三年为一万六千三百担，二十四年为八千五百担。

民国十九年后，新化所出之毛茶，或由外埠茶商收买，或由本地茶农迁至安化、东坪，制成红茶然后装箱出口。待至十九年下期，本地茶业巨子曾君硕甫，因感采运之不便，地方利权损失之可观，乃号召本地茶农，集资纠工、择定产茶中心地区，于资水西岸、接近安化边界之处地名杨木洲者辟为茶市，更名西成埠以与东坪相对立。设茶庄七八家，茶叶工会会址一所。所内附设茶人子弟初级小学校校舍一，经时四载，迄民国二十二年下期方始完成，工程颇为浩大，建筑之整齐、坚固，实为内地小市镇之冠。从此新化之茶即集中于此，制造装箱后，直接向外推销，无须再假手外帮人或转运东坪。

但自抗战军兴以来，沿海重要商埠均遭沦陷，红茶虽亦为换取外汇之大宗输出品，只以交通受阻运输困难，货品不能及时畅销，致使茶商资金周转不灵，又因人工运费等逐日高涨，成本亦为之陡增，而卖价并不能随正比例以递进，茶商顾虑赔本，乃相率不敢放手做去。如今年（二十九）茶商所制红茶，为数不及八千箱，仅合六千担，尚不及全年毛茶产量四分之一。茶农亦以摘茶工价高，工作繁琐，其他农作物如麦子、高粱、茶生、棉花等销场广，价格高，茶农渐对茶叶减少兴趣，甚有废除茶园改种他种农产者，因是茶之产量近年来已渐减少。似此情形不独于新化之茶业前途大有危机，于全国出口贸易之收益亦将蒙重大损失也。

二、茶之产地

新化之茶产于县境北部，计共四区十七乡，最盛者为一区之中和乡、永安乡、遵义乡、镇梅乡，年产约一万二千担，次为七区之乐山乡、鹅塘乡、吉塘乡、平山乡、罗江乡，年产约九千担。又次为八区之礼智乡、太和乡、四教乡、镇资乡，年产约六千担。更次为二区之安集乡、太陂乡、蜈赤乡、吉黄乡，年产约三千担，其他南部各乡，虽亦间有植者，为数则不甚多。

茶叶品质之优劣，虽视茶农之经营得宜，采摘适时与制造精细以为定，但地域土质亦有绝大关系，普通多以栽植于高山半岭坡度五六十度者为佳，因其他湿度均和，又常得烟笼雾罩浸润于山岚白云中，其味乃亦常较甘美清和，新化县多山，山更遍饶岚秀，宜其出品质优良之茶产。

三、茶之培育

茶之于茶农，虽似正业，又为副业，山土虽以栽培茶树为主，而直接为茶树培育之时则又极少。普通茶树多植于土畦之两旁，行间四五尺，株间一二尺，土畦之中经常栽种其他农作物，茶农于春秋雨季，锄土使松，去其杂草，施以人粪尿或堆肥，然后播种高粱、麦子、棉花、大豆、红薯等类于其间。待至收获时期，如事属必要，或再翻土一次（如挖花生红薯之类）。茶树即在此种条件下，掠得胜馀，间接因沾受其惠，但亦有一种例外，设遇销场旺时，如茶价特好，茶农或亦于春茶摘后施肥一次，以促进子茶和禾花茶之茂盛，以谋增加产量。

四、茶之采摘

每届“阳春三月，时和气清，原隰郁茂，百草滋荣”，斯时茶亦不会例外，几悉小雨过后，嫩芽随之怒发，待彼纤纤之容，如玉簪，如雀舌之际，农家便呼邻叫友，穿山踏岭群趋摘之，是为春茶。摘茶人多属妇女，早出午归，各显身手，有一日能摘得八九斤者，有仅能摘得二三斤者，视工作效能之高低、茶叶之粗细，定所获工资之多寡，茶叶细，所得工资高，但所摘数量少，每摘生茶一斤，工资高者一角以上，低者五分三分不等，平均每人每日所得总在三四角之间。（编者按：此工资系二十九年春季调查数字，所下仿此）

春茶摘后不及一月，茶树又发出二次嫩芽，是为子茶。子茶摘后待至禾花开时，茶树又发了三次嫩芽，是为禾花茶。禾花茶摘后，待至农历白露节，茶树又发出四次嫩芽，此时如茶价好，尚可采摘一次，是为白露茶。白露茶摘后则不可再摘，盖秋季之嫩芽必须供茶树本身之繁育。

五、毛茶之收制与贩买

茶农摘得生茶后，借日光晒萎，并踹出水汁装入木桶，令其发酵，待至相当程度，复散之，又晒又踹，又装桶发酵，如此反复解块二三次，任日光完全晒干，便成毛茶，乃可上市求售。

毛茶出货后，茶贩便挨家沿户收买，茶贩皆小本独资或亦有受茶庄委托与特约者，即向茶庄陆续支款，陆续交货，形成一中间层之经纪人。

普通茶贩向茶农收买毛茶价以串计（等于铜元百枚，简称千文，以六千申法币一元），秤为老秤（等于市一百一十四斤弱），每担百斤加一，又有所谓广五底子，即老秤每担百斤茶实等于一百一十五斤，茶庄向茶贩收买之规章则为七六扣秤，八五三兑价，即每担百斤实折为七六斤扣价价又八五三折算兑钱，此等陋规不知起于何时，相沿成例，牢不可破，最吃亏者实为茶农。

六、茶庄及红花之装制

新化既于民国十九年辟西成埠为茶市，所有本地茶庄便皆聚集于此，现有茶庄八家，宝大隆、宝聚祥、宝记、裕庆、光华、富华、富润、丰记是也。各茶庄大都资本雄厚，组织完善，由股东大会至经理，经理之下设评价员一人，司账一人至二人，司秤一人，收包一人，茶师一人，栋房管理一人至二人，材料管理一人，其他职员多人，外设仔庄二三处，仔庄设评价、审查、司账、司秤各二三人不等。工人多寡，则视业务之盛衰，随时可以增减，最多时每家有茶工七八十人，拣工四五百人，茶工或筛或车或搥花香，拣工拣选茶中梗子、粗叶、黄叶，拣工纯为妇女，当西成埠初建成时，此等女工最感缺乏，后经过茶商之鼓动和训练，近年来供求方不成问题。

表 9-1　西成埠毛茶山价平均价格表（二十九年七月）

序号	特堆			一堆			二堆			三堆		
	串数	折合金额	扣实金额	串数	折合金额	扣实金额	串数	折合金额	扣实金额	串数	折合金额	扣实金额
宝聚祥				944.79	157.46	134.26	682.80	138.80	118.40			
富润				896.40	149.46	127.44	795.75	133.62	113.11			

续表

序号	特堆			一堆			二堆			三堆		
	串数	折合金额	扣实金额	串数	折合金额	扣实金额	串数	折合金额	扣实金额	串数	折合金额	扣实金额
裕庆				919.77	153.29	130.63	750.30	125.03	106.62			
光华				79.48	146.58	124.98	818.58	136.43	116.35			
丰记	2382.70	397.11	358.73	670.40	145.07	123.69	692.63	115.44	98.44			
富华	962.40	160.40	136.82	769.62	128.27	109.36	696.76	116.13	99.03			
平均	1672.55	278.75	237.75	880.08	146.68	125.06	764.46	127.41	108.66			

注：串数折合金额比率为 6:1, 扣实价银比率为 1:0853。

表 9-2　西成埠茶叶产量产值表（二十九年七月）

序号	特堆		一堆		二堆		三堆	
	数量 / 斤	价值 / 元	数量 / 斤	价值 / 元	数量 / 斤	价值 / 元	数量 / 斤	价值 / 元
宝聚祥			10439.09	16437.90	31157.20	43256.45		
富润			14950.00	19052.30	17683.00	20044.48		
裕庆			41438.83	63524.01	11772.54	14722.38		
光华			30815.88	45170.08	19553.34	26675.59		
丰记	2467.13	11791.23	23716.79	34398.92	4734.61	5465.36		
富华	4511.77	7228.92	25914.92	33240.11	8737.34	10190.14	4104.76	4978.50
合计	6980.90	19020.15	147275.51	211823.32	93638.03	120314.67	4104.76	4276.50

注：串数折合金额比率为 6:1, 扣实价银比率为 1:0853。

表 9-3　西成埠茶庄产品数量价格表（二十九年七月）

牌号	品名	等级	数量 / 箱	价格 / 元	重量 / 市斤	牌号	品名	等级	数量 / 箱	价格 / 元	重量 / 市斤
宝大隆	贡品	3	200	100	74	富华	龙芽	1	22	160	74
宝聚祥	雀舌	1	110	160	76		龙华	2	600	120	72
	宝珍	2	600	120	74		凤纹	3	120	100	72
宝记	天和	1	400	120	74	富润	瑞华	1	500	160	74
	天福	2	500	120	74		英华	2	300	152	72
	天宝	3	200	100	70	丰记	湘珍	1	50	180	77
裕庆	裕芽	1	700	160	74		物华	2	250	140	76
	庆芽	1	700	160	74		宝华	2	250	140	76

续表

牌号	品名	等级	数量/箱	价格/元	重量/市斤	牌号	品名	等级	数量/箱	价格/元	重量/市斤
光华	一枝	1	220	180	77		天香	3	250	100	75
	二香	2	250	150	74		宝香	3	250	100	75
	芳品	3	230	136	72						

注：表内所填价格乃茶商自己之估价，并非茶业管理处之评价。

表 9-4　新化西成埠茶庄资产营业概况表（二十九年七月）

牌名	经理姓名	资本额		工作人数		营业总数额/箱		营业开支总数/元	
		固定	流动	职员	工人	廿八年	廿九年	廿八年	廿九年
宝大隆	肖邦固	40000	144000	20	30	1240	400	37200	44000
宝聚祥	曾邦柱	40000	36000	48	40	1800	700	54000	77000
宝记	曾邦翊	40000	36000	48	54	1800	1100	54000	121000
裕庆	杨小南	60000	36000	48	50	2600	1400	78000	154000
光华	刘汉藩	40000	24000	48	40		800		88000
富华	陈卓堂	40000	28800	48	40	900	800	27000	88000
富润	伍善安	30000	28800	46	36	760	800	22800	88000
丰记	曾子云	40000	36000	48	40	1600	1000	48000	110000

注：1. 表内所填之流动资本乃茶业管理处之贷款；2. 表内工人随业务之需要可随时增减，又拣工未计入因每日都有增减。

茶庄皆以制造红茶为业，从茶庄或茶贩收得毛茶后，即交由茶师鉴定品质，配发茶工，须经六七十次之拣筛，筛因孔之大小分为十个等次，三四次筛拣后，愈拣愈细，几经簸车，几次搭火，以茶之粗细，制成头筛、二筛、三筛几个品极，然后再加拌匀装箱，每箱之重量，因茶之粗细不同而有高低，但普通皆在市秤七十斤至八十斤之间。茶之装箱实亦制茶程序中重要部门之一，不可苟且，箱之构造，内为铅罐，罐内覆以纸，外为木壳，再外为篾包，篾包上载明庄号品名字样。以务求严密、净洁，能避免潮湿为要，因俗言“茶性淫”，乃形容茶最易上潮，最易沾惹外界所传染之恶气味，茶一经上潮霉坏，或传染恶气味，品质便差，价格即低，甚或无人收买。

表 9-5　新化红茶装箱费用表——单位两箱（二十九年七月）

项别	费值/元	备考	项别	费值/元	备考
铅罐并手工	10.00		篾包	1.00	
木壳	4.00		箬叶	0.16	
裱工	0.60		绳索	0.24	
纸张	1.40	每箱皮纸四张花胚四张印刷花纸	合计	417.00	

茶至装后，制作工作即告完毕，惟余下之茶末，尚可加以捣碎，捣成细粉，制成花香，战前亦可外销。拣出之梗子，战前亦可远销蒙古，今则皆因运输困难，成本虽少，运费特多，所谓头轻脚重，即可运到销场，因价高品劣，无人问津，现各茶庄之梗子茶末，多堆积如山，任其发霉腐烂，良可惜也。

七、茶庄之职工待遇

茶庄之重要职员首为经理与评价员，每年薪资在三百元至四百元之间；次为茶师、司账，薪资每年亦在三百元之间，余每年百数十元不等，但每年工作时期，自二月起至七八月止，为时仅及半年；制茶工人则为包工制，每制茶一担，工洋七元二角，以上食宿皆由茶庄供给，年终尚须分发酒资奖金等项；拣工则以盘计，盘之直径约二尺，每盘可装茶十二两，每拣茶一盘，计洋两分，手脚敏捷者，每日能拣六十多盘，可得工资一元二三角，手脚呆笨者，每日仅可拣二三十盘，所得工资则只五六角，每担茶最少须拣二三次，此等拣工皆为附近农村妇女，朝来暮去，茶庄除付工资外，不供食宿。

表 9-6　茶庄各种员工工资比较表（二十九年七月）

职别	工作类别	全年薪资单位 / 元			备考
		最高	最低	平均	
经理	整理茶庄内外事项	600	360	400	
评价员	评定买进卖出茶价	600	360	400	
茶师	指导茶工制茶	400	300	300	
司账	经理账项	400	300	320	
审查分堆	审定品质分堆	400	300	300	
司秤	掌秤秤茶	200	100	120	
收包	收茶	120	70	80	
兑账	兑拣工工价脚力毛茶价等	200	100	120	
发拣	发茶给拣工	200	100	120	
拣房管理	照管拣房事务	140	80	100	
拣房司事	助理拣房事务	140	80	100	
材料管理	管理一切材料	200	100	120	
仔庄评价	分庄评价员	220	120	160	为收买毛茶之分庄职员
仔庄审查	分庄审查员	220	120	160	同上
仔庄司账	分庄管账	100	40	50	同上
仔庄司秤	分庄掌秤	100	40	50	同上
茶工	制花				包工制每担七元二角

续表

职别	工作类别	全年薪资单位 / 元			备考
		最高	最低	平均	
拣工	拣茶中梗子粗叶				包工制每盘二分

注：职员薪资虽以年计，但实际工作时间，自二三月起至七八月止为时仅及半年。

八、红茶成本之估计及运销

红茶之制造，其中手续虽似简单而实繁琐，尤以筛与拣，须反复经过多次，因是人工工资亦占成本中之大宗，现估计每担红茶成本平均当在二百十一元左右。特好如一堆尚不止此，次等如三堆四堆或又尚不及此，其中原料费占百分之六十强，运销费占百分之一八弱，人工费实占百分之二十以上。

表 9-7　新化红茶每担平均成本估计表（二十九年七月）

项别	费值 / 元	附注	项别	费值 / 元	附注
毛茶	130	平均毛茶每担价九五元制成红茶每担需毛茶约一百四十斤合如上数	脚力	6.0	毛茶挑运距庄远者需脚力三元至四元，以一百四十斤计合属上数
租金	6.0		津贴	2.6	包括酒资奖金注单犒赏等
筛工	7.0		杂支	6.0	包括灯油邮电文具等
拣工	7.0		捐税	1.2	包括营业税茶业会费杂捐庄费等
木灰	1.0		包装	17.0	
职员薪资	15.0		船力	4.8	
员工伙食	7.0		总计	210.6	此是平均估计数若属提堆当不止此若属三四堆或又尚不及此

注：此项估计是以年出产红茶六百箱之茶庄为根据倘出产量超过六百箱则表内之租金、职员薪资伙食、津贴杂支等项均可依次减低。

以前红茶制好后，多由茶商运至汉口、上海、香港等处，直接向洋商推销，计民国二十七为数六千九百零四箱，二十八年一万零七百箱，二十九年预计一万箱实只八千箱，自抗战军兴以来，国家为适应战时需要，凡大宗出口贸易皆加以统制，茶亦在统制之列。并为谋红茶产量之增加起见，且大量向茶商贷款，预先估计当地产量，估计产品成本，贷款六成。今年茶叶管理处原预计两湖出产量为八万箱，新化配一万箱，估计每箱成本为四十元，每箱发放贷款二十四元，结果产量则不足（茶商放弃不做，原因详前），成本则远超预算，后虽每箱又增发六元，合共三十元，但尚不及成本十分之一，一般茶商依然深感不够，又恐将来茶管处评价过低有伤自己成本，咸为之徘徊不前。

茶既为政府所统制，茶之购销乃完全由茶业管理处负责，茶商将茶装箱后船运衡阳，概交茶管处打堆评价，然后茶管处照价收买，并于价中收回贷款，茶商一年之经营至此便告一段落。

表 9-8　新化红茶最近三年来外销数量表（二十九年七月）

年别	单位	数量	备考
二十七	箱	6904	平均每箱市秤重七十斤至八十斤
十八	同上	10700	
二十九	同上	8000	

表 9-9　新化红茶最近三年来每担价格增进表（二十九年七月）

价格 年别	最高 / 元	高低 / 元	平均 / 元	备考
二十七	69.0	45.0	55.0	
二十八	59.5	37.5	48.0	
二十九	24.0	120.0	160.0	此系茶人预计价格

九、结 论

新化之茶已如上述，然综观新化近年来之红茶出口数量，仅及毛茶产量百分之四十至五十，就今年（二十九年）论，红花八千箱，所费毛茶约合八千余担（图 9-1）。而毛茶产量当在二万余担以上，尚有一万数千担未能制造装运出口，夫一万数千余担之毛茶，即可制成一万余箱之红茶，以每箱最低估价一百二十元计，约值二百余万元，倘能全部运销出口，是即可增加二百余万元之收益，但考其不能全部制造输送出口之由：一为交通困难，货品不容易运输出口，二为成本增高，商人感觉无利可图，不愿多做，三为货品既不畅销，则资金周转不灵，茶商无法陆续大量采制，有此诸种原因，乃形成了近两年来新化茶业每况愈下之景象。

图 9-1　1942 新化产茶分布示意图

然国家现正从事多方面之经济开源，以应战时需要，已有之生产，何能任其衰落！已有之国际市场，何能任其放弃！且新化地既多山，适宜种茶，茶之出产，已具数百年之历史，资水纵贯中部出洞庭，下通京汉，湘黔铁路线横经县境，距西成埠茶尚仅一二华里，将来恢复通车，南销港越，北运京津，无不便利，故为新化茶业前途计，为战时国家经济计，以上诸种困难实应急谋克服。

二、《湖南省新化茶厂厂史》

《湖南省新化茶厂厂史》由杨笃典等于 1988 年编著。该书主要记述新化茶厂从 1950—1988 年的发展历史，内容包括新化茶厂历史沿革；茶叶收纳数量和价格；生产加工情况；出口创汇和销售数量、价格；加工技术改革；工夫红茶和红碎茶加工制作技术参数、工艺流程；新化茶厂历任主要负责人。全书综合记录了新化茶厂发展史，是一本反映娄底、邵阳产茶历史的重要参考书。

三、《湖南省涟源茶厂厂史》

《湖南省涟源茶厂厂史》由邱永清、陈谦等于 1988 年 8 月编著。该书主要描述了涟源茶厂从 1958 投资建厂至 1988 年的发展史，内容全面，从建厂沿革、原料进购、红茶精制加工、销售等有详细的记载；同时，归纳描述了涟源茶厂企业管理、成本核算、劳动管理；生产技术革新和工艺流程等内容也很有参考价值，是一本反映娄底地方茶叶发展的重要参考书。

四、《湖南省炉观茶叶科学研究所所史》

《湖南省炉观茶叶科学研究所所史》由陶中桂、孟寿禄等编著。该书主要描述炉观茶科所从 1957—1988 年的发展史，详细记录了红碎茶的研究和创新，从最开始的实验性生产、技术引进和仿制，到自行研究创新，从而使红碎茶生产技术达到先进水平，并获得一系列红碎茶的科研成果，其成果在全国推广，推动了红碎茶的全面发展，是一本研究红碎茶发展历程的重要参考书。

五、《涟源茶叶》

《涟源茶叶》是涟源地区（现今娄底市）茶叶学会主办的茶叶科学学术季刊，由易庶绥、谢祚咸等主编。该刊以茶叶学术交流为主，涉及茶树种植、茶园管理、茶叶采摘、茶叶加工、名优茶制造、茶叶企业管理等内容。以传播娄底茶叶技术、提高茶叶技术水平为宗旨，是当时具有重大影响力的娄底茶叶专业刊物。

六、《娄底茶事》

《娄底茶事》是娄底市茶业协会主办的行业年刊，由陈建明、曾亦云等主编，主要反映娄底茶人、茶事、茶品、茶文化，讲述茶故事。以茶载事，以文化传播茶；以茶为根，围绕娄底茶产业的发展，见证和推动茶产业的升级和发展；以文化为体，做传播茶文化的使者，助力扩大娄底茶叶品牌影响力；以生活为用，有针对性开展茶事活动，倡导娄底人喝娄底茶，见证和推动茶生活和文化在你和我的生活中的普及，是一本可读性极强的茶行业参考书刊。

第三节　茶事典故

一、永丰细茶与曾国藩家族的情缘

（一）曾国藩的“七七八八”

同治七年，曾国藩调任直隶总督。上任之前，受朝廷召见，举朝上下，面对这位重臣，极表推重。慈禧太后一连三日在紫禁城养心殿召见，极为关心这位重臣，于是向曾国藩发问：“汝夫人在家做何事？”曾国藩随口回答：“不瞒太后，臣夫人在家做些七七八八。”慈禧太后听曾国藩的家乡土语，似懂非懂，又反问道：“七七八八是什么？”曾国藩意识到说话太土，使太后难懂，顺便解释：“七，是指柴米油盐酱醋茶；八，是指孝悌忠信礼义廉耻。”慈禧太后听了，称赞地点头道：“好个臣之夫人，大事管那么多，小事管那么细。”在旁的诸臣无不称赞曾国藩机智灵敏。

（二）曾国藩终身只喝永丰细茶

曾国藩一生只喝他家乡的茶，即原湘乡中里的永丰细茶，在《曾国藩家书》《曾国藩日记》有大量的笔墨是谈永丰细茶的。而且曾国藩即便位居两江总督高位时，自己日常饮用，招待客人都是使用永丰细茶。他的属官、门生、幕僚都纷纷效仿，永丰细茶风行湘军体系。当时的湘军，不仅有统一的旗帜、文化、符号，连饮茶都因永丰细茶而统一。曾国藩爱喝永丰细茶，一来此为家乡之茶，二来是因为此茶有匪性有个性，更有一种耐性，更有着一种香远益清，甘于平淡，柔顺在内的品性。品这样的茶，想到曾国藩的忍，曾氏的刚柔之道，以及韧性，倒是十分贴切的（图 9-2）。

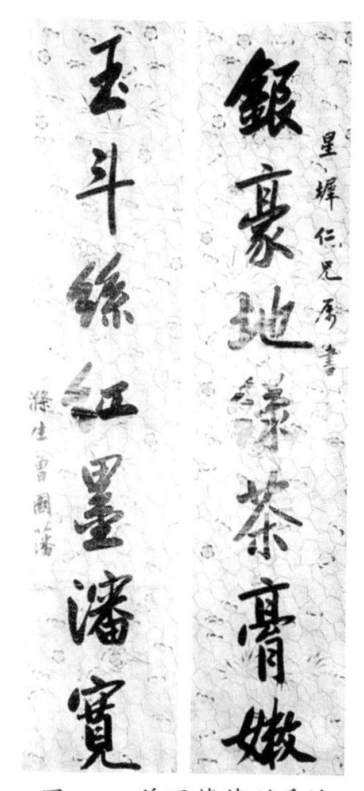

图 9-2 曾国藩茶联手迹

（三）曾国藩因茶与家人生嫌隙

晚清时期的国之重臣曾国藩非常重视家族的发展。他在京城做官时，专门派人把父亲曾麟书和弟弟曾国荃接到京城里，由自己亲自教导小弟弟。起初，兄弟两相安无事，一切都非常的顺利。可后来有一天曾国荃突然宣布再也不要和哥哥嫂子一起吃饭了，并且还吵着闹着说等到日子到了之后，就要和父亲一起回到老家。因为古人最重视家庭的和睦，所以在听到这个消息之后，曾国藩非常的着急，不知道是自己哪里怠慢了弟弟，甚至还曾经写了一封长达1000字的信交给自己的弟弟，就是希望能够解释清楚。但曾国藩直到弟弟晚年的时候，才道出了事情的真相，原来是有一次饭后沏茶的时候，嫂子给他沏的茶有一点儿淡，于是他觉得自己受到了怠慢，所以才不愿意继续留在哥哥那里。就因为饭后的一杯茶，曾国荃就心有不满，吵着要回老家，这脾气未免有点大。

（四）曾国藩用头遍茶水审贪官

曾国藩是一个文人，可也背上了“酷吏”之名。他在审贪官时，往往会临时想出很多奇怪的方法，让犯人痛不欲生。其中，用得最多的是头遍茶。其方法是用滚烫的开水倒进茶壶里，然后将头遍茶水倒进犯人的脖子。他发明的这个方法，第一次就用在一个满人贪官身上。从此以后，曾国藩也落下了酷吏的骂名。

事情是这样的：1851年，咸丰刚刚登基，遇到山东、河南大灾，朝廷财政空虚，拿不出银子赈灾。无奈之下，咸丰帝只好在直隶、湖广、山西成立赈灾局，给出钱捐款的人给予功名和顶戴。赈灾局由各地巡抚衙门负责，一时间，咸丰皇帝见各地巡抚上奏请求封官的折子多了起来，心里十分担心这样扰乱了官制。于是派出不同人马奔赴各地，核查捐款，以防止贪官污吏从中谋取钱财。

作为礼部侍郎，曾国藩被咸丰皇帝派往山西核查赈灾局的捐款情况。接到圣旨后，曾国藩不敢懈慢，立即带着几十名侍卫，悄悄到了山西，经过明察暗访，很快就发现了赈灾局一个天大的漏洞。原来，赈灾局的赵局长为了中饱私囊，居然伪造了大清皇帝玉玺以及吏部、巡抚衙门大印，私自将120万两银子藏匿不报。赈灾局局长是四品官员，赵局长也是一位满人。被曾国藩摘去官帽后，此官员依旧十分嚣张，认为玉玺和印章都是他从洋人手中购买，与他没有关系。由于大清的很多官员都怕洋人，赵局长认为这样可以把曾国藩吓到。可曾国藩不慌不忙，他一定要审出一个水落石出，于是升堂公开审理。在大堂上，赵局长自认为朝中有几位大臣和自己关系不错，死活不承认自己贪污了赈灾款和私刻了皇帝玉玺等公章。曾国藩决定慢慢折磨一下这位贪官，于是让人烧了一壶茶后，又令人将头遍茶倒进了赵局长的脖子。赵局长被烫的杀猪般叫喊，大骂曾国藩是酷吏。曾国藩当场哈哈大笑，不为所动，很耐心地听着赵局长的嚎叫和谩骂。等到头遍茶水全部倒进赵局长的脖子中时，他的半身已经被烫得几乎要熟了。赵局长还不承认，曾国藩又想出了一个新招，让人用盐水洗烫伤处的伤口。赵局长见曾国藩完全不像一个读书人，只好认栽，乖乖地承认了自己贪赃枉法的事实。曾国藩于是连夜上折汇报，半个月后，圣旨终于下达，赵局长被判处死刑，立即执行，其家眷被充军黑龙江，抄家所得之物，全部作为赈灾之物。

二、双峰著名茶商

（一）茶商巨子朱紫贵

兄弟两难，名成三徙，孝友萃同堂，春草池塘诗梦冷；

相违十日，永诀千秋，晨星悲旧雨，梅萼风雪泪痕多。

上联乃曾国藩之侄、曾国潢之子曾纪梁挽朱紫贵之作，情文并茂，允称佳作。

朱紫贵（1838—1903年），派名作卿，衔名光耀，号云轩，双峰县沙田乡人。他是近代名满湖湘的茶商巨子，其人其事先后入编《双峰县志·人物志》《湖南文史》《湖南省志·外贸志》和《湖南茶叶大观》等书。

湘中地区种茶历史悠久，早在西晋时就有文字记载。到了唐代，茶圣陆羽在《茶经》中也称："茶者，南方之嘉木也"，对产地也作了非常明确的记载。1500多年来，绿茶的生产数量和经营规模都不是太大，以自给自足的自然经济为主。

真正大规模地生产和经营茶叶是在鸦片战争之后，其时海禁渐开，中西互贸。中国的茶叶和丝绸颇为西方人喜好，为出口大宗，特别是红茶，更是大量出口美、俄、英、法、德、意等国。

据目前所见史料可知，双峰境内较早且著名的红茶商人是刘麟郊，他是今三塘铺镇胜云村人。咸丰年间，曾国藩所率领的湘军在江汉之间与太平军搏杀，而刘氏则是开辟了另一个战场——与洋人争利的"商战"。在战火纷飞中，刘氏经商于湘潭、汉口等商埠，数年之间即致巨富，光绪年间，他的子孙建有著名的大庄园——体仁堂：建筑面积16000m^2，共有房屋365间。

当刘麟郊在永丰开店时，他慧眼识才，邀朱紫贵共事。于是，朱氏更是青胜于蓝，成为湖南最著名的茶商巨鳄。

朱紫贵少时颖异好学，以家贫弃去，曾在梓门青兰煤矿挑脚糊口。16岁时，他在永丰从舅父孙公学徒经商，由于他虚心好学，善于交际，精明练达，将生意打理得井井有条。因此，他被刘麟郊赏识，邀他共事，由刘公出本钱，他负责经营。"所至辄赢，刘公以为能"，遂增加投资与他合营，生意更加红火。

此时正是同治初年，欧美各国先后在汉口设立洋行，大量收购红茶，长江中游湘、鄂、赣、皖四省生产的茶叶成批运抵汉口销售给外商，获利颇丰。同治四年（1865年），朱氏在有了一定的原始资本积累后，他由与刘公合营转为自家兄弟独营，五兄弟分工负责：在安化、梅山、湘乡等产茶地设立分庄，收购和加工制作，装箱发运；在湘潭设立"生记茶庄"收集和转运成品；派专人常驻汉口，掌握茶市行情。朱紫桂则来往穿梭于安化、湘潭、汉口之间，指导和检查各地茶务工作。到了上市季节，则亲自坐镇汉口与洋人打交道，并随时与湘、鄂、赣、皖四省茶商联系，用诚信来结交四方豪杰。

在经营茶业的实践中，朱氏深感商场无异于战场，只有“知己知彼”，才能“百战不殆”，他将古人“合纵”“连横”之术及《孙子兵法》运用到商务之中。以前茶叶上市季节，各省茶商各自为政，将茶叶大批运抵汉口，造成大量积压，甚至霉烂。外商见货源充足，就尽量压价收购。各地茶商为贪图蝇头小利，不顾成本高昂，竞相抛售贱卖，造成经济上的巨大损失。朱氏有鉴于此，就倡议四省茶商在汉口成立联合总会，联手对付外商。计议将茶叶按各省加工情况，分批分量运至汉口，使外商摸不清茶叶产量的底细，因而竞相抢购，价格也大幅上涨，各省茶商获取巨利，莫不佩服朱氏之远见卓识。朱氏兄弟也屡获巨利，仅十多年，就赚回外商白银百余万两，成为湖南著名的大茶商。“远近闻其名，持片纸走天下，声号冠湖湘”。因此，“湖南茶税收入大增，官私饶足，几达四、五十年”。

由于红茶赢利巨大，茶商中难免奸巧百出，茶叶质量也鱼龙混杂，加之印度、孟买的茶叶生产也逐年增加，价格也要便宜，这些原因导致湖南茶叶销售额减少，茶商折本者多而获利者少，茶业渐贱，利税也大为减少。当时先后任湖南巡抚的陈宝箴及赵尔巽以之为患，召朱紫桂“询问方略”。朱氏分别于光绪廿四年（1898 年）和廿九年（1903 年）两次上呈《茶商条陈》，指剔弊端，提出应对方法，深得两抚赞赏，并采纳其建言，委以“湖南商务总会董事”职，令其改革茶务。遗憾的是，朱氏不久即一病不起，而巡抚他调，事不果行，时论惜之。

朱紫贵兄弟因营茶致富，故当时民间所传：湘乡县有两大财主，一是曾氏兄弟“打开南京发洋财”，是第一富户；一是朱氏兄弟，则是靠赚取外国人的钱发家的。朱氏兄弟致富后，广置房屋、田产，于光绪至民国年间先后修建筱山堂、璜璧堂、文甲堂、石璧堂、扶稼堂、东明堂、沙田朱氏宗祠及五公祠等八大建筑，置田万余亩，并投资经营矿业、航运业和种植业等。

朱氏致富后，慷慨好施与，为本族和地方上做了大量的公益事业。光绪四年，捐资修建沙田朱氏宗祠。十年，捐置墓庐一所、祭田 20 亩。光绪五年至廿三年，捐资续修《朱氏族谱》。光绪十八年，其母孙老夫人八十大寿，朱氏兄弟秉承母意，将准备庆寿的资金用来修建沙田大桥，里人称便。邑人士争相制锦称觞，曾纪泽亦送去寿匾，此匾长期悬挂在筱山堂内。光绪二十年，捐积谷 800 石给永丰义仓，以救济乡邻。二十二年，捐田租 300 余石，设立义田，资助本族贫困者。二十三年，捐学租 200 石，设立义学，以资助和奖励朱姓子弟读书。并捐资双峰书院，又为之添购图书，以振兴中里教育。光绪二十六年，湘中大旱，朱氏捐银万元，捐谷 600 石，捐米 500 石。正因善举众多，湖南巡抚吴大徵书赠“君子有谷”匾额，朝廷旌建“乐善好施”坊，累赠奉直大夫、朝议大夫。曾国荃亦应其请为之作谱序云：

“有朱生紫贵者，愤其家之未振，读书数载，隐业于商，继乃坐贾湘潭，足迹遍江、汉、淮、沪，心计既敏，执业尤勤，每视货殖之盈虚消长，权衡子母利益，以剂其平，而无不亿中。廿年以来，既丰其家，又复分润宗族，故永丰朱氏之业独隆，而其族之丁亦日盛……光绪五年冬，谱牒告成，寓书求序于余，余嘉紫桂有自立之志，既光大其门闾，而又能不忘厥本，遂书此以付之，并以告吾乡之凡有家者，宜各自树立，而弗忘先绪可乎？”

在经营中，朱氏目睹外侮日急，忧愤之情溢于言表，他主张学习西方科技，维新变法。他在与友朋的通信中说：“而泰西之学，海外盛行，惟我中国重古薄今，固执成法，辄以西学为鄙。究竟泰西之天算、舆图、格致、化工等学，不惟无损我纲常名教，而其重工商、精制造，以利天下而通有无，何惮而不为之，以图自强也。”在风气未甚开之当时能有见及此，实是难能可贵的。其后，他的子孙利用朱氏宗族和五公祠创办族学私立宁翰高小，聘请名师，讲求新学，为培养大批科技人才打下了基础，成为当时有影响的一所名校。

朱紫贵常以幼时家贫失学为憾，“故虽老于商，而未尝一日废学，自经史以下儒先之语录格言，无不省记，尤服膺姚江王阳明之学。尝语人曰：‘致良知者，慎独也’。故其行己接物一以诚意为宗”，自号“敬斋主人”。其后裔辑录其遗著成《敬斋遗钞》。

光绪二十九年六月三十日，朱紫贵因病去世，当时名士纷纷挽以诗联，探花王龙文挽：“治计然术，喜四子书，其才智有过人者；与孟嘉游，才一年别，感死生而重痛焉。”

进士彭文明挽：“长林隐括平淮书，前席陈条，犹为漏扈图补救；晚年喜读近思录，敬斋署号，居然理窟悟真诠。”

永丰二十二都公挽：“挟策上条陈，直以经商参政府；建坊承宠锡，岂惟振乏在吾乡。”

作为名满湖湘的茶商巨子，朱紫贵既带动了大批邑人经商茶叶，也推动了双峰、湘乡乃至湖南全省茶叶的扩大再生产。

与他同时及以后，双峰茶商有张元诚（石牛人）、谢先桐（印塘人）、李春轩（新泽人）、禹松亭（青树坪人）、陈云亭（荷叶人）、朱奎峰（走马街人）、程少仙（永丰人）、戴海鲲（三塘铺人）、赵晴村（花门人）、王成光（走马街人）及许多现已不知其名者，虽然有的成了巨富，有的破了产，但有力地推动了双峰茶业的发展。据 1935 年谭日峰编写的《湘乡地史常识》记载：“其时湘乡县产茶土地面积，约在七千亩以上。每年估计，可产红茶三千担上下，产地以第三、六、七、八、九、十各区为多。”三、六、七区即相当于今双峰县域。谭氏又说：“民国五年以前，红茶商人无不获利，自后茶业逐渐衰落。到民国十一二年，茶业复旺，迨后又受对俄绝交影响，大都亏本。直到民国二十三年与俄复交，茶商才有一部分获利的。”

朱氏所营茶叶主要是在汉口与外商交易，但也有远送广州、上海者。光绪二十年（1894），梓门大村人胡汉卿替朱氏挑运红茶到广州，乘机投身于两广总督军营，后来官至陆军中将师长，赫赫有名。

1927年，美国记者安娜·路易斯·斯特朗来永丰调查大革命的情况，她在《永丰的革命》一文中写道：“在结束永丰的故事时，我的眼帘上映入了三四幅图画：……小道尽头是个小茶村，姑娘和妇女们挤在小棚屋里包装茶叶。”也许，这位女记者没有意识到，在这个毫不起眼的小茶村（在今永丰镇五里牌），茶商巨子朱紫贵由此发迹，在近代湖南茶商史上，演绎了一出波澜壮阔的活剧。1903年朱紫桂去世后，其子将这个小茶村转让给管事朱奎峰，朱奎峰也由此发迹，成为湘中巨富，十年之后在长沙创设“湖南实业银行”，盛极一时，此乃后话，暂且不提。

（二）“侠义茶商”刘麟郊

在中国近代茶业史上有刘运兴、刘麟郊和刘峻周“刘氏三杰”，其中刘麟郊是双峰县三塘铺镇胜云村人。刘麟郊，高祖75世孙，汉家刘氏茶坊38代传人。出生于三塘镇，清太学生，称刘运兴为叔。他虽是茶商，却与湖广总督张之洞有交往，结下了不懈之缘。

图9-3 体仁堂

刘麟郊的“豪门大院”体仁堂坐落在三塘铺镇枫树山村棉花冲，八湾河静静地从堂前流过。站在远处看体仁堂，简直是一座规模宏伟的城堡。这座城堡为红茶巨商刘麟郊的两个儿子刘校亭、刘良丞于光绪年间所建（图9-3）。

据史料得知，刘麟郊是湖南较早且著名的红茶商人，有“侠商”之称。刘麟郊是汉高祖的72代世孙，汉家刘氏茶坊第38代传人。清太学生，钦加同知衔，诰授奉政大夫，晋封中宪大夫。

咸丰年间战火纷飞，曾国藩所率领的湘军与太平军搏杀于江汉之间，普通人以“苟全性命于乱世”为幸，而“胆大包天”的刘麟郊则看准了动乱岁月中的商机，在战火和杀戮的空隙间穿梭，以军事家的勇猛和谋略展开了与洋人争利的“商战”，往来经商于湘潭、汉口等地商埠，集财于内、争利于外，数年之间即致巨富。

刘氏六十大寿时，湖南巡抚刘崑，湘乡县儒学正堂刘时畅、绅士曾国潢、举人朱啸山和邓庚元等均作有寿序。刘氏致富后，以重金聘请名师教二子。其子校亭、良丞两兄弟不负厚望，成为名重双峰的乡绅，于光绪十二年开始在家修建这座气派的豪宅。

图 9-4 体仁堂内景

体仁堂坐北朝南，砖木结构，前后分四次建成：首先修建正厅和正屋，接着修建左右两侧厢房，然后修建槽门、杂屋等，最后增建了一幢小洋楼，才形成了今天看到的规模。由于体仁堂建筑工程浩大，从正厅正屋建设开始，到小洋楼建设完工，历经二十余载（图 9-4）。

图 9-5 体仁堂一角

体仁堂建筑结构为三进六出三厢九进，正厅堂 3 个，侧厅堂 6 个，厢房厅房 18 个，以天井为中心营造小院，院中有院，院中套院，以亭廊相连，辅以廊房、轿厅、花厅、书楼、花园、佛堂、戏台，左有守经别墅，右为小洋楼式的凉亭，以正室为主体，中轴对称，厢房、杂屋均衡展开。总占地面积为 20000m²，建筑面积 27000m²，共有房屋 365 间。体仁堂外观气势雄伟，富丽堂皇，富有华美木雕，精致石刻，充分显示了当时富豪私宅建设的大手笔（图 9-5）。

体仁堂是一处带明显防御功能的颇具晚清风格的古建筑。大门前设有半月形旗台，石坎是四方四正的石头砌成的。大门门框由结实的整条石组成，早在“学大寨”年代“铁牛”进宅右边门框被撞断移位，几十年了也没有任何问题。整个大门用铁皮包裹，外沿墙壁砌有 2m 高的“砧子石”，围墙及最外沿的房子墙壁均有枪眼，双层防御。主人还仿照朱元璋修建南京城墙的做法，砖头上刻有工匠的姓名和制造的年款。这严严实实的建筑，从侧面反映了清朝末期时局动荡、兵匪横行的混乱历史局面。

走进体仁堂院内，一条宽宽的石板铺成的院内甬道折向正厅大门。据院子里的老人说，进堂甬道转弯是为了“聚财”。走在这甬道上，正前方雕着吉祥物的高大堂门、两侧写着大“福”字的八角门、屋顶引人注目的瑞兽，真是目不暇接。就好像是进了大观园的刘姥姥，不知从哪里看起。

走进体仁堂大门，透过天井往前看，厅堂空旷肃穆，尽管一堵书有“团结紧张严肃活泼”的墙壁隔断了厅堂的深处，但从那墙壁顶端看到神龛上的花格，还是可以看出那神龛的威严。从天井往左右看，都有一个正厅通往侧院的圆形门，远远看去就像一个洞。从圆洞处往前走，只见它院中套院，房内有房，堂内居住的村民，或穿梭其间，或追着我们看热闹，或干着各自的活计。

从小洋楼侧的东门出门，绕墙根的屋后土坎上向西走，只见古宅屋顶瓦片粼粼，叫你眼花缭乱，也不知屋面到底有多宽。到西门处，发现门顶上写着“守经别墅”四个字，才想到这是豪门深宅，怎么能叫你轻而易举地看透呢？不然大宅就失去神秘感和吸引力了。

一百多年来，体仁堂除了极少数危房被改建外，绝大部分保存完整。象体仁堂这样曲巷相连的街衢式建筑群落，是湖湘建筑文化的充分体现，更是地理环境和人文环境中留下的独特风景，值得后人们去保护。

（三）从茶商到银行家——朱奎峰

继朱紫贵之后，双峰又诞生了一位著名的商界巨子——朱奎峰，湖南实业银行董事长兼总经理，曾盛极一时的湘中巨富。朱奎峰（1860—1913 年），名贤英，清湘乡同德二十五都（今属双峰县走马街镇下白杨村和平组）人。咸丰十年（1860 年），朱奎峰出生在一个农民家庭。他自幼勤奋好学，因家境不富，年 20 后一边自读，一边以教书为业。光绪二十年（1900 年）“庚子之变”后，他觉得仕途无望，便弃儒从商。他先应本地茶商朱紫贵之聘，在永丰五里牌朱家茶厂当管事。经三年实践，他摸索到了一套经商经验，感到红茶出口大有甜头。1903 年朱紫贵去世，朱家茶厂停办，他乘机在原地自营茶厂，取名“同仁茶号”。借着朱紫贵家的名气，自己又守信用，得人巨款支持，经营得法，生意日渐兴隆。接着，他又在安化东坪设厂，加工制作红茶和绿茶。他奔走于长沙、汉口、广州、香港、澳门等地，几年间获利颇巨，并结识了不少外商，特别是与英商往来更密切。同时，他还与谢重斋合资经营新化锑矿，先后达 13 处，派其三弟朱人介负总责。不久，又与其兄弟在兰田镇（今涟源市）开设余斯盛、余斯胜、余斯美 3 家钱庄及米厂、南货店、染坊各 1 家，由其四弟朱人瑞负总责。

朱奎峰生意不断扩大后，盈利日丰，遂成为湘中巨富，于是广置不动产。他先后在永丰镇人寿总永清阁附近置店铺 80 家，在长沙天鹅塘、青山祠、沙河街、礼贤街、善鄗里等处购置房地产 300 多处，还在汉寿购买了曾国藩后代的湖田 666hm^2，并在家乡置田地约 40hm^2、建房屋 100 多间。他六十岁寿诞时，英商洋行还赠来厚礼，可见其一时之盛。

光绪三十一年（1905 年）峰书院改办为双峰高小，他与举人程希洛等亲自主持改制工作，并慷慨捐资。宣统三年（1911 年）族长的朱奎峰与举人朱道濂等倡议捐资纂修大石朱氏六修族谱，又捐资设族学、置义田。

辛亥革命后，朱奎峰受孙中生三民主义思想的影响，走上“实业救国”的道路。1913 年在省城邀集同乡人谢重斋、曹训农等人，计划集资招股光洋 100 每小股光洋 500 股光洋一万元，创设“湖南实业银行”。

湖南实业银行的流动资金及货币基金来源，有下列各种成分：①朱奎峰与谢重斋合资经营于新化锡矿山的 13 矿，还有附产品钒，值 30 洋，作三十大股投资，改由银行经营之。②安化兰田镇朱奎峰兄弟开设的三家钱庄，茶号、米店、南货店、染坊各一家，安化县城一处庄号及堆栈，均作为投资，值 3 元，作三大股，由银行兼营。③朱奎峰在湘乡永丰镇永清阁附近的 80 屋及染坊和五里牌茶号均行投资，值 5 元，作五大股，并入银行兼营。④朱奎峰在长沙南门外灵官渡码头锑砂堆栈、伙铺和在青山祠、沙河街、礼贤街、善鄗里等处的房地产契约全部投资银行，值 20，作二十大股，由银行经营之。⑤朱奎峰所购置的汉寿湖田一万余亩，其地契租约交银行，值 5 光洋，作五大股，由银行兼营。因集资较易，湖南实业银行筹备的时间不长，于 1914 张营业。行址设今长沙市樊西巷，朱奎峰任董事长兼总经理，谢重斋、曹训农任副总经理。有职员及勤杂人员 60 人，还聘有几个留学生作高级职员。该行发行了票面为一元的纸币，纸币由英商在香港印制，票面设计美观大方。用银元换纸币要补水三至四个大铜板，约合两分钱，这足以说明纸币在当时与银圆比价还高，确实取得了人们的信用。而且以纸币代替银元流通，便于携带和汇兑，这在当时湖南金融管理和改革史上是一大发展。银行开办后，省城的各老字号如九如斋、三吉斋、大华斋等南货店，天申福、日新昌等绸布百货店，李文玉金号及茶业、盐业等富商大贾纷纷要求入股，办理汇兑、存款、信托等业务，军政学界亦感方便。省财政厅以田赋、厘金税收作抵押向银行贷款或付息。一时实业银行誉满全城，获利甚大。股东按股分红，年终分利亦复可观。

当时，他感到银行金库、公馆照明不便，乃投资五千元银洋加入湖南电灯公司，以解决用电问题。他还将年轻子侄、孙辈朱佐西、朱季瑶、朱季春、朱衡程、朱照坚、朱日襄等安置至银行供职和培训，以期后继有人。有时外商前来联系业务，大都在善鄗里家中招待。

蔡锷组织护国军北上讨袁时，程潜组军响应。实业银行与省会各界首先倡议，发动各界储粮，由银行首先支付，为支援讨袁革命运动作出了一定的贡献。

有了如此雄厚的资金势力，又注重经营管理，朱奎峰更长袖善舞，他还投资兼营各处矿山、茶号、钱庄、田产、房地产等工商业，使湖南实业银行很快发展成为湖南首家综合性的大型企业，湘乡、新化、安化、矿山、钱庄、茶号等企业职工达 2 万人，茶农更是遍布湘中。每遇五荒六月青黄不接，又将谷、米、杂粮、百货、布匹利用返航空船，溯江而上，经涟水、资水，将大批物资运往各地，这样一来，又相应地发展了内河航运事业。凡遇原籍灾荒之年，他每次多挪出二三百担大米的钱，派人在长沙、湘潭购买大米，航运至永丰镇平粜，高价进，低价出，轮番运抵灾区，待这二、三百担大米的款项贴完才停办。

随着军阀连年混战，实业银行的大量库存资金逐渐被官府、军队贪诈，有时甚至遭武力要挟，被大量提取，资金急剧减少。加上银行内部问题不断发生：其长子、银行金库负责人朱有秋患痢疾死亡，朱奎峰因痛子心切，患高血压病须休养；部分高级职员趁机贪污，中饱私囊；有的股东侵吞矿山和茶号，却推说亏本倒闭；有的借故需用房屋作抵押债务，一口吞下青山祠、瓮园等几处公馆房产。至 1930 年一蹶不振。存户、股东、债主纷纷上诉银行，要求退赔。几经曲折，由官方与商会出面调解，并组织清理委员会（会址设南门外沙河街），由曹训农任主任委员，将全部不动产拍卖，也仅偿还资金的百分之四五。曾经盛极一时的湖南实业银行，就这样破产了。

遭受打击的朱奎峰病情更趋严重，在得到省会各界馈赠及省府拨给部分善后费共约万元后，他用大小船只 20，以枪兵护送，历时 20，才回到湘中白杨老家。由于背疽复发，不及两月，朱奎峰于民国二十年（1913 年）与世长辞。乡间名儒朱启绪撰写挽联，给予他很高的评价。联云："论学术祖述朱程，论诗歌步趋李杜，潇洒冠群伦，别墅闲居同谢傅；忆早岁提挈乡镇，忆晚年领袖族纲，事业怀遗矩，解纷何处觅仲连？"

1951，朱奎峰长孙朱日襄之妻将湖南实业银行印刷纸币的铜版交出后，被农民朱洪元等砸烂，作为废铜处理了，存放在老家的几大柜废纸币亦被付之一炬。

1992 年 8 月，电影《刘少奇的四十四天》在朱奎峰故居善继（济）堂等三个堂里拍摄，轰动一时。时至今日，这三个屋堂除部分保存完好外，大部分房屋已被住户翻修和改建，昔日风貌已不复存在。

（四）中国茶业一代名商——戴海鲲

在湘商群体中，著名的双峰茶商除了朱紫桂、朱奎峰之外，戴海鲲是最有势力的殿军。世人称戴海鲲为中国茶业的一代名商，确是实至名归的。

戴海鲲，班名丹楹，字鹏翔，生于光绪十六年（1890 年）农历九月十八日，世居湘乡中里三塘铺茶冲的荆紫堂（今双峰县三塘铺镇东合村），三岁丧父，靠母刘氏佣工及伯父举能资助度日，八岁入私塾。1908 年，入湘乡简易师范，学成回乡，设馆教书。由于谋生艰难，遵奉母命弃儒从商。

1. 戴海鲲一辈子从事茶叶商务，有过辉煌时期

纵观他的一生，大体可分为四个阶段：

① 1915—1927 年，是他茶业商务的奠基阶段。1915 年春，经伯父介绍到汉口花楼街郎怡泰茶叶店当店员，开始从事茶业商务。他处事周详，待人谦和，对茶叶收购、加工、鉴别及装箱、运输等工作都用心操作，久而久之，积累了丰富的经验，在业内有了较高的声誉。到 1927 年大革命时期，由于当时政局不稳，茶叶市场疲软，一些来汉口的湖南茶商，以他诚信可靠，请求将茶叶寄存代销，多数还提出愿意以低于市场价格转让给他。数月后，市场复苏，茶叶价格飙升，他以高出进价一倍以上的价格全部售出，获利甚丰，掘到了第一桶金。这是他在商业活动中第一个新的起点，为他以后的茶业发展奠定了基础。

② 1927—1945 年的抗战胜利，是他的茶业商务的发展阶段。从 1927 年底开始，他在汉口开设"戴海记茶庄"，并在湖南产茶的安化和新化等地独资经营"孚记""益川达""和泰安"三家茶号，专门收购制作红茶，运至汉口销售。同时他被汉口一家资本雄厚的茶叶外贸公司"忠信昌茶栈"聘为茶师。该公司专向苏联及欧洲各国出口茶叶。由于他十分重视信誉与职业道德，深得买卖双方信任，因而在茶业经营中，声名鹊起，资金积累渐趋雄厚。仅以代销茶叶这项业务而言，每年收入就可达十余万银元，其他收入还在外。与此同时，戴海鲲还先后担任汉口长郡会馆会长、汉口茶业工会主席。1936 年，他被国民政府任命为资源委员会组建的中国茶叶总公司总茶师，又兼任汉口茶叶分公司经理。1940 年返湘，任中国茶叶总公司顾问，兼任湖南分公司副经理。1941—1944 年，他供职财政部，兼任安化第一、第二制茶厂厂长。在这一阶段，无论茶叶经营的销路，资金的积累，以及声誉的提高，都获得了极大的发展。

③ 1945—1949 年，是他茶业商务的顶峰阶段。抗战胜利以后，他辞去中茶公司一切职务，令长子鹤林去安化东坪，将"孚记"等三家茶号历年所积存的三千余吨茶叶粉末，制成茶素运到重庆、广州、香港等地销售。每磅茶素售价约十五块银元，每吨茶叶粉末可制成二十磅茶素。这样，三千多吨茶叶粉末研成的茶素，可获百万银元左右的巨资。他又令二子鹤皋去汉口，租用民权路 73 号恢复"戴海记茶庄"。1946 年初，又在广州十甫路 99 号开设"太孚商行"及"戴海记穗庄"。同年夏又在香港德辅道西 396 号开设"太孚行港庄"及"戴海记港庄"，并在上海、重庆及南洋新加坡、吉隆坡等地均建有联号。这样，使茶叶经营有了稳固的基地。汉、沪、穗、港的庄行及南洋各地联号，都是主营茶叶，兼营花生、木耳、纸张等土特产品的出口商业。其经营量之大，超过了以往任何时候。

④ 1950 年秋，他携继妻周德章去香港经营"戴海记港庄"。把内地的茶叶通过香港转销往欧洲。自后，开始进入休闲终老阶段，他在九龙葵涌葵芳村购房安居。20 世纪 60 年代初，他信奉基督教。1965 年农历五月十一日，因病去世，享年 76 岁。

2. 戴海鲲终其一生，有两个显著特点

其一，表现在商务经营方面的是恪守诚信、抓住机遇、因时制宜、放手开拓，同时，更具有侠肝义胆。他之所以能够成功，与搭救苏联洋行买办邓以诚有很大关系。邓因被指控为共产党，遭到逮捕。他闻讯后，亲赴法院，将邓保释出来。事后，邓以三千银元酬谢，他婉拒。自此，他运去苏联洋行的茶叶，不分好与次，被一律收购，价格又高。洋行还广为宣传，说“戴海记茶庄”的茶叶价廉物美。于是，欧美各国的茶商纷至沓来，“戴海记茶庄”形同闹市。

其二，表现在为人处世方面的是孝亲利他、济恤贫困、热心公益、造福社会。他自幼丧父，完全是由母亲在极艰困的情况下佣工度日把他抚育成人的。因而他铭刻在心，自幼就事事处处孝顺母亲。1943 年在家乡所建住宅,命名为“柏荫堂”就是为了歌颂母亲的“柏舟节操”，不忘母亲的庇荫成长，充分体现了孝亲之心。另一方面，也正由于他出身贫苦，因此对贫苦的乡邻十分同情，总是设法周济。每年茶季，他都要雇请家乡的贫苦人们去外县收购和加工茶叶，帮助寻找解决生活门径。每逢凶年饥馑，均令家人开仓平粜。有时甚至宁可自家到娄底、谷水等地购买高价粮食度日,也要将平粜坚持到底。对于家乡公益事业，更是十分热忱，如修建道路，兴办学校，总是带头慷慨捐助。如为纪念辛亥志士禹之漠而创办起陆学校时，他捐巨款资助，并担任校董。因此，乡党邻里莫不交口赞誉。戴海鲲为人处世的高尚品德与经营办事的机智果断，仍值得我们学习和借鉴。

3. 戴海鲲所建的柏荫堂为近代代表性建筑

其建筑用材已经使用水泥，在传统上已有所突破，还有以坚固的带有枪眼的外墙和炮楼而富于特色，至今保存完好。这样，既有利于双峰县古建民居旅游开发，也方便建筑学专家去研究其中所蕴含的丰富的古建文化。

第十章 名泉

第一节　涟源名泉

一、龙山将军泉

“药王”孙思邈庙，传始建于唐。原地在峰南马鞍山脊，历代均有修葺。明代迁此，至清光绪十三年（1887 年）形成规模。1958 年大部分建筑被毁，1987 年修复，2001 年维修。坐西南朝东北，占地面积 900m²，建筑面积约 300m²。其由山门、主殿和药店、僧房、客房等组成，围墙环护，砖石铁瓦，古朴庄重。山门为石砌四柱五楼牌坊式，门前有数十级石阶。龙山“药王殿”的石拱山门横刻“江南孕育”四字，两边镶有对联两幅。柱联镌：“宫阙生虚空天章云汉；造化钟神秀仙露金茎”“万里风云供吐纳；四时花草著精神。”主殿为四合院式，左右石狮蹲立，门边有晒书石。券门门楣浅浮雕双凤朝阳；竖额刻“药王殿”三字，边饰双龙戏珠、双狮抢宝。殿堂高约 8m，硬山顶。殿内神龛供奉药王塑像，侧列龙、虎二将，并存有孙氏的实用药方和历代积累的祖传秘方数千个。殿内有古泉一口，泉水终年不断，闻名遐迩，清香甘美，富含硒、锌，取名“将军泉”，有“一人饮之不溢，万人饮之不竭”的传说，用泉水泡龙山野山茶，味道更是妙不可言。

二、涟源西云井

西云井，地处涟源市东面，位于石马山镇马头山、二龙山山坳处，中间一条清溪分隔两山，自然环境优美。西云井，青山环绕，古松相迎，井水清澈甘甜，矿物质含量丰富，常年井水充裕，古有“神井”之称。当地人历代取此水泡茶以待客。

三、石莲山泉

石莲山泉位于湖南涟源市七星街镇菜花村鹫峰山。在石莲庵石门上有一副对联：“石山皆鹫峰涎雨遍施化育万物；莲池涌甘雾杨枝普拂济度众生。”

石莲庵历史悠久，可追溯到明末清初时期，该对联向世人讲述着神鹫采水，仙居石莲庵的久远故事传说。在明清时代以前，一个名叫石莲的女道人在距此地 40km 外一祖师殿住持，有一天，她独步树林中，突然觉得神志恍惚，双脚飘浮，看见一只鹫鸟从天而降，摇摇晃晃落在跟前，她弯腰将鹫鸟抱入怀中。

石莲熟读诗书，在《淮南子说林训》有云：“猛兽不群，鹫鸟不双之说。”她想，鹫鸟乃大型猛禽，却投身怀中，必有缘由，可能是因为干渴，或许还受了点伤。于是，石莲细心照顾着鹫鸟，常与鹫鸟为伴。有一天傍晚，鹫鸟陪石莲化缘，来到鹫峰山，石莲口渴难耐，在池边以钵取水，与鹫鸟共饮。饮罢，她顿觉神清气爽，精神焕发，离开泉边时，仍回眸而望，思疑良久。鹫鸟似有同感，未走多远，突然从石莲怀中腾空而起，扭头顾盼，连叫三声。石莲见状，紧跟其后，却见鹫鸟扎入泉中。霎时灵鸟销声匿迹，石莲难舍离别之情，不忍离去。当晚便在当地农家借宿一晚，以待灵鸟归来。石莲长夜难眠，盘腿修练，耳边似乎不时传来鹫鸟细语：此地灵气，可修道成仙。

图 10-1 石莲庵

图 10-2 石莲山泉

次日，石莲按照鸾鸟点化地点，重返泉边，环水观望，寻觅爱鸟踪迹。石莲为感谢极富灵性的鹫鸟点化之恩，在此历时两年牵头修建了庙宇，并命名为“石莲庵”（图 10-1）。

石莲庵内供奉有观世音、太白金星、全真祖师等大小圣像 18 余尊。庵外门碑精致秀美，门额上方雕刻“石莲庵”三个大字，繁体楷书中略微带点行书，书法中糅合了唐楷和魏碑风格，其笔锋有力，给人以端庄肃穆之感。

鹫峰山，树木青翠，流水潺潺，水声悦耳，与石莲庵交相辉映，构成一幅“香炉初上日，瀑水喷成虹”的良辰美景。

石莲庵上的山泉，甘甜爽口，被人们誉为“圣水”。石莲道长常用大水缸接入，日夜置放石莲庵门外供行人享用，在石莲庵后山，有一深潭，日夜清流外涌，水花四溅，遇月夜，银星闪闪，如飘洒的莲花，光芒四射，入石莲庵里的流水哗哗作响，石莲庵观音玉手扬起，呈现玉手摘枝，于流水中蔌水挥洒的神韵（图 10-2）。

晨时，树、草、禾苗，“甘露”满枝，晶莹欲滴，久久不散，一直流传着“观音显圣莲花开，玉女拈香点灯来，净瓶饮满甘露水，遍山藏露润君喉”的歌谣。

刘叙中先生出生于这片神奇山林，他立志高远，厚德待人，虽在外创业20多年，仍情系家乡，健康梦、中国梦是他难以忘却的情怀，常常想起家乡的青山绿水，日夜思虑让青山绿水焕发生机、造福桑梓，在回乡拜谒一位老者闲聊时，听到了前文提到的这个久远故事。他意识到家乡可能出好水，水是生命之源，水无时无刻不在沁润人体全身，将好的泉水服务大众健康，这不正是自己一直梦寐以求的吗?

于是，他请来了专业的勘探和检测队伍，对这里的水质进行了四十多项取样分析。经权威检测，这里的水质综合指标显示，人体有益元素丰富且易于人体吸收，是最适合饮用养生的山泉水。随即，他斥资办起九寨河水厂，“石莲山泉水”应运而生。

水源地坐落于娄底涟源七星街镇生态环境优良的石莲山，远离城市工业污染，地处以玄武岩为主的地质构造，拥有生成天然矿泉水的最佳条件。其山体，寒山苍翠;其岩间，碧水潺潺；其水源，系富含偏硅酸的天然、珍贵、稀有恒温、恒量自涌泉。

四、湄江水

湄江风景区风光秀丽、山水奇特、景观齐全，集山、水、洞、峰、石、泉、瀑、悬崖、峭壁、深坑及岩溶湖于一体，其山水风光如诗如画，自古有名，被誉为“安化八景”之首，是国内山水风光、诗画美学意境的经典代表之一，“出淤泥而不染，涌清涟而不妖”。莲花涌泉位于湄江观音崖景区。五处泉眼日夜喷珠浦玉。在池面升腾起五朵直径1~2m的清莲。小的犹如尖尖菱角，清丽不可方物；大的翻滚半池珠玉，秀媚动人心弦（图10–3）。

图10–3 湄江水从山谷中涌出而汇成溪流

五莲池旁便是圆通寺，传说为明朝建文皇帝朱允炆出家修行之地；沿圆通寺后的石径走1080步台阶，便是藏于洞中的观音寺；观音寺下有一塔墓，传为朱允炆埋骨之所。站在墓前，远望紫华峰（又名仙女峰）酷似笔架，俯首则见五莲池犹如砚池，是传说中的佛家“地涌金莲”风水宝地。莲花涌泉神奇秀美，为国家级地质遗迹，号称“天下第一佛泉”，堪称大自然的涌泉代表作，相传用佛泉泡茶可长寿。

第二节　双峰名泉

一、龙王泉

双峰西部有一座大山名叫“猪婆大山”，山下有个龙王湾。龙王湾离猪婆大山山脚两公里许，从猪婆大山脚到龙王湾中间是一片沙质盆地。猪婆大山背是双峰的“小西藏”——山斗，这里与邵东、涟源接壤，周边几百平方公里都是岩石裸露的石灰岩溶洞地区，属喀斯特地形。山斗有石子冲与罗泥冲“两条山冲”直通甘棠盆地。大约通过亿万年的自然力量，山水把猪婆大山和山斗的沙石泥土冲到山下洼地沉积起来成了盆地，所以现在甘棠田土之下都可见到鹅卵石。猪婆大山与山斗的雨水都成了地下水。这些地下水集中在龙王湾一个小山包下面冒了出来，形成了“龙王四十八井”。这井水特别清凉、甜润，与茶结合是天然的玉露琼浆。猪婆大山就是高昂的龙头，龙王湾是张开的龙口，清澈的泉水从龙口里吐出来，滋润着湘中大地，养育着这里勤劳的人民。

龙王泉还有段鲜为人知的故事，缔结了湘乡中里两个大户人家的美好姻缘。

乾隆年间，猪婆山下龙王湾的朱家是远近闻名的大富户，其主人朱祖礼是个百万富翁。至道光年间，朱祖礼的儿辈不仅在宝庆开设“玉和样”店，经营毛板船生意，将湘西、湘中的树木、茶叶等特产运到长沙、汉口等地，成了有名的“毛板巨商”；他们还先后在龙王湾营建华厦四堂，冠以“拱辰”“绍箕”“尚智”“树德”之堂名；所置的田地纵横十余里，在湘中显耀一时。曾国藩的父亲曾麟书与朱祖礼第五子朱岚暄是特别要好的朋友，咸丰六年四月的一天，麟书先生专程从大界白杨坪来到猪婆大山下的龙王湾，拜访朱岚暄。朱岚暄用龙王泉泡猪婆山细茶招待曾麟书。麟书先生慢慢地品着茶水，细细地嚼着茶叶，称赞不已。此后，虽然两人“相去远”，但你来我往，关系密切，友谊甚深。道光十八年（1838 年），曾国藩准备进京殿试。赴京前，曾麟书带着他去游历猪婆大山，拜访挚友朱岚暄。朱岚暄识才、爱才，得知曾国藩正准备赴京赶考，一方面用龙王泉泡茶招待曾家父子；另一方面慷慨解囊，用 50 两银子给曾国藩作进京途中的“茶水钱”。曾国藩记住朱家的恩德，在他为京官期间，想尽千方百计以礼报恩。他多次在京托人带回挂匾、条幅、对联等礼品，以表对朱家的谢意；当时食盐昂贵，曾国藩一次在京派专人送回好几吨盐票到大界白玉堂，再由白玉堂用 10 多架抬箩送来猪婆大山麓绍箕堂，以偿还当年朱家的“赏赐”；咸丰初年，湖南因干旱而发生饥荒，朱岚暄一面向猪婆大山周围的农民广施粥、米以救饥，另一方面“好义轻财”向湘乡县府“捐赈万金”。其时曾国藩奔母丧在籍，得知此事后立即写信给宝庆知府朱孙贻，赞朱岚暄“捐万金以赈饥，可谓豪杰之士”，并与湖广总督张亮基题赠朱岚暄《全湘食德》之金字匾；咸丰六年（1856年）四月，朱岚暄六十大寿，湘乡县的大小官员都来龙王湾拜寿，曾家则以12架抬箩的队伍，浩浩荡荡来到朱家，麟书先生还亲笔作《朱君岚暄六十寿序》，曾国藩还从江西军营派专人送来以自己领衔，还有28个湘军名将和两江总督府官员签名的《寿屏》。由于曾国藩的影响，宝庆知府和湖南巡抚纷纷前来祝寿。一时之间，猪婆大山"百官云集"，猪婆山下朱家以及龙王泉的盛名，传遍三湘。

咸丰八年（1858年）春，曾国藩偕弟曾国华重游了猪婆大山。当时，朱家在龙王湾建的"四堂"全部落成，但堂名还未取定，曾国藩为朱岚暄的府邸取名"树德"，并亲笔书写了"树德堂"三个大字。此屋至今保存完好，曹门上的三个大字仍然那么鲜明夺目，一直还吸引着过往行人对曾国藩书法的欣赏。同治三年（1864年），湘军攻开南京，曾国藩怀念阵亡的胞弟国华，便将其次女许配给了朱岚暄为孙媳。从此，猪婆大山脚下的树德堂成了高嵋山下白玉堂的亲家。

新中国成立后，龙王湾的乡亲们安居乐业，"龙王湾"也自然而然地改称为"龙安"了。龙安地下到处是水，真正数起来，还可能不止四十八井，著名的大井有龙王大井、珍珠井、石板井、井塘、泮田井……这些大小井的水终年不断，夏天清澈见底，冰凉甜沁，冬天热气腾腾、温暖如春（图10–4）。20世纪70年代，涟邵矿务局朝阳煤矿，相隔十多里，埋藏地下水管从龙王大井取水，供应几千人的生产生活用水，而不影响它对附近田地的灌溉。现在甘棠镇两个自来水厂，一是从龙安邻村莘耕的石板井取水，二是从龙嘶的泮田井取水，不仅供应甘棠集镇上万人的生产生活用水，还把自来水扩展到了周围十多个村，解决了万多村民的生活用水。在水资源日益缺乏的今天，充足的地下水也是一种宝藏。

图10–4 龙王泉水汇集而成溪流清澈透亮

"好水就喝龙王泉"，甘棠一位年轻企业家办起了龙王泉净水厂，使龙王泉成了双峰县销量第一的桶装水，城里的茶馆都用上了龙王泉。

二、虎塘泉

在杏子铺镇虎塘村，也有四十八井，其水清澈甜润，是涟水河流域细茶的良伴。本邑诗人刘象贤还作了《虎塘秋月》一诗："清秋如水万顷凉，池水如月金波光。月天去地三万里，炊尔玉影入银塘。荷花盈盈浮月上，月中喷出荷花香。驾舟就月月不流，今我不乐空白头。嫦娥徘徊四天下，胡为为我回青眸。虎塘之邱虎林湖，邀月者谁韦与苏。太液波寒定昆圮，不识宫娥及帝子。有时有月当清秋，谁拟牙墙泛锦水。凤笙参差清不喧，月华在水飞紫烟。停辉不与西相怜，世间何有骑鲸仙。持觞与月相周旋，谁问三山驾铁船。”

刘象贤出生于虎塘边，与近代理学名人王船山均系明崇祯十五年（1642 年）湖广乡试同榜举人，又是儿女亲家。他一生隐居不仕，居乡间倡导文明，教授生徒，兴办县学，恢复文庙。善吟诗作文，著述较多，时人誉为“诗格高老”。他将自己书斋命名为“二中园堂”，自撰门联曰：“不喜天边挟龙战，爱向山中伴虎眠。”他常与王船山饮茶作诗。王船山作有《虎塘八景歌》和《虎塘振衣台歌》，流传甚广。现有企业将虎塘泉开发为“雷打石山泉水”，供城镇茶馆泡茶用水。

第三节　新化名泉

新化名泉众多，明代嘉靖二十九年（1550 年）《新化县志》记载有泉井 7 口（图 10–5），即南门外井，毕家巷井，土地巷土，预备仓井，东门外井，北门井，玉虚宫井，并说：“南门外井湧出清冽，味甚美，昼夜汲之不竭。”现今毕家巷井尚存，毕家巷井位于上梅镇毕家巷，一年四季有泉水涌出，居民常年用水桶在此取水，水味甜美。

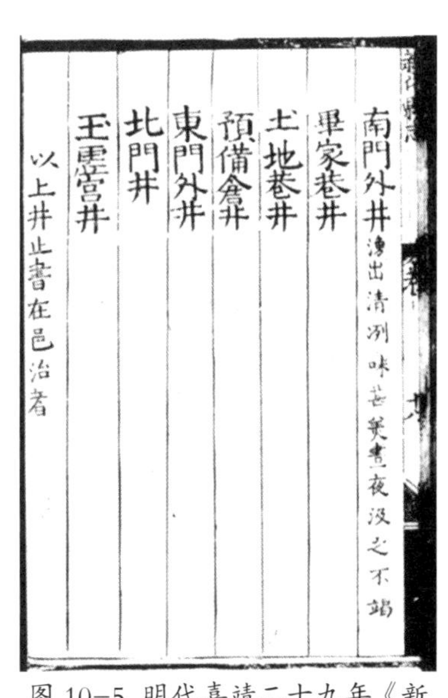

南門外井湧出清冽味甚美晝夜汲之不竭
畢家巷井
土地巷井
預備倉井
東門外井
北門井
玉虛宮井
以上井止書在邑治者

图 10–5 明代嘉靖二十九年《新化县志》记载有泉井 7 口

明代崇祯年间，新化曾有风井一口，并留有风井诗两首，一首为蜀人李长祥作：“大道风寒忽着秋，原来一井此深幽。别疑雷雨盘施远，应有源头混沌留。破碎黄舆元气在，祜乾泉水石龙遊，停车几欲填平去，袖过丸泥且放休。”另一首为崇祯学士王应熊作：“寰中风穴不一处，斯井乳花能伏流。暗接膏源当秘惜，不离陌路自清幽。土囊空艳骚人赋，水品难逢处士收。宴坐嵓头默斟取，清凉此意与谁谋。”诗中充满了对风井泉水的赞美。

至清代道光年间，新化名泉有更多发现，道光十二年（1832 年）《新化县志》记载：“梅花井在城东大码头对河。龙井，治南七十里，龙见水而出，大十余车，故名。菊井在苏溪，水湧时有如菊花，故名。温泉塘，治南七十里，三孔出水，西潮东出，冬温夏冷，四季澄清，大可行舟，出鱼大者数十斤，味甚甘美。”更有意思的是，县志记载：“石马二都有古井，其水味咸，汲以烹茶，甘美异常。”石马二都为现今的横溪、鹅溪一带。

新化名泉发展到至今，后来又发现了很多名泉并加以开发利用。

一、大熊山泉

“中国蚩尤故里文化之乡”（2006年中国民间文艺家协会授予）——新化县大熊山，位于新化县北端，主峰海拔1662m，山脉横跨益阳市安化县，系资江中游，是“华夏三祖”之一，也被誉称为世外桃源和三湘绿色明珠。2002年11月被国家林业局批准为国家级森林公园。

图10-6 藏于深山幽谷的大熊山泉

大熊山海拔1000m以上山峰40余座，主峰海拔1662m，山脉横跨益阳市安化县，系资江中游，总面积8100hm²，森林覆盖率达93%。据中南林业科技大学专家介绍，大熊山拥有大面积原始次森林，长流不息的天然山泉水清纯甘甜，属于低钠，低矿化度、弱碱性的活性山泉水，含有人体所必需的多种微量元素（图10-6）。水质清爽无污染，水体透明度大，溶氧量高，经专家多年采样分析结果表明水质优于国家一级饮用水质标准。经专家测定，大熊山为大面积的天然无菌区，负氧离子含量高达103600个/cm²，被誉为“天然大氧吧”。也因此，国家二级保护动物对水质和空气要求极其高的娃娃娃鱼（小鲵）是湘中地区唯一可以存活的地方。

水是生命之源，据专家介绍人类80%的病与33%的死亡与饮水饮食有关。因此随着生活水平的提高，人们的生活从温饱型向健康型转变，改善饮用水质已是广大人民群众追求的迫切要求和目标。

鉴于此，在政府及主管部门的大力支持和大熊山人的共同努力下，“大熊山泉”桶装水应运而生。2003年新化县大熊山生态发展有限公司正式成立，位于享有风水宝地之称的蚩尤屋场，“百步三条河”相互交汇处，拥有两条现代化的桶装水生产线。其下生产经营的“大熊山泉”在娄底市范围内一直受消费者青睐，取得良好口碑。新化茶馆、茶店采用此水冲泡茶叶，使茶更能体现出本地的韵味。

二、渠江水

图 10-7 从山岩中流出的渠江水

渠江是资江一级支流，发源于新化县双林乡分水界茶亭，流经双林奉家、天门等乡镇，沿途纳入玄溪、小桥江、横南溪、白水溪、蛇坪河等溪河，与镇溪江汇合后，向北流入溆浦县、安化县境内，在安化县渠江口注入资水。流域面积 851km^2，干流长度 98.8km。渠江支流横南溪流域面积 11.10km^2，渠江支流白水溪流域面积 4.61km^2。渠江流域地处高山区，耕地分散，水田较少，森林茂密，雨量充沛，地下水丰富（图 10-7）。

茶溪谷处于渠江源景区，步移景换，树、花、岩、潭、飞鸟等，构成一幅幅静中有动的山水画。越往上走，越是充满灵秀之气。尤其源头，野花烂漫，特别社鹃花多，紫的红的。河流险峻，瀑布飘途，各有美安，然是醉心。天涯从此来，瀑布飘相思。姑娘河，是上苍散落在溪谷的哈达，幸福的人畅想着节日的安排，享受着一种没有离索的向往。清亮亮的水浣着涟漪的梦在流动，山花在摇摆，露珠在莹润。宛如那美丽少女的相思泪，在美丽的月光下晶亮欲滴。那泪美人的样子真动人，把一个个相思收敛，于禾兜歪歪的田间地头，释放着美丽的不同凡响。茶溪谷为优质天然氧吧，景点建设与自然生态浑然天成，优良的水质受到专家的高度称赞为国内最好的水源之一，高于直饮标准。名山名水成就了名茶。景区内有高标准生态有机茶园 200hm^2，分布海拔 700~1200m。渠江源群峰叠翠，碧水长流，终年云雾缭绕，土地肥沃，为优质茶叶生产创造了条件，所生产的渠江溪茶、渠江薄片、渠江贡、渠江红、月芽茶、蒙洱冲，清香弥漫，浓厚鲜甜。有对联曰：一室茶香缘薄片，三湘水妙在渠江。

三、火焰山泉

火焰山泉水位于雪峰山脉东麓北邻古台山森林公园，西倚世界风景名胜紫鹊界梯田。风景优美，森林覆盖率达 95% 以上，千百年来，得天独厚的地理环境蕴藏着丰富的自涌山泉，是内少有的低钠化，小分子团珍稀水源，是饮用天然水的极佳选择。

火焰山泉水主要由新化县火焰山泉水有限公司生产。目前企业建立了园林式的标准化厂房，拥有两条高标准，高速度的现代化自动灌装线，年产能力达 200000t。历经 20 余年，火焰山泉水已经发展成为娄底境内最大的天然饮用水生产企业之一，享有良好的口碑，用于本土茶的冲泡，深得茶中三味。

四、龙宫山泉

图 10-8 位于梅山龙宫地下岩洞中的山泉水

龙宫山泉位于湖南新化县资水河畔，是一个大型的喀斯特溶洞群，一共有九层洞穴，探明长度 2870m，已开发游览路线 1896m，包括长 466m 世界罕见的神秘地下河。其中，玉皇天宫景区的钟形钟乳石被授予大世界基尼斯之最中国最大的钟乳石（钟形）牌匾（图 10-8）。

梅山龙宫名字的由来，有一段神奇的传说：相传黄帝登熊山，将灵额葱茏的九龙峰点化成九条青龙，沿九股清泉游入可通五湖四海的九龙池。九条青龙游入资水，被梅山油溪石竹湾的风光灵气所吸引，高兴得在水中游、云中飞、洞中舞，久久不愿离去，一住就是几千年。因为新化县古称梅山，后人便把这个岩洞叫作梅山龙宫。

龙宫山泉水富含偏硅酸和锶元素，对身体发育和牙齿保护有益，采用梅山龙宫二岩山上的自然山泉，无污染，几千年喝此水的村民无癌症病例，平均年龄达 80 岁以上，为湖南省第一优质水资源。

好茶要遇好水，就如知音难觅。梅山龙宫山泉水至清，无杂、无色、透明，能与茶的本色相合；味道甘甜，“凡水泉不甘，能损茶味”。泉水一入口，舌尖便能有清甜的美妙滋味，与回甘深远的茶相结合，咽下去后，喉中也有甜爽的回味。

五、鸾凤山泉

鸾凤山泉坐落于新化县琅塘镇鸾凤山村。

屈原旅居至琅塘，曾在《九章·涉江》中写道：“驾青虬兮骖白螭，吾与重华游兮瑶之圃。登昆仑兮食玉英，与天地兮同寿，与日月兮同光。”其中“瑶之圃”即“琅之塘”，意指装有美玉的地方，上古昆仑山即现在的雪峰山，而水源正是取自于这秀美雪峰怀抱中的笔架山脚下。

此地，水资源丰富，周边方圆 20km^2 无任何污染，泉水由内在压力自高山地下深处的岩石缝隙中涌出，未经任何工业、农业和人畜影响。水中溶入了岩石中的各类矿物质元素，含有多种人体必需的微量元素。

鸾凤山泉主要由湖南鸾凤山泉有限公司生产，经国家质检部门以及权威机构的多次检测，在水源及成品检测中各项指标均优于国家标准，是极为难得的纯天然饮用山泉水。用鸾凤山泉泡茶，是琅塘人的生活习惯。

六、盐井山泉

盐井山泉坐落于新化县天门乡尖石村，位于野荷谷寒茶基地的尖石岩下，海拔1360m。此地森林茂密，常年云雾缭绕，泉水从岩石中涌出，终年不竭，水温冬暖夏凉，冬天泉水伴有雾气涌出，味道甘甜清冽。

相传先人从此泉煮盐，有一桶水三两盐的传说。后来由于村民不守规矩，从此井大量截流煮盐卖钱，从而得罪神灵，将盐收了，留得清淡泉水，盐井山由此而得名。后来，村民常来此地取水饮用，饮之数月，女人皮肤变白，男人感冒尽除，被誉为神泉。至今，附近数公里村民皆取用此水。2019 年，娄底市湘博会举行了“世界水泡新化茶”活动，当时由娄底市茶业协会组织全世界的十个水样泡寒茶，经过专家盲评，评出新化天门乡盐井山泉泡出的寒红味道最好，茶汤色最靓。正所谓：一方山水养一方人，一方水泡一方茶。经检测，此泉水达到国家一级饮用水的指标。

第十一章 茶器

第一节　娄底茶器历史和现状

茶器是指人们饮茶过程中所使用的各种器具。茶器和茶文化紧密相连，茶器作为茶的承载工具，在茶文化里扮演着重要的作用，并随着饮茶的发生而发生，随着饮茶的发展而发展。历经了一个从无到有、从共用到专一、从粗糙到精致、从单一功能到多重功能的演变。体现出时代所赋予茶文化发展的经济、技术水平和审美功能。

“工欲善其事，必先利其器”，香茶需好器，好器衬香茶。娄底茶器随着茶文化的不断发展也促使其快速的发展，娄底茶器文化与茶文化一样，带着粗俗与烟火气，泯然于茶具之中，在历史的浸润下熠熠生辉。娄底茶具不仅是生活中的实用品，同时也是具有一定艺术水平的艺术品，体现出实用功能和形式功能的美感统一，彰显了人们的审美情趣、道德规范、价值观念风尚。在娄底这块土地上，自古以来热情好客的民众以茶待客传统根深蒂固，以茶待客必先以家中最好的茶器示人。茶有茶道，器亦当有其道，茶、器、道相宜，方能相得益彰。好的茶器成为许多人家中必不可少的东西，因此各种茶器应运而生。

娄底近代茶器，大致分为两个阶段。1995 以前，民间多用瓷制茶器，少量的陶制茶器、玻璃茶器。进入 21 世纪，现代生活物质丰富了，生活节奏也随着变快，代表慢生活的茶文化更加普及，而茶具也成为广大老百姓居家休闲必备的用品。生活水平高一点的家庭有不同的材质茶具，不同的茶叶可以选择不同质地的茶具来进行冲泡和品饮，以达到最好的效果。茶具则更重要更讲究，不仅要好使好用，更要有美感。各种瓷制茶器、玻璃茶器、金属茶器、方面茶器（如纸杯、塑料杯）等等组成了交响乐，随着人们的饮茶习惯的变化而不断变化和发展，并在茶叶行业不断壮大带动下，茶具行业发展前景也越来越好。

对古代茶器部分，重点考察了涟源市杨市镇孙水社区肖水平同志的茶室（图 11–1）。茶室清幽淡雅，古色古香的茶器架上陈列着各个时代精美的茶具，茶具种类繁多，造型优美，除实用价值外，艺术价值也高（图 11–2~ 图 11–9）。茶器陈列背景融合书画作品衬托，构成一个艺术品组合，取过茶器可以品茗，放回茶器欣赏美景，一种超然世外的情境。在这样美好的环境中，追求雅趣的人

图 11–1 肖水平茶室

图 11-2 民国西厢记茶缸、龙盘（康熙）茶盘

图 11-3 现代琉璃茶杯、20 世纪 70 年代茶杯

图 11-4 道光茶杯、道光茶壶

图 11-5 清代冬瓜缸、乾隆人物茶壶

图 11-6 宋代磨茶器

图 11-7 清代五彩缸

图 11-8 清代（乾隆）喜字缸

图 11-9 清代（康熙）三彩缸

们工作之后，读书之余，以茶会友。沏一杯茶，看袅袅上升的水汽，任茶香扑鼻，愉悦而惬意，让人内心更宁静，人与人之间的交流变得更容易。

对于现代茶具编委会重点考察了娄底市碧螺春茶馆和绿羽茶艺馆，各种茶具丰富多彩，琳琅满目，许多茶具巧夺天工、领秀俊美、浑然天成，绘有山水、人物、花鸟虫鱼，或白鹤飞翔，或游龙戏凤，或彩蝶恋花，或翠鸟舒展，显得古雅朴实，充满诗情画意，美不胜收。有些茶具上的书文，更是妙趣横生（图 11-10、图 11-11）。

图 11-10 茶具摆放

图 11-11 茶具摆放

碧螺春茶馆店老板周建昂先生介绍，真正的喝茶并不是简单的往杯子里注水，还有数不清的细腻讲究，香茗凝聚着品茶人的精神，茶水缓缓注入茶杯，茶杯的质感，影响喝茶人的心境与意趣。所以他们在泡茶时除选设计精心入微的茶具，还要充分考虑茶具的制作材质与茶品质的特色是否和谐，有些材质非常适合泡茶，有些则会损害茶叶的滋味和香气，影响喝茶者感官的享受。在这浮躁的现代社会里坐下来宁静品茶，除了品尝茶叶的美味以外，还通过欣赏茶具设计和茶室装饰，从中获得艺术的享受，格物致知而后美。

第二节　茶具分类

中国茶类多,不同的茶类使用不同的茶具。茶文化是中国传统文化中一块灿烂的瑰宝，茶具文化则是茶文化中重要的一部分，茶文化的发展带动了茶具的发展，茶具的发展史不仅是文化的发展史，同时也是关于人们饮茶用茶的生活史，茶具的材质、品种、造型和式样的演变，与时代特征、民族风俗、饮茶习惯以及审美情趣有着密切的关系，所用器具更是异彩纷呈。本节所述内容是从娄底茶艺的基本需要出发，选择主要器具，以功能和材质分类进行叙述。

① **煮水器：**又叫茗炉。在古代泡茶的煮水器用风炉，目前较常见者为酒精灯及电壶，

此外尚有用瓦斯炉及电子开水机和电烧水壶。

② **茶壶：**是一种泡茶和斟茶用的带嘴器皿，由于壶的把、盖、底、形的细微差别，茶壶的基本形态非常多。

③ **品饮杯：**包括茶盏、茶碗、闻香杯，是直接品饮茶汤的器具。闻香杯是用于品鉴茶汤香气的杯子。

④ **茶盘：**用以承放茶杯或其他茶具的盘子，以盛接泡茶过程中流出或倒掉之茶水。也可以用作摆放茶杯的盘子。其选材金木竹陶皆可，以竹木茶盘最为清雅相宜。

⑤ **茶道：** 指茶道六君子，即茶夹、茶勺、茶拨、茶漏、茶针、茶瓶。茶道大多为木质。

⑥ **盖碗：** 是一种上有盖，下有托，中有碗的茶碗、碗盖、托碟三部分茶具，也称“三才碗”。置茶3g于碗内，冲开水，加盖5~6min后饮用。以此法泡茶，通常喝上一泡足矣，至多再加冲一次。

⑦ **盖杯：**是上有盖，杯身有把的茶具。同心杯还具有虑茶杯心。

⑧ **杂件：**泡茶、饮茶时所需的各种辅助用品，以增加美感，方便操作。包括公道杯、茶巾、夹子、网架、漏斗、茶托、茶洗、茶叶罐、香炉、茶荷等。

茶具的种类非常繁多,茶具因制作材料和产地不同而分陶土茶具、瓷器茶具、玻璃茶具、搪瓷茶具、金属茶具、玉石茶具、塑料茶具和竹木茶具等几大类。

一、陶质茶具

陶质茶具是指用黏土烧制而成的饮茶用具，分为泥质和夹砂两大类。由于黏土所含各种金属氧化物的不同百分比，以及烧成环境与条件的差异，可呈红、褐、黑、白、灰、青、黄等不同颜色。陶器成形，最早用捏塑法，再用泥条盘筑法，特殊器形用模制法，后用轮制成形法。7000 年前的新石器时代已有陶器，但陶质粗糙松散。公元前 3000 年至公元前 1 世纪，出现了有图案花纹装饰的彩陶。商代，开始出现胎质较细洁的质地略显粗糙，印纹硬陶。战国时期盛行彩绘呈黄褐色陶，汉代创制铅釉陶，为唐代唐三彩的制作工艺打下基础。至唐代，茶具逐渐从酒食具中完全分离，《茶经》中记载的陶质茶具有熟盂等。

紫砂茶具属陶器茶具的一种。它始于宋代，盛于明清，流传至今。它坯质致密坚硬，取天然泥色，大多为紫砂，亦有红砂、白砂。成陶火度在 1100~1200℃，无吸水性，音粗韵长。它耐寒耐热，泡茶无熟汤味，能保真香，且传热缓慢，不易烫手，用它炖茶，也不会爆裂。因此，历史上曾有“一壶重不数两，价重每一二十金，能使土与黄金争价”

之说。但美中不足的是受色泽限制，用它较难欣赏到茶叶的美姿和汤色。

二、瓷器茶具

瓷器茶具是娄底人们最早使用的茶具。瓷器茶具包括有：白瓷茶具、青瓷茶具、黑瓷茶具、漆器茶具等。瓷器茶具风格比较独特，瓷质厚重，保温性能比较好。瓷质茶具在陶器烧结过程中，含有石英、绢云母、长石等矿物质的瓷上经过高温焙烧后，会在陶器的表而结成薄釉，釉色也会根据烧制温度的变化而呈现出不同的效果。从而诞生出路质细密，光泽莹润，色彩斑斓的精美瓷器。瓷器茶具质地坚硬、不易洇染，使于清洁、经久耐用、成本低廉（图 11–12）。

图 11–12 新化瓷厂生产的茶具

① **青瓷：**在坏体上施含有铁成分的釉，烧制后呈青色，青瓷茶具胎薄质坚，造型优美，釉层饱满，有玉质感。在瓷器茶具中，青瓷茶具出现得最早。

② **白瓷：**以其色自如玉而得名。白居易曾盛赞四川大邑生产的白瓷茶碗："大邑烧瓷轻且坚，扣如衰玉锦城传。君家白碗胜霜雪，急送茅斋也可怜。"白瓷的主要产地有江西景德镇、湖南醴陵、四川大邑、河北唐山，安徽祁门等，其中以江西景德镇产品最为著名，这里所产的白瓷茶具胎色洁白细密坚，釉色光莹如玉，被称为"假白玉"。明代以来，人们转而追求茶具的造型，图案，纹饰等，至唐代已发展成熟，早在唐代就有白瓷造型的千姿百态正符合人们的审美需求。

③ **黑瓷：**茶盏古朴雅致，风格独特，瓷质厚重，保温良好，是宋朝斗茶行家的最爱。斗茶者认为黑瓷茶盏用来斗茶最为适宜，因而驰名。据北宋文献《茶录》记载："茶色白（茶汤色）宜黑盏，建安（今福建）所造者绀黑，纹如兔毫，其坯微厚……其青白盏，斗试家自不用。"

④ **青花瓷：**茶具是在器物的瓷胎上以氧化钴为呈色剂描绘纹饰图案，再涂上透明釉，经高温烧制而成。青花瓷茶具蓝白相映，质薄光润，白里泛青，雅致悦目，并有影

青刻花、印花和褐色点彩装饰,色彩淡雅宜人，华而不艳，令人赏心悦目，是现代中国人心中瓷器的代名词。

三、玻璃茶具

玻璃茶具是指用玻璃制成的茶具。玻璃质地硬脆而透明，玻璃茶具的加工分为两种。价廉物美的普通浇铸玻璃茶具和价昂华丽的水晶玻璃。玻璃，古人称之为玩璃，我国的琉璃制作技术虽然起步较早，但直到唐代，随着中外文化交流的增多，西方琉璃器的不断传入，我国才开始烧制玩璃茶具。随着玻璃工业的崛起，玻璃茶具很快兴起，在现代，玻璃器皿有较大的发展。玻璃质地透明，光泽夺目。外形可塑性大，形态各异，用途广泛，玻璃杯泡茶，茶汤的鲜艳色泽，茶叶的细嫩柔软，茶叶在整个冲泡过程中的上下穿动，叶片的逐渐舒展等，可以一览无余，可说是一种动态的艺术欣赏。特别是冲泡各类名茶，茶具晶莹剔透。杯中轻雾缥缈，澄清碧绿，芽叶朵朵，亭亭玉立，观之赏心悦目，别有风趣。加之价格低廉，购买方便，而受到茶人好评。在众多的玻璃茶具中，以玻璃茶杯最为常见，也最宜泡绿茶，但玻璃茶杯质脆，易破碎，比陶瓷烫手，是美中不足。

四、搪瓷茶具

搪瓷茶具是指涂有搪瓷的饮茶用具。这种器具制法由国外传来，人们利用石英、长石、硝石、碳酸钠等烧制成的珐琅，然后将珐琅浆涂在铁皮制成的茶具坯上，烧制后即形成搪瓷茶具。搪瓷茶具安全无毒，有着一定的坚硬、耐磨、耐高温、耐腐蚀的特征，表面光滑洁白，也便于清洗，是家庭日常生活中所常见的器具，在众多的搪瓷茶具中，洁白、细腻、光亮，可与瓷器媲美的仿瓷茶杯；饰有网眼或彩色加网眼，且层次清晰，有较强艺术感的网眼花茶杯；式样轻巧，造型独特的鼓形茶杯和蝶形茶杯；能起保温作用，且携带方便的保温茶杯，以及可作放置茶壶、茶杯用的加彩搪瓷茶盘，受到不少茶人的欢迎。但搪瓷茶具传热快，易烫手，放在茶几上，会烫坏桌面。

五、金属茶具

用金、银、铜、铁、锡等金属材料制作的金属茶具，属我国最古老的日用器具之一，常见的金属茶具有金银茶具、锡茶具、铜茶具等。自秦汉至六朝，茶叶作为饮料已渐成风尚，茶具也逐渐从与其他饮具共享中分离出来。大约到南北朝时，我国出现了包括饮茶器皿在内的金属器具。到隋唐时，金属器具的制作达到高峰，但从宋代开始，古人对金属茶具褒贬不一。元代以后，特别是从明代开始，随着茶类的创新，饮茶方法的改变以及陶瓷茶具的兴起，才使金属茶具逐渐消失，尤其是用锡、铁、铅等金属制作的茶具，用它们来煮水泡茶，被认为会使“茶味走样”，以致很少有人使用。但使用金、银、铜、锡等制作的茶具具有防潮、防氧化、防光、防异味等特点。金属茶具不易破碎，不锈钢茶具耐热、耐腐蚀、便于清洁的特性，外表光洁明亮，造型规整，极富有现代元素的外表让其深受年轻人的喜爱。如作旅游用品如带盖茶缸、行军壶以及双层保温杯等都是采用传热快、不透气的不锈钢茶具，讲究品茶质量的茶人，一般不使用不锈钢茶具。

六、石茶具

石茶具是用石头制成的茶具。石茶具的特点是，石料丰富，富有天然纹理，色泽光润美丽，质地厚实沉重，保温性好，有较高的艺术价值。在制作石茶具时，选料要符合“安全卫生，利于加工，色泽光彩”的要求。产品多为盘、托、壶和杯，以小型茶具为主。

七、塑料茶具

塑料茶具是用塑样压制成的茶具，塑料属于高分子化学材料。塑料茶杯因具有造型多变、色泽艳丽、价格低廉、形式多样，质地轻，耐高耐摔耐磨，摔打也不易碎成本低廉等优点，受到许多人，特别是儿童、青少年和外出活动人员的喜爱。但塑料茶具导热性较差，耐热性较差，容易变形。长期使用塑料茶杯饮茶不安全，不提倡使用塑料茶杯。

八、竹木茶具

隋唐以前，中国饮茶虽渐次推广开来，但属粗放饮茶。当时的饮茶器具，除陶瓷器外，民间多用竹木制作而成。陆羽在《茶经·四之器》中开列的28种茶具，多数是用竹木制作的。这种茶具，来源广，制作方便，对茶无污染，对人体又无害，因此，自古至今，一直受到茶人的欢迎。但缺点是不能长时间使用，无法长久保存，失去文物价值。只是到了清代，在四川出现了一种竹编茶具，它既是一种工艺品，又富有实用价值，主要品种有茶杯、茶盅、茶托、茶壶、茶盘等，多为成套制作。竹编茶具由内胎和外套组成，内胎多为陶瓷类饮茶器具，外套用精选慈竹，经劈、启、揉、匀等多道工序，制成粗细如发的柔软竹丝，经烤色、染色，再按茶具内胎形状、大小编织嵌合，使之成为整体如一的茶具。这种茶具，不但色调和谐，美观大方，而且能保护内胎，减少损坏；同时，泡茶后不易烫手，并富含艺术欣赏价值。因此，多数人购置竹编茶具，不在其用，而重在摆设和收藏。

竹木茶具已成为历史，现今很少人使用，部分地区，也有人使用竹或木碗泡茶，但用木罐、竹罐装茶，就比较常见。

第三节　茶器企业

娄底瓷泥资源丰富，是湖南主要陶瓷产区之一。瓷泥资源分布主要在新化县的杨家山脉，另外，邻近涟源市的龙山山脉上的快溪、芊塘、塘湾，双峰县砂子塘乡、荷叶乡、娄底市的大科乡等均有分布。当地农民采取露天或地坑式开采，年开采总量约20000~30000t，主要供应新化瓷厂、建新瓷厂、涟源市瓷厂、建筑陶瓷厂、建华瓷厂、洋溪瓷厂、新塘瓷厂等，是新化陶瓷生产的主要原料基地，多年来为娄底陶瓷工业的发展做出了很大的贡献。

一、娄底市五江保温瓶厂

娄底市五江保温瓶厂（隶属湖南五江轻化集团有限公司）创立于1979年（图11-13），主要生产销售日用5P、8P保温瓶、各种异形保温瓶和日用搪瓷产品（图11-14），是娄底民营企业历史上第一个中国驰名商标品牌。公司于2001年5月25日在涟源市工商行政管理和质量技术监督局注册成立。十几年来，公司不断发展壮大，目前团队人数有2000人，系湖南知名民营企业，全国主要的搪瓷生产基地，公司通过了ISO9001：2015国际质量体系认证，产品远销美、意、日、德和俄罗斯等数十个国家和地区。

图11-13　五江保温瓶厂

公司一直坚持以科技创新为导向，推进绿色发展，开发新产品引领市场需求。特别近几年来，对保温瓶、搪瓷生产线进行了智能化改造，发展中、高档日用搪瓷和保温瓶成品，不断提升五江品牌附加值。积极开发绿色、健康、环保、节能产品，将焦炉废气回收作为保温瓶、搪瓷产品的生产能源进行循环利用，变废为宝，保护了环境，降低了生产成本，增加了产品竞争力。公司由劳动密集型向自动化方向发展，大大降低了员工劳动强度，创造了良好的经济效益和社会效益。

图 11-14 娄底市五江保温瓶厂生产的茶具

二、新化瓷厂

（一）新化瓷厂历史

新化瓷厂的前身是洋溪乐镇邹承休 1915 年牵头集股合办的陶瓷工场，称华新实业公司，厂址在洋溪水东。1951 年底，工厂的部分职工集体向人民政府申请要求国家接管；1952 年 2 月经省政府接收为国家经营，称洋溪瓷业革新公司。随着生产力的不断发展；1954 年下放给新化县人民政府管理，更名为新化县新瓷厂；1959 年兼并化溪陶瓷厂，更名为新化县华新陶瓷厂；1960 年化溪陶瓷厂分离出去；1961 年洋溪老厂全部搬至新址，继而更名为新化县华新陶瓷厂；到 1979 年改称新化瓷厂；1991 年 10 月经中共娄底地委批准为副处级企业，是湖南省工艺美术瓷出口创汇重点生产基地（图 11–15）。

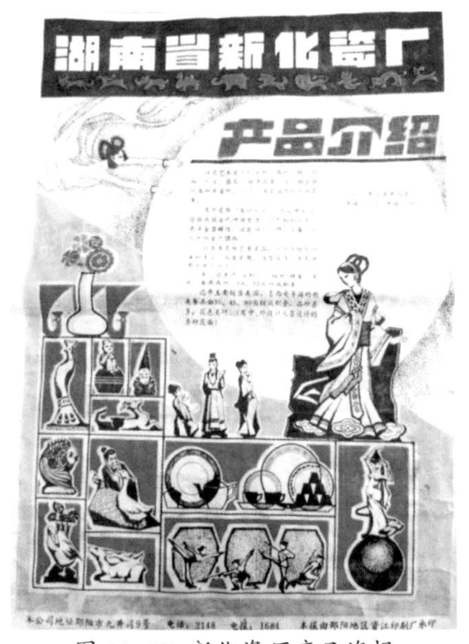

图 11–15 新化瓷厂产品海报

在 20 世纪 50 年代初，新化瓷厂设备落后，实行手工操作，生产力水平低下，主要生产日用粗瓷服务器，年生产能力 33 万件，产值 2.8 万余元。经过工艺技术的发展和革新，到 20 世纪 50 年末期，产品由粗瓷转向半细瓷和细瓷，花色品种增多，质量提高，并且发展了工业用瓷。生产设备由手工转为半机械和土机械化，柴烧窑改煤烧窑，年产量发展到 115.7 万件，产值 46 万余元。20 世纪 60 年代改变产品结构，由内销瓷转为出口瓷，花色品种和产品质量能满足国内外用户的需要，开创了国际市场新化瓷业的新局面。工艺设备，生产技术向着半机械化和机械化发展，同时发展工艺美术瓷生产，到 1965 年产量达到 569 万件，产值 185 万元，利润 61 万余元。“文化大革命”中，新化瓷厂虽然受到了冲击，但是生产并没有停止，工艺美术瓷开始向国际市场销售，生产和经营形势发展良好。

1976 年有职工 612 人，年产量达 1350 万件，产值 217 万元，创利 18.21 万元。党的十一届三中全会以后，改革的春风给企业注入新活力。1981 年通过省进出口公司倾情牵线搭桥，美国鲍姆兄弟公司两次来厂考察看样，订货达 300 万件，同意按每年递增 30% 预订五年，产品被命名为新美瓷。为了确保新美瓷能保质保量交货，对老成型工场进行改造，当时称为美瓷工场。同时加快二号隧道和制料工场的扩建步伐，为打入美国市场奠定基础。1983 年美国市场断线，又实施了“出口瓷、内销瓷、工业瓷、美术瓷”四瓷并举的救厂方略，但仍步履艰难。1985 年何真临当选厂长，在考察全国陶瓷市场后，由日用瓷全面转产艺术瓷，打入欧美市场，效益迅速增长。

1994年开始艺术瓷市场受挫，产品大量积压，加之国家银根紧缩，经济效益急转直下。从1996年2月开始决定采取分块搞活的措施，厂部与各车间签订经营承包，由各车间自筹资金、自行生产、自主经营、自主分配、自负盈亏。在此期间，烧成车间为两块牌子一套人马，对内为烧成车间，由厂部直辖，对外为国港合资企业——新龙瓷业有限公司，港商注资18.25万美元，占25%，中方以新成型工场和机器设备等折资300万元，占75%，主要生产餐具、茶具，产品由港方包销。

2000年8月，由于质量、市场、资金等多方面原因导致新化瓷厂和各承包单位全面停产，生产难以为继。2004年9月2日，经新化县人民法院依法裁定新化瓷厂破产。

（二）新化瓷厂的成就

1985年以前，它的产品也像它的“资历”一样老：老饭碗、老茶壶、老杯碟等。1985年春季广交会上，新化瓷厂的展览橱窗内就是这几件“老货”，外商们见了耸耸肩膀，飘然而过。“不打翻身仗不行了”，上任不久的厂长何真临感受到了形势的紧迫。

一贯重视信息的何厂长从资料上获悉：世界市场上艺术瓷年销售额达10亿美元，而我国目前只能提供0.8%。于是，到海外去开拓市场的新的决策作出来了。在“艺术瓷日用化，日用瓷艺术化”的总体方案下，新化瓷厂的新产品不断问世。

新推出的天鹅花插系列、田螺花插系列，以它的现代色彩，立即风靡德国、荷兰、法国、比利时以及美国等国家。在东南亚及日本，形态逼真的狼狗、金龙，妩媚典雅的古装少女，憨厚、滑稽的七品芝麻官等艺术瓷，都备受青睐。

1987年春，国际博览会在德国的法兰克福举行，那些挑剔的外国商人从新化瓷厂400多种艺术瓷中，挑出十几个品种陈列在不同国宝产品的六个展位上展出。“货比货”的考验可谓严峻，然而新化艺术瓷都无一例外地获得了称赞。

1988年该厂艺术瓷达80余种，各种茶具、灯具、筷具、烟酒具、人物、动物等。除一部分供给各种展览外，还可以满足国内外市场需要。其中瓷雕“女娲补天”“巫山神女”均根据我国古代神话塑造，外形栩栩如生，色泽金碧辉煌，堪能沁人心脾，实属广大人民所爱之什物。

1991年在商贾如云的春季广交会上，新化瓷厂厂长何真临接待来自五大洲的各路客商。不管是多年交道的老朋友，还是慕名前来的新相识，都无不称赞新化瓷厂展出的艺术瓷。茶具等艺术瓷品，给人以美的享受，而且实用，造型简练，具有使用方便之优点。“古松”“双凤”牌餐具由36，64，92头组成配套。当广交会的帷幕降落之际，何真临这位全国人大代表、全国五一劳动奖章获得者的日记本上，已赫然记下了1030万元的订货数字，这比创纪录的1990年全年产值还要多。

新化瓷厂早在20世纪70年代就开始培养人才，组织专门设计队伍，认真研究陶瓷雕塑中的各种雕、捏、镂、挖等技术，经过十余年的努力，形成自己的独特风格。如曾获得轻工部优胜奖的瓷雕《鹰》，乍看起来，似乎有点粗糙，但细细玩味，使人觉得这只茶座似乎活起来了，展翅欲飞。

图 11-16 新化瓷厂生产的茶具

他们追求艺术上的神和情，做了许多探索，不论是以历史故事为题材的“王羲之爱鹅”“李白问学”等艺术瓷，还是以古代神话为题材的“精卫填海”“女娲补天”都在脸部下了功夫，收到了较好的艺术效果。瓷塑“贾宝玉与林黛玉”把一对反抗封建社会的叛逆形象，刻画得惟妙惟肖，怪不得意大利商人一见就爱不释手，一次订货一千套。十几年来，这个厂的瓷雕作品，多次参加过国际陶瓷艺术展览，成为湖南省陶瓷工艺中的一朵新花（图 11-16）。

三、新化建新瓷厂

1964年新化瓷厂转产出口瓷后，全县近万人的生活用瓷成了问题，全靠外县调进。为了解决新化织染厂1963年停办后的51名职工和社会青年就业，以及全县人民生活用瓷问题，县工业科和城关镇研究决定，按7∶3比例联合投资20万元，合资兴建新化建新瓷厂，厂房由织染厂代管的原新化钢铁厂部分厂房改建而成。

1966年3月成立了建新瓷厂筹建小组，县里调蔡鸣书同志任筹建小组负责人，城关镇调黄中庆同志、杨永庚同志负责筹建工作，新化瓷厂派高甲上、霍云启等同志支援改建。

1966年4月开始厂房改建，同年5月织染厂51名职工除3名城关镇另行安排外，其余48名职工连同17000元福利基金全部转入建新瓷厂。由于当时尚未投产，其人员暂安排在新化瓷厂和冷江市耐火材料厂工作。1967年5月，建新瓷厂正式投产后，这48名职工返回建新瓷厂，当时蔡鸣书同志任支部书记。

1968年8月，县政府和城关镇达成协议，并报经上级批准，建新瓷厂转为全民所有制企业，同时退还城关镇股金7.2万元，并将织染厂转来的48名职工恢复列编为全民固定职工。从此建新瓷厂生产规模不断发展扩大，并在1974年由生产内销瓷转为出口瓷试制生产，1977年全部转为出口瓷生产，成为全省13家出口瓷厂之一。

1996年建新瓷厂上了一条“无铅毒铀上彩”烤花窑，该厂为此获得了国家7500万元的技术扶持资金。2004年，该厂实行企业改制，经营中止。

四、双峰四窑里陶器厂

四窑里陶器历史悠久。明嘉靖年间，太平寺公益村（现属洪山殿镇）有人在邵阳谋生时，学会了制陶技术，回乡利用白泥（矾土）制烧陶器成功，制陶业开始逐渐发展，鼎盛时期建有四座窑，故名“四窑里”。陶工用脚踏轮将陶泥制成各种器皿的陶胚，刷上陶釉，装窑烧制。产品有茶煨、茶壶、茶碗等系列茶器，同时，还生产菜坛、水缸、酱缸、菜钵、饭钵、沟瓦、花盆等。民国年间，邻近的新檀、太和也兴起制陶业。1952年四窑里11户农民开始联营办陶器厂，实行统一经营。1958年成立双峰县星星陶器厂，从业人员达100多人。1961年境内组建太平陶器合作社。1969年开办四窑里陶器厂。1983年起，四窑里陶器厂生产规模逐渐扩大，生产各种规格的茶器、花盆、“宝塔”“罗汉”等工艺品，产品远销长沙、湘潭、衡阳等地。现在，企业经营中止，四窑里仍保存有完好的陶器烧制窑。

五、双峰淘沙洲陶器

20世纪80—90年代，三塘铺镇胡家山一带出土古墓陪葬陶罐，说明早在2000年以前，三塘铺镇境内就生产陶器。至民国年间，淘沙洲（现淘沙村）至相思桥（现相思村）一带，不少农户生产陶器，主要产品有茶器（茶煨、茶壶、茶碗）、酒具（酒坛、酒塔、酒壶）以及生活用具（水缸、饭钵、菜钵、菜坛、油盐罐）等。这些陶器主要由小贩挑担走村串户叫卖。

淘沙洲茶器以砂罐为主。1929年11月27日《湘乡民报》载：“相思桥砂罐产量最多，百分之五六十供全县民用，部分销往外地。”新中国成立初期，相思桥、罗堂排上一带有约半数以上的农户建窑烧制砂罐。1964年朝阳公社兴办砂罐厂，年产10万件左右。1987年该地9个村，产砂罐30多万件。1989年，三塘铺镇共产砂器564万件，其中朝阳乡办砂罐厂生产81万件，村办砂罐厂生产71万件，联户和个体砂罐厂生产412万件。1996年全镇生产砂罐、灶心共计1620万个，其中岩泉、朝阳、新江3个村办砂罐厂生产220万个，联户和个体砂罐厂生产1400万个。

三塘铺镇（1989年由朝阳、茶冲两个小乡合并）砂罐都是手工生产的，以沙、土为原料，做熟成沙泥，再将沙泥置于特制的转盘上，用脚推动转盘，用手通过压、挤、捏、扭等多种方法，使转动着的沙泥成为各种大小不同形状各异的砂罐。这些砂罐有嘴、有把（襻）、有的还有盖。故有“罗堂排上做煨子（砂罐）——捏一下个嘴巴，扭一下个襻（pan）”的谚语，以形容办事利索，效率高。砂罐一般分大、中、小3种。小号的常用来烧开水泡茶，招待客人，即泡即喝，也常用来热酒；中号、大号的多用来烧茶水，也可用来熬药，大号的还可用来煲汤、炖肉、炖鸡。过去农家习惯用砂罐将水烧开后，放把茶叶，等茶水凉了后随时都可以喝。有经验的人都知道，砂罐烧的茶水比铁制、铝制的水壶烧的水要好喝得多。

六、双峰甘棠艺术瓷厂

20世纪90年代，甘棠镇在小富办起甘棠艺术瓷厂，专门生产茶具、毛主席像、笔插等艺术瓷品。其中茶具套装美观大方、经久耐用，是赠友最好的礼品。

七、双峰溪口溪艺

溪口位于涟水中游的双峰县杏子境内，当地盛产一种远古化石及特种石，是制作茶具、砚品的上等原料，因地而名，史称溪石。早在清嘉庆、道光年间，溪石就颇负盛名，开发成砚台、雕像、屏风、摆件、茶具等产品，具有文化价值和收藏价值。当年的溪口镇有“玉生堂”“吉庆砚庄”近百号砚台商铺。咸丰、同治年间，曾国藩效命朝廷，溪砚成为他的“终身伴侣”。出任直隶总督时，还将溪砚作为“贡品”敬献皇上，同治帝把玩再三，龙心大悦，置于龙案使用，溪砚从此名声大振，满朝文武争相求之。改革开放以来，溪口溪艺得到大发展，并被确定为国家级非物质文化遗产，地理标志性产品。现在上规模的溪艺加工企业有：国藩溪砚、湖湘溪砚、荷叶塘溪砚、白玉堂溪砚等。

第十二章 茶旅

第一节　涟源茶旅

涟源地处湖南中部，1951年建县，1987年撤县设市，总面积1830km²，总人口116万，辖19个乡镇办事处和1个高新区。涟源茶业历史悠久，源远流长，旺盛有时拥有6666.67hm²茶园，是全国的重点产茶县，茶叶是涟源传统的商品率和出口率很高的大宗农产品。

茶旅，是涟源新兴的以茶为主题、以茶为媒介的旅游、文化活动（产业）。通过进入茶园、游缆、观赏、娱乐、体验、休闲等方式，去欣赏茶、茶园、茶叶加工技艺和品审茶文化所蕴涵的价值和人文精神。

涟水之源，山水形胜。巍巍龙山，终年耸翠，享有“植物王国”之美誉；岳坪顶上药王殿，孙思邈曾在此悬壶济世，泽被苍生，享千年香火；白马湖烟波浩渺，莽莽苍苍，润泽一方；大美湄江，国家地质公园，4A级景区，山雄水秀，美不胜收。美丽乡村典范——博盛生态园，国家3A景区，绿树成荫，四季花开，亭台错落，尽享休闲雅趣。古韵围城，魅力独具，湖湘文化与梅山文化在此交汇。“全国文化先进市”“全国体育先进市”“中华诗词之乡”“国家资源枯竭型城市转型发展先进市”“国家现代农业示范区”的桂冠，集中展示了涟源的巨大魅力。抗日战争期间，朱镕基求学的七星街古镇，茶马古道旁的三甲古村落，宏伟壮观的湘军古建筑群，是涟水串起的一颗颗珍珠；国立师范学院创立于此，巨作《围城》构思于斯；珠梅抬故事、古塘棕编、枫坪傩狮舞、荷塘秆龙灯，都是巍巍龙山脚下不老的传承。

一、龙山国家森林公园

龙山森林公园是1992年在原国营龙山林场基础上建成。美丽富饶的巍峨大山，有48面山峰，形似巨龙，面积达30km²，与新邵、双峰县交界，距涟源市城35km²。山高险峻，峡谷幽深，林木苍翠，奇特壮观。岳坪峰最高，海拔1513.6m，神奇俊秀，风光旖旎。龙山周边地势平缓，多在海拔200m以下。唯它平地崛起，以20~40℃的坡度急剧抬高，直插云天，故其主峰岳坪峰顶，视野极其开阔。游目百里之遥，邵阳、娄底、涟源、双峰、湘乡一带锦绣山河尽收眼底，为登高远眺的极佳胜境。

园内动植物种类繁多，有木本植物83科258种，草木药材500余种。野生鸟兽60多种。山间林内，四时鸟语花香，珍稀动植物比比皆是，名贵中草药漫山遍野。七条山涧溪河流经园内，水流清澈，条条珠连玉翠，两岸佳景迭出。园内森林覆盖率在80%以上，部分幽深峡谷郁闭度几乎达100%，酷暑盛夏，这里气温清凉如春，历为湘中避暑胜地。著名的景点有岳坪峰的药王殿，彩风湖的凤凰寺。还有石牛相斗、小瑶池、宝石残月、避暑仙境、将军石、猴头石、观音岩、情郎石、仙人石等，溪流瀑布更是比比皆是。

龙山所产茶为“龙山云雾茶”，龙山云雾茶不仅具有理想的生长环境以及优良的茶树品种，还具有精湛的采制技术（图 12-1）。由于先天气候条件，云雾茶比其他茶采摘时间晚，一般在谷雨后至立夏之间方开始采摘。以 1 芽 1 叶为初展标准，长约 3cm。成品茶外形饱满秀丽，色泽碧嫩光滑，芽隐露。龙山云雾芽肥毫显，条索秀丽，香浓味甘，汤色清澈，是绿茶中的精品，以“味醇、色秀、香馨、液清”而久负盛名。仔细品尝，其色如沱茶，却比沱茶清淡，宛若碧玉盛于碗中。若用龙山的将军泉与山泉沏茶焙茗，就更加香醇可口。

图 12-1 涟源龙山国家森林公园云雾景

二、湄 江

湄江风景区地处涟源市北部，跨越了湄江、石陶、古塘、四古、漆树 5 个乡镇，总面积 128km^2，是湘中地区唯一的国家地质公园，拥有 3 处国家级地质遗迹，20 处省级地质遗迹，国家 4A 景区。景区内风景秀丽、山水奇特，既有山水美景、洞石奇观，又有飞瀑流泉、悬崖峭壁，被誉为“安化八景”之首（图 12-2）。景区内有数量众多的溶洞，尤其是仙人府的薄层状灰岩类硅质岩，国内罕见；又有四层自生桥，造型奇特、得天独厚，景观尤其独特。湄水蜿蜒崇山峻岭之间，似玉带轻扬，清澈透明、静影沉璧，两岸高峰耸立、怪石嶙峋。最为壮观神奇的一段，百丈高崖直插云霄如铜墙铁壁，气势夺人，夹江形成约 10km 的峭壁画廊。

图 12-2 湄江自然风光

湄江水轻灵透澈，湄江水泡涟源茶，历来为人所称道。

三、湘军文化（杨市）

涟源杨家滩，俗称杨市，是湘中腹地的古老集镇。唐高祖武德年间，商贾云集，现老街溜光的青石地板，就叩响行人的脚步；东街“亭子里”的古建筑，还完整地保留 48 个天井，堪称一奇。杨家滩是湘军起源之地，出现了一大批湘军将领，太平天国被镇压之后，湘乡县开始编修县志，为出自杨家滩的 58 名湘军将领作传，将他们一生的丰功伟绩载入了史册。而这 58 名湘军名将，为晚清历史的延续做出了不可磨灭的贡献。

杨家滩，作为湘军的起源地已是家喻户晓。在这里保存下来的湘军名将故居，至今仍有十余座，他们规模庞大，气势恢宏，是非常宝贵的不能再生文化建筑遗产。湘军名将故居群里刘姓祖居地的老刘家、刘连捷的德厚堂、刘岳昕的光远堂、刘连捷之子的师善堂、刘连捷亲家红顶商人彭胜安的云桂堂，李续宾、李续宜两兄弟的锡三堂，刘连捷的德厚堂被列为省级文物保护单位。今有着“湘军将领故里”之称的杨家滩，是“万里茶路”与“茶马古道”的重要节点之一，自十九世纪中叶，因湘军兴起而茶贸更旺，湘军茶贸将涟源茶叶销至全国各地。时有茶贸一条街的“复兴街”，有茶商铺 30 余家。

图 12-3 刘家老宅

老刘家建于清康熙四十七年，至乾隆五十六年竣工，分期分区建筑，前后断续 80 余年，建筑面积达 30000 多平方米（图 12-3），有房屋数百间。刘家院落以刘家宗祠为中心，由光裕堂、怡怡堂两条轴线延伸出去的几组建筑呈拱月之势围绕，现在依然可见整齐有序的房屋院落。

刘岳昭、刘连捷等 10 多位湘军高官显贵出于刘家，现在老刘家的正厅还悬挂同治皇帝御赐的“大夫第”牌匾，显示了刘家曾经的显赫地位（图 12-4）。

图 12-4 “大夫第”牌匾

存厚堂建于光绪元年，历时数年方才建成，占地面积 20000 多平方米，坐北朝南，前临孙水，背靠竹山，正门门框上有石雕狮子滚绣球，门槛上有花鸟瑞兽雕刻，体现了主人的尊贵，是杨市现存最为美观气派的堂屋建筑之一（图 12-5）。

光远堂是清末云贵总督刘岳昭的弟弟中宪

大夫刘岳昕府邸，为四进三横建筑，占地面积10000多平方米，前有水塘，西有水井，后有碉楼。设计独特，堂内装饰古朴自然，雕花石刻精致。解放战争时期，是聂绍良湘中游击支队总部所在地。因游击战争房屋多有破损，但主体建筑基本完整（图12-6）。

图12-5 存厚堂

师善堂，清同治年间安徽布政使、一品顶戴刘连捷府邸，为四合四进院落，占地面积20000多平方米。坐北朝南，堂前有大水塘，塘基由青条石砌成。堂内布局科学，工艺精美，雕梁画栋，美观古朴。建筑设计和制造工艺充溢着江南小镇古老的文化韵味（图12-7）。

图12-6 光远堂

云桂堂，清同治年间安徽布政使、头品顶戴刘连捷亲家红顶商人彭胜安所建，为四进五横院落，占地20000多平方米，正堂开敞明亮，设计合理，长达百米。正堂两边分别是厢房、耳房、杂房。4个三级马头墙巍然屹立，蔚为壮观。堂前有大荷塘，让人心旷神怡。整个建筑古朴自然，是典型的江南民居大院（图12-8）。

图12-7 师善堂

锡三堂，湘军第一悍将李续宾和李续宜的故居。位于涟源荷塘镇古楼村，李家兄弟是湘军将领，兄长李续宾被称为“湘军第一悍将”。锡三堂最让人称道的是院内的通风排水设计，下水道直通门前的那口荷塘，许多年下来，一直没有堵塞过。

图12-8 云桂堂

存厚堂，湘军名将刘岳昭，曾官拜云南巡抚、云贵总督、右都御史、记名兵部尚书，是谢光辉认为虽没曾国藩、左宗棠名气大，但比他们更为了不起的人物。刘岳昭曾经的府邸，是今距杨市镇镇区最近的古宅“存养堂”，占地约 40000 平方米，堂前曾靠近孙水河有专用码头，堂内则亭台楼阁、假山花园，曾有“杨市第一花屋”之称。新中国成立后，这里被改造成了粮站，至今去看，则挂了某某机械厂的门牌，渣土卡车进出曾经辉煌的大门，而门内则是机器轰鸣作业，风光早已不在。据说，存养堂的后屋还住着零散的几户人家（图 12-9）。

图 12-9 存厚堂

馀庆堂，“湘军之杰”刘腾鸿兄弟府邸，建于同治二年。原名“鼓松堂”，因同治帝赐匾“馀庆堂”而得名。该堂为四进青砖花屋建筑，占地 10000 多平方米。外有牌坊，正门大青石加工而成；两边青石龙柱，精雕石鼓石狮；堂前石砌水塘，院内砖石铺地；雕梁画栋，装饰精美。

宝让堂，清简放提督、建威将军李宏以府邸，建于清同治年间，为四合四进统式院落，占地 20000 多平方米。堂临湄水、背倚青山，气势恢宏;雕梁画栋、飞档翘角，形态优美。静养堂，清西安总兵（提督衔）彭基品府部，建于清咸丰年间，“中国首善”彭立珊（余彭年）先生相居地。为四进统式院落，占地 10000 多平方米，整体布局科学，建造工艺精美，财门上上有彭立先生手书“静养堂”匾额。

光阴荏苒，逝者如斯。风流总被雨打风吹去，杨家滩刘家将领的英勇事迹已渐渐被世人淡忘，然而他们所建的堂院却依旧矗立孙水河畔，诉说着百年的传奇。夕阳西下，站在吊满木莲的胜梅桥上眺望，孙水从逶迤层叠的龙山缓缓而来，穿过古镇。两岸杨柳阿娜，稻花飘香，更有那青砖花瓦、雕梁画栋的古宅大院巍然屹立，宛然一幅色彩明快、绚丽多姿的山水画，给人带来无尽的遐想。这些古老建筑是祖先留下的珍贵遗产，它不仅反映了一个时代的建筑风格与形式，也反映了本地的风土人情。而修建这些建筑的主人们，凭着自己的英勇善战，舍生忘死，用鲜血写就了一部跌宕起伏的近代史。这些堂院就是历史的见证，是鲜活的化石。杨家滩湘军名将故居群，沉淀了深厚的人文历史，现在正以其独特的魅力吸引着世人的目光。保护好杨家滩古建筑群意义重大，刻不容缓。相信在不久的将来，杨家滩湘军名将故居群将逐步恢复其历史雄姿，向世人再现其昔日的辉煌。

四、古塘与枫木贡茶

古塘乡位于涟源市西北部，平均海拔 686m，与新化县温塘镇、田坪镇毗邻，且又南北相望。境内云雾缭绕，自然植物丰厚，富硒含量高，微酸性土壤，最适宜茶树生长。

2009年，成立涟源市枫木贡茶有限公司，建立枫木贡茶叶示范生产基地。2013年，投资建立占地近1.33hm² 的标准化茶叶制作厂房，新建绿茶、红茶、黑茶三条标准化生产线。枫木贡茶，茶史悠久，茶质优异。贡茶历史可追溯到唐代，早在明代中期，定为“贡恭”，清代定位贡茶，清陶树曾品尝枫木贡茶，带回京城以上贡，受到当时皇上好评。枫木贡茶，谷雨前后采摘的1芽2~4叶，呈墨绿色。泡茶时水温以85℃为宜，绿茶汤色通透清绿，红茶汤色通透金黄，栗香浓郁，味甘爽口。

五、桥头河白茶园

白茶园位于涟源市桥头河镇，种植涟源版安吉白茶，茶园规模扩大到147hm²（图12-10）。桥头河白茶外形挺直略扁，形如兰蕙；色泽翠绿，白毫显露；叶芽如金镶碧鞘，内裹银箭，十分可人。冲泡后，清香高扬且持久，滋味鲜爽。饮毕，唇齿留香，回味甘而生津。叶底嫩绿明亮，芽叶朵朵可辨。白茶还有一种异于其他绿茶之独特韵味，即含有一丝清泠如“淡竹积雪”的奇逸之香。

图12-10 桥头河白茶园

白茶园以茶为主题，133hm² 茶园青绿秀美，环绕于山坡上，一眼望去，风光无限。是观光、采摘、制茶、休闲的胜地。

第二节 双峰茶旅

双峰县位处湘中腹地，属于典型的中亚热带季风气候暖湿环境，冬无严寒冰冻，夏无酷暑高温，终年气候温和湿润，光照弱、雾气大、漫射光多、风速小，昼夜温差较大，无论是土壤以及温、光、水、热等气候因子均有利于茶树的生长和培育，有利于茶叶的肉质发育，是优质名茶生产的适宜区域。

双峰山清水秀，耕读文化深厚。九峰山与南岳祝融峰遥相对望，为南岳七十二峰之少祖，沟壑幽深，古树参天，登临其上，有置身于仙境之感。黄巢山因两面夹峙，地势险要，唐末黄巢起义军曾扎寨于此而远近驰名。测水洛阳湾的古建筑群，依山傍水，亭阁雕梁画栋，寺塔剔透玲珑，与水光山色融为一体，蔚为胜景，溪口水库碧波浩渺，天水一色。

一、曾国藩故居

曾国藩故居坐落在双峰县荷叶镇，始建于清同治四年（公元 1865 年）。整个建筑像北京四合院结构，包括门前的半月塘、门楼、八本堂主楼和公记、朴记、方记 3 座藏书楼、荷花池、后山的鸟鹤楼、棋亭、存朴亭，还有咸丰七年曾国藩亲手在家营建的思云馆等，颇具园林风格，总占地面积 40000 多平方米，建筑面积 $10000m^2$ 。2006 年被国务院公布为第六批全国重点文物保护单位。

曾国藩故里旅游区包括富厚堂、白玉堂、黄金堂、大夫第（敦德堂、奖善堂）、万宜堂、修善堂、有恒堂、华祝堂、文吉堂等曾氏十堂曾氏祖坟之外，还有秋瑾故居及蔡畅故居光甲堂。富厚堂，是曾国藩故里旅游区的核心景区，是全国保存无几的“乡间侯府”。

富厚堂坐南朝北，背倚的半月形鳌鱼山从东南西三面把富厚堂围住。从远看去，富厚堂好似坐在一张围椅中。周围自然环境优美，后山上树木茂密，古树参天。门前是一片较开阔的平地，平地中有小河向东流去，平地四周峰峦叠嶂，群山环抱。

富厚堂是曾国藩的第三故居，由弟曾国荃、曾国潢主持修建。曾国藩已于同治三年赏加太子太保衔，赐封一等侯爵，其弟则为兄仿侯府规制，历经数年，将富坨全盘改建为规模宏伟而结构紧凑的“侯府”。全宅占地 $40000m^2$ ，建筑面积 10000 多平方米。土木结构，具有明清回廊式建筑风格。房子坐西朝东，前面是一片广阔的田野，涓水悠悠环绕；背依半月形的小山，中植竹木，四季常青。周围环绕高大的围墙，人行通衢横贯东西。进入东西两宅门，是一个用花岗岩铺成的半月形台坪，坪边插着曾国藩故居大清龙凤旗、湘军帅旗、万人伞等。台坪外是一张半月形莲塘，夏日荷花相映，有如泮宫。台坪正中是前进大门，门上还悬挂着曾纪泽书“毅勇侯地”4 个朱地金字直匾，所以当地人们称之为“侯府”或“宰相府”。进入前大门，有广宽的内坪，坪内种植着奇花异草。通过坪中石板道,直达二进台阶。中厅门上悬挂着曾国藩所书的“富厚堂”3 个红底金字。正堂分为前后两进，这是富厚堂的主体。前厅名“八本堂”，厅内悬挂曾国藩所书“八本堂”3 个黑地金字匾额，额下是曾纪泽用隶书所写其父的“八本”家训：“读古书以训诂为本，作诗文以富厚堂声调为本，侍亲以得欢心为本，养生以少恼怒为本，立身不妄语为本，居家以不晏起为本，居官以不要钱为本，行军以不扰民为本。”中厅后面是神台，五龙捧圣的神龛上，有曾纪泽直书的“曾氏历代先亲神位”匾；顶上悬着同治九年（公元 1870 年）皇上御书钦赐曾国藩的“勋高柱石”黑地金字横匾。两旁墙上还挂着赏赐的御书“福”“寿”二字直匾；神龛照壁上则是他于同治二年自书的“肃雍和鸣”白底蓝字横匾。

后厅两旁是正房，一边住曾国藩夫人欧阳氏；另一边是其长子曾纪泽夫妇住房。前栋左大门为南厅，两侧有 4 间正房，是曾国藩次子曾纪鸿夫妇住室；右大门为北厅，为曾纪鸿长子夫妇住室。南北两端还都有 3 层的藏书楼，南端是曾国藩的公记书楼和曾纪泽的朴记书楼，北端是曾纪鸿的芳记书楼，这是富厚堂的精华所在，各类藏书约 30 万卷，是中国近代最大的私家藏书楼。

曾国藩一生爱茶，且极喜永丰细茶。受此影响，曾国藩故居荷叶镇为历代产茶重镇，周边家家有种茶的习惯，且客来一杯茶，是荷叶镇待客的历史传统。游曾国藩故居，体验永丰细茶，缅怀前人之伟大。永丰细茶就更有了浓厚的滋味（图 12–11）。

现今，永丰细茶仍然是双峰县的特产之一，在曾国藩故居一带多有出产。

图 12–11 曾国藩故居

二、白玉堂

白玉堂是曾国藩的第一故居，位于湖南省双峰荷叶镇天坪村白杨坪。白玉堂三进四横，共有 48 间房子，6 个天井，2 个花圃，整个建筑为砖木结构，青瓦白墙，双层飞檐，山字墙垛，雕梁画栋，颇为壮观。在白玉堂的右前方，有一株古老的皂荚树，老树上有一根像巨蟒一样的紫藤，当地百姓称之为“蟒蛇藤”，并有曾国藩系“蟒蛇投胎”的传说。嘉庆十六年十月十一日深夜，曾国藩的曾祖父竟希公忽然看见一条巨蟒在空中盘旋，慢慢地靠近家门，然后降下来，绕屋宅爬行一周，进入大门。

竟希公清楚地看到这条蟒蛇身子有吊桶般大，头进到院子里很久了，才见尾巴渐渐收入，浑身黝黑有光，斑纹耀眼，长长的信子从嘴里伸出来，上下颤动，嘶嘶作响，蹲在院子里，两只晶亮透红的眼睛直瞪瞪地望着他。竟希公吓得出了一身冷汗，猛地醒过来，却原来是南柯一梦！竟希公感到蹊跷，睡意全无，遂披衣走出屋。但见明月在天，秋风飒飒，四周阒静。他信步走着，突见空坪上分明爬着一条大蛇，居然左右蠕动，似要前行，竟希公又吓了一跳。再定睛看时，并不是蛇，而是白果树边那株老藤的影子。竟希公从藤影又联想到刚才的梦，越发觉得稀奇。正在凝思时，老伴喜滋滋走过来，说：“孙子媳妇生了，是个胖崽。”

竟希公这一喜非比寻常，赶忙走进长孙的堂屋。儿媳妇正抱着长曾孙。红烛光下，婴儿白里透红，头脸周正，眼睛微微闭着，似笑非笑的，煞是逗人喜爱。他猛然醒悟了：“这孩子莫不就是刚才那条蟒蛇投的胎！”他立即把这个不寻常的梦告诉全家，又领着他们去看院子里的藤影。大家都说蟒蛇精进了家门。竟希公喜极了，对身旁儿子玉屏、孙子麟书说：“当年郭子仪降生那天，他的祖父也是梦见一条大蟒蛇进门，日后郭子仪果然成了大富大贵的将帅。今夜蟒蛇精进了我们曾家的门，崽伢子又恰好此时生下，我们曾氏门第或许从此儿身上要发达了。你们一定要好生抚养他。”

关于这棵皂荚树和紫藤，当地还流传这样一个故事：道光十八年，曾国藩中进士时，老树紫藤忽然枝繁叶茂，青翠欲滴；咸丰年间，曾国藩与太平军作战屡次失败，老树紫藤就几度落叶；当曾国藩的湘军攻破南京后、官至极品时，老树紫藤发新枝又放奇葩，迎风摇曳，洋洋得意，曾国藩死后，这老树紫藤也就枯萎而死。

三、九峰山与九峰云雾茶

九峰山立于双峰县东南面 30km，在马鞍乡、荷叶乡与衡阳县接界，因九峰并列而故名，海拔 750.4m，面积约 212.7hm^2。据说姜子牙斩将封神时，武将崇黑虎受封南岳圣帝，玉帝命坐九峰山，崇飞到此处，坐峰一数只见八峰，再坐另峰一数，仍只八峰，乃回禀玉帝：天下只有八峰山，却无九峰山。玉帝只好命坐祝融峰（即南岳），故称九峰山为南岳七十二峰之“少祖”，“少祖”之名即由此而得。

九峰山由飞形山、铁钉寨、双乳峰、新亭子、鸟飞山、木鱼岭等九峰组成，笔架形排列，由此而得名九峰山。主峰正托峰海拔 750.4m，位于公园南端，登临其上，远眺紫云、白石、回雁、祝融诸峰，湘中美景尽收眼底；近观云雾缥缈，只闻流泉叮咚、林涛阵阵、鸟语兽突之声，有临仙境之感。

九峰山东侧蟠固刹，唐时僧人定静、慧极建定慧庵于此，为湘衡佛教发源地之一。定慧庵前有始于唐代的三棵银杏和一株皂角树，胸径均在 1.4m 以上，高超 27m，至今枝叶婆娑，青翠欲滴，有着“少祖”之威严；北面飞神山，海拔 500m，山顶宽敞平坦，坪内稍为下陷，有五棵高 25m，径围 1m 的百年迎客松，围成一圈，参天耸立；主峰之上美女梳头，形态逼真迷人。

森林植被良好，珍稀植物种类繁多，独特的自然环境，也为野生动物的栖身和繁衍创造了良好的条件，有云豹、穿山甲、白鹭、画眉、鹰、猫头鹰等。公园分为古罗坪、槐花托两个景区，共有一级景点 4 个：定慧庵、千年连理枝、揽胜峰、五松迎客；二级景点 4 个：神鳅吐水、美女梳头、铁钉寨、雷祖殿；三级景点有钵孟山等十余个。

秋季的九峰山也是云海的频发期，沟谷之中生出缕缕烟云，相继而行，袅袅上升，渐渐凝聚，成团成片，接着迅速弥漫，如万床棉絮，将谷壑填平，巨岩似岛，峰峦奔涌。站在海拔近 1000m 的山巅，眺望远方，置身云海，如入仙境。秋阳日出和日落更是吸引着众多摄影爱好者捕捉那最美的时刻。太阳初升时，霞光万道，赤云滚滚如火焰奔腾。日出伴朝霞，夕阳映晚霞，大气磅礴，蔚为壮观。秋意、秋韵、秋景、云海，渐浓的秋意令九峰山宛若一幅匠心独具的画卷（图 12-12）。

图 12-12 云雾缭绕的九峰山名山出名茶

九峰云雾茶因云雾而得名，产自于山峦重叠、云雾缭绕、阳光充足、溪河众多的平脑山、涟田湾、双江口、滴水洞。九峰云雾茶灵动高雅，“色、香、味、形”俱佳，外形条索紧细、微曲完整、色泽翠绿、白毫显露、香气高鲜、汤色碧亮、活嫩软匀，饮后回味无穷，受到市场热捧，先后获评各类名优茶金奖。

第三节 新化茶旅

新化位于雪峰山东南麓，境内气候温和湿润，海拔 300~1600m，温差大，森林覆盖面广，土地肥沃，有机质含量高，常年云雾缭绕的自然生态环境是茶叶生产的黄金地域。

高山好水出好茶。新化独特的自然生态环境，成就了新化红茶“香高味醇，鲜醇带甘，汤色红亮”独特品质，是湖南红茶的典型代表，成功获得了国家地理标志证明商标。

新化物华天宝，人杰地灵，资源丰富，是湖南的农业大县、人口大县，更是旅游资源大县。在渠江源茶文化主题公园中茶溪谷、姑娘河、茶文化、茶产业深度融合，为中国最美茶园。大熊山、紫鹊界梯田、三联峒、荣华湿地公园、天门雅天峡谷、土坪、正龙古村、桑梓石林等景点，美不胜收。以茶兴旅，以旅促茶，全县正在重点打造渠江薄片茶文化园、吉庆茶旅游乐园、天鹏生态茶旅休闲农庄、雅天茶谷观光园、大熊山十里茶廊，并在各大旅游风景区周边新建生态景观茶园，努力构建集茶叶生产、加工、休闲、品购、观光、体验、养生于一体的茶旅融合新型发展业态与产业集群，以茶文化凸显新文化风范，以茶生活构建新生活方式，把新化打造成为中国最美茶旅之乡。

一、大熊山与野茶

大熊山国家森林公园，位于新化县北部，距县城 60km，总面积 $8100hm^2$，规划保护、旅游区面积 $4150hm^2$。

大熊山是蚩尤祖山。大熊山是中华民族三大人文始祖之一蚩尤的世居地，至今留有蚩尤屋场、蚩尤谷和春姬峡（春姬系蚩尤妻）遗址。大熊山还是黄帝临幸地，《史记》有黄帝登湘熊的记载，南宋祝穆名著《方舆胜览》亦称："山川熊山，昔黄帝登熊山，亦即此也。"风流天子乾隆也曾到大熊山，并在此留有"十里屏开独标清胜；熊峰鼎峙半吐精华"的诗联。

大熊山是生态名山。大熊山景观丰富，有蚩尤谷、春姬峡、大熊峰、九龙峰、川岩江五大旅游景区。森林覆盖率达 93%，至今保存着 2000 多公顷的原始次生阔叶林，广泛分布着中亚热带和北亚热带物种资源，蕴藏着 40 多种珍稀保护植物和 20 多种珍贵保护动物，是科学考察和科研教学的理想基地。大熊山山体高大宏伟，其九龙峰和大熊峰海拔 1663m，属湘中之最，人称湘中屋脊，森林景观五彩缤纷，森林小气候四季宜人，冬无严寒，夏无酷暑，水质优良，环境优雅，空气负离子浓度高，林木精气强度大，是人们避暑疗养、休闲度假的首选场所（图 12-13）。

图 12-13 大熊山风光

大熊山还是江南宗教名山。香火鼎盛时期大熊山共有各类庙宇庵堂达 49 处，尤其是熊山古寺，其灵气盛名远扬。

大熊山有许许多多古老的神话传说，乾隆微服私访，六下江南，他对圳上、大熊山一带情有独钟。他登熊山时，在十里坪题下了"十里坪开独标清胜，熊峰鼎峙半吐精华"的妙联，他在熊山古寺夜宿时，留下了"山水清音"的手迹，据说其遒劲飘逸的字体，精致细腻的雕刻艺术，为当地一辈又一辈人所陶醉。据传，乾隆多次游览大熊山，在贞仙寺、娘娘殿、西泉寺等人文景观处都有着流连忘返的足迹，在笔架山、香炉山、马蹄石等自然景观处有他妙趣横生的佳话。他在娘娘殿遗址的圆形巨石上，留有“乾隆三年”字迹，字迹大二寸见方，环刻花纹，十分精致。乾隆返京时，仍依恋着大熊山的灵秀，曾题诗一首云：“翻一岭来又一弯，双眸凝视万重山。步步留连情未尽，再次回头不忍还。”至今在民间流传，成为千古佳话。后来乾隆又派人送来了一尊金菩萨、一颗夜明珠、一个金香炉、一副金钹和一面金锣。这些御礼却成了贞仙寺的镇寺之宝。“文革”中寺院惨遭毁坏，御礼自然也不知去向，只有那些美妙的传说，依然在充实着人们有滋有味的生活。乾隆留给大熊山的旅游文化和美丽传说不少，游人喜爱大熊山的自然风光、避暑仙境，更酷爱大熊山的人文景观，尤其钟情乾隆圣迹。

图 12-14 雪地大熊山

大熊山生长着很多野生茶树，茶味甘美香甜，堪称茶中极品，无论是小啜还是畅饮，浓香四溢，清香甘醇，余味无穷。真可谓：好山好水出好茶，1 芽 1 叶吐芳华。该地有禅茶作坊和蚩尤古茶加工厂，专门聘请当地农户进山采摘野茶。

一壶煮尽千秋事，半盏茶香荡古今。尽管大熊山野茶的知名度并不高，但其得天独厚的自然有机野茶树及其独特的制作技术，本身就是一种巨大的资源和财富（图 12-14）。

二、渠江源与贡茶

渠江源，位于湖南省新化县奉家镇。渠江源一带，是黑茶——渠江薄片的发源地，是历史上的贡茶区、名茶区。

渠江源景区是国家 3A 旅游景区，湖南省首个以茶文化为主题的景区，因渠江薄片而得名。景区由茶溪谷栈道游览区、姑娘河溯溪体验区、无二冲古贡茶文化体验区组成，是溯溪、观瀑、品茶、摄影的休闲胜地。茶溪谷栈道游览区三大瀑布，或秀美如丝，或磅礴如雷，或跳跃如歌，令人流连忘返。姑娘河溯溪体验区，原生态的古道，茶亭，体现出独有的茶文化体验。惊险刺激的崖、潭、河、桥，独具一格。每当盛夏时节，外边烈日炎炎，此处汗不湿衫，溯溪而游风生两腋，是清心洗肺的最佳去处。

据五代毛文锡《茶谱》记载：“谭邵之间有渠江，中有茶……其色如铁，而芳香异常，烹之无滓也。”新化渠江源茶园基地位于渠江发源地奉家镇，为渠江薄片、奉家米茶等贡茶和中国名茶“月芽茶”之原产地。周边有国家4A级景区紫鹊界梯田、国家级文物重点保护单位红二军团司令部旧址、全国最美乡村——古桃花源所在地下团村等大批景区景点，现已开发高标准生态有机茶园200多公顷，是观茶、品茶、休闲、旅游的最佳去处（图12-15）。

图12-15 渠江源

优越的地理气候让这里宛如仙境。茶园海拔在700~1200m之间，境内群峰叠翠，溪水潺潺，常年云雾缭绕，加上矿物质丰富、土地肥沃，是优质茶叶生产的理想之地。基地内板屋迤逦，梯田层层，山、水、田、茶、树、屋，颇具特色，相得益彰。特别是基地内的姑娘河，每当春夏之交，漫山遍野的野生樱桃花如霞似粉，绵延十里，蔚为壮观；沿河三大瀑布，或秀美如丝，或磅礴如雷，或跳跃如歌，令人流连忘返；盛夏时节，外边烈日炎炎，此处汗不湿衫，溯溪而游风生两腋，是清心洗肺的最佳去处。林间野果、古茶树、石板路、鸡鸣狗叫、粗犷的山歌、干栏式板屋、层层叠叠的梯田和稻浪，总会让人找到儿时的欢乐和心灵的宁静。

悠久的人文历史让这里厚重如山。基地内浓郁的茶文化无处不在，待客有茶礼、修身有茶道、祭祀有茶俗、出门有茶亭。现存资料最早记载渠江种茶历史的，是唐五代毛文锡《茶谱》，当时渠江茶叶已享有盛名。明永乐元年（1403年），县令肖岐指导人民垦种茶园，茶叶生产得到了更大的发展。1935年12月，率领红二军团突围北上的贺龙在奉家上团的“竹园”休整，当地百姓纷纷为红军送粮上门，泡茶给红军解渴。贺龙一行喝了茶后，顷刻劳顿全消，神清气爽，对茶叶赞不绝口。红二军团与红六军团在新化县城胜利会师后，贺龙送了1kg茶叶给时任红六军团政委的王震品茗，同样得到了王震的称赞，“两把胡子”同品“会师茶”成为军中美谈。而王震再也忘不了新化茶叶，20世纪80年代，奉家茶叶代表新化参加全国农博会，他老人家亲自到湖南展馆点名买新化茶叶，聊以品茗那段烽火岁月。

美丽的传说故事让这里神奇如幻。在姑娘河，流传着大量关于茶的传奇故事。相传明朝某年的冬天，八仙之一的张果老骑驴经过渠江边，慕名进入农家讨茶喝。当时天寒地冻，热忱的茶农特意为他烧制了一壶浓浓的热茶。张果老为感激茶农的古道热肠，在渠江边的巨石上写下了一个“茶”字，并点化了当地的茶农。从第二年开始，奉家茶园生长得格外茂盛，所出产的茶叶香气弥漫，味道浓厚鲜甜。当地茶农把这“茶”视为仙茶，并献贡朝廷为贡品，把写有“茶”字的巨石称之为“錾字岩”。

精美的蓝图设计让这里未来可期。新化是全国最具魅力文化旅游百强县、湖南省旅游强县、文化旅游特色县域经济重点县，旅游产业发展正面临千载难逢的机遇。旅游与文化结缘、旅游与农业融合，已成为县委、县政府推进县域经济发展的重要举措。渠江源茶园基地已纳入大紫鹊界旅游区总体规划之内，拟打造成国家四星级旅游景区。在建设高标准茶园外，基地已经开发姑娘河景区，并正在兴建茶文化主题公园。待到项目建成时，“春看桃花品名茶，盛夏避暑戏水花，秋观霜叶冬赏雪，一脚误入仙人家”，必将吸引越来越多的游客前来观光旅游、休闲度假（图 12–16）。

图 12–16 渠江源茶园

三、紫鹊界寻茶

紫鹊界，位于湖南省新化县，属于雪峰山中部的奉家山体系，群山环绕，新增紫鹊界 360° 全观景台——紫鹊阁，30 余座 1000 多米高的山峰，连绵起伏，溪水奔流（图 12–17）。山顶的绿树滋润着梯田，山中的板屋点缀着梯田。由山岳、梯田、溪流、岩石、道路、板屋等组成一幅优美的田园风光。因山就势和古树环抱的木架板屋的民居，组成了紫鹊界“天人合一”的美妙自然景观。紫鹊界是国家 4A 旅游景区、国家级风景名胜区、国家自然与文化双遗产、国家水利风景名胜区。

图 12–17 紫鹊界风光

在雪峰山脉中段与江南丘陵交接的奉家山系，平均海拔在 1000m 以上，峰峦叠嶂，山势险恶，山谷沟壑深达数百米。从外界的新化、水车、鸭田进入奉家，有一座山阻隔它与外界连接的大山，这座山叫紫鹊界，是奉家山的土著汉人与古瑶人的分界线。居住在新化、隆回、溆浦等地从宋神宗之后迁徙来的汉人，他们来到紫鹊界的山脚下，就要在这里止步前行，不能再往前走或者上山了。他们要想进入古瑶人和土著汉人的区域，那是非常危险和恐怖的。站在紫鹊界的山脚下，放眼望去那一片片梯田就是古瑶人在此开垦的，有 5333hm^2，其中有部分是自战国时期就被开垦出来，一直耕种到现在。

在紫鹊界的后山奉家山上，有一条三四尺宽的土路，曾经是古瑶人和土著汉人的友谊之路，也是他们共同修建的生命补给线、防御线和林间小道。这条路可以把奉家山的土特产运出来，也可以把古瑶人和土著汉人需要的生活物资运进去。这条路还有另外一个作用，那就是土著汉人与古瑶人达成共识和默契的分界线，土著汉人住在这条路下的山坡上和山谷里，古瑶人住在这条路上的山坡上和山顶上，他们互不来往、互不侵扰，两个族群各自过着自己安定的生活和日子，并禁止通婚。

翻过紫鹊界山顶，就是一个不大的村落，它叫双林。它是古瑶人和土著汉人的集市，大家可以带着各自的物品来此互易。再下坡，就是陡峭的錾字岩。这里悬崖峭壁、谷深壑大，能够听到溪流叠落的声音，却找不到下山的路径。

錾字岩上有个宽广的山坳，它叫茶溪谷，溪边的山谷中长满了野生的茶树，自我生长，有极其茂盛，却很难采摘（图 12–18）。茶溪谷旁有一片比较平整的土地，曾为奉家人运茶的驿站，来来往往的行人在此歇凉、喝茶、议价，所以又有一个名字，叫茶亭铺。

图 12–18 錾字岩茶园

茶亭铺与双林之间有条林间小道连接，一直延伸到奉家山里面的各个村落。茶亭之上全部是岩板屋，用石板构造，住的是古瑶人，相传他们是蚩尤部落的后裔。茶亭下住的是土著汉人，他们是宋以前迁徙到梅山的中原居民。茶亭周边移栽了许多茶树，不知道他们的历史有多久，茶树的树干已有胳膊、大腿粗，都是掉老白皮的老茶树。

茶亭铺旁边有条小溪，从奉家山的山顶上流淌下来，那股清泉汩汩地在山间奏响了乐曲，一直流到山脚下的河谷里。土著汉人把这条小溪叫作姑娘河，因为常有瑶族姑娘来这条小溪里洗浴。姑娘河是渠江的源头之一，它从錾字岩跌叠下去，与蒙洱冲、青猴江两条小溪汇集到山脚下的河谷里，成为一条小河，这就是渠江的上游，也是著名的渠江源头，渠江薄片的出产地。

錾字岩这个地方出茶历史已经非常悠久了。在没有文字记载之前，这里就是长江流域的产茶区。在距今几千年以前，黄河平原的蚩尤部落来到南方洞庭平原。因为气候、环境、物质等条件的优越，蚩尤部落的族群发展迅速，他们为了食物逐渐扩大生活范围，慢慢向周边山区获取食物和探索未知。在距今五千年左右，洞庭湖平原开始重新蓄水，原有的大平原消失，成为湖底和沼泽，蚩尤部落的生活空间不断被压缩。他们想前进继续南下有西海阻挡，洞庭平原已无生存之地，他们大部分再次迁徙返回黄河平原；有部分渡过西海进入招摇山，居住在南岭山脉和姑婆山脉；还有部分进入江南丘陵和雪峰山脉、武陵山脉区域。

大禹时代，各地进贡的物品都有文献记载，战国时期整理成书的《尚书》，其中有《禹贡》专门记载此事，有“三帮底贡厥茗”句，“贡厥茗”就是当时贡茶，禹在西海治水，疏通了西海，让西海成为衡阳盆地，雪峰山脉的蚩尤部落后裔三苗给禹献茶。

战国时期，秦献公次子季昌反对其兄秦孝公的商鞅变法，带领族人过黄河、越长江、入洞庭、溯资江到达奉家山，进入鋆字岩这个产茶区，他们是第一批中原来的汉人，最后成为此地的土著汉人。百年后，放逐沅湘的屈原在《九歌》里记录了他在雪峰山脉的行踪，《东皇太一》有“奠桂酒兮椒浆”，《东君》有“援北斗兮酌桂浆”，其中的“椒浆”“桂浆”都是他在雪峰山脉喝到的茶做的饮品。

西汉初期，长沙王丞相利苍及其家属葬于马王堆，随身陪葬品中有整笥的茶叶，这也是后来土葬棺材里都要放茶叶的源头。马王堆汉墓里的随葬苦茶，也是来自源于渠江这个地方的茶叶，只是当时的做法还处于散茶时期。

西晋刘澄之的《荆州土地记》载：“武陵七县通出茶，最好。”这就是说在西晋时期，雪峰山的茶乡由梅山扩大到武陵郡全境，其中梅山也有部分区域在武陵郡，奉家山的渠江源就是武陵郡境内。

相传，唐代贞观年间，文成公主嫁给西藏松赞干布，曾带去渠江薄片八百枚为嫁妆。文成公主到达西藏之后，不习惯直接饮用牛乳，加入渠江薄片煮的茶汤，成为后来非常著名的藏民美食酥油茶。这一习惯在西域广为传播，大量从中原购买茶叶制作酥油茶，逐渐形成西域边境的茶马易市。大中十年，杨晔的《膳夫经手录》成书，载有：“潭州茶、阳团茶粗恶，渠江薄片茶由油苦硬，江陵南木香茶凡下，施州方茶苦硬，已上四处，悉皆味短而韵卑。惟江陵、襄阳，皆数千里食之，其他不足记也。”说明渠江薄片已经在江陵和襄阳以北的大部分北方地区开始销售和食用，渠江流域的野茶大量采集，供北方市场需求，并成立了茶马司等专营机构。

五代时期，湖南为马楚统治时期，马殷采取听民摘山、令民自造茶，还用轻徭薄赋政策发动农民种植茶叶，每年贡茶二十五万斤，并听民售茶北客、收茶税赡军的方法。

毛文锡的《茶谱》载："潭、邵之间有渠江，中有茶，而多毒蛇猛兽。乡人每年采撷不过十六七斤。其色如铁，而芳香异常，烹之无滓也。"渠江薄片的加工工艺越来越高超，精选越来越细致，也成为朝廷和中原大地知名度比较高的茶品牌被北方市场所接受。

宋代茶马交易越来越昌盛，在湖广、巴蜀都成立了茶马司，由朝廷派军事武装力量贩运茶叶。在梅山设立博艺场进行茶叶与生活物资互换，但是茶叶控制还是十分有限，茶园没有得到合理的开发、利用。神宗时期，茶叶提升到军需物资的高度，朝廷派遣经略使章惇经营梅山，开始采用军事强征，后来用怀柔政策征服大梅山，置新化、安化两县，把古梅山纳入北宋版图。渠江源头錾字岩等地，以贡茶代赋税。吴淑《茶赋》载："夫其涤烦疗渴，换骨轻身，茶荈之利，其功若神，则有渠江薄片，西山白露，云垂绿脚，香浮碧乳。"叙说了渠江薄片有"涤烦疗渴""换骨轻身""其功若神"等功效。

元朝大德年间，《奉氏族谱》载："奉氏秘方，渠江薄片，一斤换米十升。"可见元朝的渠江薄片已经制作非常精细，渠江薄片的价格极其昂贵，还是制茶者减免赋税和换取粮食及大米最好的硬通货，也是奉家山渠江源头錾字岩的主要特产。新化境内由团茶即圆茶开始向方茶发展，按着建筑用的青砖的模型制作砖茶，成为后来广为流传的老青砖茶。

朱元璋建立明朝，朝廷贡茶改紧压茶为散茶，新化岁贡芽茶十八斤。新化的贡茶，奉家山渠江源头的錾字岩是其产地之一，采集最好的茶芽做贡茶。嘉靖《新化县志》载，永乐元年，新化县令肖岐为了完成赋税，指导村民垦种茶园，用栽培的园茶做芽茶进贡，水车、奉家、大熊山等地的茶园得到迅速发展、壮大，面积达万亩之多，茶叶年产量在万担以上，并在新化建立苏溪巡检司茶税官厅，税银年三千两。《本草纲目》载："楚之茶，则有荆州之仙人掌，湖南之白露，长沙之铁色，蕲州蕲门之团面，寿州霍山之黄芽，庐州之六安英山，武昌之樊山，岳州之巴陵，辰州之溆浦，湖南之宝庆、茶陵。"这段话有"长沙之铁色""辰州之溆浦""湖南之宝庆"等三处所指均为奉家山渠江源头的茶，只是以渠江薄片、溆浦茶、宝庆茶等不同的茶名出现和出境。

图 12-19 紫鹊界风光

清代，新化的茶叶继续发展，在宝庆府的各县中产茶最多，茶园面积达 2000hm²，年产茶两万担以上。清初，古瑶人也自己学习栽种茶树，他们在茶亭铺以上的山坡上栽种了无数的茶树，其中茶亭铺边缘的这块茶园即瑶家奉氏所开垦。奉家山主要生产茶，沿着渠江水运到资江或者翻过紫鹊界运到水车。咸丰八年（1854年），广东茶商到新化传授湿发酵的新红茶制作方法，又称条红茶或工夫红茶。同治年间，奉家山渠江源头的米茶被列为清廷贡品，以抵征粮。

紫鹊界，是旅游胜地，也是寻茶故事的好源头（图12-19）。

四、雅天湖原生态风景区

雅天湖原生态风景区位于湖南省新化县天门乡境内，距县城70km。东望古台、南邻紫鹊、西抵青围，北傍天门，海拔1400多米，占地面积200hm²，自然景观奇特秀美，山水神韵引人入胜，是一个以茶旅相结合，集“登山观光、休闲养生”为一体的风景胜地（图12-20）。

图12-20 雅天景区一角

这里有著名的十里杜鹃走廊、鹿鸣谷、养心湖、玻璃栈道、寒茶文化园、养心湖天仙配文艺园、爱河谷、牛郎庄、云雾阳光庄等景点。传说很久以前，山上有一个木匠，手艺高强、远近闻名，有鬼斧神工，堪称“再世鲁班”。玉皇大帝得知后，聘请为御匠在天宫做活，深得喜欢。可木匠挂念地上百姓，要求重返人间。玉帝问他要求什么，他说：“我富也不要，贵也不要，只要凉快一点。”于是玉帝封他为“木工菩萨”，在山清水秀、四面通风的地方，修了一座石屋给他居住。这也是“凉风村”的由来。

天门乡产寒茶。据传，新化有山名雪峰，高四百丈余，山顶有盆地名“野荷谷”，有茶生焉。薰风南来，横贯其顶。寒流北至，冻覆其踵。云蒸雾育，冷暖激荡。冬令屈于枯草冰结之下，开春抽芽，而余冰未消，成冰里含春之景。生死一线，经年进化，终究变易物性，其味至寒。得名寒茶。天门香寒茶，如谦谦隐士，似水墨佳人，会是你喝过最好的茶，见过最纯净的茶山。

五、天鹏生态园

离新化县城8km之外的向荣村、接龙村交界处，有一片占地面积宏大的茶叶生态茶园，这就是新化县天鹏生态园（图12-21）。天鹏生态园所在地向荣村（新中国成立前为宝庆府新化县上八都土桥村）资水三面环绕。据记载，蔡锷将军的曾祖父蔡登禄、祖父蔡洪峰曾在这里生活，但在太平天国战乱时，其祖父蔡洪峰携其子蔡正陵（蔡锷将军父亲）举家迁往宝庆府（现邵阳市）洞口县。天鹏生态园是蔡锷将军的祖籍所在地。

图 12-21 天鹏茶叶生态园

这里山清水秀，人杰地灵，也是产好茶的地方。所产的鲜叶只要稍做加工，绿茶色泽翠绿、香气悠长，红茶味甘、香醇、汤红亮。蔡锷将军祖父、父亲对此地之茶念念不忘，曾多次跟年少的蔡锷将军提起。为此，蔡锷将军曾派副官到向荣来寻茶，但因多种原因未果，让他甚为遗憾。

走进茶园，一缕茶香扑鼻而来。满目的绿色就映入我们的眼帘。站在茶园的最高处，俯视整个生态园，尽收眼底。放眼望去，高低不一的山峦错综环绕，让生态园更富有层次感和立体感。整齐划一的茶树，茶树半人高，挨挨挤挤，整整齐齐，疏密有致。

近看，茶叶分为三种颜色，老叶呈里深绿色，长大了的嫩叶是浅绿色的，而刚抽出来的芽尖儿，则是最漂完的嫩绿色。一阵微风吹来，茶树随风起舞，仿佛绿色的海面上顿时泛起了阵连涟漪。

嫩嫩的茶叶，在春天阳光照射下，宛如绿色小精灵，闪烁着送离的光点，发着沁人的清香,使人心旷神怡,陶醉在这望不到边的茶海中。蔚蓝的天空和绿色的茶园融为一体，真是人间仙境。

辛勤的茶农，他们三五个人结伴，腰挎茶篓分布在青绿的茶山间，熟练的手势在绿叶间舞动,将一片片细嫩的茶芽送入茶篓。采茶是一件辛苦的细活,采摘时要使芽叶完整，在手中不可紧捏，放置茶篮中不可紧压，以免芽叶破碎，指甲不能碰到嫩芽，以免影响茶叶的品相。他们的辛苦，只为爱茶人在三五好友谈天说地的时候，冲上一杯茶香袅袅的好茶。

天鹏茶叶生态园茶树品种为槠叶齐、碧香早、福鼎大白和白毫早，良种覆盖率达100%，是新化县城壮美的产茶后花园。

六、风雨桥

新化县紫鹊界所在的奉家山系中，经几百年沧桑仍保存至今的风雨桥有 4 座，即水车风雨桥、大桥江桥亭、长丰平游桥和崇山湾风雨桥。平游古风雨桥，简称平游桥，坐落于新化县天门乡大山村与奉家镇横江村的横江上，是两村百姓出行的主要通道，从桥头石碑上可以看出，此桥始建于清代，复修于1986年前，是新化西北部藏在深山中可贵的历史文物。古桥横跨在横江上，为通廊式木架结构，盖黑瓦，单孔跨江，桥廊两边设置板凳，可以坐卧休息。桥中有观音、关羽神龛。两岸青山秀丽，水从桥下流过，颇为壮观（图12–22）。

图 12–22 平游风雨桥

图 12–23 龙潭风雨桥

杨洪岩风雨桥坐落于坐石乡杨洪岩村，似一条巨蟒横卧在油溪河上，地处群山环抱之中，此处深山峡谷，偏僻荒凉，是过去新化通安化的咽喉要道之一。杨洪岩风雨桥本名永镇风雨桥，至今有250余年的历史，桥头桥边竖着不少石碑，有乾隆二十二年丁丑（1757年）仲春告竣时立的功德碑，还有嘉庆十八年癸酉及光绪年间修葺立的复修碑，甚至禁药鱼碑等等，大大小小，数量有32块之多，清朝就有23块。据说此桥为新化、安化二县乡民合修，当时两县各建一端，互为比赛。河中有一天然礁石为基，再砌石为墩，恰在木桥中心点。桥长46m、宽4m，木梁木柱，上覆青瓦，两端为彩绘翘角牌楼，皆雕有小巧玲珑的青龙白虎。百多年的风雨沧桑，百多年的忍辱负重，也丝毫没有改变它那伟岸的身姿，依旧端庄，依旧古朴，依旧雄奇，依旧结实。

龙潭风雨桥位于新化县温塘镇与田坪镇交界处，跨资江支流油溪河上游，曾是古安化梅城经伏口、田坪、温塘、油溪再到新化梅城的必经之道（图12–23）。该桥始建于清咸丰八年（1858年），为石墩悬臂式木廊风雨桥，四墩二十扇，全长约50m，宽5m，桥身用巨木层垒搭接，正中建有四角攒尖顶阁楼，中置神龛和石碑，两端也建庑殿顶阁楼各一个，建筑风格完整地保留了当地原住民侗族文化特征，是一座集文化艺术性、实用性一体的古建筑，也是娄底境内资水流域年代久远、规模最大的风雨桥之一。1994年，该桥被确立为县级文物保护单位。2002年5月被公布为湖南省文物保护单位。

风雨桥一般修建于溪流、小河之上，主要用于运输和交通。桥上常年供应茶水，两旁置有条形长凳，供过路行人休息。因此，风雨桥与茶有着深刻的历史渊源。

七、渠江薄片茶文化园

渠江薄片茶文化园坐落于新化梅苑工业园，离县城一公里。西临资水，北达梅山龙宫，与大熊山森林公园、油溪河漂流构成1小时旅游文化圈。

文化园是集茶叶采摘、制茶体验、品茶饮茶、参观游览、展示新化茶文化历史的茶文化主题公园。所有建筑为仿唐中式建筑风格，具有浓郁的中国特色，与中国茶文化历史融为一体，能领略到唐代茶文化的古朴与天然。巨型渠江薄片石雕，高达4m，气势恢宏，让人感受到中国历史名茶——渠江薄片的传承与厚重。

园区的正中心，坐落着一座茶文化长廊，被誉为“湘中第一茶文化长廊”。长廊在绿荫掩映中曲折通幽，全长75m，全石材建造，古色古香，连接着三座茶亭：渠江薄片亭，上梅红茶亭，梅山毛尖亭。长廊的两边用石材雕刻着新化茶文化历史，从新化茶叶的起源，唐代贡茶，明代新化茶的繁荣，到清代红茶进入新化，以及现今新化茶的复兴。全景展示新化历史长河中，新化茶叶的坎坷与曲折，兴盛与传承。让人体会新化茶人不屈不挠的茶人精神。

渠江薄片茶文化园，是爱茶人寻茶的极佳之所，茶文化的体验之所。

八、世界遗产地，地道新化茶——渠江薄片茶文化雕塑

以传播茶文化，弘扬茶人精神为宗旨的渠江薄片茶文化雕塑，位于新化县城资江河畔一大桥南侧的资江风光带（图12-24）。该雕塑气势恢宏、傲然屹立、熠熠生辉，为资江风光带增添一道靓丽的风景。

图12-24 渠江薄片雕像

该雕塑为渠江薄片茶业团队打造，雕塑以梯形底座托着三枚茶饼，上顶一圆形铜球组成。茶饼直径2m，左右分别书写渠江薄片和上梅红茶。铜球直径2.2m。底座正面书写“世界遗产地地道新化茶”，左右分别是渠江薄片介绍及《渠江薄片茶赋》。雕塑主题为托起未来。整个雕塑整体端庄大气，分外夺目，成为一道独特的茶文化景观。

第四节　冷水江茶旅

排云山脉系雪峰山脉的支脉，主峰水云峰海拔1150m，是冷水江市境内海拔最高的山峰，该地植被茂盛，山清水秀，空气清新，环境优美，与境内祖师岭、茶花溪两大省级名胜风景区毗邻，祖师岭钟声悠扬，茶花溪流水潺潺。大乘山佛教文化在此传承了数百年，不是南岳胜似南岳，前来烧香拜佛的游客络绎不绝，三尖镇凭借其优越的自然条件，被誉为冷水江市的“后花园”。

常言道：“高山出好茶”。水云峰原生态茶园山高多云雾，负氧离子含量高，茶园芽叶持嫩性强，茶多酚含量高。自20世纪60年代开始，一直被称为冷水江绿色“千亩茶场”。茶园周边还有多处历史文化遗址，如祖师岭、六房院、神农殿、碧云寺、粽子岭抗战遗址等，其中被列为省市级重点文物保护单位的六房院及历史悠久的千年古刹碧云寺位于水云峰入口处。同时三尖镇也是梅山文化的典型代表地区之一，独特的民俗文化，如梅山傩戏、梅山武术、观音堂等已流传数千年。

水云峰生态茶园实现花、果、茶套种，“茶中有林、林中有茶”是水云峰生态茶园的一大特色。原生态茶园观光体验及茶文化休闲度假基地开放接待游客。

第十三章 茶叶科教与行业组织

第一节 茶科学教研

娄底古往今来一直与茶共生，不仅是茶的发源地之一，也是茶文化的发祥地之一；不仅是饮茶文明的开端，更是茶叶贸易和茶工业现代化的先行者之一，为娄底的经济发展作出了很大的贡献。科技是推动经济发展的生产力，经济发展也是科技进步的源动力，为与蓬勃发展的茶业经济相适应，茶叶科研机构是茶叶科技创新体系中不可或缺的重要组成部分，其工作成效直接关系到茶叶科技进步，而科技投入效率是其工作成效的直接体现。

湖南省炉观茶叶科学研究所（原名涟源地区出口茶叶科学研究所）于 1979 年 7 月 19 日正式建立，湖南人文科技学院农业与生物技术学院园林园艺专业开设茶学课程，各个县市相继成立茶学会，围绕“品种良种化，生产标准化，经营规模化，产品品牌化”的思路，因地制宜，科学规划，全力抓好优质高产茶叶种植，茶园及茶厂技术改造和品牌打造三个重点，搞好市场营销体系，科技人才体系，管理服务体系三项建设，增强茶产业整体竞争力，促进茶产业发展再上新台阶（图 13-1）。

图 13-1 湖南省炉观茶叶科学研究所

一、湖南省炉观茶叶科学研究所

（一）湖南省炉观茶叶科学研究所的成立

湖南省炉观茶叶科学研究所（原名涟源地区出口茶叶科学研究所）于 1979 年 7 月 19 日正式建立，其前身是新化茶厂炉观初制厂，茶科所是在湖南红碎茶发展盛期建立的，当时，娄底地区外贸局考虑到娄底是湖南省红碎茶基地，红碎茶的产量大，但质量较差，改进红碎茶机具、工艺、技术、提高红碎茶品质的研究工作，已成为当务之急。外贸局党委根据娄底地区的实际情况报行署建立茶科所，娄底地区行政公署以（1979）5 号文件批准建立，由新化茶厂拨出炉观初制茶厂作为所址。茶科所直属娄底地区外贸局领导，业务归口湖南省茶叶进出口公司。后因体制和经费等问题，湖南省茶叶进出口公司以（79）

湘茶财字 148 号“关于娄底地区（当时称涟源地区）出口茶叶科研所经费开支来源向湖南省外贸厅的请示报告”，建议炉观茶科所的管理体制应与省属茶厂一样，党政关系由湖南省茶叶进出口公司和当地双重领导，以当地娄底地区外贸局为主;劳动工资、劳动指标、业务领导归口省茶叶进出口公司管理；茶叶科学研究所的经费来源，应视同省属十二个茶厂一样。湖南省外贸厅以（79）湘外茶字第 3 号文件批复同意，并对原湖南省涟源地区出口茶叶科学研究所更名为湖南省炉观茶叶科学研究所。

（二）主要发展历程

1950 年中国茶叶安化分公司建立炉观茶叶收购站，归属中国茶业公司新化红茶厂，1956 年设立新化茶厂炉观初制厂，开始使用机械制茶。1979 年升级为湖南省炉观茶叶科学研究所，是湖南省仅有的两家省级茶叶研究所之一；1980 年连续举办八期全省茶叶加工技术培训班，传授红碎茶加工技术，培训技术人员近千人。其承担了数十个研究项目，荣获国家外经贸部三等奖 1 次、四等奖 2 次、优质产品奖 1 次；荣获国家商业部优质产品奖 2 次；荣获中国土产畜产进出口总公司红碎茶新技术显著成绩奖；荣获湖南省经济委员会优质产品奖；荣获湖南省科学技术进步奖。湖南省人民政府批准的出口商品生产专厂，是湖南红碎茶的主要技术发源地和技术研究成果推广基地（图 13–2）。

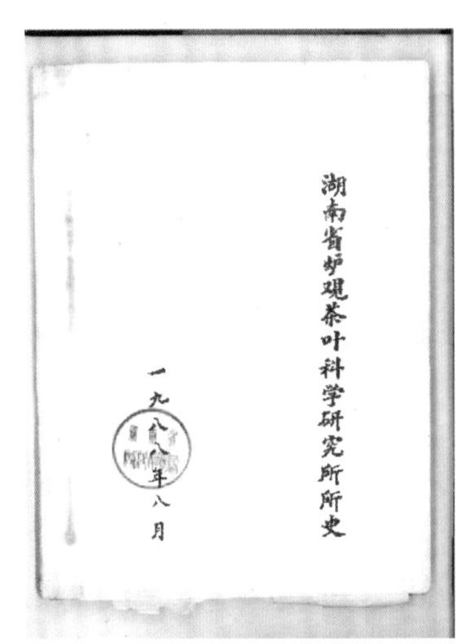

图 13–2 湖南省炉观茶叶科学研究所所史（1988 年版）

（三）主要成果

湖南省炉观茶叶科学研究所的主要任务是开展“红碎茶新技术”研究。主要研究成果有：

① 根据引进的 LTP（锤切机）和 CTC（滚切机）并进行仿制，1985 年经邵阳地区科委主持鉴定，成批生产。6CC–40 型茶叶锤切机和 6CG–40 型茶叶滚切机获 1986 年湖南省科技进步三等奖。

设计并制造 6CSJ–4 型塑辊振动输送静电拣梗机，它主要由除沙除杂气管导输送装置、风机、发酵车、分风柜、雾化器、空调等装置组成，此项技术填补拣梗机技术的空白。6CSJ–4 型塑辊振动输送静电拣梗机获 1986 年中华人民共和国对外贸易部科研成果四等奖。

优化振动、输送、散热、解块装置以及精制机械与初制联装共 51 项工艺。

② 与长沙商检局、桃江茶试场、安乡茶场等单位联合，进行茶叶中农残六六六、滴滴涕的残留量降解研究。

③"红碎茶新技术研究"获对外贸易部科研成果三等奖。

以上研究成果，在湖南省推广普及，推动湖南红碎茶的发展。

二、湖南人文科技学院农业与生物技术学院

（一）湖南人文科技学院农业与生物技术院简介

农业与生物技术学院（含娄底市农业科学研究所）是湖南人文科技学院重要院系之一，两块牌子，一班人马，是全国唯一的校地共建、共管、服务地方"三农"工作的教学科研联合体，成立于2014年。由2009年从化学系分离出来的生命科学系和2006年整体并入湖南人文科技学院的娄底市农业科学研究所组建而成。娄底市农业科学研究所的前身是成立于1943年的国民政府华中农业实验站。

农业与生物技术学院现有生物技术、食品科学与工程、农学、植物保护、园艺5个专业，教职工73人，专任教师52人，专职科研人员21人；正高职称7人，博士26人，硕士生导师17人；下设5个研究室、5个教研室、1个实训中心。本着根植娄底、立足湘中、服务湖南现代农业与生物技术发展对农业人才的需求，响应"一带一路"倡议，以职业能力培养为主线，坚持理论与实践并重，构建校企校地合作、产学研用相结合的人才培养模式，主要学科有农业生物技术、园艺作物生产、大田作物栽培、绿色植保技术、食品科学工程等，并着力培养"德、智、体"全面发展。食品科学与工程专业培养具备茶树栽培与育种、茶叶精深加工、茶叶品质化学、茶叶质量安全控制与标准化、茶叶审评与检验、茶与健康、茶叶营销与贸易、茶文化、类茶植物开发与利用等基本理论、基本知识和基本技能，能独立从事茶园管理、茶叶加工、茶叶贸易和茶文化等领域的科学研究，以及茶业科技指导和传播方面精技术、懂经营、善管理的应用型复合型人才。

（二）湖南人文科技学院农生院主要科研成果

① 2012年以来，获省级以上项目38项，其中，国家自然科学基金项目6项，经费1460万元，发表论文142篇，其中SCI收录论文27篇；获国家级、省级、市级科技成果奖8项，其中，国家科技进步二等奖1项，省科技发明一等奖1项，省级科技进步奖1项，市级科技进步奖4项；获国家发明专利19项，通过省级成果鉴定2项，选育农作物新品种（组合）8个。

② 农生院与湖南亚华种业股份有限公司、湖南肖老爷食品有限公司等13家单位，搭建了本科生、研究生联合培养的实践教学基地平台。与深圳铭基食品有限公司、湖南

省农业科学院等单位开展深度校企合作，以职业为导向、课程对接职业的方式，本科生实行“双境交替、按季分类、组合授课”教学模式。研究生实践教学实行“双段交替、多岗实践”教学模式。着力培养茶叶深加工与功能成分利用、茶叶加工理论与技术、茶树分子生物学等领域的人才，使娄底商品茶生产研发具有专业特色品牌与核心竞争力（图13–3）。整合教学实验室和科研实验室资源配置，目前实验室面积达到1260平方米，一期设备总价值2000余万元，其中单件超过5万元的精密仪器设备43台。

③ 胡一鸿参与开发的“春秋和茶”健康茶品系列产品，在中国科学院主办的“2016中国（凤凰）国际传统工艺技术研讨与博览会”参展。

④ 2019年4月25日上午，娄底市委农办主任、市农业农村局局长袁若宁一行来该校洽谈校政合作相关事宜，党委委员、副校长周发明、陈志国和学校有关单位负责人共20余人参加了座谈会。农生院院长向国红就农生院新化茶产业和新型农民培训等服务地方农业技术项目做了详细介绍，袁若宁表示愿意与湖南人文科技学院继续探索深度合作模式，并希望双方做好对接工作，努力实现合作共赢，为娄底地方经济发展做出更大贡献。

⑤ 2018年7月18日，校党委书记郭军、副校长周发明一行赴新化水车长石村走访调研，走访贫困户。郭军一行到长石村油茶、高山寒茶、猕猴桃基地实地考察，查看苗圃长势情况，询问基地建设进展，探讨产业发展前景，茶学专家认为新化气候条件和土地资源对种植高品质茶叶具有独特的优势，郭军书记表示要最大限度地发挥学校资源的效用，帮助当地制订切实有效的措施，因地制宜、因户施策，打好脱贫的攻坚战。

图 13–3 荣获首批“湖南省高校产学研合作示范基地”

第二节 茶叶行业组织

一、娄底市茶业协会

20世纪70年代，娄底市开始组织成立娄底市茶叶学会，隶属于娄底市外经贸委员会，主要承担茶园规划、出口计划、政策制定等，20 世纪 80 年代后期随着茶叶市场和企业的开放，茶叶学会进入转型期。

图 13-4 娄底市茶业协会成立大会合影

娄底作为湖南茶叶主产区，两千多年来，积累了丰富的茶叶产业基础与文化底蕴。近年来，市委、市政府把茶产业列为娄底五大支柱产业之一，推动娄底茶产业快速发展，以渠江薄片、新化红茶为代表的品牌已然成为娄底茶产品冲出湖南、走向世界的名片，茶园、茶企、茶馆迅速成长壮大。2019 年 4 月，在市农业农村局的领导下，组建娄底市茶业协会筹备委员会（图 13-4）。2020 年 1 月，成立娄底市茶业协会，召开了娄底市茶业协会第一次会员大会和理事会议，讨论通过协会章程、财务制度，选举产生首届协会班子成员：

名誉会长：黄建明；

会长：陈建明；

副会长：王洪坤、刘国仲、向国红、李桥英、罗新亮、邹志明、周姗姗、欧阳辉、曾伟珍、龚梦辉、蔡辉华；

秘书长：杨建长；常务副秘书长：陈卫华；

监事长：梁兴；成员：黄东风、李洪玉、聂艳红、周兵华；

专家委员会顾问：刘仲华、周重旺、肖力争、张曙光、伍崇岳；

专家委员会主任：陈致印；

专家委员会委员：曾家灿、伍芬桂、陈建明、曾佑安、梁兴、周姗姗、聂艳红、胡家龙、王在富、周迪元、李桥英、胡芳、袁啸峰、陈连生；

协会现有会员单位 53 家，个人会员 160 人。

协会筹备过程中，为推动娄底茶叶产业的发展，2019 年 9 月在“湘博会”期间举办首届梅山茶文化节，首次提出“娄底人喝娄底茶”倡议;开展“看茶艺表演，品娄底茗茶，赠送茶礼品，抽签中大奖”活动，数万市民排队参与梅山茶文化活动，成为湘博会中的最大亮点，受到了省、市政府领导的表扬。2020年，协会以品牌传播、市场开拓为抓手，创办《娄底茶事》杂志，举办第二届娄底茶文化节，推动消费扶贫，取得良好成效；对接“2020湖南茶叶科技创新论坛”落户新化县召开，湖南茶叶界专家、学者为娄底茶产业提出发展建议，受到高度关注（图13-5）。

图13-5 时任副市长梁立坚为协会授牌

二、娄底地区茶叶学会

1981年涟源地区（1982年涟源地区更名的娄底地区，1991年娄底撤地设市）茶叶学会经地科委批准正式成立，首批会员67人，民主选举了由易既白、易庶绥、黎志凡、王康儒、白名声等17位同志组成理事会；讨论并通过了学会章程和易既白理事长的工作报告，制订了学会活动计划；主要承担茶园规划、出口计划、政策制定工作。

随着涟源地区茶叶学会成立，学会出版发行茶叶科普刊物《涟源茶叶》，它是茶叶技术普及性和学术性相结合并以普及性为主的刊物，以面向生产，面向基层，面向本地区为主要目标，着重总结交流本地区茶叶生产经验，推广先进的茶叶生产技术，指导茶叶生产科研，同时，借鉴外地经验，有选择性地介绍国外茶叶生产动态，开展茶叶学术交流，反映茶叶技术干部和广大茶农的意见和要求。20世纪90年代《涟源茶叶》停办。

20世纪80年代后期随着茶叶市场和企业的开放，茶叶学会进入转型期。

三、新化县茶叶产业协会

2015年4月成立新化县茶叶产业协会。邹志明任会长，彭农恒任专职副会长，袁兴永任秘书长，该协会是新化县茶叶行业的第一个社团组织。

新化县茶叶产业协会遵循协会章程，以服务企业，服务社会，服务茶叶行业发展为宗旨，推动产业不断进步（图13-6）。协会有工作人员10人，会员单位38个，个人会员98人，2018年评为“2018千亿茶产业建设先进单位”。全县现有茶叶生产加工企业22家，其中省级龙头企业2家，市级龙头企业8家，规模企业10家，种茶专业合作社28家。

① **振兴新化茶产业**：2015年新化县茶园面积为2466.67hm²，年产茶叶293.3t，茶叶加工企业10家，茶叶产品品牌9个。2019年新化县茶园面积达到5213hm²，年产茶叶3556t，产值达9.85亿元。2017年评为“湖南茶叶十强生态产茶县”，2018年评为“湖南茶叶千亿产业十强县”。

图13-6 新化县茶叶产业协会致力于帮助贫困户脱贫致富

② **传承新化红茶百年名茶辉煌历史，推进品牌建设**：“新化红茶”2018年成为地理标志证明商标，使之成为“一县一特”品牌，新化红茶品牌的知名度和市场影响力不断扩大，2018年被评选为湖南省十大名茶。

③ **技术人才队伍建设**：聘请湖南省茶叶研究所的专家和湖南人文科技学院的老师授课，培训人数345人，举办制茶技师竞赛活动，使茶叶从业人员的技术水平和经营管理水平大有提高。

四、涟源市枫木贡茶行业协会

枫木贡茶行业协会成立于2016年6月，2016年7月申报“枫木贡茶”地理标志产品，2018年8月成功发证。

枫木贡茶种植区域包括涟源市古塘乡、安平镇、伏口镇、湄江镇、桥头河镇、龙塘镇、石马山镇、六亩塘镇、蓝田办事处及新化的田坪镇。该商标使用与商品品质特点和地域环境因素有关，制定了“枫木贡茶”地理标志证明商标使用管理规则和使用条件。2018通过“马德里”国际出口商标注册，为涟源市的茶叶发展再添精彩一笔。

参考文献

[1] 柯美成 . 理财通鉴：历代食货志全译 . 北京：中国财政经济出版社，2007.

[2]（宋）李心傅 . 建炎以来朝野杂记 . 北京 : 中华书局出版社，2000.

[3] 佘杰修，刘轩 . 新化县志 [M]. 刻本 .1550（明嘉靖二十九年）.

[4] 肖龙修，阳文烛 . 新化县志 [M]. 刻本 .1668（清康熙七年）.

[5] 林联桂 . 新化县志 [M]. 刻本 .1832（清道光十二年）.

[6] 关培钧 , 刘洪泽 . 新化县志 [M]. 刻本 .1872（清同治十一年）.

[7] 新化县志编纂委员会 . 新化县志 [M]. 长沙 : 湖南出版社 ,1996.

[8] 娄底地区志编纂委员会 . 娄底地区志 [M]. 长沙 : 湖南出版社 ,1996.

[9] 双峰县志编纂委员会 . 双峰县志 [M]. 长沙 : 湖南出版社 ,1996.

[10] 涟源县志编纂委员会 . 涟源县志 [M]. 长沙 : 湖南出版社 ,1996.

[11] 朱先明 . 湖南茶叶大观 . 长沙 : 湖南科学技术出版社，2000.

[12] 陈椽 . 茶业通史 [M]. 北京 : 中国农业出版社，2008.

[13]（清）刘源长 . 茶史 [M]. 武汉 : 崇文书局，2018.

[14] 沈冬梅 . 茶经校注 [M]. 北京 : 中国农业出版社，2006.

[15]（宋）乐史 . 太平寰宇记 [M]. 北京 : 中华书局出版社，2007.

[16]（唐）杨晔 . 膳夫经 [M]. 广州 : 广州出版社，2003.

[17] 湖南省茶叶进出口公司编志办 . 湖南省对外经济贸易志：茶叶部分资料汇编 [Z].1990.

[18] 湖南省新化茶厂编志办 . 湖南省新化茶厂厂史 [Z].1988.

[19] 湖南省涟源茶厂编志办 . 湖南省涟源茶厂厂史 [Z].1988.

[20] 湖南省炉观茶叶科学研究所编志办 . 湖南省炉观茶叶科学研究所所史 [Z].1988.

[21] 湖南省长沙茶厂编志办 . 湖南省长沙茶厂厂史 [Z].1988.

[22] 娄底农业志编纂委员会 . 娄底农业志 [Z].1991.

[23] 王镇恒，王广智 . 中国名茶志 [M]. 北京 : 中国农业出版社，1988.

[24] 彭继光 . 湖南名茶 [M]. 长沙 : 湖南科学技术出版社，1993.

[25] 李训生，王正邦 . 从湘波镇茶场看茶叶增产的途径 [J]. 茶叶通讯，1986.

[26] 陈先枢 . 曾国藩与永丰细茶 [EB/OL].（2017-10-11）[2020-03-05].http：//blog.sina.com.cn/s/blog_95b86dd70102z1nb.html

[27] 娄底地区财贸志编纂委员会 . 娄底地区财贸志 [M].1993.

[28] 陈远鹏 . 湖湘地域文化研究 [M]. 呼和浩特：内蒙古人民出版社 ,2014.

[29] 刘彤 . 灿烂的茶礼茶俗 , 深刻的文化意蕴 [C]// 湖南省茶叶学会 ,2014.

[30] 胡能改 . 渐行渐远的古茶亭 [EB/OL].（2018-7-16)[2020-03-05].http://www.360doc.com/content/18/0716/15/54983571_770807180.shtml

[31] 彩云间 . 中国茶具种类大全以及特点 [EB/OL].（2018-12-21)[2020-03-05].https：//www.chayi5.com/zhishi/20181221165421.html

[32] 杨铭 . 茶具分析 [J]. 文艺生活 · 文艺理论 ,2013.

附录

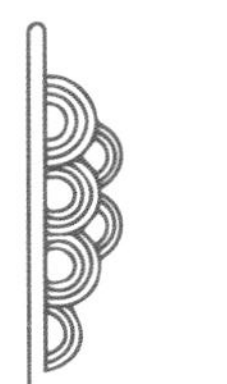

表 1　湖南省新化茶厂历年红毛茶分县购进入厂量值表

（一）

年份	合计		新化县		冷水江市	
	数量 /t	金额 / 万元	数量 /t	金额 / 万元	数量 /t	金额 / 万元
1949						
1950	849.95	47.62	581.9	30.93		
1951	1088.85	89.7	880.65	71.46		
1952	1116.2	107.62	840.50	78.69		
1953	945	117	754.1	91.99		
1954	1369.3	166.41	858.3	104.39		
1955	1576.7	219.22	991.85	136.85		
1956	2925.9	421.5	1295.1	175.84		
1957	2091.2	321.12	947.35	133.76		
1958	2198.4	361.08	883.65	133.14		
1959	1661.35	182.58	1412.25	136.66		
1960	1797.05	184.65	1460.8	132.69		
1961	461.4	62.15	272	33.07	6.5	0.84
1962	426.05	77.94	272.45	45.09		
1963	765.35	156.78	511.95	96.73		
1964	975.3	207.09	649.1	126.19		
1965	1040.05	223.35	688.25	134.13		
1966	1007.25	211.9	656.4	122.58		
1967	1053.4	230.87	657.85	126.31		
1968	983.25	212.41	607.65	120.21		

年份	合计		新化县		冷水江市	
	数量 /t	金额 / 万元	数量 /t	金额 / 万元	数量 /t	金额 / 万元
1969	1021.7	195.35	621.35	107.81		
1970	1241.45	243.34	707.75	121.91	17.7	3.82
1971	1426.2	277.34	750.4	132.85	21.15	4.38
1972	1720.2	338.2	850.3	152.19	27.35	5.66
1973	1979.25	388.84	833.6	151.09	32.2	6.46
1974	2352.75	462.66	869.35	161.43	36.65	7.25
1975	2696.55	547.93	834.3	157.79	69.9	12.37
1976	3248.05	674.38	840.15	170.16	112.65	19.24
1977	3399.6	694.23	843.5	161.63	72.6	13.16
1978	3250.35	686.48	848.5	177.01	67.9	12.99
1979	2374.1	562.44	609.15	150.17	46.3	11
1980	1396.8	351.47	454.65	113.29	63.35	15.16
1981	1194.65	340.58	441.2	124.77	50.4	12.89
1982	1590.5	422.39	565.7	159.05	54.35	13.71
1983	1409.45	364.28	524	139.56	41.95	10.02
1984	1356	380.26	478.95	141.98	49.9	12.96
1985	1492.45	465.02	502.2	172.06	24.25	7.68
1986	1785.3	679.64	584.4	233.27	27.15	9.55
1987	1661.1	581.2	690.1	242.27	20.9	6.59
合计	60822.4	12257.02	28071.65	5000.99	843.15	185.73

（二）

年份	新邵县		邵东县		邵阳市	
	数量 /t	金额 / 万元	数量 /t	金额 / 万元	数量 /t	金额 / 万元
1949						
1950	50.35	2.96				
1951	68.8	5.53				
1952	29.6	8.2	29.5	1.99		
1953	15.3	1.95	5.1	0.55		
1954	27.5	3.83	43.6	3.41	16.35	1.87
1955	54.95	7.87	62.85	6.75	34.75	4.19
1956	77.8	13.96	87.95	13.34	29.9	4.98
1957	70.25	14.73	71.4	13.2	13.15	2.58
1958	67.95	15.32	57.05	11.35	8.15	1.72
1959	53.65	9.84	54	10.31	26.8	5.4
1960	69.2	11.01	83.15	12.56	40.05	6.99
1961	35.9	6.18	50.45	6.95	27.05	4.5
1962	26.65	6.24	43.65	8.19	23.25	5.27
1963	57.25	14	76.85	16.68	9.65	2.1
1964	81.9	21.43	86.25	19.56	7.05	1.6
1965	90.9	23.82	92.5	21.13	7.25	1.67
1966	83.8	21.64	93	21.63	6	1.33
1967	92.35	23.62	98.2	23.5	8.3	2.01
1968	89.4	21.47	99.85	21.84	10.4	2.34

年份	新邵县		邵东县		邵阳市	
	数量 /t	金额 / 万元	数量 /t	金额 / 万元	数量 /t	金额 / 万元
1969	90.6	18.12	88.85	15.89	13.5	2.33
1970	104.4	25.06	137.15	26.63	20.2	3.88
1971	123.45	27.17	200.3	37.72	22.25	4.17
1972	163.7	35.35	240.7	47.9	27.7	5.16
1973	165.4	37.59	352.9	74.06	35.8	6.07
1974	194.65	42.93	454.65	93.65	33.95	5.86
1975	193.9	45.89	574.75	123.21	24.15	4.35
1976	252.45	59.38	682.3	143.88	27.2	4.67
1977	267.45	62.24	756.3	155.78	25.3	4.14
1978	275.45	63.12	575.1	122.5	108.65	21.35
1979	256.2	64.68	373.6	85.93	40.95	9.05
1980	235.25	61.9	211.5	52.35	14.95	3.18
1981	232.05	70.04	193.1	54.14	9.7	2.55
1982	260.05	76.23	327	71.47	9	2.33
1983	252.85	73.01	223.5	54.45	9.05	2.37
1984	296.45	89.54	243.2	59.77	13.85	3.38
1985	291.45	102.07	157.05	47	53.1	15.49
1986	329.4	125.65	271.8	95.99	109.15	38.55
1987	225.8	78.52	159.2	59.3	52.95	19.67
合计	5403.45	1392.09	7358.3	1634.56	918.5	207.12

（三）

年份	邵阳县		隆回县		绥宁县	
	数量 /t	金额 / 万元	数量 /t	金额 / 万元	数量 /t	金额 / 万元
1949						
1950						
1951						
1952						
1953						
1954	14.55	1.72	3.8	0.53		
1955	21	2.54	9.5	1.54		
1956	41.8	6.74	14.9	3.11	14.95	2.6
1957	40.65	7.45	14	3.21	12.25	2.78
1958	28.1	5.55	8.8	2.17	8.55	2.09
1959	26	4.55	11.4	2.51	7.7	1.97
1960	31.5	4.6	13.15	2.21	6.8	1.68
1961	18.9	2.95	6.65	1.31	0.15	0.01
1962	14.35	3.04	3.25	0.88	4.3	1.45
1963	26.05	5.7	12.7	3.61	6.15	1.87
1964	31.6	7.25	17.85	4.69	10.3	3.02
1965	30.05	7.52	17.9	4.71	11.1	3.36
1966	31.25	8.21	21.1	5.3	14.75	4.52
1967	35.6	9.99	23.3	6.23	16.75	5.33
1968	31.05	8.31	22.9	5.86	13.2	4.27

年份	邵阳县		隆回县		绥宁县	
	数量 /t	金额 / 万元	数量 /t	金额 / 万元	数量 /t	金额 / 万元
1969	30.2	7.45	27.25	6.43	11.15	3.43
1970	37.35	9.26	33.55	7.69	11.15	3.26
1971	43.25	10.35	37.55	8.25	14.65	40.04
1972	52.75	12.78	48.6	10.72	20.65	5.65
1973	60.5	14.83	89.15	15.77	24.05	6.49
1974	82.15	18.44	117.8	21.85	32.7	8.88
1975	105.15	23.34	175.55	34.41	33.95	9.31
1976	144.1	31.16	260.1	51.02	37.35	10.49
1977	174.25	35.36	310.75	61.5	44.7	12.7
1978	206.9	42.59	417.35	87.91	44.1	11.14
1979	167.45	38.47	332.95	88.97	40.7	12.78
1980	164.7	37.28	146.7	38.55	44.3	14.64
1981	127.15	32.37	28.5	8.9	51.5	17.29
1982	143.55	36.69	121.5	28.58	64.05	21.41
1983	133.4	32.3	79.55	15.53	75.95	24.17
1984	128.85	32.93	34.3	9.9	51.4	17.25
1985	116.25	35.07	27.9	9.48	38.1	13.61
1986	129.8	47.11	87.45	32.57	132.15	55.98
1987	128.35	46.54	77.35	25.24	102.95	45.07
合计	2598.55	630.34	2655.05	611.14	1002.8	332.24

（四）

年份	新宁县		武岗县		涟源县		年份	新宁县		武岗县		涟源县	
	数量 /t	金额 / 万元	数量 /t	金额 / 万元	数量 /t	金额 / 万元		数量 /t	金额 / 万元	数量 /t	金额 / 万元	数量 /t	金额 / 万元
1949							1969	15.7	4.22	19.5	3.67		
1950							1970	17.7	4.49	24.55	5.34		
1951					155.6	9.09	1971	24.95	5.83	43.75	7.77		
1952							1972	29.8	6.47	72.15	11		
1953							1973	29.3	7.23	134.4	17.8		
1954					81.75	10.31	1974	33.8	8.23	184.4	24.67		
1955					254.3	30.21	1975	42.65	10.69	227.25	37.69		
1956					345.7	52.04	1976	54.2	14.7	264.65	49.45		
1957	1.65	0.31			1298.7	191.36	1977	67.7	16.71	263.2	51.27		
1958	2.75	0.55			856.2	131.87	1978	71.05	17.99	263.6	47.8		
1959	2.9	0.61			1072.15	177.68	1979	62.05	16.6	62.3	13.21		
1960	3.2	0.53					1980	38.1	10.07	21.65	4.6		
1961	3.3	0.26					1981	29.35	9.21	29.2	8.01		
1962	1	0.22					1982	24.1	7.96	20.6	4.77		
1963	1	0.24	0.2	0.05			1983	19.15	5.85	43.7	6.9		
1964	3.85	0.9	0.7	0.19			1984	15.55	5.2	21.25	2.66		
1965	9.2	2.08	2	0.52			1985	17.15	5.91				
1966	12.4	2.9	3.55	0.88			1986	19.7	8.36	13.95	3.44		
1967	15.7	4.2	8.3	6.84			1987	19.25	7.57	0.45	0.12		
1968	13.1	3.59	10.5	1.99			合计	701.3	189.68	1731.8	305.64	4064.4	602.56

（五）

年份	城步县		溆浦县		安化县		洞口县		年份	城步县		溆浦县		安化县		洞口县	
	数量 /t	金额 / 万元	数量 /t	金额 / 万元	数量 /t	金额 / 万元	数量 /t	金额 / 万元		数量 /t	金额 / 万元	数量 /t	金额 / 万元	数量 /t	金额 / 万元	数量 /t	金额 / 万元
1949									1969	4.1	0.8					99.5	25.2
1950			62.1	4.64					1970	5.5	1.06					124.45	30.91
1951			68.4	6.74	71	5.97			1971	7.2	1.53					138.3	33.28
1952			79	9.47	87.6	9.27			1972	8.6	1.72					177.9	43.64
1953			88.75	12.2					1973	8.6	1.69					215.35	49.74
1954			116.85	16.41			34.05	4.04	1974	12.75	2.16					303.9	67.31
1955							55.5	7.36	1975	12.75	2.76					402.25	86.13
1956							59	8.91	1976	11.55	2.48					561.35	117.75
1957	0.2	0.04					64.1	11.19	1977	15.5	3.28					557.35	116.76
1958	0.2	0.04					61.05	11.47	1978	19.15	3.86					352.6	78.22
1959	0.15	0.03					66.5	10.7	1979	17.05	3.49					265.4	68.09
1960	0.1	0.02					89.1	12.36	1980	1.5	0.41					0.15	0.04
1961	0.05	0.01					40.45	6.07	1981	3.2	0.19						
1962							37.15	7.56	1982	0.6	0.12						
1963							63.55	15.8	1983	0.35							
1964	2.05	0.39					84.65	21.87	1984							9.05	3.1
1965	2.9	0.67					88	23.74	1985							75.05	22.07
1966	4.6	0.83					80.4	22.08	1986							50.2	18.64
1967	1.75	0.42					95.3	27.42	1987							96.35	22.83
1968	3.4	0.79					81.8	21.74	合计	142.8	29.29					4429.75	996.01

（六）

年份	双峰县		桃江县		益阳县		其他	
	数量 /t	金额 / 万元	数量 /t	金额 / 万元	数量 /t	金额 / 万元	数量 /t	金额 / 万元
1949								
1950								
1951								
1952								
1953								
1954								
1955	0.6	0.08						
1956	5.8	0.66						
1957								
1958								
1959								
1960								
1961								
1962								
1963								
1964								
1965								
1966								
1967								
1968								

年份	双峰县		桃江县		益阳县		其他	
	数量 /t	金额 / 万元	数量 /t	金额 / 万元	数量 /t	金额 / 万元	数量 /t	金额 / 万元
1969								
1970								
1971								
1972								
1973								
1974								
1975								
1976								
1977								
1978								
1979								
1980								
1981								
1982								
1983								
1984							13.25	1.59
1985	40.5	7.8	104	19.82	20.35	3.2	25.1	3.77
1986							30.15	10.53
1987	3.85	1.31					83.6	26.17
合计	50.75	9.85	104	19.82	20.35	3.2	152.1	42

表 2　涟源茶厂历年红毛茶分县进厂量值表

（一）

年度	合计			涟源县			双丰县			湘乡县		
	数量 /t	金额 / 万元	均价 / 元	数量 /t	金额 / 万元	均价 / 元	数量 /t	金额 / 万元	均价 / 元	数量 /t	金额 / 万元	均价 / 元
1959	1625.35	210.4073	1294	1464	190.8291	1304						
1960	1718.15	192.3999	1118	1269.95	142.7293	1124						
1961	734.35	96.0074	1307.2	535.65	68.2439	1286						
1962	539.4	86.7541	1608.4	465.35	73.176	1572.4						
1963	1375.4	256.5596	1844.4	640.05	129.8909	2029.2	606.95	104.2159	1692	94.6	14.827	1524
1964	1740.7	335.9563	1929.8	771.95	163.6682	2120	768.4	138.4149	1801.2	140.1	25.633	1829.6
1965	1818.5	384.9987	2117	845.4	195.5596	2313.2	762.9	152.1169	1992	142.75	28.4912	1995.4
1966	1738.9	358.6902	2062.8	824.55	183.9296	22290.6	711.55	138.5517	1949	141.5	27.5029	1943.6
1967	2016	450.0468	2240	943.8	227.5896	2420	867.15	181.6939	2100	139.05	29.52	2120
1968	1930.95	406.2476	2100	905.3	203.2859	2245.4	836.25	166.0994	1986.2	123.95	24.6786	1991
1969	1792.05	308.7221	1722.8	915.4	165.2787	1805.4	692.75	112.3464	1621.8	100.45	15.2325	1516.4
1970	2077.3	390.47	1879.8	1055.75	211.24	2000	813.1	144.03	1780	132.5	20.85	1580
1971	2561.4	469.46	1840	1289.3	249.76	1940	1006.3	176.98	1760	180.5	26.96	1500
1972	2640.5	485.0279	1820	1356.85	264.0877	1940	1013.65	180.9309	1780	176.7	25.2083	1420
1973	2793.25	510.4529	1820	1527.95	296.5059	1940	982.75	168.9626	1720	216.3	34.7741	1600
1974	2932.95	528.0243	1800	1550.9	296.4234	1920	1022.2	174.0815	1700	281.25	45.7097	1620

续表

年度	合计			涟源县			双丰县			湘乡县		
	数量 /t	金额 / 万元	均价 / 元	数量 /t	金额 / 万元	均价 / 元	数量 /t	金额 / 万元	均价 / 元	数量 /t	金额 / 万元	均价 / 元
1975	3420.4	646.013	1880	1842.55	372.3775	2020	1162.2	207.3196	1780	296.75	5[illegible].6731	1700
1976	3607.05	681.6917	1900	1964.65	393.2282	2000	1301.7	236.3135	1820	204.25	3[illegible].3153	1540
1977	3502.35	667.1427	1900	2063.25	395.231	1920	1285.05	246.1088	1920			
1978	3175.75	581.2805	1840	1787.55	333.9916	1860	1206.9	210.9735	1740			
1979	2234.35	476.0858	2140	1204.5	275.0583	2280	798.5	152.2087	1880			
1980	1105.7	261.7642	2360	719.85	183.1423	2540	304.55	61.7062	2020			
1981	679.2	180.3884	2655.8	456.3	126.7291	2996.4	160.15	38.9325	2431			
1982	1547.4	332.5335	2155	884.25	207.7204	2349	567.1	106.0583	1870.2			
1983	1615.05	321.3913	1990	870.05	193.989	2229.6	623	104.81	1682.4			
1984	1580.7	343.6743	2174	879.15	207.576	2361	602	115.511	1918.8			
1985	1739.65	472.3233	2715	551.4	160.7358	2915	747.55	178.7661	2391.4			
1986	1757.95	656.2345	3740	585.1	200.6928	3440	328.65	108.7133	3300			
1987	721.8	268.2376	3716	380.75	138.8599	3647	115.8	46.7323	4035			
合计	56722.55	11358.9859		30551	6251.5303		19287.1	3652.5779		2370.65	4[illegible]1.3757		

（二）

年度	祁东、祁阳县			娄底市			冷江市			其他		
	数量 /t	金额 / 万元	均价 / 元	数量 /t	金额 / 万元	均价 / 元	数量 /t	金额 / 万元	均价 / 元	数量 /t	金额 / 万元	均价 / 元
1959							161.35	19.5782	1214			
1960				221.95	27.1681	1224	226.25	22.5025	994			
1961				111.45	15.0159	1346	87.25	12.7476	1461			
1962							74.05	13.5772	1833.4			
1963	33.8	7.6258	2256									
1964	60.3	8.2402	1366.4									
1965	67.45	8.831	1309.6									
1966	61.3	8.706	1420.2									
1967	66	11.2436	1700									
1968	65.45	12.1837	1861.4									
1969	83.45	15.8645	1901									
1970	75.95	14.35	1900									
1971	85.3	15.76	1840									
1972	92.6	14.5867	1580							280	0.2143	3061.4
1973	66.25	10.2103	1540									
1974	78.6	11.8097	1500									
1975	118.9	15.6428	1320									

续表

年度	祁东、祁阳县			娄底市			冷江市			其他		
	数量 /t	金额 / 万元	均价 / 元	数量 /t	金额 / 万元	均价 / 元	数量 /t	金额 / 万元	均价 / 元	数量 /t	金额 / 万元	均价 / 元
1976	136.45	20.8347	1520									
1977	154.05	25.8029	1680									
1978	181.3	36.3154	2000									
1979	177.7	39.8523	2240	53.65	8.9665	1920						
1980	32.85	6.9336	2100	48.45	9.9822	2060						
1981	12.6	2.6441	2098.4	50.15	12.0827	2409.4						
1982	36.05	6.5244	1809.8	60	12.2304	2038.4						
1983	65.55	10.5752	1613.2	56.45	12.0171	2128.8						
1984	52.25	10.4088	1992	47.3	10.1785	2152						
1985	13.15	3.3078	2515.4	117.25	29.8676	2547.2				310.3	99.646	3211
1986	28	10.136	3600	103.6	32.2003	3100				712.6	304.4921	
1987				76.55	24.0142	3137				148.7	58.6312	3943
合计	1845.3	328.3895		946.8	193.7235		548.9	68.4055		1172.3	462.9838	

表 3　涟源茶厂历年红碎茶分县进厂量值表

（一）

年度	合计			涟源县			双锋县			湘乡县		
	数量 /t	金额 / 万元	均价 / 元	数量 /t	金额 / 万元	均价 / 元	数量 /t	金额 / 万元	均价 / 元	数量 /t	金额 / 万元	均价 / 元
1976	352.7	148.6031	4213	236.45	103.0972	4360	93.75	36.6009	3904	22.5	8.91	3960
1977	1082.85	478.5427	4419.2	539	248.4388	4609.2	382.3	161.9059	4235	161.55	68.198	4221.4
1978	1901.25	810.4957	4263	992.95	443.6918	4468.4	648.5	252.2264	3889.2	234.85	104.6792	4456.6
1979	2925.85	1194.9184	4084	1496.3	661.3646	4420	1004.6	388.2097	3864.4	347	128.39	3700
1980	4071.85	1878.9904	4614.2	1958.35	969.134	4948.6	1501.8	630.6079	4199	319.85	137.7808	4241.4
1981	4090.3	1695.4327	4145	1947.15	853.4301	4383	1591.8	618.9618	3888.4	367.5	138.5134	3769
1982	4649.55	1900.5014	4087.4	2439.9	1052.7011	4314.6	1566.85	608.0958	3881	491.75	184.1358	3744.6
1983	4538.2	1673.1187	3686.8	2359.9	933.2842	3954.8	1496.6	527.1342	3522.2	550.7	170.7541	3100.6
1984	4564.4	1809.9446	3805.4	2385.8	1002.287	4201	1523.6	586.1973	3847.4	493.55	168.3009	3410
1985	4585.45	1869.4555	5214	2177.65	925.9246	4252	1281.1	530.5179	4141.2	15.35	5.572	3630
1986	3912.95	1829.0888	4680	1974.2	938.2293	4760	1160.35	534.3321	4600	22.55	9.676	4300
1987	2534.2	1178.1774	4649	1179.35	554.8421	4705	768.5	337.5574	4392	22.5	8.91	3960
合计	39209.55	16467.2694		19687	8686.4198		13019.75	5212.3473		3027.15	1124.9129	

注：1. 1976 年开始收红碎茶。因档案不全，1976 年的金额，1979 年的两祁数量、1979 年各县金额，均不甚准确。尚待查明更正。总数量和主产县的数量，各年都是正确的。2. 下页“其他”栏。包括安化、桃江、望城、洞口、冷江等县市。

（二）

年度	祁东县			祁阳县			其他			娄底市		
	数量/t	金额/万元	均价/元	数量/t	金额/万元	均价/元	数量/t	金额/万元	均价/元	数量/t	金额/万元	均价/元
1976												
1977												
1978	10.45	4.1774	3997.6	14.5	5.7209	3945.4						
1979	37.45	15.6541	4180	40.5	15.39	3800						
1980	116.65	55.2075	4241.4	124.55	56.7049	4552.6	50.65	29.5552	5835.2			
1981	130.3	59.9773	4603	53.55	24.5501	4584.6						
1982	123.2	45.4287	3687.4	27.85	10.1373	3637.8						
1983	85.15	27.9487	3282.2	45.85	13.9975	3052.8						
1984	106.9	32.4032	3030.8	54.55	20.7562	3805.8						
1985	30.7	8.1061	2640.4	27.65	12.3024	4449.4	1053	387.0325	3675.6			
1986	15.45	5.3064	3440	3.65	1.6805	4600	92.45	37.4253	4048	644.3	302.4392	4700
1987							123.9	72.7151		462.45	213.0628	4607
合计	656.25	254.2094		392.65	161.2398		1320	526.7282		1106.75	515.502	

表 4　湖南省新化茶厂历年产品调拨统计表（单位 /t）

年份	合计	供应出口					调往省外	省内调拨	备注
		小计	广东	武汉	上海	省司自营			
1950	747.9	630.65		630.65			117.25		
1951	660.45	660.45		660.45					
1952	1344.90	1009.45		1009.45			335.45		
1953	836.85	707.95		707.95			128.9		
1954	1071.95	761.05		761.05			310.70		
1955	1356.2	1019		1019			337.2		
1956	2193.85	1611.15		1231.15	380		582.7		
1957	1892.65	1316.5		1026.65	289.95		576.15		
1958	1902.90	1659.2	325.85	967.15	366.2		243.7		
1959	964.2	904.90	385.05	519.85			59	0.3	
1960	995.6	961.7	656.55	305.15			33.9		
1961	804.2	344.9	283.9	61			422.7	36.6	
1962	329	268.15	236.45	31.7			52.4	8.45	
1963	746.7	623.45	560.55	59.15	3.75		119.1	4.15	
1964	880.2	491	491				383.95	5.25	
1965	887.15	511.75	511.75				373.4	2	
1966	875.75	603.35	603.35				272.4		
1967	655.45	418.45	418.45				237		
1968	1146.65	693.5	662.45		31.05		453.15		

续表

年份	合计	供应出口					调往省外	省内调拨	备注
		小计	广东	武汉	上海	省司自营			
1969	870.15	403.3	403.3				458.25	8.6	
1970	1010.90	519.70	519.7				491.20		
1971	1272.45	804.40	749.2	55.2			468.05		
1972	1420.75	856.8	806.7	50.1			533.90	30.05	
1973	1605.2	1203.45	1097.65	105.8			401.75		
1974	1912.95	1185.0	958.25	200.05	26.7		724.70	3.25	
1975	2319.55	1683.7	1457.8	225.9			609.55	26.3	
1976	2938.65	2030.1	1765.15	264.95			900.5	8.05	
1977	3567.45	2466.45	2083.5	263.25		119.65	1093.45	7.55	
1978	3300.3	2460.3	1763.35	280.10		416.85	833.5	6.5	
1979	4589.4	3757.9	1822.4	160.1	232.05	1542.45	810.75	20.75	
1980	3057.80	2048.3	600.3	150	135.6	1162.4	970.25	39.25	
1981	3082.20	2407.55	1961.15	175.05		271.35	670.8	3.85	
1982	2381.60	1586.45	945.2	178		463.25	795.15		
1983	2493.2	1659.85	909	34.5		716.35	830.05	3.3	
1984	2042.65	1811.95	919.36	101.55		791.10	189.40	41.3	
1985	2052.55	1710.30	568.95			1141.35	306.70	35.55	
1986	2191.85	1875.4	75.2			1800.2	277.25	39.20	
1987	1994.5	1410.45	636			774.45	495.90	88.15	
合计	64396.65	47077.9	25177.5	11234.9	1466.1	9199.4	16900.15	418.4	

表 5　湖南省涟源茶厂历年湖红产品销售、调出表

（一）

年份	产品销售、调出				调出分省、市								
	合计 /t	销售 /t	调出		广东			湖北			上海		
			红条茶 /t	红碎茶 /t	小计 /t	红条茶 /t	红碎茶 /t	小计 /t	红条茶 /t	红碎茶 /t	小计 /t	红条茶 /t	红碎茶 /t
1959	1096.4		1096.4		160.65	160.65		618.05	618.05		311.95	311.95	
1960	1151.1		1151.1		805.95	805.95		345.15	345.15				
1961	729.2		729.2		531.6	531.6		56.25	56.25				
1962	512.25		512.25		345.85	345.85		29.2	29.2				
1963	1158.9		1158.9		936.05	936.05		83.05	83.05				
1964	1378.6		1378.6		809.85	809.85		141.95	141.95				
1965	1501.65		1501.65		806.85	806.85		208.85	208.85		81.95	81.95	
1966	1520.2		1520.2		911.95	911.95		332.8	332.8		36.15	36.15	
1967	1847.4		1847.4		925.05	925.05		277.4	277.4				
1968	1743.05		1743.05		1202.45	1202.45		153.9	153.9				
1969	1454.4		1454.4		589.95	589.95		182.65	182.65				
1970	1629.7		1629.7		706.4	706.4							
1971	2167.45		2167.45		962.4	962.4		246.05	246.05				
1972	2151.35		2151.35		1214.45	1214.45		29.1	29.1				
1973	2204		2204		1361.3	1361.3		115.05	115.05		79.85	79.85	

续表

年份	产品销售、调出				调出分省、市								
	合计 /t	销售 /t	调出		广东			湖北			上海		
			红条茶 /t	红碎茶 /t	小计 /t	红条茶 /t	红碎茶 /t	小计 /t	红条茶 /t	红碎茶 /t	小计 /t	红条茶 /t	红碎茶 /t
1974	1659.4		1659.4		990.25	990.25		132.25	132.25				
1975	3789.6		3789.6		2398.5	2398.5		194.8	194.8		45	45	
1976	3050.2		2697.5	352.7	2028.7	1676	352.7	187.15	187.15		25	25	
1977	3941.5		3188.05	753.45	2487.45	1821.65	665.8	253.1	253.1		89.5	89.5	
1978	4779.65		2744.4	2035.25	3720.4	1689.45	2030.95	340.25	340.25				
1979	5011.25		2027.75	2983.5	3546	1102.75	2443.25	279.85	279.85		100.8	100.8	
1980	4978.05		942	4036.05	3429	407.4	3021.6	194.4	194.4				
1981	4746.15		619.5	4126.65	3909.35	357.4	3551.95						
1982	6330.45		1366.25	4964.2	4721.95	174.15	4547.8	69.95	69.95				
1983	5834.8		1301.8	4533	3535.6	151.2	3384.4	51.55	51.55				
1984	5418.9		1238.95	4179.95	1877.8	160.95	1716.85	55.15	55.15				
1985	6158.6		1442.5	4716.1	3363.3	456.9	2906.4	22.1	22.1		432.8		432.8
1986	6109.45		2108.3	4001.15	3458.7	640.15	2818.55	0.5	0.5				
1987	3328.1		768.35	2559.75	2653.3	343.2	2310.1	49	49				
合计	87381.75		48140	39241.75	54391.05	24640.7	29750.35	4649.5	4649.5		1203	770.2	432.8

（二）

年份	调出分省、市											
	内蒙			辽宁			吉林			甘肃		
	小计 /t	红条茶 /t	红碎茶 /t	小计 /t	红条茶 /t	红碎茶 /t	小计 /t	红条茶 /t	红碎茶 /t	小计 /t	红条茶 /t	红碎茶 /t
1961	34.8	34.8		9.2	9.2							
1962	0	0		9.15	9.15							
1963	52.6	52.6			0					36.05	36.05	
1964	172.55	172.55		79.35	79.35		58.6	58.6				
1965	274.95	274.95		104.25	104.25							
1966	180.9	180.9			0							
1967	421.9	421.9			0					95.15	95.15	
1968	248.65	248.65			0					42.4	42.4	
1969	473.9	473.9		95.05	95.05							
1970	16.85	16.85		124.95	124.95		504.05	504.05				
1971				456.05	456.05		442.25	442.25				
1972				259.7	259.7		437	437				
1973	22.6	22.6		147.9	147.9		470.3	470.3				

续表

年份	调出分省、市											
	内蒙			辽宁			吉林			甘肃		
	小计 /t	红条茶 /t	红碎茶 /t	小计 /t	红条茶 /t	红碎茶 /t	小计 /t	红条茶 /t	红碎茶 /t	小计 /t	红条茶 /t	红碎茶 /t
1974				23	23		506.4	506.4				
1975	7.45	7.45		353.55	353.55		755.9	755.9				
1976	32.5	32.5		139.6	139.6		519.1	519.1				
1977	54.95	54.95		216.65	216.65		604.7	604.7				
1978	35.3	35.3		111	111		563.35	563.35				
1979	7.2	7.2		99.85	99.85		346.85	346.85				
1980	719.1	232.25	511.85	125.4	98.05	27.1	30.85		30.85			
1981	353.1	146.4	206.7	100.2	55.65	44.55	21.2	10.15	11.05			
1982	401.5	365.15	36.35	137.4	115.45	21.95	115.75	78	37.75			
1983	180.15	180.15		160.95	160.95		52.85	52.85				
1984	71.55	71.55										
1985	164.35	164.35		35.8	35.8		8.1	8.1				
1986	64.25	64.25			0		10	10				
1987	26.5	26.5		51.8	51.8							
合计	4017.6	3287.7	754.9	2840.55	2746.95	93.6	5447.25	5367.6	79.65	173.6	173.6	

（三）

年份	调出分省、市											
	黑龙江			山西			陕西			河南		
	小计 /t	红条茶 /t	红碎茶 /t	小计 /t	红条茶 /t	红碎茶 /t	小计 /t	红条茶 /t	红碎茶 /t	小计 /t	红条茶 /t	红碎茶 /t
1961	4.75	4.75		7.95	7.95					9.95	9.95	
1966	43.25	43.25		15.15	15.15							
1967							120.4	120.4		7.5	7.5	
1968							69.75	69.75		25.9	25.9	
1969	88.05	88.05								24.8	24.8	
1970	162.05	162.05		20.05	20.05							
1971				1.2	1.2		31.6	31.6				
1972	153.6	153.6		6.6	6.6							
1973				7	7							
1974				7.5	7.5							
1975				5	5							
1976	113.15	113.15										
1977	137.45	137.45		5	5							
1979	61.2	61.2		6.2	6.2							
1980	161	9.9	151.1									
1983										0.75	0.75	
合计	924.5	773.4	151.1	81.65	81.65		221.75	221.75		68.9	68.9	

（四）

年份	调出分省、市											
	天津			北京			青海			新疆		
	小计 /t	红条茶 /t	红碎茶 /t	小计 /t	红条茶 /t	红碎茶 /t	小计 /t	红条茶 /t	红碎茶 /t	小计 /t	红条茶 /t	红碎茶 /t
1961	10.85	10.85										
1962	30.95	30.95								13.45	13.45	
1963	5.1	5.1								82	82	
1964							3.25	3.25		113.05	113.05	
1965				22.3	22.3		2.5	2.5				
1967												
1968												
1969												
1970										95.35	95.35	
1971	13.55	13.55								14.35	14.35	
1972										50.9	50.9	
1975	10.1	10.1								19.3	19.3	
1983												
合并	70.55	70.55		22.3	22.3		5.75	5.75		388.4	388.4	

（五）

年份	调出分省、市														
	山东			福建			河北			长沙茶厂			其他		
	小计 /t	红条茶 /t	红碎茶 /t	小计 /t	红条茶 /t	红碎茶 /t	小计 /t	红条茶 /t	红碎茶 /t	小计 /t	红条茶 /t	红碎茶 /t	小计 /t	红条茶 /t	红碎茶 /t
1959										5.75	5.75				
1961										27.8	27.8				
1962	35.4	35.4								48.25	48.25				
1963										0.1	0.1				
1975				19.3	19.3										
1976							5	5							
1977							5.05	5.05		87.65		87.65			
1978							5.05	5.05		4.3		4.3			
1979							15.05	15.05		540.25		540.25	8	8	
1980										288.55		288.55	5		5
1981										362.3	49.9	312.4			
1982										883.9	563.55	320.35			
1983										1844.5	695.9	1148.6			
1984										3378.75	915.65	2463.1	35.65	35.65	
1985										2132.15	755.25	1376.9			
1986										2519.7	1337.1	1182.6	56.3	56.3	
1987										492.4	242.75	249.65	55.1	55.1	
合计	35.4	35.4		19.3	19.3		30.15	30.15		12616.35	4642	7974.35	160.05	155.05	5

表 6　娄底市茶叶商标登记表

序号	商标名称	商标持有单位	湖南省名牌产品	湖南省著名商标
1	奉家米茶	湖南省渠江薄片茶业有限公司	是	是
2	渠江薄片	湖南省渠江薄片茶业有限公司	是	
3	奉家渠江	湖南省渠江薄片茶业有限公司	是	
4	上梅红茶	湖南省渠江薄片茶业有限公司	是	
5	梅山毛尖	湖南省渠江薄片茶业有限公司	是	
6	渠江金典	湖南省渠江薄片茶业有限公司	是	
7	桥头河	涟源市桥头河白茶加工有限公司		是
8	柳叶眉	新化县国仲茶业有限公司	是	
9	雅寒绿	新化雅寒茶叶有限公司	是	
10	雅寒红	新化雅寒茶叶有限公司	是	
11	立新茶场	新化县立新知青茶叶专业合作社		
12	寒茶（30 类）	新化县天门香有机茶业有限公司		是
13	寒茶（35 类）	新化县天门香有机茶业有限公司		
14	HAN（30 类）	新化县天门香有机茶业有限公司		
15	SANROYAL（30 类）	新化县天门香有机茶业有限公司		
16	天门寒（30 类）	新化县天门香有机茶业有限公司		
17	寒茶（30 类）	新化县天门香有机茶业有限公司		
18	易品寒茶（35 类）	新化县天门香有机茶业有限公司		
19	（30 类）	新化县天门香有机茶业有限公司		
20	梅山野茶	新化县茗陈茶业有限公司		
21	紫鹊寒芽（30 类）	湖南紫鹊界有机茶业开发有限公司		
22	紫鹊春芽（30 类）	湖南紫鹊界有机茶业开发有限公司		
23	紫鹊寒红（30 类）	湖南紫鹊界有机茶业开发有限公司		
24	龙凤姿	新化县顺丰茶业有限公司		
25	兴梅山渠江薄片	新化县顺丰茶业有限公司		
26	宝庆码头	新化县顺丰茶业有限公司		

续表

序号	商标名称	商标持有单位	湖南省名牌产品	湖南省著名商标
27	铜锣贡	新化县天渠茶业有限公司		
28	渠红	新化县天渠茶业有限公司		
29	渠红 1854	新化县天渠茶业有限公司		
30	天渠峰	新化县天渠茶业有限公司		
31	湘妃绿	新化县桃花源农业开发有限公司		
32	蒙洱	新化县桃花源农业开发有限公司	是	
33	錾字岩	新化县桃花源农业开发有限公司		
34	紫鹊十八红	新化县桃花源农业开发有限公司	是	
35	蒙洱冲	新化县桃花源农业开发有限公司		
36	金寒	新化县金马农业开发有限公司		
37	金马寒叶	新化县金马农业开发有限公司		
38	梅山峰	新化县梅山峰茶业有限公司		
39	蚩尤蛮	新化县梅山峰茶业有限公司		
40	梅山剑	新化县梅山峰茶业有限公司		
41	梅山峰渠江薄片	新化县梅山峰茶业有限公司		
42	九峰云雾	湖南九峰云雾茶业有限公司		
43	鸡叫岩（红茶）	新化县青文生态农业发展有限公司		
44	湘茗情（绿茶）	新化县青文生态农业发展有限公司		

后记

2018年秋,《中国茶全书》总主编王德安先生来新化考察，邀请湖南省渠江薄片茶业公司董事长陈建明先生加入《中国茶全书·湖南卷》编委会，出任副主编，负责《中国茶全书·湖南娄底卷》(简称《娄底卷》)编撰工作,《娄底卷》由此得以启动。转眼到了2019年春,在娄底市农业农村局袁若宁局长的领导下,成立《中国茶全书·湖南娄底卷》编纂委员会，各县、市、区农业农村局成立编纂小组，负责资料收集。同时，编纂委员会成立专门的编辑部,负责《娄底卷》的资料采集、史料调研、文化挖掘和全书撰写工作,《娄底卷》的编纂工作得以迅速推进。

编撰一本娄底茶的百科全书，可以助推娄底茶叶产业的发展。更重要的是娄底产茶历史悠久,文化底蕴深厚,编撰《娄底卷》对娄底上千年的茶产业历史做一个记录和总结,起到承前启后的作用，意义非常重大。

《娄底卷》的编纂，力求准确真实，去伪存真，真实反映娄底茶叶的历史与现状，描述娄底茶叶数千年来波澜壮阔的发展史。全书以茶人精神为依托，通过真实的史料，记述娄底茶叶数千年来一代又一代的传承，娄底茶业发展到今天的繁荣，是娄底茶人不断奋斗的结果，是娄底茶人世代相传的荣耀。

全书秉承略古详今的原则，综合记述娄底茶叶发展史，对娄底茶叶的现状进行详细的描绘，涵盖范围广泛，包括茶叶的种植、加工、科研，茶叶企业，茶馆、茶器、茶水，茶人、茶文、茶艺，茶旅，名茶等。为此，编委会成员深入到各县、市、区进行调研，走访茶叶企业数十家，采访老茶人数十人，查阅历史档案数百卷，在此基础上进行精心撰写编辑。

编辑人员进行了责任分工：全书以陈建明为总撰稿人，负责汇总编撰和审核，并撰写娄底茶史、茶叶贸易、茶人精神、茶文、茶馆文化等章节，并多次对全书各章节进行编辑、删减，补充和完善，使全书融为一体；陈致印撰写茶叶品类和娄底茶产区域；陈智新撰写工夫红茶、红碎茶相关内容；龚意辉撰写娄底茶人、名泉、茶旅相关内容；白婧撰写茶俗茶礼、茶器、茶叶科教与行业组织相关内容;周姗姗撰写茶馆、茶艺相关内容;杨建长对全书文字进行校对审核；编纂委员会对全书进行最后审定。需要说明的是，有少部分图片来源于网络，无法与原创作者联系，请图片作者主动与我们联系，特表歉意。

我们通过对收集、整理的资料进行了深入的挖掘和研究，发现了很多具有重要历史意义和对今后茶叶产业发展产生巨大影响的重大史事。为此，专门整理归类，进行深度解析和论证。如：资江茶道，茶马古道，万里茶路，杨木洲大茶市，贡茶园，苏溪茶税官厅，茶亭文化。再如：娄底名茶渠江薄片、工夫红茶、红碎茶、月芽茶、永丰细茶；20世纪60—70年代大规模的茶园开辟；始于20世纪70年代的红碎茶技术创新，开启了近20年风靡全国的红碎茶时代；新化茶厂、涟源茶厂、炉观茶科所对娄底茶产业发展的重大历史贡献。很多都是快要湮灭在历史尘埃中的重要史料，通过这次的资料收集和整理，使这些茶的重大历史事件得以重新为世人所知，这也是本书编撰过程中所取得的重大收获。

我们在编撰过程中，深深感受到了娄底茶叶发展的规模之宏大，底蕴之深厚，文化之博大精深，我们深为震撼。娄底茶人坚韧不拔、自强不息、敢为人先的精神，世代相传。浸透于茶文化中的扬善积德、修行修德、乐善好施、方便他人等文化信念，与梅山文化一脉相承，融入并影响着梅山文化的发展。我们没有理由不相信，娄底茶产业发展到今天，在乡村振兴的政策指引下，必将创造一个更为辉煌的时代。我们更有理由相信，娄底茶人精神，必将在我们这一代传承、创新，发扬光大。

《娄底卷》编委会部分人员合影左起 白婧 彭素娥 陈建明 龚意辉 陈智新 周姗姗 黄建明 朱海燕 王德安 赵彩宏 梁中卫 肖建飞 李乐吾 赵意志 陈卫华 李伯平 陈致印 谢建辉

入选本书的企业，以国家、省、市农业产业化龙头企业为重点，强调企业自愿原则；入选茶人，以年龄大小排列，本人自愿，并有从事一定时间的娄底茶产业工作，对发展娄底茶产业有一定贡献。全书从尊重事实、尊重史料出发，开展全书的编撰工作。

经过近两年的不断走访、调研和撰写，经历初稿、二稿、三稿的反复修改，邀约娄底茶叶界资深人士进行讨论、审核和完善，现在终于成书，能够以飨读者，我们全体编纂人员深感欣慰，有一种不忘初心，不负使命的成就感。当然，我们也有遗憾，受时间、精力和资料限制，对影响一个时代的娄底红碎茶，大规模的茶园种植活动，新化茶厂、涟源茶厂、炉观茶科所重大历史贡献，虽有涉及论述，但未能独立成章，只能待以后补正。也正如《西游记》所言，经书有缺，才是完美。

"寒夜客来茶当酒，竹炉汤沸火初红。寻常一样窗前月，才有梅花便不同"。我们期待本书就像寒夜里的一杯茶，给人以温暖，给人以回甘。更像窗前的梅花，能让娄底茶文化像梅花一样绽放。

本书得到了中共娄底市委、市政府和县、市、区人民政府的支持，引起了娄底茶叶界人士的关注，大家提供资料，提出建议，积极主动配合编委会的工作，从而使全书得以顺利撰写。全书列入了娄底市农业农村局项目库，还特别要感谢中共新化县委、县政府的鼎力资助。各县、市、区农业农村局为搞好资料采集，做了大量卓有成效的工作。在此向支持本书编撰工作的全体人员表示衷心的感谢。

由于本书所述内容跨度时间长，空间大，范围广，给资料采集和撰写带来了很大的困难，加之我们水平有限，难免有遗漏和不足之处，诚望广大读者见谅。

《中国茶全书·湖南娄底卷》编纂委员会

2020年12月